"十二五"国家重点图书

NSE 3

网络科学与工程丛书

WANGLUO KEXUE DAOLUN

网络科学导论

Network Science: An Introduction

■ 汪小帆　李　翔　陈关荣　编著

高等教育出版社·北京

图书在版编目（CIP）数据

网络科学导论／汪小帆，李翔，陈关荣编著．--北京：高等教育出版社，2012.4（2022.8重印）
（网络科学与工程丛书／陈关荣主编）
ISBN 978-7-04-034494-3

Ⅰ.①网… Ⅱ.①汪… ②李… ③陈… Ⅲ.①计算机网络-研究 Ⅳ.①TP393

中国版本图书馆CIP数据核字（2012）第056171号

策划编辑 刘 英　责任编辑 刘 英　封面设计 李卫青　版式设计 余 杨
责任校对 金 辉　责任印制 赵 振

出版发行 高等教育出版社
社 址 北京市西城区德外大街4号
邮政编码 100120
印 刷 天津鑫丰华印务有限公司
开 本 787mm × 1092mm 1/16
印 张 26
字 数 480千字
购书热线 010－58581118
咨询电话 400－810－0598
网 址 http：//www.hep.edu.cn
http：//www.hep.com.cn
网上订购 http：//www.landraco.com
http：//www.landraco.com.cn
版 次 2012年4月第1版
印 次 2022年8月第8次印刷
定 价 69.00元

物 料 号 34494－00

“网络科学与工程丛书” 编审委员会

序

随着以互联网为代表的网络信息技术的迅速发展，人类社会已经迈入了复杂网络时代。人类的生活与生产活动越来越多地依赖于各种复杂网络系统安全可靠和有效的运行。作为一个跨学科的新兴领域，“网络科学与工程”已经逐步形成并获得了迅猛发展。现在，许多发达国家的科学界和工程界都将这个新兴领域提上了国家科技发展规划的议事日程。在中国，复杂系统包括复杂网络作为基础研究也已列入《国家中长期科学和技术发展规划纲要（2006—2020年）》。

网络科学与工程重点研究自然科学技术和社会政治经济中各种复杂系统微观性态与宏观现象之间的密切联系，特别是其网络结构的形成机理与演化方式、结构模式与动态行为、运动规律与调控策略，以及多关联复杂系统在不同尺度下行为之间的相关性等。网络科学与工程融合了数学、统计物理、计算机科学及各类工程技术科学，探索采用复杂系统自组织演化发展的思想去建立全新的理论和方法，其中的网络拓扑学拓展了人们对复杂系统的认识，而网络动力学则更深入地刻画了复杂系统的本质。网络科学既是数学中经典图论和随机图论的自然延伸，也是系统科学和复杂性科学的创新发展。

为了适应这一高速发展的跨学科领域的迫切需求，中国工业与应用数学学会复杂系统与复杂网络专业委员会偕同高等教育出版社出版了这套“网络科学与工程丛书”。这套丛书将为中国广大的科研教学人员提供一个交流最新研究成果、介绍重要学科进展和指导年轻学者的平台，以共同推动国内网络科学与工程研究的进一步发展。丛书在内容上将涵盖网络科学的各个方面，特别是网络数学与图论的基础理论，网络拓扑与建模，网络信息检索、搜索算法与数据挖掘，网络动力学（如人类行为、网络传播、同步、控制与博弈），实际网络应用（如社会网络、生物网络、战争与高科技网络、无线传感器网络、通信网络与互联网），以及时间序列网络分析（如脑科学、心电图、音乐和语言）等。

“网络科学与工程丛书”旨在出版一系列高水准的研究专著和教材，使其成为引领复杂网络基础与应用研究的信息和学术资源。我们热切希望通过这套丛书的出版，进一步活跃网络科学与工程的研究气氛，推动该学科领域的普及，并为其深入发展作出贡献。

金芳蓉（Fan Chung）院士

美国加州大学圣迭戈分校

2011 年元月

前　言

20 世纪 60 年代 Milgram 的小世界实验通过对几百人的抽样调查得出了“六度分离”推断。2011 年底，全球最大的在线社交网站 Facebook 上超过 7 亿活跃用户构成的好友关系网络的实证研究表明，这一用户规模超过全球人口总数 10% 的网络的平均距离居然比 6 还要小。世界就是如此奇妙：它在不断增大的同时却又在不断变小，这就是网络的力量。网络科学就是旨在探究复杂网络的奥秘。

尽管网络科学的历史可以追溯到 18 世纪欧拉对于“七桥问题”的研究，但网络科学作为研究各种复杂网络的共性特征的学科应该说兴起于 20 世纪末。我们非常有幸作为最早进入这一领域的国内学者，亲身参与并亲眼见证了网络科学的成长。2002 年 1 月，我们率先发表了两篇关于具有小世界和无标度拓扑结构的网络同步的文章。在过去的 10 年里，我们既感受到了网络科学蓬勃发展的生机活力，也体验到了人们不断修正不全面或者不恰当甚至是错误认识的曲折艰辛；既感受到了网络科学对于众多不同学科研究人员的吸引力，也体验到了由于学科背景不同而带来的矛盾、冲突与碰撞。这些都体现了网络科学作为一门极富交叉性的新学科在成长过程中的真实风采与魅力，一个越来越明显的趋势是：大家正在以越来越紧密的网络方式从事网络科学研究。

正是由于网络科学的不断发展和日益普及，近年来，众多高校先后针对研究生甚至本科生开设了网络科学相关课程，包括本书三位作者分别在上海交通大学、复旦大学和香港城市大学开设的课程。国内也相继出版了几本介绍网络科学的著作。其中，我们于2006年春编著的《复杂网络理论及其应用》（清华大学出版社）力求对2006年之前的研究有较好的介绍；同年由郭雷和许晓鸣两位教授主编的《复杂网络》（上海科技教育出版社）则是由国内多位学者分别撰写有关章节组成的综述性文集，反映了当时国内的研究进展。2009年由三位物理学者何大韧、刘宗华和汪秉宏编著的《复杂系统与复杂网络》（高等教育出版社）尽管篇幅不长，但对网络科学中常用的一些方法做了很好的介绍。2011年由毕桥和方锦清研究员编著的《网络科学与统计物理方法》（北京大学出版社）则对作者团队和国内外的一些相关研究成果作了较为详细的介绍。

近年来，国际上许多著名大学，如美国的麻省理工学院、哈佛大学、康奈尔大学、哥伦比亚大学、密歇根大学、东北大学和杜克大学，英国的剑桥大学，德国的汉堡大学，等等，也相继开设了网络科学相关课程，并陆续出版了一些教科书。其中，值得一提的是两本于2010年出版的教材。一本是密歇根大学物理学家 Mark Newman 的《Networks：An Introduction》。该书内容广泛，对于网络的数学理论、物理方法以及算法分析都有较为细致的介绍，适合具有较好数理基础的研究生和科研人员做专业阅读。另一本是康奈尔大学经济学家 David Easley 和计算机科学家 Jon Kleinberg 合著的《Networks，Crowds，and Markets：Reasoning About a Highly Connected World》。该书是两位作者在康奈尔大学面向本科生开设的一门交叉学科课程的教材，较为适合入门阅读。

考虑到国内学者，特别是青年学子的迫切需求，我们近几年一直希望能够撰写一本水平适当的网络科学的教材，并作为不同层次读者学习和研究网络科学的参考书。由于网络科学具有极强的交叉学科特色，同时从事网络科学研究或对此感兴趣的人员来自众多不同的学科，作为教材，本书在素材的选取上着眼于网络科学的基本概念、思想和方法，使得具有高等数学基础的读者都能够看懂。我们希望读者在阅读本书后能够把基本的概念与方法运用于分析具体网络，不会过多地陷入数学和物理推导，而是更为关注网络科学的思维习惯和研究方式。例如，在介绍网络拓扑性质时，我们在阐述了一个基本概念后会介绍实际网络的特征，并说明如何用合适的图表和指标来刻画这一特征，从而使读者掌握科学分析实际网络拓扑性质的方法；在介绍小世界和无标度网络模型时，我们以20世纪末的两个经典工作为例，阐述了网络科学研究的范式；在最后3章介绍网络结构与动力学的关系时，我们选介了一些重要的最新研究成果，以让读者感受到网络科学的前沿脉搏。

当然，正是基于这样一本教材的定位以及网络科学极为丰富的研究成果，本书不得不舍去许多重要的内容。例如，本书没有拘泥于数学上的严格论证，对于许多基于统计物理的研究没有给予充分的介绍，没有阐述结构洞和结构平衡等社会网络分析方法，也没有详细介绍在生物网络或者Internet等实际网络中的应用。所幸的是，"网络科学与工程丛书"将邀请专家学者就各种专题撰写高水平著作。此外，我们也有意识地使本书与其姊妹篇《Introduction to Complex Networks》（英文版）在内容安排上各有侧重，互为补充。例如，本书对社团检测算法做了较为详细的介绍，而英文版只是在最后一章中简单提及；英文版有单独一章介绍Internet拓扑建模，而本书没有安排单独介绍。

本书可作为3学分的研究生课程的教材使用。如果是2学分的课程，那么可以考虑对于第4.3节~第4.5节关于社团结构的内容，以及第5.5节关于节点相似性与链路预测的内容等只做简单介绍；对于涉及网络动力学的第9章~第11章亦可只选讲其中的部分章节。如果是作为本科生教材，则可根据实际情况对内容做进一步取舍。此外，书中还选编了一批习题供选做，希望能有助于读者更好地理解和运用网络科学的概念与方法。本书的配套网站（http://zhiyuan.sjtu.edu.cn/Course/netsci.htm）提供了与每一章对应的PPT讲义，并且将根据网络科学的进展适时补充新的材料。

过去10年与网络科学领域众多学者和学生的讨论、交流与合作使我们受益颇丰。尽管无法一一列举他们的名字，但我们衷心感谢大家的支持与帮助。在本书写作过程中，荣智海博士提供了第10章关于网络博弈的初稿，吕琳媛博士提供了第5.5节关于节点相似性与链路预测的初稿，她和周涛博士还就节点重要性以及网络传播提供了很有价值的建议。姚建玲协助撰写了第7.4节和第7.5节关于小世界网络搜索的内容。王瑛仔细阅读了本书初稿并纠正了不少文字和公式错误，还协助承担了文字格式处理工作。赵九花协助校对了初稿并绘制了大量的插图。王林和唐长兵也对第8章和第9章的内容提出了很好的建议。

作者们特别感谢高等教育出版社刘英女士对网络科学的持续关注和本书出版的大力支持。她的敬业让我们感动，她的鞭策使我们不敢懈怠，她的专业让本书增色许多。

十分感谢家人们对我们持续忙碌的科研工作的充分理解和大力支持。

作者汪小帆和李翔感谢上海交通大学和复旦大学的支持，感谢国家自然科学基金委多年来通过国家杰出青年基金、国家自然科学基金重点项目和面上项目、国家自然科学基金委与香港研究资助局联合科研资助基金项目、教育部新世纪优秀人才支持计划等的支持，感谢国家重点基础研究发展计划（973计划）等项目的支持。作者陈关荣感谢香港研究资助局和香港城市大学的多项经费的支持。

作为具有控制科学背景的研究人员，我们深知反馈对于改进系统性能的重要性。因此，热忱欢迎读者们对本书的任何意见和批评及时反馈给我们，以便我们能及时更正并在重印或再版时进一步提高本书质量。

汪小帆，上海交通大学自动化系复杂网络与控制研究室
李　翔，复旦大学电子工程系自适应网络与控制研究室
陈关荣，香港城市大学混沌与复杂网络学术研究中心

2012年春

目　录

第 1 章 引论

在 21 世纪的第一个 10 年,《Nature》和《Science》上出现了多期与复杂性和网络科学相关的专辑。2012 年,《Nature Physics》的第一期再次聚焦复杂性。Albert-László Barabási 在题为“网络取而代之(The network takeover)”的评论中再次犀利地指出①:“还原论作为一种范式已是寿终正寝,而复杂性作为一个领域也已疲惫不堪。基于数据的复杂系统的数学模型正以一种全新的视角快速发展成为一个新学科:网络科学。”

① BARABÁSI A L. The network takeover. Nature Physics,2012,8:14–16.

1.1　引言

问题往往比答案更重要。让我们从一系列问题开始走上探索复杂网络的旅程：

- 你是否几乎每天都要通过手机、电话、电子邮件或在线社交网络等与朋友保持联系？如果哪一天我们所依赖的移动通信网络和 Internet 都崩溃了会给人类带来什么样的影响？
- 当你在 Google 或者百度的主页上输入一个关键词之后，你知道搜索引擎是如何工作的吗？你对反馈的搜索结果是否满意？
- 如果你是在大城市自驾车上下班，那么你是否经常体验“堵心”的交通拥堵？为什么道路越来越多也更宽了，交通却反而越来越拥堵？
- 如果在高温季节发生大规模长时间的停电事故，你一定会觉得难以忍受吧？我们在享受规模越来越大的电网所带来的便利的同时，是否也必然要面临局部故障所触发的更大规模停电事故的风险？
- 为什么一个国家或地区的局部金融动荡能够在较短时间内引发全球或地区性金融危机？我们应该如何应对不可阻挡的全球化带来的负面影响？
- 各种传染病（艾滋病、非典型性肺炎和禽流感等）是如何在人类和动物中流行的？什么样的接种免疫策略更为有效？为什么流言蜚语会散布得很快？如何做好口碑营销？
- 为什么大脑具有思维的功能？如何才能更为有效地预防和治疗癌症等疾病？
- 如何才能更为有效地维护生态平衡？人类如何才能与自然界和谐相处？

这些问题尽管看上去各不相同，却存在一个共性特征：每一个问题中都涉及很复杂的网络，包括 Internet（互联网）和移动通信网络、WWW（万维网）、交通网络、电力网络、经济网络、社会关系网络、神经网络和新陈代谢等各种生物网络、生态网络，等等。更为重要的是，越来越多的研究表明，这些看上去各不相同的网络之间有着许多惊人的相似之处。

1.2 网络时代的网络研究

过去几十年间,以 Internet 为代表的信息技术的迅猛发展使人类社会大步迈入了网络时代。今天,人们已经生活在一个充满着各种各样的复杂网络的世界中。人类社会的网络化是一把双刃剑:它既给人类社会的生产与生活带来了极大的便利,提高了生产效率和生活水准,但也带来了一定的负面冲击,如局部动荡或传染病等更容易向全球扩散。因此,人类社会的日益网络化需要我们对各种人工和自然的复杂网络的行为有更好的认识。下面我们就介绍一些有代表性的网络及其科学理解所面临的挑战。

1.2.1 Internet

实际网络的一个重要特征是网络结构是随时间演化的,许多网络在总体上呈现出规模不断增大的趋势,Internet 就是一个典型例子。Internet 的前身 ARPANET 在 1969 年诞生时只有 4 个节点(图 1-1),它是由美国国防部的高级研究计划局(ARPA)为了在遭受攻击时仍然能够维持基本的通信而建立的。起初网络规模增长缓慢,两年之后节点数才增加到 18 个(图 1-2)。1986 年,美国国家科学基金(NSF)建立了连接美国 5 大超级计算中心的 NSFNET(图 1-3),并于 1990 年正式取代 ARPANET。尽管在随后的几年里 NSFNET 的带宽不断增加,但是随着网络规模的急剧增长,NSFNET 也难以为继,并于 1995 年把主干网转交给运营商管理,网络规模呈现出了爆炸式增长的态势。随着人类社会进入 21 世纪,Internet 已经成为全球性的社会-技术关键基础设施(图 1-4),并将继续产生更多、更新甚至是难以预见的技术、应用和服务,包括近年在 Internet 基础上兴起的物联网(Internet of Things)等。Internet 的安全性、鲁棒性、可控性、可管性、可扩展性等问题也变得日益重要,对这些问题的有效处理,需要

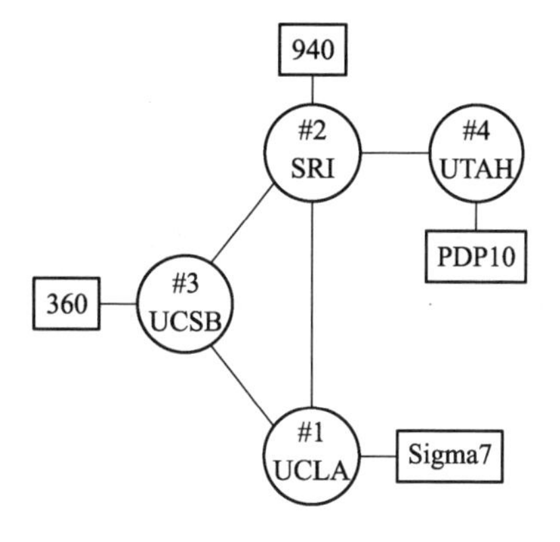

图 1-1 ARPANET 最初的 4 个节点
图片来源:www. computerhistory. org

对 Internet 的行为及其演化的复杂性有更为深刻的理解，也特别需要不同学科的研究人员协同面对这一挑战。例如，美国国家科学基金（NSF）从 2008 年开始的"网络科学与工程（NetSE）"项目就特别鼓励不同领域的研究人员联合申请，旨在建立对于 Internet 这类已经成为社会-技术复杂网络系统的科学和工程知识，对于这些网络的复杂性提供新的科学理解并指导其未来设计[①]。

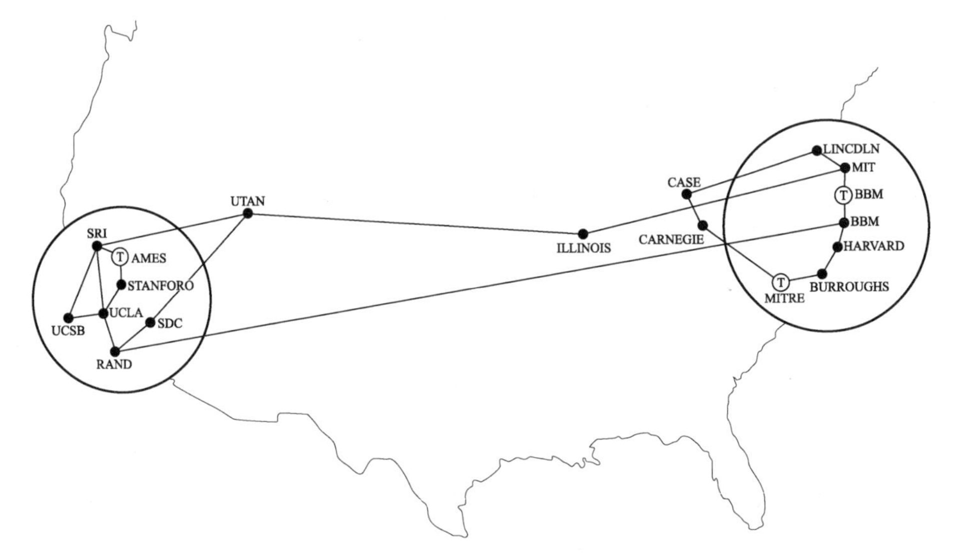

图 1-2　1971 年 9 月的 ARPANET 共有 18 个节点

图片来源：www. computerhistory. org

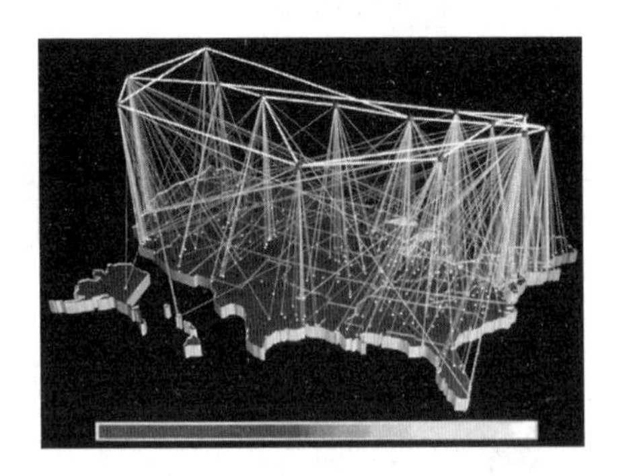

图 1-3　1991 年 9 月的 NSFNET

图片来源：http://www. caida. org/projects/internetatlas/gallery/nsfnet/

① http://www. nsf. gov/funding/pgm_summ. jsp? pims_id = 503325

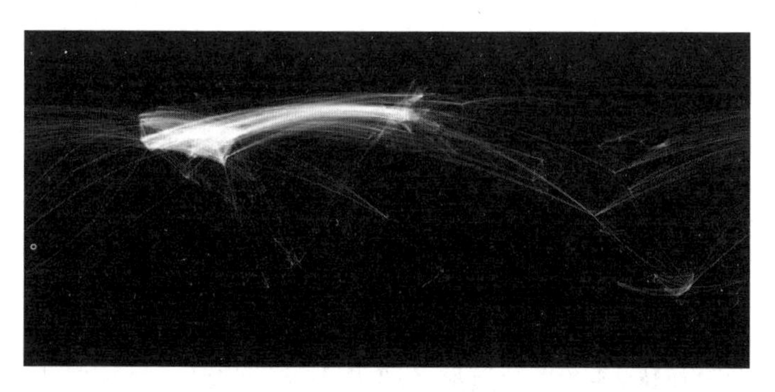

图 1-4　全球城市之间的 Internet 连接密度示意图(基于 2007 年 2 月数据)

图片来源:http://www.chrisharrison.net/projects/InternetMap/index.html

针对不同的预测和改善 Internet 性能的目的,研究 Internet 拓扑性质及其演化并建立合适的拓扑模型是非常重要的[1]。对于 Internet 拓扑结构的研究由细到粗可以分为如下几个层次(图 1-5):

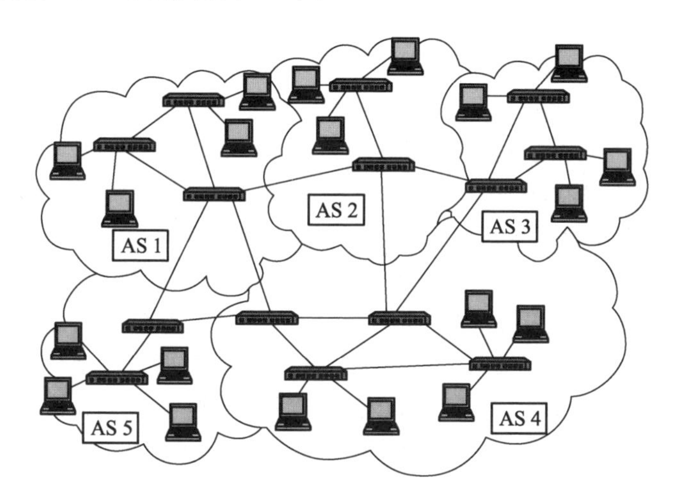

图 1-5　Internet 拓扑的 3 个层次

(1) IP 地址层次。至今接入 Internet 的 IP 地址的数量数以亿计,考虑到一个 IP 地址有可能被多个设备同时使用,因此,接入 Internet 的设备数量就更大了。特别是随着无线接入方式的普及,接入设备的种类也越来越多,接入时间也变化较大,从而极难全面地掌握 Internet 上所有 IP 地址之间的连接关系。另一方面,很大部分的 IP 地址对应的是终端设备(PC、笔记本电脑等),并不承担路由功能。尽管它们是 Internet 服务的对象,但从网络角度看是处于网络边缘的叶子节点。

(2) 路由器层次。我们把每一个路由器作为一个节点,两个路由器之间如果通过光缆等方式直接相连从而可以直接交换数据包,那么就在对应的两个节点之间有一条边,这样就构成了路由器层的 Internet 拓扑,它对 Internet 的鲁棒性和效率等性能起着最主要的作用。

(3) 自治系统层次。由同一个机构管理的路由器之间的数据交换完全由该机构决定,与 Internet 的其余部分无关,因此,我们把属于同一个机构管理的所有路由器的集合称为一个自治系统(Autonomous system,AS)。一个 AS 通常对应于一个域名,例如,“sjtu. edu. cn”就是上海交通大学的域名。我们可以把每一个 AS 作为一个节点,如果一个 AS 中至少有一个路由器与另一个 AS 中至少一个路由器有直接的网络连接,那么就在对应的两个 AS 之间有一条边,这样就得到了 AS 层的 Internet 拓扑。

Internet 数据分析合作协会(CAIDA)近年来一直在测量 Internet 拓扑数据,以记录 Internet 拓扑的演化历程。例如,2000 年 1 月采样得到的 IPv4 数据包括 220 533 个 IP 地址和 5 107 个 AS;10 年之后,2010 年 6 月采样得到的 IPv4 数据包括 16 802 061 个 IP 地址和 26 702 个 AS。

1.2.2 WWW

在第一个 WWW 网页于 1991 年诞生的时候,也许没有人能够想到 20 年之后 WWW 上网页的数量会远远超过全球人口的数量!尽管 WWW 是建立在 Internet 基础上的,然而在很多普通大众眼里已经把 WWW 与 Internet 视为一体。随着 WWW 的迅猛发展及其对人类生活带来的巨大变革,人们开始逐渐意识到 WWW 本身也成为一个越来越复杂的科学研究对象。2006 年,WWW 的发明者 Tim Berners-Lee 和其他几位教授联名在《Science》上发表题为“创造 Web 科学”的文章[2],应运而生的万维网科学(Web science)明确提出应该从交叉学科的角度研究 WWW,以深入理解 WWW 的演化机理、WWW 与人类社会网络的相互影响以及 WWW 上小的技术革新何以产生大的社会影响等问题。

伴随着 WWW 规模的不断扩大,搜索引擎技术也在不断发展。1998 年诞生的 Google 之所以能在短短几年之内就成为搜索引擎的霸主,其技术原因就在于 Google 是第一个把 WWW 真正视为“网(Web)”的搜索引擎。Google 之前的搜索引擎是把每一个页面都视为孤立的页面,对页面之间的超文本链接视而不见;而 Google 所采用的网页排序的 PageRank 算法(详见第 5 章介绍)则把从一个页面指向另一个页面的超文本链接视为一个页面对另一个页面的投票,即把整个 WWW 视为一个有向网络(图 1-6):每一个网页是一个节点,如果页面 A 上存在指向页面 B 的超文本链接,那么就有一条从页面 A 指向页面 B 的有向边。PageRank 算法的基本思想就是:一个页面的重要性取决于指向它的页面的数量和权重。因此,Google 带给我们的一个启示就是:从网络观点重新认识事物有可能带来革命性的变化。

值得注意的是，搜索引擎技术的发展与WWW网页的设计是相互影响的，并且存在着博弈关系。事实上，有了搜索引擎，人们就会想到如何使自己的网页在搜索引擎的排名中尽量靠前。为此产生了专门帮助提升网页排名的搜索引擎优化（Search engine optimization，SEO）公司和人员。当然，通过合理的方法来调整与优化网页的结构和内容的做法自然是可取的，并且也应该是搜索引擎所欢迎的；但是，另一方面，也一直存在着试图通过不正当甚至欺骗手段提升网页排名的做法，例如，大量采用门户网页（Doorway page）、重复网站（Duplicate website）、伪装网页（Cloaked page）和隐藏链接（Hidden links）等做法。搜索引擎需要在有效打击各种欺骗行为的同时避免错判诚实网页。

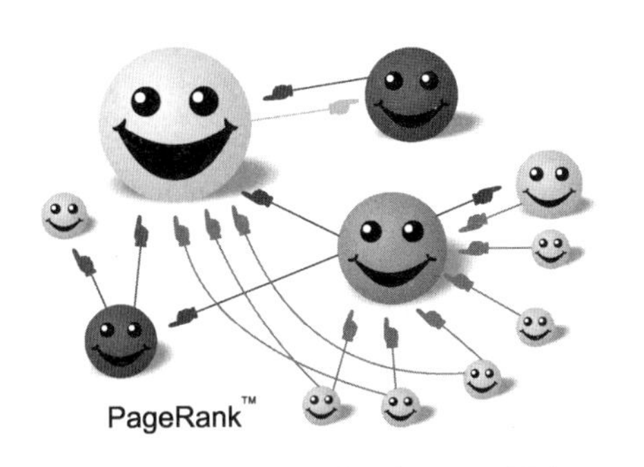

图1-6 PageRank算法把WWW视为一个有向网络

1.2.3 电力与交通网络

人类社会日益网络化的一个重要特征就是，事关国计民生的基础设施正不断演化为越来越复杂的网络化系统，包括通信网络、交通网络、电力网络等。2010年3月20日的《纽约时报》刊登了一篇题为《美国对中国的一篇学术论文产生警觉》的新闻。这篇由大连理工大学的一位博士生及其导师撰写的论文于2009年12月发表在《Safety Science》上，标题为“美国电网对于相继攻击的脆弱性”[3]。这其实是一篇很正常的学术论文，文中采用的也是在网上公开的并且已经被很多公开发表的文章使用过的数据。虽说是美国媒体小题大做，但这至少表明电力网络的安全有效运行是一个涉及国家安全与稳定的敏感话题。例如，2003年8月由美国俄亥俄州克利夫兰市的3条超高压输电线路相继过载烧断引起的北美大停电事故使得数千万人一时陷入黑暗，经济损失估计高达数百亿美元。越来越大的电力网络使得我们可以在更大范围内合理调度电力使用，但与此同时，也使得局部故障有可能引发大规模的停电事故。近年受到关注的智能电网的目标也是为了实现电网运行的可靠、安全、经济、高效和环保等。

便捷的高速公路、铁路和航空网络使得人们的长途旅行越来越方便，图1-7显示的是美国主要航空公司的客运航线网络。从全球范围看，在过去几十年间，由于航空网络的日益发达，使得地球“越来越小”，人们可以在一天之内从地球一端到达另一端。当然，与此同时，也使得传染病更容易在全球扩散。另一方面，对于生活在大城市的人们而言，交通拥堵已经司空见惯。大城市交通网络系统的复杂性也已成为一个重要的科学挑战[4]。经典的 Braess 悖论指出，单纯增加道路并不一定就能缓解交通，反而有可能导致更为严重的拥堵。这样的实例其实不少，例如，2003 年 12 月 29 日，连接上海交通大学徐汇校区和闵行校区的沪闵高架路正式开通，原来很多走不同道路的司机在当天早上都选择沪闵高架，致使车辆过多造成严重堵塞，沿途 2 公里多的车队行如龟爬。北京市近年也时常发生近乎全城性的交通大堵塞，甚至一些并不很大的城市在上下班高峰时刻也开始频繁出现交通拥堵。

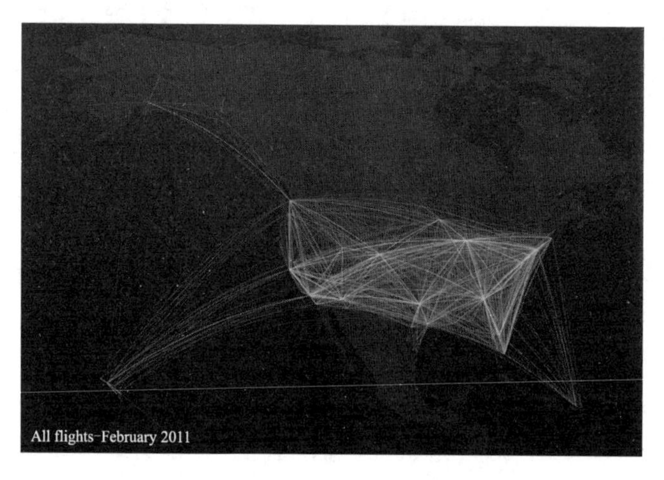

图 1-7　美国航空客运航线网络

图片来源：http://blog.revolutionanalytics.com/2011/05/mapping-airline-flight-networks-with-r.html

科学家们提出了各种各样的模型用于解释交通拥堵现象并试图给出有效的治理办法[5]，不同的城市也采取了包括优化和新建道路、对部分路段收费、车牌尾号限行、车辆号牌拍卖、错时上下班等多种措施，交通拥堵却至今仍然是许多大中城市管理者的“心病”。

1.2.4　生物网络

20 世纪生命科学研究的主流是建立在还原论基础上的分子生物学。还原论的基本前提是，在由不同层次组成的系统内，高层次的行为是由低层次的行为决定的。持还原论观点的生物学家通常认为，只要认识了构成生命的分子基础（如基因和蛋白质）就可以理解细胞或个体的活动规律，而组分之间的相互作用常常被忽略不计。尽管基于还原论的分子生物学极大地促进了人类对单个分子功能的认识，然而绝大多数生物特征都来自于细胞的大量不同组分（如蛋白质、DNA、

RNA 和小分子)之间的交互作用。对生物体中极其复杂的交互作用网络的结构和动力学的理解已成为 21 世纪生命科学的关键性研究课题和挑战之一。近年来兴起的网络生物学和网络医学也印证了这一点[6-8]。

图 1-8 显示了细胞系统中的 5 类网络,从左到右分别叙述如下:

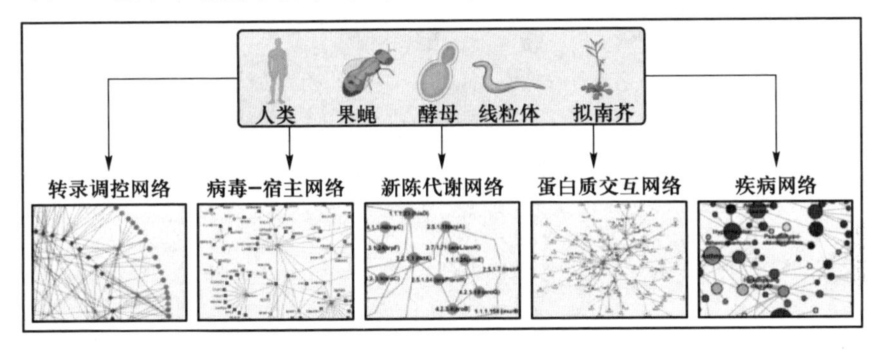

图 1-8　生物网络的几个例子(取自文献[8])

- 转录调控网络(transcriptional regulatory network):节点表示转录因子(圆点)或推定的 DNA 调控元素(菱形点),连边表示对应的两个节点之间的绑定。
- 病毒-宿主网络(virus-host network):节点表示病毒蛋白质(方块点)或宿主蛋白质(环形点),连边表示两者之间的物理交互。
- 新陈代谢网络(metabolic network):节点表示酶,连边表示代谢物。
- 蛋白质交互(protein-protein interaction,PPI)网络:节点表示蛋白质,连边表示蛋白质之间的物理连接。
- 疾病网络(disease network):节点表示疾病,连边表示与有连接的疾病相关的基因突变。

生态学中对食物链网络已经有了很多研究,包括近年来把网络方法用于分析食物链网络的结构及其与动力学之间的关系,读者可以在专门网站上查阅到很多的资料与图片①。除了食物链所表示的捕食-被捕食关系外,生态学家也开始关注更为广泛的共生相互作用所编织的生命之网(Web of life)[9]。例如,图 1-9(a)所示的是基于植物及其种子传播者之间的互利的相互作用而构建的植物动物共生网络,对于这类网络协同进化的研究有助于预测全局变化在这类网络中的传播。图 1-9(b)描绘了一种地中海植物在异质地貌的栖息地板块之间的空间遗传变异网络,对于这类网络的研究有助于我们理解不同地块的共同影响以及定量刻画单个地块对于物种持续的重要性。

---

① http://www.foodwebs.org

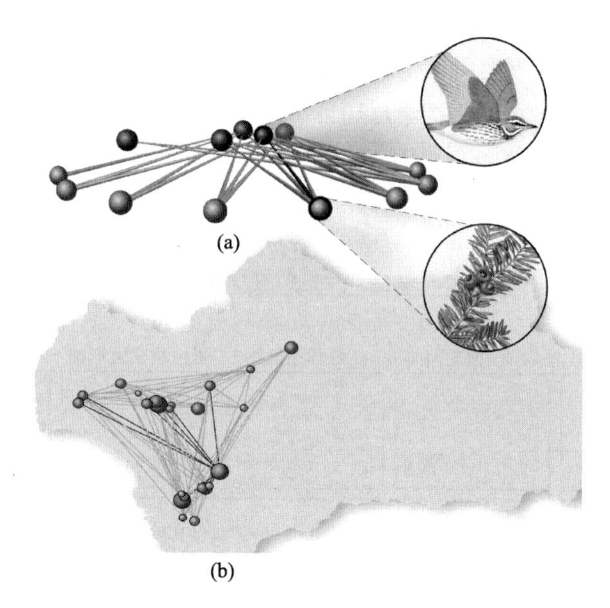

图 1-9　生态网络的两个例子(取自文献[9])

1.2.5　经济与金融网络

在经济学中不仅关心个体行为,也关心群体合作及其所产生的结果。海恩等在《经济学的思维方式》中对群体协作有一段生动的描述[10]:

> 想想看,为了你今天吃好一顿早饭,有多少活动要进行精密的协作。你早上吃的麦片和面包要经过生产、加工、运输、分销等若干环节,农民、卡车司机、建筑工人、银行经理、超市收银员只是在这些环节中付出劳动的人当中的少数几个。(继续往下想,事情就更不可思议了:矿工采掘铁矿石炼钢,钢材制造卡车,卡车拉砖,用砖盖厂房,工厂生产拖拉机,拖拉机用来收麦子。关于生产农民使用的拖拉机,我们就可以写整整一本书来谈论其中涉及的无数个人和组织。)这些人怎么就会在适当的时间、适当的地点正好做了适当的事呢?经济学理论在很大程度上源于对这些问题的回答,并从中逐渐成长起来。

2005 年,弗里德曼出版了受到全球关注的畅销书《世界是平的——21 世纪简史》,并在短时间内进行了改版和扩充[11]。书中将全球化划分为 3 个阶段。“全球化 1.0”主要是国家间融合和全球化,始于 1492 年哥伦布发现新大陆,持续到 1800 年前后,这期间世界从大变为中等。“全球化 2.0”是公司之间的融合,从 1800 年前后一直到 20 世纪末,蒸汽机、电话和计算机等的发明和普及成为这一次全球化的主要推动力,这期间世界从中等变为小。而在21世纪开始的"全球化3.0"中,个人成为了主角,肤色或东西方的文化差异不再是合作或竞争的障碍,新一波的全球化正在抹平一切疆界,世界变平了,从小缩成了微小。

全球化进程同样是一把"双刃剑",其负面效应之一就是局部的动荡有可能以更快的速度蔓延。1997年7月2日,泰国宣布放弃固定汇率制,实行浮动汇率制。在泰铢波动的影响下,菲律宾比索、印度尼西亚盾、马来西亚林吉特、新加坡元等相继成为国际炒家的攻击对象,引发一场遍及东南亚的金融风暴,并向日本、中国香港、韩国等国家及地区蔓延,在短短几个月的时间内,东南亚金融风暴演变为亚洲金融危机。10年之后,2007年年初开始爆发的美国次贷危机也最终演变为全球金融危机。因此,如何预防局部动荡在经济和金融网络中的扩散显然是一个极为关键的问题。

不断深化的全球化进程给各国的发展带来机遇的同时也充满挑战。每个国家或组织都希望能够在相应的经济、贸易等网络中占据有利地位并从中受益。用网络科学的术语,这就是要成为相应网络中的关键节点。如果要用网络科学的方法来分析,首先就要给出合适的网络描述,下面给出几个例子。

Schweitzer等人于2009年7月在《Science》的"复杂系统与网络"专辑上发表了一篇题为"经济网络的新挑战"的文章,给出了一个包含41个节点的加权有向的国际金融网络的例子(图1-10)[12]。图中每个节点表示一个大的非银行类的金融机构,每一条边表示两个机构之间业已存在的最强关系(如贸易量和投资资本等)。尽管该图只是对真实金融网络的高度简化,但它在一定程度上反映了金融机构之间很强的相互依赖性,这种特性对于市场竞争和系统风险都会有影响。

2011年,瑞士学者研究了一个大规模的全球经济网络。他们从一个包含全球3 700万个公司和投资方的数据库中提取出了43 060家跨国公司,并基于股权所有关系构建了这些公司组成的经济网络。研究发现,网络中由147家联系更为紧密的跨国公司组成的"超级实体(Super-entity)"控制了整个网络总财富量的40%(图1-11)。也就是说,不到1%的公司控制着40%的全球经济,其中不少是金融机构[13]。

如果要研究每个国家对全球经济的影响力,可以把每个国家作为一个节点。图1-12显示的是包含206个国家的全球经济网络,其中的边是基于大公司之间的附属关系而确定的[14]:如果国家A的公司在国家B中拥有附属企业,那么就有一条从国家A指向国家B的连边,边的权值对应于附属企业的数量。该图是基于量化每个节点传播能力的k-壳分解方法绘制的。位于外壳的是连接相对松散的、传播能力相对较弱的国家。位于核心部分的是传播能力最强的12个国家:其中既有像美国(US)这样的大国,也有像比利时(BE)这样GDP相对较小的国家。

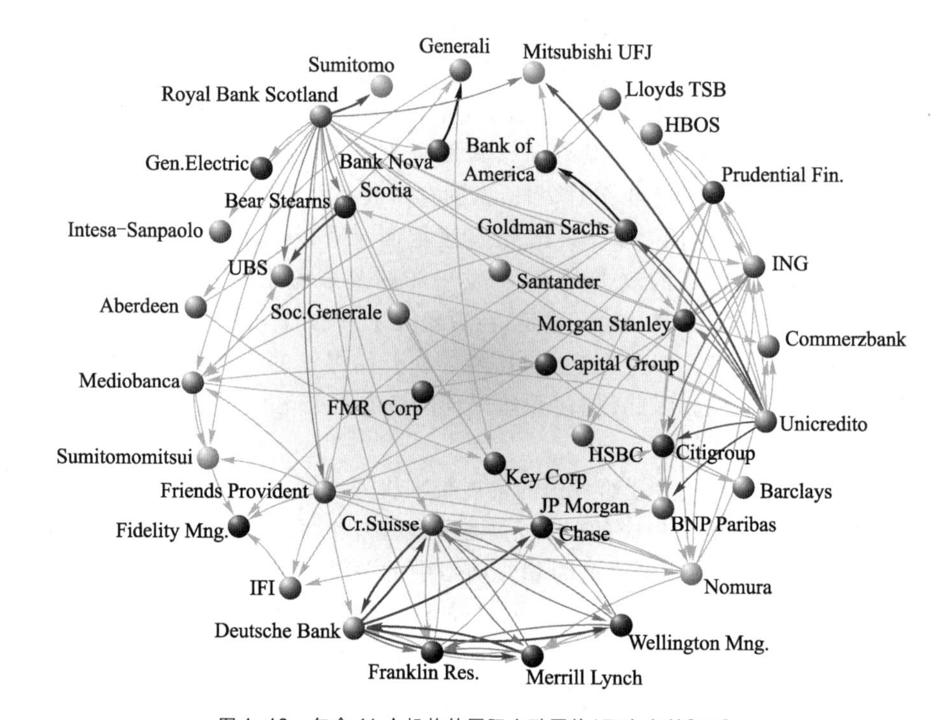

图 1-10 包含 41 个机构的国际金融网络(取自文献[12])

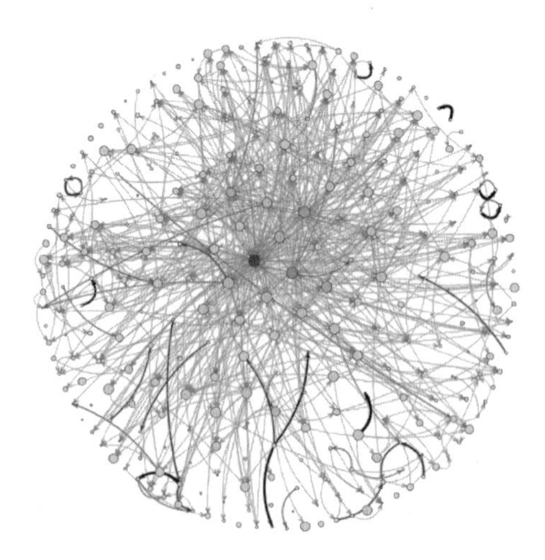

图 1-11 全球 147 家跨国公司组成的超级实体网络

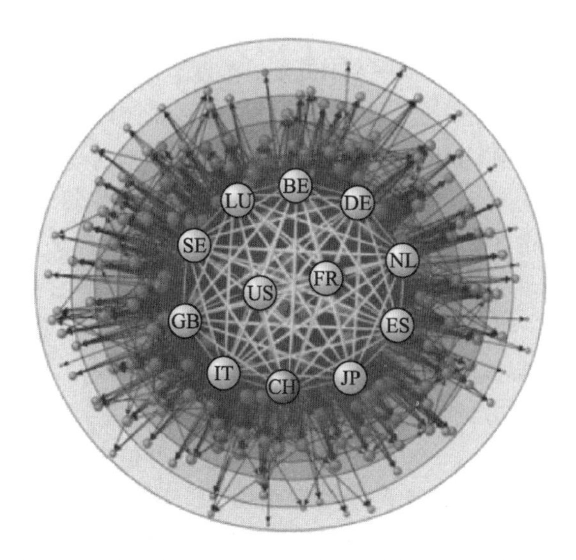

图 1-12 包含 206 个国家的全球经济网络(取自文献[13])

1.2.6 社会网络

一个社会网络就是一群人或团体按某种关系连接在一起而构成的一个系统。这里的关系可以多种多样,如个人之间的朋友关系、同事之间的合作关系、家庭之间的联姻关系和公司之间的商业关系等等。社会学中对于社会网络的研究已经有较长的历史,其中的一些实验性研究不仅在社会学上具有重要影响,而且对于网络科学的发展和普及都起到了积极的推动作用。

Milgram 小世界实验 很多人可能都有这样的经历:偶尔碰到一个陌生人,同他聊了一会儿后发现你认识的某个人居然他也认识,然后一起发出"这个世界真小"的感叹。那么对于地球上任意两个人来说,借助第三者、第四者这样的间接关系来建立起他们两人的联系,平均需要通过多少个人呢? 20 世纪 60 年代美国哈佛大学的社会心理学家 Stanley Milgram 通过社会调查后给出的推断是:地球上任意两个人之间的平均距离是 6。也就是说,平均中间只要通过 5 个人,你就能与地球上任何一个角落的任何一个人发生联系。这就是著名的六度分离(Six Degrees of Separation)推断。

下面来看看 Milgram 的社会实验是怎么做的。首先,他选定了两个目标对象:一个是美国马萨诸塞州(Massachusetts)沙朗(Sharon)的一位神学院研究生的妻子,另一位是波士顿(Boston)的一个证券经纪人。然后他在遥远的堪萨斯州(Kansas)和纳布拉斯加州(Nebraska)招募到了一批志愿者。Milgram 要求这些志愿者通过自己所认识的人,用自己认为尽可能少的传递次数,设法把一封信最终转交到一个给定的目标对象手中。Milgram 在发表于 1967 年 5 月美国《今日心理学》杂志上的一篇论文中[15],描述了一份信件是如何仅用 3 步就从堪萨斯州的一位农场主手中转交到马萨诸塞州的那位神学院学生的妻子手中的:农场主将信件寄给一个圣公会教父,教父将其寄给住在沙朗的一位同事,然后信件就转到了神学院学生妻子的手中。尽管并不是每一个实验对象都如此成功,但 Milgram 根据最终到达目标者手中的信件的统计分析发现,从一个志愿者到其目标对象的平均距离只是 6。实验结果在某种程度上反映了人际关系的"小世界"特征。

Milgram 的小世界实验在社会网络分析中具有重要影响。然而在 Milgram 的实验中,实际上只有少部分的信件最终送到了收信人手中,因此实验的完成率很低。而且 Milgram 总共只送出了 300 封左右的信,即使这些信全都成功送到了收信人的手中,用这么少的数据量来统计人际关系网的性质,其可信度也是非常低的。

近些年来,人们一直在做着各种不同规模不同方式的小世界实验,以下仅举几例。

Kevin Bacon 游戏。20 世纪 90 年代末的一个著名实验就是"Kevin Bacon 游戏(Game of Kevin Bacon)"。这个游戏的主角是美国电影演员 Bacon,游戏的目的是把 Bacon 和另外任意一个演员联系起来。在该游戏里为每个演员定义了一个 Bacon 数:如果一个演员和 Bacon 一起演过电影,那么他(她)的 Bacon 数就为 1;如果一个演员没有和 Bacon 演过电影,但是他(她)和 Bacon 数为 1 的演员一起演过电影,那么该演员的 Bacon 数就为 2;以此类推。这个游戏就是通过是否共同出演一部电影作为纽带建立起演员和演员间的关系网。而 Bacon 数就描述了这个网络中任意一个演员到 Bacon 的最短路径。

美国 Virginia 大学计算机系的科学家建立了一个电影演员的数据库,放在网上供人们查询①。网站的数据库里目前总共存有近 60 万个世界各地的演员的信息以及近 30 万部电影信息。通过简单地输入演员名字就可以知道这个演员的 Bacon 数。比如输入 Stephen Chow(周星驰)就可以得到这样的结果:周星驰在《豪门夜宴》中与洪金宝(Sammo Hung Kam-Bo)合作;洪金宝在《死亡的游戏》中与 Colleen Camp 合作;Camp 在《Trapped》中与 Bacon 合作。这样周星驰的 Bacon 数就为 3。对近 60 万个演员所做的统计发现,最大的 Bacon 数仅仅为 8,而平均 Bacon 数仅为 2.944。

Erdös 数。在"Kevin Bacon 游戏"中是计算每个演员的 Bacon 数,而在数学

① http://www.cs.virginia.edu/oracle/

界则流行一个计算每个数学家的 Erdös 数的游戏，并建立有专门的网站①。Erdös 是 20 世纪最杰出的数学家之一，他喜爱数学达到了如痴如醉的程度，在包括随机图论在内的多个数学分支作出了大量创新性工作，他一生写作了大约 1 600 篇文章，其中大部分文章是分别与大约 500 位研究人员合作完成的！曾经流传这样的说法：Erdös 跨进一位数学家的大门，宣布"我的头脑敞开着(My brain is open)"，然后就和对方展开数学研究。临走时，则说"另一个屋顶，另一个证明(Another roof, another proof)"。

某个人的 Erdös 数刻画了他(她)与 Erdös 之间的距离。凡是跟 Erdös 合作写过文章的人的 Erdös 数均为 1，凡是跟 Erdös 数为 1 的人合作写过文章的人的 Erdös 数均为 2，以此类推。例如，本书三位作者汪小帆、李翔和陈关荣的 Erdös 数分别为 3、3 和 2。这是因为崔锦泰(C. K. Chui)曾和 Erdös 合作写过文章，而陈关荣曾是崔锦泰的博士生，他们二人合写过文章，汪小帆和李翔则分别和陈关荣合作写过多篇文章。

Internet 上的小世界实验。尽管电影演员合作网络和数学家合作网络的定义明确而且很容易检验，它们的规模尺度仍然相对太小。也就是说，电影界和数学界的"小世界现象"并不能直接推广到拥有几十亿人口的整个世界。

2001 年秋天，当时在美国哥伦比亚大学社会学系任教的 Watts 等人建立了一个称为小世界项目(Small World Project)的网站，开始在世界范围内进行一个检验六度分离假说是否正确的网上在线实验。他们选定了一些目标对象，包括各种年龄、种族、职业和社会经济阶层的人。志愿者在网站注册后会被告知关于目标对象的一些信息。志愿者的任务就是把一条消息用电子邮件的方式传到目标对象。类似于 Milgram 的小世界实验，如果志愿者不认识指定的目标对象，可以向网站提供他觉得比较合适的一个朋友的电子邮件地址。网站会通知这个朋友该实验的事情，如果这个朋友同意，就可以继续这个实验。该研究小组于 2003 年 8 月在《Science》上报道了他们的实验结果[17]。在一年多时间里，总共有 13 个国家的 18 名目标对象和 166 个国家和地区的 6 万多名志愿者参与实验，最后有 384 个志愿者的电子邮件抵达了目的地。每封邮件平均转发 5 到 7 次，即可到达目标对象。但是，这项研究也存在一些不可控的因素。例如，志愿者的朋友对于该实验可能没有兴趣，而且一般人对陌生的电子邮件往往抱有戒心，从而使得这个实验的进行很困难。

近些年来，各种在线社会网络如雨后春笋般涌现，典型的平台包括 Facebook 和人人等在线交友网络、QQ 和 MSN 等实时通信系统、各种 BBS 和论

① http://personalwebs.oakland.edu/~grossman/erdoshp.html

坛、博客、微博等。这些网络的用户数少则几万，多则几千万甚至上亿，从而产生了规模越来越庞大的网络数据。2010 年 12 月，在 Facebook 实习的加拿大 Waterloo 大学的研究生 Paul Butler 发布了一个“友谊世界地图”（图 1-13）。他从 Facebook 庞大的数据库中抽取出 1 000 万对朋友关系，结合用户所在地的数据统计出每一对城市间好友的数量。经过渲染，他得到了这样一张世界地图，各大洲清晰可见。

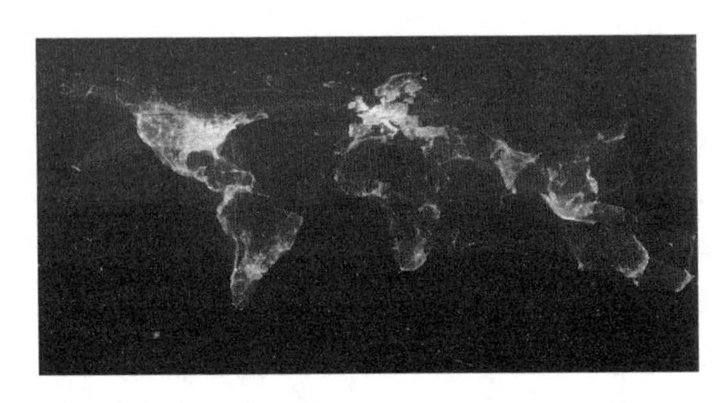

图 1-13　Facebook 友谊世界地图

图片来源：http://paulbutler. org/archives/visualizing-facebook-friends/

2011 年 11 月 21 日，Facebook 网站上公布了与意大利米兰大学等联合从事的关于 Facebook 的六度分离验证的研究结果：Facebook 上两个用户之间的平均距离仅为 4. 74。[18]。研究中采用的 2011 年 5 月份的数据包括了 Facebook 上的大约 7. 21 亿个活跃用户以及 687 亿条朋友关系链接，用户数超过了当时全球人口总数的 10%，这是到 2011 年为止最大规模的小世界验证。本书第 3 章和第 4 章将会详细介绍 Facebook 网络的拓扑性质。

弱连带的强度　朋友关系的一个重要属性就是关系的强弱。每个人一般都既有一些关系非常密切的密友，也有一些只是偶尔联系的朋友。我们把亲密的关系称为强连带（Strong tie），而把一般的关系称为弱连带（Weak tie）。强连带和弱连带是否会对我们的工作和生活带来不同的影响呢？是否强连带一定要比弱连带的影响大呢？

20 世纪 60 年代末，哈佛大学的研究生 Mark Granovetter 研究了朋友关系在人们找工作时所起的作用。他在波士顿地区采访了近 100 个人，并向 200 多个人发出了问卷。这些被调查者，要么刚刚改变了工作，要么最近才被雇用，而且都是专业技术人士，也就是说，他的调查范围不包括蓝领工人。Granovetter 发现，人们在寻找工作时，那些关系紧密的朋友反倒没有那些关系一般的甚至只是偶尔见面的朋友更能够发挥作用。事实上，关系紧密的朋友也许根本帮不上忙。下面是 Granovetter 给出的一个例子[16]：

Edward 在上高中的时候，他认识的一个女孩邀请他参加了一个聚会。在聚会上，Edward 遇到了那个女孩的大姐的男朋友。3 年以后，当 Edward 辞去工作后，他在当地的住所偶遇到了这位只有一面之交的朋友。在交谈中，这个人提起说他所在的公司现在需要一名制图员；于是 Edward 申请了这个工作，并顺利地被聘用了。

Granovetter 的这篇标题为“弱连带的强度(Strength of weak ties)”的论文，最初于 1969 年 8 月投给了《美国社会学评论》杂志，但 4 个月后就被退稿。4 年之后，这篇论文才在《美国社会学杂志》发表[16]。现在它已被认为是有史以来最有影响的社会学论文之一。

从网络的角度看，Granovetter 研究中的关系密切的朋友往往组成紧密的小团体，而弱连带则对应于这些团体之间的稀疏的联系，如图 1-14 所示。每个紧密的小团体内部的个体很有可能平时都生活在相同的圈子中，这意味着他们接触到的也很可能是相似的信息。因此，一个人更有可能通过弱连带而获得新信息。

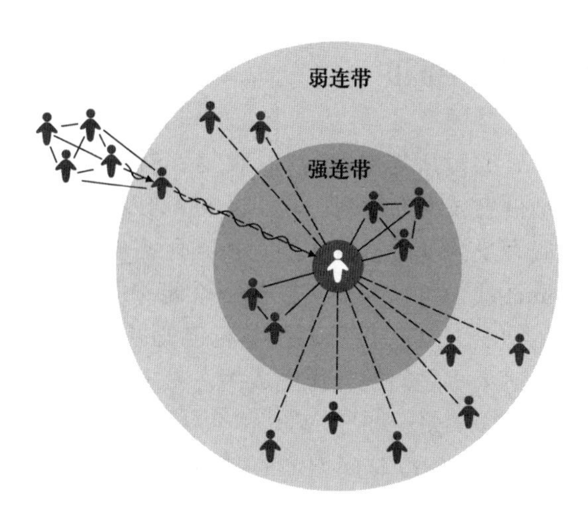

图 1-14 强连带与弱连带示意图

2012 年 1 月 17 日，Facebook 官方博客发表的题为“重新思考网络中的信息多样性(Rethinking information diversity in networks)”的文章指出，尽管一个人在 Facebook 上更有可能分享来自密友的信息，Facebook 上更为丰富的弱连带的集合却对新信息的传播起着更为重要的作用，从而使得人们在 Facebook 上分享的信息更具多样性。举例来说，假设你有 100 个弱连带朋友和 10 个强连带密友。假设你分享每个强连带密友发布的信息的概率为 50%，但分享每个弱连带朋友发布的信息的概率仅为 15%。如果每个朋友发布的信息量相同，那么你分享的弱连带传递的信息量是强连带传递信息量的 3 倍！所以，总体而言，你通过弱连带分享了更多的信息，而弱连带更有可能带来你所不知道的新信息。

Watts 于 2007 年在《Nature》上发表的一篇题为"21 世纪的科学"的文章的主旨就是：如果处理恰当，关于在线通信和交互的数据有可能对于我们理解人类集群行为产生革命性的变化[19]。Barabási 于 2009 年在《Science》上撰文预测下一个 10 年的网络科学进展时也说到[20]："随着手机、GPS 和 Internet 等能够捕捉人类通信和行踪的电子设备的日益普及，我们最有可能在真正的定量意义上首先攻克的复杂系统可能并不是细胞或 Internet，而是人类社会本身。"

2012 年 1 月 26 日的《Nature》封面文章则说明在人类社会的历史长河中，有可能存在一些共性的社会网络特征[21]。该文研究了坦桑尼亚北部与现代社会几乎完全隔绝的布须曼（Hadza）人之间的社会关系网络，发现这一基本仍以狩猎-采集为生的社会网络具有一些与现代社会网络相同的结构特征，包括聚类性、同质性以及群体合作特征等。

1.2.7　科研和教育的网络化

随着人类社会的日益网络化，科学研究的网络化趋势也愈加明显。首先，我们每个人在从事科学研究时所需要的查询、收集、分析、存储与传播数据和信息等都更加依赖于网络信息技术的发展。在 Internet 普及之前，我们常常需要在图书馆中耗费数日翻阅大量的纸质材料才能查找到所需要的某个具体研究方向的文献，现在基于 Internet 我们可以在短短数分钟就能查阅得到丰富的文献和共享数据等。其次，在过去几十年间，科研人员单枪匹马从事研究的越来越少，越来越多的成果是通过科研人员之间的合作完成的。

美国西北大学的研究人员分析了 Web of Science 数据库中 50 年间（1955—2005）的 1 990 万篇文章以及 30 年间（1975—2005）的所有 210 万份专利[22]。根据 ISI 分类系统，所有的文章可分为三大类：科学与工程（包含 171 个子类）、社会科学（包含 54 个子类）以及艺术与人文（包含 27 个子类）。所有的专利作为一个大类（包含 36 个子类）。分析表明，除了艺术与人文领域基本保持稳定外，其他几大类中都明显呈现出团队合作发表成果（文章或专利）的比例越来越高以及团队规模越来越大的趋势（图 1-15）。图 1-16（a）~（d）进一步比较了所有文章或专利的平均团队规模与被引次数高于相关子类中文章平均被引次数的文章或专利的平均团队规模，可见高引用的团队的相对规模较大；图 1-16（e）~（h）显示了团队合作成果的平均被引次数与单个作者成果的平均被引次数的比值（记为 RTI）：每个点表示一个子类的 RTI，黑线表示给定年份的算术平均，可见团队合作的成果更容易得到引用，这一趋势也越来越明显。

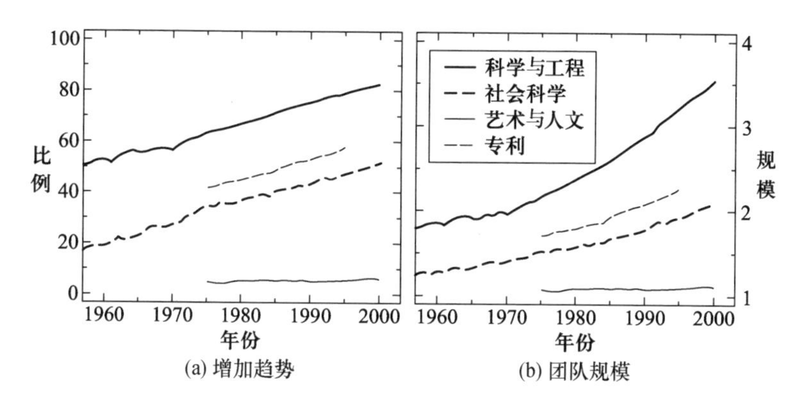

图 1-15 团队合作发表文章的比例（取自文献[22]）

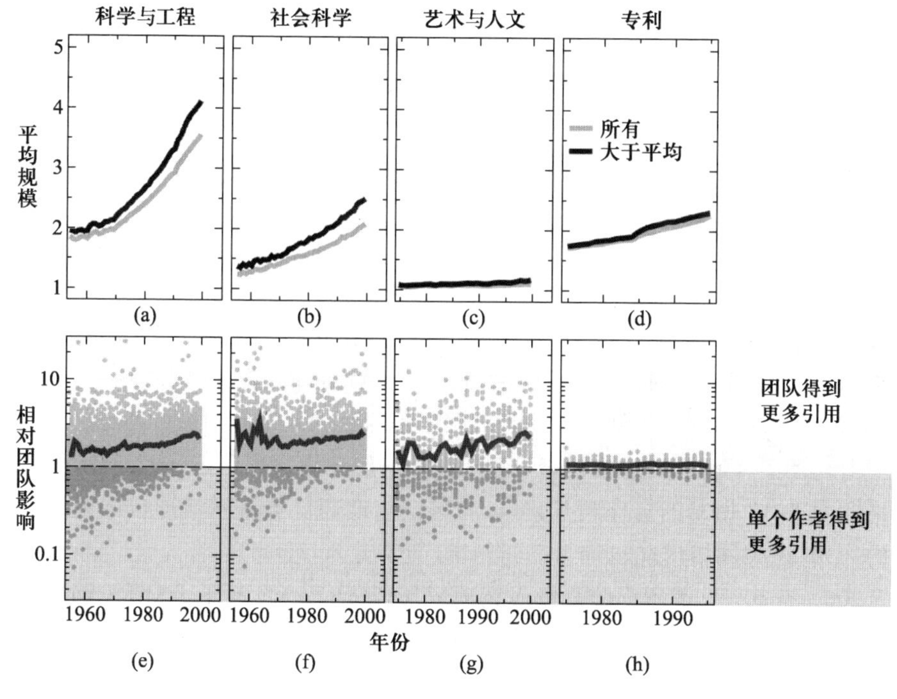

图 1-16 团队的相对影响（取自文献[22]）

读者也许会问：这是不是因为越来越多的成果都是由导师和研究生合作完成的呢？研究人员分析了美国 662 所大学在 30 年间（1975—2005）所发表的被 Web of Science 数据库收录的 420 万篇文章[23]。图 1-17 表明，在科学与工程以及社会科学领域，校际合作发表文章的比例呈现显著上升趋势，单个作者发表文章的比例显著下降，而校内合作发表文章的比例大体不变，只是在人文艺术领域过去 30 年间合作趋势没有显著变化。

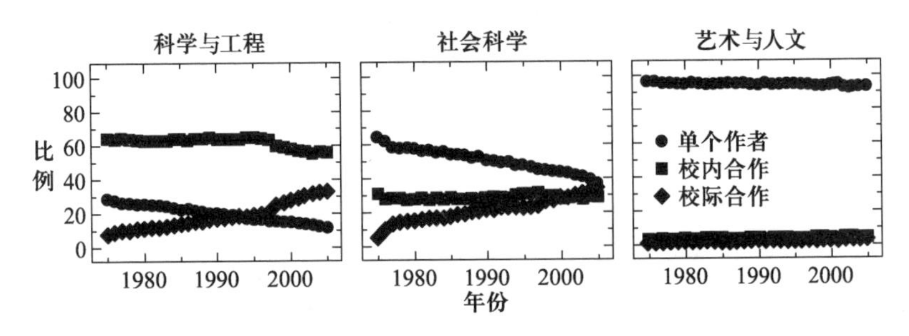

图 1-17　不同作者结构所对应的文章的比例（取自文献[23]）

此外，许多复杂问题的有效解决都需要来自不同学科的众多科研人员的有效协作，学科之间的相互交叉与相互渗透的趋势也日益显著。例如，为了处理大型强子对撞机（LHC）每年生成千亿兆字节级的数据，欧洲粒子物理研究所建立了一个集中并共享每个成员研究所的计算处理能力的网络系统，使得成千上万的科研人员都可以访问 LHC 的数据并且合作从事研究。Internet 使得全世界的志愿者可以通过连网的个人 PC 协同进行蛋白质折叠计算以及卫星图像中的彗星搜索等任务。Science-Metrix 公司的研究人员 Beauchesne 受到 Facebook 友谊世界地图的启发，基于 Elsevier 和 Scopus 数据库中 2005—2009 年的数据，绘制了体现全球不同城市科研人员之间合作关系的可视化图（图 1-18），该图是 2010 年度“位数和空间：绘图科学（Places & Spaces：Mapping Science）”竞赛的 10 幅获奖作品之一。

对比图 1-4 所示的通信网络、图 1-7 所示的交通网络、图 1-13 所示的社交网络和图 1-18 所示的合作网络，可以看到空间地理位置在网络形成中起到了显著的作用，这类网络因此也称为空间网络（Spatial networks）[24]。

2009 年 10 月，美国国防高级研究项目局（DARPA）发起了 DARPA 网络挑战（DARPA Network Challenge），要求参赛队伍定位出放在美国大陆不同位置的 10 只红色的气球，所花时间最短者获胜。MIT 的一支队伍不到 9 个小时就定位出所有 10 只气球而夺冠，亚军队伍在 9 小时内定位出 9 只气球，还有两支队伍在 9 小时内定位出 8 只气球。这些队伍之所以能在如此短的时间里就完成或近似完成任务，一个共同的特征就是他们都充分利用了各种在线媒体和社交网站征集志愿者。冠军队伍采用一种递推激励机制征集了大约 4400 名志愿者，该队伍成员 2011 年 10 月在《Science》上介绍了他们利用网络科学方法对这一机制的分析以

图 1-18　全球科研人员合作网络

图片来源：http://scimaps. org/submissions/7-digital_libraries/maps/thumbs/002_LG. jpg

及与其他方法的比较[25]。

网络科学的思想还有可能用于教学改革。2011 年 9 月，来自美国约翰霍普金斯医学院的两位教授在《Cell》上发表了题为“围绕节点和连接组成生命科学研究生教育”的文章[26]，提出了研究生教学课程安排的新模式——摆脱生物化学、细胞生物学和生理学等学科之间的条条框框，让学生们能在各级水平上，从分子到细胞再到整个生物体水平上了解生物。新模式的核心思想就是使用“节点 + 连边”的网络整合生物学的关键信息。事实上，不仅是生命科学，其他学科也面临着如何在教学过程中有效整合知识的挑战，而不是把科学割裂为一门门孤立的课程。

1.3　网络时代的网络科学

1.3.1　为什么需要网络科学

两篇开创性的文章可以看做是网络科学兴起的标志：一篇是时为美国康奈尔(Cornell)大学理论和应用力学系博士生的 Watts 及其导师、非线性动力学专家 Strogatz 教授于 1998 年 6 月在《Nature》上发表的题为“‘小世界’网络的集体动力学”的文章[27]；另一篇是时为美国 Notre Dame 大学物理系教授的 Barabási 及其博士生 Albert 于 1999 年 10 月在《Science》上发表的题为“随机网络中标度的涌现"的文章[28]。这两篇文章分别揭示了复杂网络的小世界特征和无标度性质，并建立了相应的模型以阐述这些特性的产生机理。这两篇文章无疑是论文引用网络中的 Hub 节点。据 Google Scholar 统计，截至 2012 年 1 月 1 日，两篇文章的引用分别高达 14 791 次和 12 472 次。

长期以来，通信网络、电力网络、生物网络、社会网络和经济网络等实际网络分别是通信科学、电力科学、生命科学、社会科学和经济科学等不同学科的研究对象。此外，也有一些针对抽象网络的研究分支，如数学中的图论研究的是抽象的点和线构成的网络，博弈论研究多个个体或团队之间在特定条件制约下的对局中利用相关方的策略而实施对应的策略，物理学中的统计力学研究的是大量粒子集合的宏观运动规律。既然针对各种具体和抽象网络都已经有相应的学科，那么为什么还需要专门研究统一的网络科学呢？

首先，网络科学所要研究的是各种看上去互不相同的复杂网络之间的共性和处理它们的普适方法。网络科学中研究问题的来源是各种实际网络，它所产生的共性的概念、方法与理论又可以反过来为各种实际网络的分析与设计提供宏观指导与具体手段。例如，许多实际网络都具有一个共同性质，即社团结构(Community structure)。也就是说，整个网络是由若干个社团构成的。每个社团内部的节点之间的连接相对非常紧密，但是各个社团之间的连接却相对来说比较稀疏。因此，在网络科学中需要研究社团的定量刻画以及大规模复杂网络的社团结构的有效挖掘算法；另一方面，当把一个社团挖掘算法用于某个具体的实际网络的分析时，就必须考虑具体网络的特征、社团所对应的实际意义以及位于多个社团重叠处的节点的特殊功能等。

其次，网络科学试图在已有的各种与研究网络相关的学科之间架设起沟通的桥梁，使得对于某一个网络的研究也有可能对于另一个网络的研究起到借鉴作用。例如：

- 医学专家希望了解每一种传染病在社会网络中的传播途径并找到有效的预防与控制策略；
- 社会学家关心时尚、观点和流言蜚语等是如何在社会网络中传播的；
- 网络安全专家希望研究各种病毒是如何在 Internet 和移动通信网络上传播的；
- 电气工程专家希望避免电网上的局部损坏引发大规模的相继故障；
- 政治家和经济学家希望找到预防地区性动荡引起全球危机的有效办法。

上述 5 个不同领域的问题都可以归结为复杂网络上的传播动力学，即局部节点或者连边的行为是如何在网络中扩散的。因此，网络科学中对于传播动力学的研究所形成的理论与方法有助于我们更好地认识不同网络上的传播行为之间的联系与区别。例如，研究表明，在一些网络中，传播能力最强的并不是朋友数最多（即度最大）或者最中心（即介数最大）的节点，而是基于 k-壳分解分析得出的那些核心节点，并且传染病模型也有可能在一定程度上有助于研究经济危机的传播[29]。

此外，许多复杂网络问题依靠单个学科都难以有效解决，需要多学科的协同努力，而网络科学正是这样一个多学科交叉的平台。以 Internet 拓扑分析与建模为例，不同学科背景的研究人员往往会从不同的视角和动机来研究相同的问题[30,31]：

- 计算机网络工程研究人员希望更好地理解 Internet 结构，因为一些应用和协议的性能与网络结构密切相关。例如，可以证明，随机图上和规则网格上路由的最佳可能性能之间就存在着巨大差异。他们也希望预测新的技术、政策或经济条件等会对不同层次的 Internet 拓扑产生怎样的影响。
- 物理学家研究 Internet 拓扑的动机通常更为基础，他们希望寻求不同领域的复杂网络化系统演化的普适法则，而 Internet 只是人类构造的复杂系统的典型例子之一。一个典型的例子是 Internet 和其他许多复杂网络都近似服从幂律度分布。
- 数学家则更加着眼于构建数学上严谨的模型并对拓扑性质进行严格的理论分析。一个典型的例子是数学家 Bollobás 从数学上对物理学家 Barabási 提出的无标度网络模型进行了修正并给出了网络服从幂律度分布的严格的理论证明[32]。

因此，从某种意义上看，不同领域研究人员对于 Internet 拓扑的研究类似于“盲人摸象”：一方面，每个领域从不同的角度都提供了对于 Internet 拓扑的重要认识；另一方面，也正是由于角度不同，导致了许多不相容的、矛盾的陈述。因此，正如只有把关于大象的各部分的描述正确地拼装才能得到正确的大象整体形象一样，只有把不同领域的研究加以有效整合才能得到 Internet 拓扑的较为全面的图景。

在网络科学研究中会大量使用图论、统计力学、博弈论、动力系统等分支的概念、理论与方法，我们在介绍到相关内容时会阐述网络科学与这些分支的联系与区别。

1.3.2 网络科学的研究内容

网络科学着眼于复杂网络的定量与定性特征的科学理解。网络系统的复杂性体现在以下几个方面：

（1）结构复杂性。网络连接结构看上去错综复杂、极其混乱，而且网络连接结构可能是随时间变化的。例如，WWW 上每天都不断地有页面和链接的产生和删除。此外，节点之间的连接可能具有不同的权重或方向。例如，神经系统中的突触有强有弱、可以是抑制的也可以是兴奋的。

（2）节点复杂性。网络中的节点可能是具有分岔和混沌等复杂非线性行为的动力系统。例如，基因网络和 Josephson 结阵列中每个节点都具有复杂的时间演化行为。而且，一个网络中可能存在多种不同类型的节点。例如，控制哺乳动物细胞分裂的生化网络就包含各种各样的基质和酶。

（3）结构与节点之间的相互影响。“近朱者赤，近墨者黑”，你和什么样的人交朋友通常也会影响到你的言行举止。也就是说，社会网络的结构会影响到个体的行为。另一方面，节点的行为也有可能影响网络结构。例如，在神经网络中，耦合神经元重复地被同时激活，那么它们之间的连接就会加强，这也被认为是记忆和学习的基础。

（4）网络之间的相互影响。网络化社会的另一个重要特征就是各种重要基础设施网络（如通信、交通、电力、供水等）之间的相互联系越来越紧密，相互影响越来越大。例如，电力网络中的局部故障可能不仅影响电网的稳定性，也有可能会导致 Internet 流速变慢或局部断网、金融机构关闭、运输系统失去控制等一系列不同网络之间的连锁反应[33,34]。

图 1-19 为 2003 年 9 月 28 日意大利发生停电事故时，电力网络和 Internet 之间的相互影响[33]。图中的电力网络是基于实际的地理位置标注的，悬在图中右前方的是与该电力网络相关联的 Internet。每一个 Internet 服务器依靠地理上最近的电站提供电力，而电站又依赖于 Internet 上的通信节点进行控制。图 1-19(a)中电力网络中用黑色标记的一个电站节点失效，意味着该节点被从电力网络中去除，从而使得与之相连的 Internet 上黑色标记的节点也都失效，即被从 Internet 上去除。在图 1-19(b)中，与 Internet 的连通巨片失去连接的那些节点也

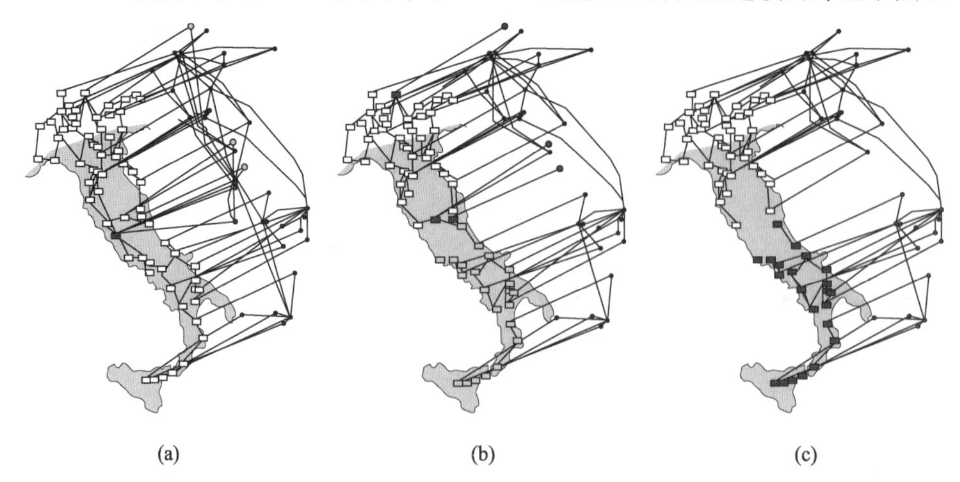

图 1-19　电力网络与 Internet 的相互影响（取自文献[33]）

被去除(黑色节点),从而使得依赖这些 Internet 节点的电站也相应地从电力网络中被去除(地图上的黑色节点)。而图 1-19(c)进一步表明,去除了与电力网络的连通巨片失去连接的那些节点(地图上的黑色节点)后,同时也就去除了那些依赖于这些被去除的电站节点的 Internet 节点。

世纪之交网络科学的发展在很大程度上归功于越来越强大的计算设备和迅猛发展的 Internet,它们使得人们开始能够收集和处理规模巨大且种类不同的实际网络数据。此外,学科之间的相互交叉使得研究人员可以广泛比较各种不同类型的网络数据,从而揭示复杂网络的共有性质。以还原论和整体论相结合为重要特色的复杂性研究的兴起,也促使人们开始从整体上研究网络的结构与性能之间的关系。目前而言,网络科学的主要研究内容大体可以归纳为如下几个部分(图 1-20)。

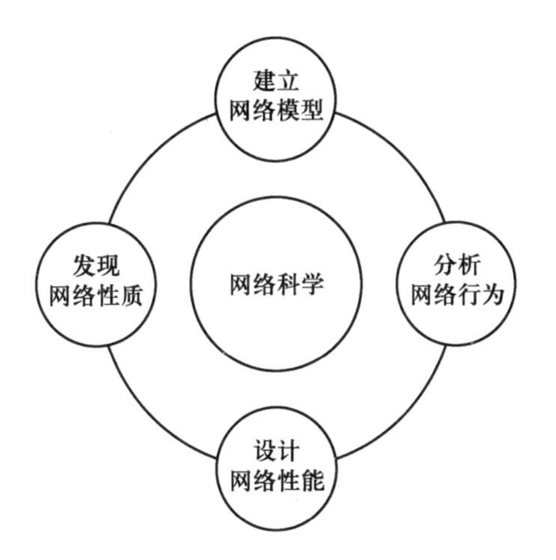

图 1-20 网络科学研究内容

(1) 发现。揭示刻画网络系统结构的拓扑性质,以及度量这些性质的合适方法。

自从关于复杂网络的小世界和无标度结构特征的研究以来,对于复杂网络的基本结构性质的研究一直是研究的重点。哪些拓扑性质对于刻画网络结构既具有基本的重要性又便于计算?各种拓扑性质之间具有什么样的关系?对于这些问题的认识仍然有待深入。例如,对于节点数在百万以上的大规模复杂网络的社团结构分析仍然缺乏有效的计算方法,需要在算法速度和精度之间的很好的折中。

对大规模实际复杂网络的结构性质进行分析的第一步是要能够有效获得网络结构数据,也就是要能得到网络节点数和节点之间的具体连接关系。然而,对于很多极其复杂的网络至今还无法通过有效方法获得较为完整的网络结构数据。例如,对于 Internet 和 WWW 等网络,往往是基于某种采样方法获得不完整的网络数据;由于受到技术条件的限制,在获得生物网络数据时往往会丢失连边或者产生虚假连边。例如,至 2008 年,生物学家的协同努力也只能获得酵母中大约 20% 的蛋白质之间的相互连接[35]。因此,对实际复杂网络进行结构分析面临如下问题:如何获得高质量的网络结构数据?如何科学地分析数据质量?基于对不完整的网络结构数据所做的分析在多大程度上能够推广到整个网络?此外,即使有了高质量的网络数据,针对所研究的问题,往往也需要对数据做恰当的预处理以生成合适的网络。

很多实际网络中的节点以及节点之间的关系都是随时间变化的。因此,对于随时间演化的网络的结构性质分析需要引起更多的关注。

(2) 建模。建立合适的网络模型以帮助人们理解这些统计性质的意义与产生机理。

自从 Watts 和 Strogatz 于 1998 年提出小世界模型以及 Barabási 和 Albert 于 1999 年建立无标度模型以来,人们提出了各种各样的网络拓扑模型,从而提升了我们对网络结构性质及其产生机理的认识。关于网络拓扑建模有两种极端的做法:一个极端是几乎没有考虑实际网络的任何具体特征的"概念模型";另一个极端是试图让模型能够再现实际网络的尽可能多的各种拓扑性质,然而这类模型通常包含很多的假设和参数从而使得模型既难懂又缺乏解释或预测能力。因此,网络建模的一个关键问题是基于对实际网络的理解,找到上述两个极端之间的合适的平衡。

至今为止,图(Graph)仍然是描述复杂网络拓扑的一个统一的工具。但是,正如前面已经指出的,许多实际网络的拓扑结构都是随时间变化的,甚至不少网络的结构的变化还与节点状态的变化密切相关。因此,值得考虑的问题包括:传统的图论是否仍然适于处理这类演化网络?是否有可能建立更为合适的新的描述与分析工具?

(3) 分析。基于单个节点的特性和整个网络的结构性质分析与预测网络的行为。

研究复杂网络结构性质与建模的目的之一就是为了了解网络结构与网络功能之间的相互关系与影响,典型例子包括网络上的传播、博弈和同步行为等。总体上看,这方面的研究仍然处于起步阶段。其根本难度在于,对于网络的某个具体功能或行为,我们可以相对较为容易地判断该功能是否与网络的某个结构性质之间关系不大,却很难准确判断该功能是否是由网络的某个结构性质所决定的。因为严格说来,这需要假设网络所有其他性质都保持不变的情况下,考虑该性质的变化对网络功能的影响,而这一般是无法做到的。因此,关于网络结构与功能之间的关系的研究往往只能得到较为合理的结论而难以得到完全充分的结果。例如,近年的研究中经常见到类似如下的推断:因为某个网络具有幂律度分布,所以它具有某种行为。然而,具有相同度分布的两个网络的其他拓扑性质和行为可以有非常本质的区别。因此,在网络科学研究中必须非常小心,否则就有可能出现"想要什么结论就可以得到什么结论"的似是而非的结果[36]。

(4) 设计。提出改善已有网络性能和设计新的网络的有效方法。

某种意义上说,这是我们研究任何系统的终极目的。人类社会的生活与生产活动越来越依赖于各种各样日益复杂的网络系统的安全、可靠和有效的运行,如通信网络的鲁棒性、交通网络的拥塞控制和电力网络的稳定性等。在网络系统控制的研究中,既有不同的受控系统和不同的网络特性所带来的个性的研究课题,也有许多共性的、基础性的建模与控制问题有待深入研究。关键共性问题之一是分析各个子系统(节点)的性质和网络连接结构对整个系统的行为的影响,并在此基础上提出改进和优化系统性能的理论和方法。

在控制界对于大系统控制的研究已有较长的历史并取得了很多成果,但是从理论上系统性研究具有复杂结构的大规模网络系统的共性控制问题则是从 20 世纪末才开始的。对于规模巨大的网络系统而言,要通过对每个节点都直接施加控制而实现控制目标可能是极其困难的。因此,其中一个特别受到关注的问题是:是否能够仅对部分节点直接加以控制而实现全局的控制目标?如果对这个问题的答案是肯定的话,那么应该如何选取受控节点使得实现控制目标所需的代价尽可能低(如所需的受控节点数最少)?显然这一问题是与网络结构密切相关的。

(5) 从网络科学到网络工程。

随着研究的不断深入和技术的不断进步,网络科学在实际网络中的应用也将不断得以扩展和深化,典型例子包括以通信网络、交通网络和电力网络等为代表的关键基础设施网络、各种生物网络、各种现实和在线社会网络等[37]。

有趣的是,人们发现许多看上去与网络无关的问题也可以转化为网络问题来研究。例如,通过把每个单词作为一个节点、两个单词之间具有某种关系(如在同一个句子中出现),那么就在相应的两个节点之间有一条边,这样就构成了一个语言网络,通过对语言网络结构性质的研究也许有助于我们理解语言的组织及其演化[38]。此外,在现实世界广泛存在的各种各样的时间序列也可以转化为网络来研究[39-41]。与实际应用的逐步结合也将促使网络科学向网络工程推进[42]。

1.4 本书内容简介

网络科学具有很强的跨学科特色,既有从纯数学角度进行的完全抽象的理论分析,也有大量针对具体网络的实证和应用研究,并且新的问题和研究成果不断涌现。本书在材料选取上着眼于网络科学的基础概念和方法,使得具有大学工科数学基础的读者都能够看懂。我们希望读者在阅读本书后能够具备分析具体网络的能力,又不过多地陷入数学和物理推导,而是更为关注和掌握网络科学的思维方式。

以下各章分为4个部分:

第一部分为网络基本概念(第2章)。网络科学沿用了图论(Graph theory)中的许多概念,本书在介绍有关概念时特别注重从网络科学的视角来看问题。本章针对无权无向、无权有向、加权无向和加权有向等四种不同类型的网络,既分别举了对应的实际例子,也阐述了这些网络之间的联系与区别,并以社会网络为例说明了如何处理朋友关系的强弱以构建合适的网络。同时还介绍了与网络连通性相关的一些概念,包括路径、连通图及其对应的邻接矩阵的性质,作为最简单连通图的树和生成树等。许多实际网络自然地具有二分图的结构,本章列举了一些例子并介绍了二分图的匹配问题。

第二部分为网络拓扑性质(第3—5章)。第3章首先介绍了实际网络的连通性,包括无向网络中存在的连通巨片以及有向网络常见的蝴蝶结结构,接着详细介绍了近年来网络拓扑研究中最常见的几个性质,包括平均距离、聚类系数和度分布等,并重点介绍了幂律度分布的基本性质及其检验方法。

为了进一步刻画网络拓扑结构,需要考虑包含更多结构信息的高阶拓扑特性。第4章介绍刻画网络的二阶度分布特性(也称度相关性)的几种不同的方法,包括联合概率分布、余平均度和同配系数。近年来另一个受到关注的网络拓扑性质是社团结构,第4章介绍了大规模网络社团结构分析所面临的挑战以及几个有代表性的算法。

正如前面指出的,寻找网络中的关键节点是一个具有重要科学意义和应用价值的问题,第5章介绍了判断节点重要性的几个常见的指标,包括度值、介数、k-壳等。特别地,本章还介绍了最初是针对WWW中的网页排序而提出的、可用于有向网络中节点重要性排序的著名的HITS算法和PageRank算法。第5章的另一部分内容是关于节点之间的相似性刻画及其在链路预测中的应用,其中介绍了一些常见的指标及其性能比较。

第三部分为网络拓扑模型(第6—8章)。第6章在简要介绍了完全规则的网络模型之后,重点介绍了几类典型的随机网络模型。首先介绍的是由Erdös和Rényi于20世纪50年代末研究的具有任意给定平均度的ER随机图模型及其基本拓扑性质,接着介绍了具有任意给定度分布的广义随机图——配置模型。ER随机图和配置模型分别可以视为0阶和1阶零模型,它们起着参照系的作用:我们可以通过与适当的零模型做比较来分析实际网络的拓扑性质及其演化特征。

第 6 章阐述了基于随机重连而生成的与任一给定的网络具有任意给定阶次度相关特性的零模型,并以度相关性和模体分析等为例说明了零模型的应用。

第 7 章围绕与小世界网络模型有关的两个问题而展开。第一个问题是如何构建既具有聚类特性又具有小世界性质的网络模型。该章将介绍由 Watts 和 Strogatz 提出的通过在规则网络上对连边进行少许随机重连而得到的 WS 小世界网络模型,以及随后由 Newman 和 Watts 提出的在规则网络上随机添加少许连边而得到的 NW 小世界网络模型。同时也介绍了如何分析这两个模型的聚类系数、平均距离和度分布性质。第二个问题是什么样的小世界网络才能实现有效搜索。即使你知道你与世界上随机选取的一个人之间的距离也许并不大,但这并不意味着你就一定能轻易地找到连接你们两人的最短路径。网络的可搜索性是与网络结构关联在一起的。Kleinberg 关于小世界网络可搜索性的研究是网络科学的另一个重要突破,本章介绍了 Kleinberg 模型的仿真与理论分析及相关实验验证,并对其他模型做了简要介绍。

第 8 章介绍的是无标度网络模型。该章对于 Barabási 和 Albert 提出的 BA 无标度网络模型的介绍也体现了复杂网络模型研究的一种范式:明确建模目的→构建简单模型→做出合理分析。接着介绍一个在 20 世纪 60 年代末就提出的有向无标度网络模型——Price 模型,该模型具有幂指数可调的幂律入度分布。BA 模型则可以视为无向化的 Price 模型的一个特例。本章还给出了 Price 模型和 BA 模型的计算机实现算法,并在此基础上导出了“富者更富”现象的节点复制机理。人们在 BA 模型的基础上提出了多种多样的扩展和修正,第 8 章选介了其中两个模型:适应度模型和局域世界演化模型。最后简要介绍了无标度网络的鲁棒性分析。

第四部分为网络动力学(第 9—11 章)。这一部分着重于网络节点动力学行为与网络结构之间的关系。限于篇幅并从教材的角度考虑,本书只介绍网络上的传播动力学、网络上的博弈行为以及网络上的同步与控制。

对于传染病模型的研究已经有较长的历史。近年来,人们在把网络结构与经典传染病模型相结合的基础上得到了一些与传统结果不一样的有意义的结果,第 9 章将介绍这方面的基本知识与结果,包括几类经典的传染病模型、均匀网络与非均匀网络上的传播临界值分析、几类免疫策略的比较、节点的传播影响力分析以及行为传播的实证研究等。

对于自然界中广泛存在的合作行为的理解,以及如何促使自私个体之间产生合作一直是博弈论关注的重要课题。近年来,人们在经典的博弈模型的基础上开始关注网络结构与个体博弈行为之间的相互影响。第 10 章在介绍几个经典博弈模型的基础上,通过几类不同网络上的博弈模型分析阐述了节点行为与网络结构之间的复杂关系。

对于现实世界中广泛存在的同步现象的分析在非线性动力学中已有较长的研究历史。近年来,人们也开始关注网络结构对同步行为的影响。第11章在介绍了基于Laplacian矩阵特征值的同步判据后,分析了网络的同步化能力与拓扑性质之间的复杂关系。最后介绍了复杂网络的牵制控制和可控性,即通过对部分节点直接施加控制以实现整个网络的控制目标。

参考文献

[1] PASTOR-SATORRAS R, VESPIGNANI A. Evolution and Structure of the Internet:A Statistical Physics Approach [M]. Cambridge:Cambridge University Press,2004.

[2] BERNERS-LEE T,HALL W,HENDLER J,et al. Creating a science of the Web [J]. Science,2006,313(5788):769-771.

[3] WANG J W,RONG L L. Cascade-based attack vulnerability on the US power grid [J]. Safety Science,2009,47:1331-1336.

[4] 吴建军,高自友,孙会君. 城市交通系统复杂性:复杂网络方法及其应用[M]. 北京:科学出版社,2010.

[5] OROSZ G,WILSON R E,STÉPÁN G. Traffic jams:dynamics and control [J]. Phil. Trans. Royal Society A,2010,368(1928):4455-4479.

[6] BARABÁSI A-L, OLTVAI Z N. Network biology: understanding the cell's functional organization [J]. Nature Reviews Genetics,2004,5(2):101-113.

[7] BARABÁSI A-L,GULBAHCE N,LOSCALZO J. Network medicine:a network-based approach to human disease [J]. Nature Reviews Genetics,2011,12(1):56-68.

[8] VIDAL M,CUSICK M E,BARABÁSI A-L. Interactome networks and human disease [J]. Cell,2011,144(6):986-995.

[9] BASCOMPTE J. Disentangling the web of life [J]. Science,2009,325(5939):416-419.

[10] 保罗·海恩,彼得·勃特克,大卫·普雷契特科. 经济学的思维方式[M]. 第十一版. 北京:世界图书出版公司,2008.

[11] 托马斯·弗里德曼. 世界是平的——21世纪简史[M]. 内容升级和扩充版. 长沙:湖南科技出版社,2008.

[12] SCHWEITZER M H,FAGIOLO G,SORNETTE D,et al. Economic networks:

the new challenges [J]. Science,2009,325(5939):422-425.

[13] VITALI S,GLATTFELDER J,BATTISTON S. The network of global corporate control [J]. Plos ONE,2011,6(10):e25995 (1-6).

[14] GARAS A, ARGYRAKIS P, ROZENBLAT C, et al. Worldwide spreading of economic crisis [J]. New J. Phys. 2010,12:113043.

[15] MILGRAM S. The small world problem [J]. Psychology Today, 1967, 5:60-67.

[16] GRANOVETTER M. The strength of weak ties [J]. Amer. J. Sociology,1973, 78(6):1360-1380.

[17] DODDS P, MUHAMAD R, WATTS D. An experimental study of search in global social networks [J]. Science,2003,301(5634):827-829.

[18] BACKSTROM L,BOLDI P,ROSA M,et al. Four degrees of separation [J]. Proc. 4th ACM Int'l Conf. on Web Science,2012,45-54.

[19] WATTS D J. A 21st century science [J]. Nature,2007,445(7127):489.

[20] BARABÁSI A-L. Scale-free networks: a decade and beyond [J]. Science, 2009,325(5939):412-413.

[21] APICELLA C L,MARLOWE F W,FOWLER J H,et al. Social networks and cooperation in hunter-gatherers [J]. Nature,2012,481(7382):497-501.

[22] WUCHTY S, JONES B F, UZZI B. The increasing dominance of teams in production of knowledge [J]. Science,2007,316(5827):1036-1039.

[23] JONES B F, WUCHTY S, UZZI B. Multi-university research teams: shifting impact, geography, and stratification in science [J]. Science, 2008, 322 (5905):1259-1262.

[24] BARTHELEMY M. Spatial networks [J]. Phys. Reports,2010,499:1-101.

[25] PICKARD G, PAN W, RAHWAN I, et al. Time-critical social mobilization [J]. Science,2011,334(28):509-512.

[26] LORSCH J R, NICHOLS D G. Organizing graduate life sciences education around nodes and connections [J]. Cell,2011,146(4):506-509.

[27] WATTS D J,STROGATZ S H. Collective dynamics of 'small-world' networks [J]. Nature,1998,393(6684):440-442.

[28] BARABÁSI A-L,ALBERT R. Emergence of scaling in random networks [J]. Science,1999,286(5439):509-512.

[29] KITSAK M, GALLOS L K, HAVLIN S, et al. Identification of influential spreaders in complex networks [J]. Nature Physics,2010,6(11):888-893.

[30] KRIOUKOV D, CHUNG F, CLAFFY K C, et al. The workshop on Internet topology (WIT) report [J]. ACM SIGCOMM Computer Communication Review (CCR), 2007, 37(1):69-73.

[31] WILLINGER W, ALDERSON D, DOYLE J C. Mathematics and the Internet: a source of enormous confusion and great potential [J]. Notices Amer. Math. Soc., 2009, 56(5):586-599.

[32] BOLLOBÁS B, RIORDAN O. Mathematical results on scale-free random graphs [M]. Bornholdt S and Schuster H G. Handbook of Graphs and Networks. Weinheim: Wiley-VCH, 2002:1-34.

[33] BULDYREV S V, PARSHANI R, PAUL G, et al. Catastrophic cascade of failures in interdependent networks [J]. Nature, 2010, 464(7291):1025-1028.

[34] GAO J, BULDYREV S V, STANLEY H E, et al. Networks formed from interdependent networks [J]. Nature Physics, 2012, 8(1):40-48.

[35] YU H, BRAUN P, YILDIRIM M A, et al. High-quality binary protein interaction map of the yeast interactome network [J]. Science, 2008, 322(5898):104-110.

[36] AMARAL, L A N, GUIMERA R. Lies, damned lies and statistics [J]. Nature Physics, 2006, 2:75-76.

[37] COSTA L F, OLIVEIRA O N, TRAVIESO G, et al. Analyzing and modeling real-world phenomena with complex networks: a survey of applications [J]. Advances in Physics, 2011, 60(3):329-412.

[38] SOLÉ R V, COROMINAS-MURTRA B, VALVERDE S, et al. Language networks: their structure, function and evolution [J]. Complexity, 2010, 6(15):20-26.

[39] LACASA L, LUQUE B, BALLESTEROS F, et al. From time series to complex networks: the visibility graph [J]. Proc. Natl. Acad. Sci. USA, 2008, 105(13):4972-4975.

[40] ZHANG J, SMALL M. Complex networks from pseudo-periodic time series: topology versus dynamics [J]. Phys. Rev. Lett., 2006, 96(23):238701.

[41] XU X, ZHANG J, SMALL M. Superfamily phenomena and motifs of networks induced from time series [J]. Proc. Natl. Acad. Sci. USA, 2008, 105(50):19601-19605.

[42] LI X, DONG Z. Detection and prediction of the onset of human ventricular fibrillation: An approach based on complex network theory [J]. Phys. Rev. E, 2011, 84: 062901.

第 2 章　网络与图

本章要点

- 网络的图表示和计算机表示
- 路径与连通性,及其与邻接矩阵的关系
- 树与最小生成树,及相应的搜索算法
- 二分图与稳定匹配

2.1 引言

加州大学圣地亚哥分校金芳蓉（Fan Chung）教授是图论领域的一位杰出学者，她于2010年在一篇题为《信息时代的图论》的综述中写道[1]：

> "显然，我们正处在图论新征程的开端，这一征程是作为信息革命的一个中心部分而涌现的。图论起源于创智数学（Recreational mathematics），可以溯源至1736年欧拉（Euler）研究的'Königsberg七桥问题'。然而，今天的图论需使用复杂的组合、概率和谱方法，并且与数学和计算机科学的许多领域都有很深的联系。"

图（Graph）提供了一种用抽象的点和线表示各种实际网络的统一方法，因而也成为目前研究复杂网络的一种共同的语言。这种抽象的一个主要好处在于它使得我们有可能透过现象看本质，通过对抽象的图的研究而得到具体的实际网络的拓扑性质（Topological property）。

所谓网络的拓扑性质是指这些性质与网络中节点的大小、位置、形状、功能等以及节点与节点之间是通过何种物理或非物理的方式连接等都无关，而只与网络中有多少个节点以及哪些节点之间有边直接相连这些基本特征相关。以Königsberg七桥问题为例，欧拉把被河流分割开的每块陆地用一个点表示，而把连接两块陆地之间的每座桥用连接相应两点的边来表示，这样就把七桥问题转化为在包含4个点和7条边的图中是否存在经过每条边一次的回路的问题，而后者就是一个拓扑性质的问题，它与图中的点及其对应的陆地的大小形状与位置、图中的边及其对应的桥的宽窄长短和曲直等都没有关系。也就是说，从分析拓扑性质的角度而言，图2-1中的（a）、（b）及（c）都是七桥问题的等价的图表示。更一般地，几何对象的拓扑性质是指该对象在连续变形下保持不变的性质。所谓连续变形，形象地说就是允许伸缩和扭曲等变形，但不许割断和黏合。数学上有一个专门研究拓扑性质的分支——拓扑学（Topology）。Königsberg七桥问题也是拓扑学发展史上的一个重要问题。

通过抽象的图来研究实际网络的另一个好处是它使得我们可以比较不同网络拓扑性质的异同点并建立研究网络拓扑性质的有效算法。事实上，近年网络科学所要研究的正是各种看上去互不相同的复杂网络之间的共性特征和分析它

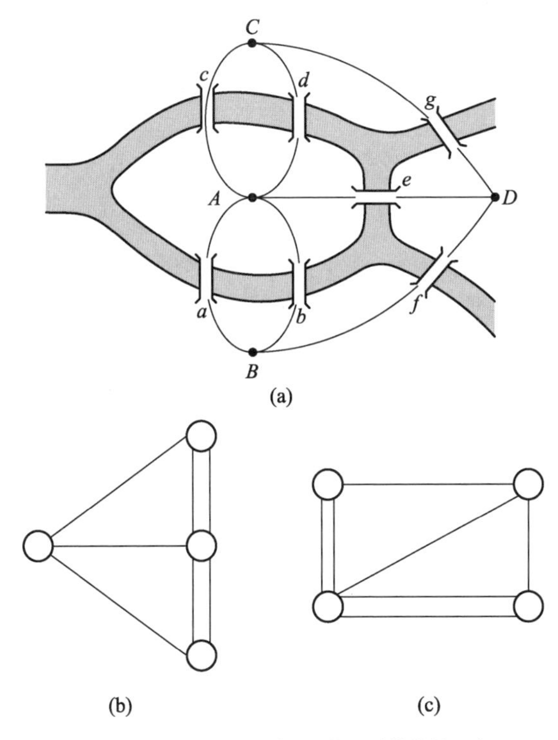

图 2-1　Königsberg 七桥问题的三种等价的图表示

们的有效方法。当然,用抽象的点和线构成的图来表示实际网络肯定会丢失实际网络的许多特性。例如,在图 2-1 中,把 4 个区域分别用 A、B、C 和 D 这 4 个点来表示,7 座桥用 7 条边来表示,我们就无法看出其中哪个区域的面积最大,也无法看出每座桥具体是木头桥还是石头桥等。然而,从研究七桥问题是否有解的角度出发,这些信息的丢失丝毫不影响问题的求解,反而使我们可以把精力集中在与问题求解有关的因素上。这也体现了科学研究中的一个基本的建模原则:能够解决问题的最简单的模型就是最好的模型。

2.2　网络的图表示

2.2.1　图的定义

图论中的概念术语众多,而且尽管图论已有很长的研究历史,至今仍然有许多术语没有完全统一。正如维基百科(Wikipedia)在“图论术语(Glossary of graph theory)”条目中所说①:有些人用相同的词表示不同的意思,而有些人用不同的词表示相同的意思。

另一方面,图论中还有许多貌似简单的问题,实则极其困难。Watts 在回忆当初准备和导师一起着手从事小世界网络研究时就曾经说到[2,3]:

> “图论对我来说也是一个谜。作为纯数学的一个分支,图论大体上可分为两部分:一部分几乎是一看就懂,另一部分则晦涩难懂。我从一本教材中学会了一看就懂的部分,但是学了好久也没搞懂晦涩难懂的部分。最后只好承认那部分并不怎么有趣。”

从了解网络科学基本理论的角度看,我们不需要陷入到极其艰难的图论问题中。当然有兴趣的读者可以自行研读图论教材和著作[4,5]。从另一方面看,也正是因为有了图论中的许多概念和术语,才使得我们可以把许多具体问题形式化处理,得到严格的分析结果。

一个具体网络可抽象为一个由点集 V 和边集 E 组成的图 $G=(V,E)$。顶点数记为 $N=|V|$,边数记为 $M=|E|$。E 中每条边都有 V 中一对点与之相对应。经过这样的抽象之后,今后我们会经常交替使用网络和图这两个词。网络中的点通常称为节点(Node)②,图中的点则常称为顶点(Vertex)。本书对“节点”和“顶点”不做区分。

2.2.2　图的类型

按照图中的边是否有向和是否有权,可以有四种类型的图(见图 2-2)。

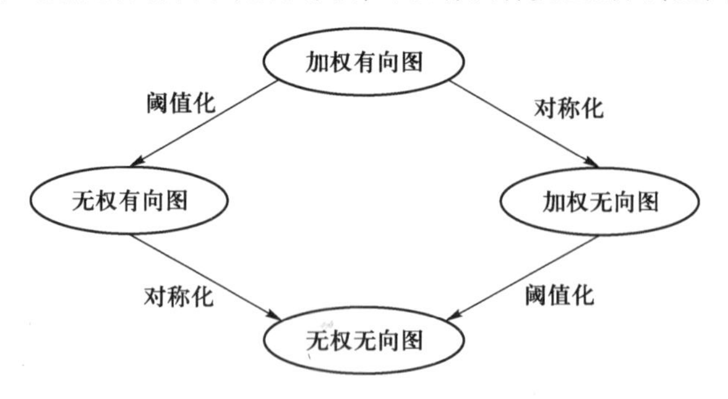

图 2-2　四种类型的图之间的关系

---

① http://en.wikipedia.org/wiki/Glossary_of_graph_theory

② 在有些中文文献中,节点也称为结点。

1. 加权有向图

图中的边是有向的(Directed)和有权的(Weighted)。边是有向的是指存在一条从顶点 i 指向顶点 j 的边 (i,j) 并不一定意味着存在一条从顶点 j 指向顶点 i 的边 (j,i)。对于有向边 (i,j)，顶点 i 称为**始点**，顶点 j 称为**终点**。边是有权的是指网络中的每条边都赋有相应的权值，以表示相应的两个节点之间的联系的强度。

我们以一个包含 5 个人的朋友关系网络为例来做说明。表 2-1 列出了 A、B、C、D 和 E 这 5 个人之间的朋友关系。假设朋友关系可分为三类：一般、较好和很好，这三类关系分别用权值 1、2 和 3 表示。表 2-1 表明 A 认为 B 是他的很好的朋友、D 和 E 是他的一般朋友、C 不是他的朋友。这样就有从点 A 分别指向点 B、D 和 E 的 3 条加权有向边。类似地，可以得到其他的加权有向边。于是就可以用加权有向图来表示 5 个人之间的朋友关系，如图 2-3 所示。

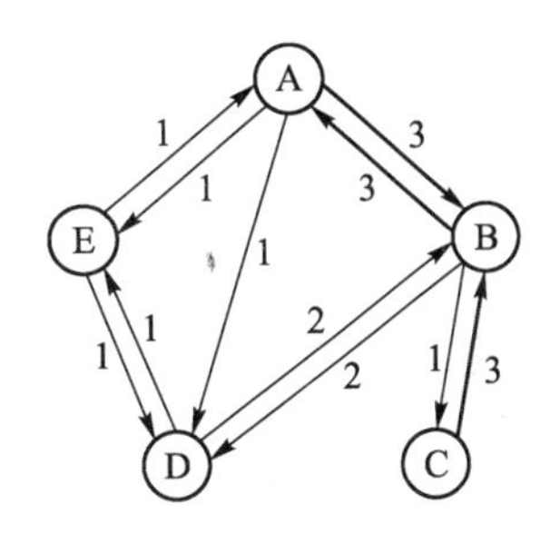

图 2-3 加权有向的朋友关系图

表 2-1 5 个人之间的朋友关系

	A	B	C	D	E
A		很好		一般	一般
B	很好		一般	较好	
C		很好			
D		较好			一般
E	一般			一般	

许多实际网络都可描述为加权有向网络。例如，道路交通网络中的单向车道对应的就是有向边。交通网络中边的权值常常对应于连接两地的道路的长度或者车辆通行需要的时间等。由于通行时间既与道路长度有关也与道路拥塞程度相关，因此对于连接两点的双向车道，由于拥塞程度不同也会具有不同的通行时间。所以，即使全是双向车道，如果按照通行时间为每条道路加权，交通网络也是一个加权有向网络。由于车流的变化导致拥塞程度的变化，这一网络中边的权值也是不停变化的。因此，如何实时计算出从一地到另一地所花时间最少的路径就是一个应用问题。此外，金融网络也可描述为加权有向网络[6]。

2. 加权无向图

图中的边是无向的(Undirected)和有权的。所谓无向的是指任意点对(i,j)与(j,i)对应同一条边。顶点i和j也称为无向边(i,j)的两个端点(End-points)。

加权无向图可以通过对加权有向图的对称化处理而得到:

(1) 首先是把有向图转化为无向图。两种简单的方式是:① 无向图中节点 A 和节点 B 之间有一条无向边(A,B)当且仅当在原始的有向图中既有从节点 A 指向节点 B 的边(A,B)也有从节点 B 指向节点 A 的边(B,A);② 无向图中存在无向边(A,B)当且仅当在原始的有向图中存在有向边(A,B)和/或有向边(B,A)。

(2) 其次是确定每一条无向边的权值。两种常见的方式是:① 取有向图中两点之间的有向边的权值之和;② 取两点之间的有向边的权值的最小值或最大值(如果存在两条有向边)。

例如,在图 2-3 所示的 5 个人之间的加权有向的朋友关系网络中,如果把朋友关系定义为双方都认为对方是朋友,把两人之间的亲密程度定义为两人观点中的较低值,那么就得到图 2-4 所示的一个加权无向网络。

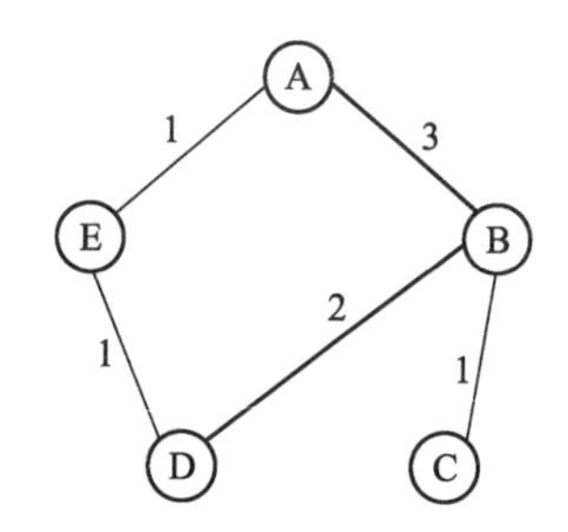

图 2-4　加权无向的朋友关系图

另一方面,也有一些实际网络本身确实就是加权无向图。一个典型的例子就是科研人员之间的合作网络,其中,每个科研人员为一个节点,两个科研人员如果合作发表过文章,那么就在相应的两个节点之间有一条边,边的权值对应于两个人合作发表论文的数量。

3. 无权有向图

图中的边是有向的和无权的(Unweighted)。所谓无权图实际上也可意味着图中边的权值都相等(通常可假设每条边的权值均为 1)。

我们可以通过对加权图的阈值化处理得到对应的无权图。具体做法是:设定一个阈值r,网络中权值小于等于r的边全部去掉,权值大于r的边全部保留下来并且权值都重新设置为 1。

以图 2-3 所示的加权有向的朋友关系网络为例,如果我们不需要考虑朋友关系的亲密程度(相当于把阈值取为 0),就得到图 2-5 所示的无权有向网络。

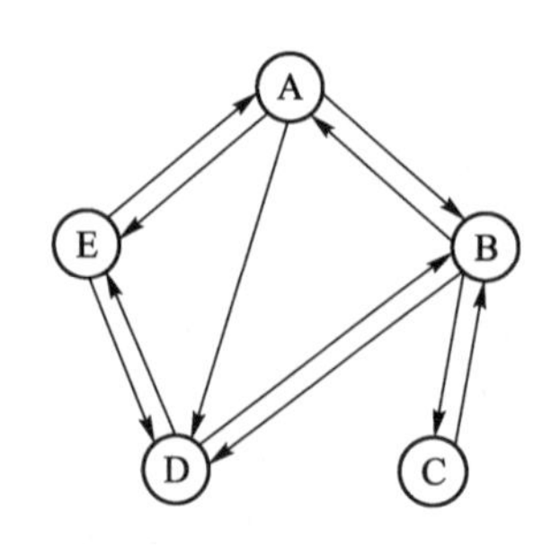

图 2-5　无权有向的朋友关系图

有向网络的实际例子也有很多,包括 WWW

和引文网络等。近年兴起的微博（如 Twitter 和国内的新浪微博、腾讯微博等）上的用户关系网络也是一个典型的有向网络，因为用户 A 关注用户 B 一般并不意味着用户 B 会关注用户 A。图 2-6 显示的是 2010 年 7 月 Twitter 上的 9 个名人账号之间的关注关系。

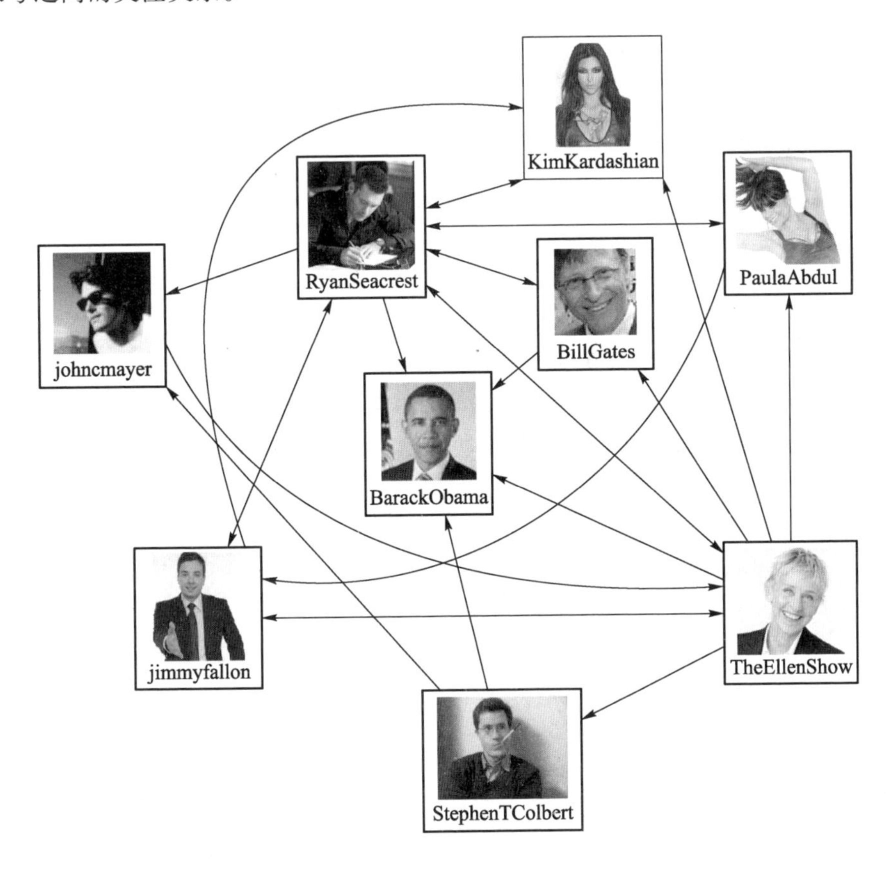

图 2-6　Twitter 上的 9 个用户之间的关注关系

图片来源：http://forum.davidson.edu/mathmovement/files/2010/07/twitterCelebs.png

4. 无权无向图

图中的边是无权的和无向的。无权无向图可以通过对有向图的无向化处理和加权图的阈值化处理而得到。

如果把朋友关系定义为双方都认为对方是朋友并且不考虑关系的亲密程度的差异，那么朋友关系网络就是一个无权无向网络。图 2-7 就是与加权有向图 2-3 对应的一个无权无向图。

即使是对无权无向的朋友关系网络，网络中边的数量也取决于朋友关系的

定义(即阈值化处理)。例如,假设你是某个在线社交网站的注册用户,那么你的朋友关系可以考虑有如下几种描述:

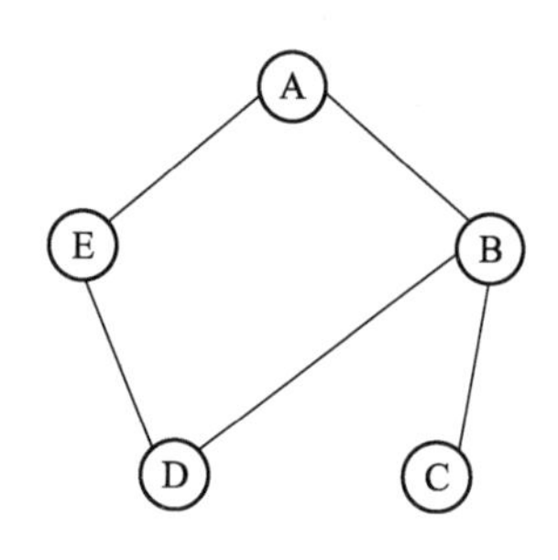

图 2-7　无权无向的朋友关系图

- 所有朋友:好友录里面包含的人。
- 维持关系(Maintained relationships)朋友:你至少关注过他(她)的新闻或者访问过其页面(当然可以进一步给出关注或者访问的次数要求)。
- 单向通信(One-way communication)朋友:即你和他(她)至少有过单向通信。
- 双向通信(Mutual communication)朋友:即你和他(她)有过双向通信。

图 2-8 显示的就是全球最大的在线社交网站——Facebook 上随机选取的一个用户在 30 天时间里朋友关系网络的 4 种不同的类型。可以看到,随着对朋友关系定义的要求的提高,网络中的边数也相应减小。在实际网络研究中,如何对原始的网络数据做合适的预处理是非常重要的。

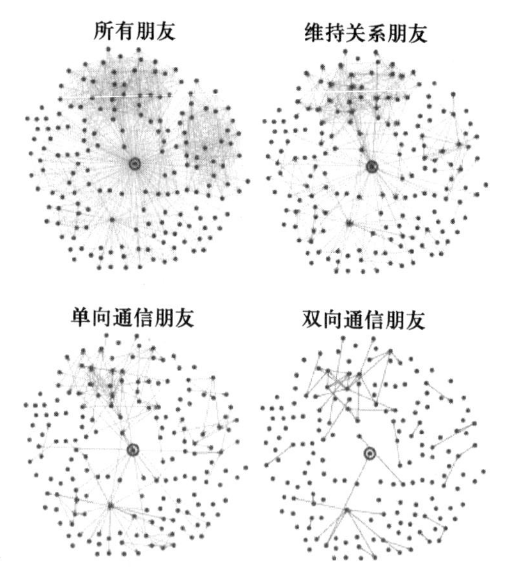

图 2-8　朋友关系网络的不同定义

图片来源:http://overstated.net/2009/03/09/maintained-relationships-on-facebook

2.2.3 简单图

本书重点介绍的是无权无向网络，并且除非特别说明，均假设网络中没有重边（Multi-edge），即任意两个节点之间至多只有一条边；也没有**自环**（Self-edge），即没有以同一个顶点为起点和终点的边。此外，一个节点可以没有连边，但不允许有一端不与任何节点连接的边存在。在图论中，没有重边和自环的图称为**简单图**（Simple graph）。图 2-9（a）中顶点 1 和顶点 3 之间有重边，图 2-9（b）中顶点 3 有自环，因此这两个图都不是简单图。

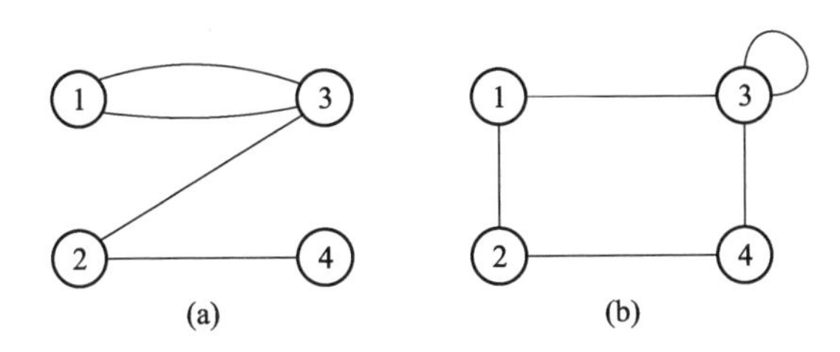

图 2-9　具有重边（a）和自环（b）的图

关于加权网络和有向网络的研究也受到了越来越多的关注，本书也将对这方面的研究内容做适当介绍。值得注意的是，无权无向网络的许多结果可以较为方便地推广到加权和有向情形，但也有一些结果并不能简单地直接加以推广。

假设图 $G=(V,E)$ 是一个顶点数为 N、边数为 M 的简单图。由于任意两个顶点之间至多有一条边，我们有如下关系：

$$0 \leqslant M \leqslant \frac{N(N-1)}{2} \tag{2-1}$$

简单图的两种极端情形为：

（1）空图（Null graph）：它有两种定义，一是指没有任何节点和连边的图；二是指没有任何连边的图，即由一群孤立节点组成的图。

（2）完全图（Complete graph）K_N：图中任意两个顶点之间都有一条边，即总边数为 $N(N-1)/2$。这里的 K 是以波兰图论专家 Kuratowski（1896—1980）命名。图 2-10 给出了几个小规模的完全图的例子。

如果图 G 是有向图，那么两个不同的节点之间有可能存在两条方向相反的边，这时网络中的边数满足如下关系：

$$0 \leqslant M \leqslant N(N-1) \tag{2-2}$$

完全图中边的数目是与 N^2 同阶的，当 N 较大时，图中的连边很稠密。而实际的大规模的复杂网络中边的数目往往要比相同规模的完全图的边的数目要小得多，一般与 N 同阶，这样的网络称为**稀疏网络**（Sparse network）。

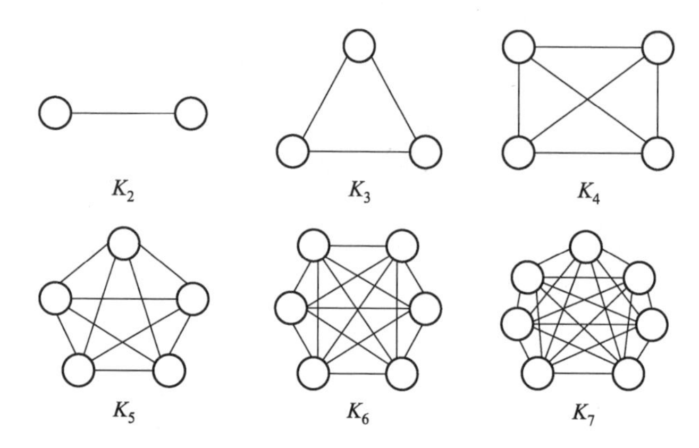

图 2-10　完全图的几个例子

2.3　图的计算机表示

2.3.1　邻接矩阵

用计算机分析实际网络的性质面临的第一个问题就是如何在计算机中表示一个网络。在传统的图算法中，两种最常见的表示图的基本结构是**邻接矩阵**（Adjacency matrix）和**邻接表**（Adjacency list）。

图 G 的邻接矩阵 $\boldsymbol{A}=(a_{ij})_{N\times N}$ 是一个 N 阶方阵，第 i 行第 j 列上的元素 a_{ij} 定义如下：

（1）加权有向图

$$a_{ij}=\begin{cases}w_{ij}, & \text{如果有从顶点 } i \text{ 指向顶点 } j \text{ 的权值为 } w_{ij} \text{ 的边} \\ 0, & \text{如果没有从顶点 } i \text{ 指向顶点 } j \text{ 的边}\end{cases} \tag{2-3}$$

例如，图 2-3 对应的邻接矩阵可表示为

$$\boldsymbol{A}=\begin{bmatrix}0 & 3 & 0 & 1 & 1 \\ 3 & 0 & 1 & 2 & 0 \\ 0 & 3 & 0 & 0 & 0 \\ 0 & 2 & 0 & 0 & 1 \\ 1 & 0 & 0 & 1 & 0\end{bmatrix}$$

（2）加权无向图

$$a_{ij}=\begin{cases}w_{ij}, & \text{如果顶点 } i \text{ 和顶点 } j \text{ 有权值为 } w_{ij} \text{ 的边}\\0, & \text{如果顶点 } i \text{ 和顶点 } j \text{ 之间没有边}\end{cases} \tag{2-4}$$

例如，图 2-4 对应的邻接矩阵可表示为

$$\boldsymbol{A}=\begin{bmatrix}0&3&0&0&1\\3&0&1&2&0\\0&1&0&0&0\\0&2&0&0&1\\1&0&0&1&0\end{bmatrix}$$

（3）无权有向图

$$a_{ij}=\begin{cases}1, & \text{如果有从顶点 } i \text{ 指向顶点 } j \text{ 的边}\\0, & \text{如果没有从顶点 } i \text{ 指向顶点 } j \text{ 的边}\end{cases} \tag{2-5}$$

例如，图 2-5 对应的邻接矩阵可表示为

$$\boldsymbol{A}=\begin{bmatrix}0&1&0&1&1\\1&0&1&1&0\\0&1&0&0&0\\0&1&0&0&1\\1&0&0&1&0\end{bmatrix}$$

（4）无权无向图

$$a_{ij}=\begin{cases}1, & \text{如果顶点 } i \text{ 和顶点 } j \text{ 之间有边}\\0, & \text{如果顶点 } i \text{ 和顶点 } j \text{ 之间没有边}\end{cases} \tag{2-6}$$

例如，图 2-7 对应的邻接矩阵可表示为

$$\boldsymbol{A}=\begin{bmatrix}0&1&0&0&1\\1&0&1&1&0\\0&1&0&0&0\\0&1&0&0&1\\1&0&0&1&0\end{bmatrix}$$

采用邻接矩阵的方法来表示一个图，我们可以很容易地判定任意两个顶点之间是否有边相连。图的矩阵表示的另一个极大的好处是它使得我们可以使用矩阵分析的方法来研究图的许多性质。

读者也许会有疑问：如果图中顶点的标号次序不一样，那么对应的邻接矩阵也将不一样？其实，把顶点 i 和顶点 j 的编号次序对换，就相当于把邻接矩阵中的第 i 行和第 j 行对换、第 i 列和第 j 列对换，而这相当于对邻接矩阵做了正交相似变换。矩阵论的一个基本结果就是正交相似变换并不改变矩阵的包括特征值

在内的许多性质。当然,合适的邻接矩阵形式可以便于我们更为容易地分析网络的一些性质。

无向图的邻接矩阵是对称矩阵,即对任意的 i 和 j 均有 $a_{ij}=a_{ji}$。因此,对于无向图,只需要存储邻接矩阵的上三角部分就可以了。即使是这样,也需要 $N(N-1)/2$ 的存储空间(不包括对角元,因为对角元总是为零)。实际的大规模复杂网络往往是很稀疏的,这意味着其对应的邻接矩阵中大部分的元素均为零,这样的矩阵称为稀疏矩阵。在计算方法中,针对稀疏矩阵有专门的节省空间的存储技术(也可参见 Matlab 等软件)。

另一方面,关于图的性质分析的许多算法都涉及查找某个顶点的相邻边。下面介绍的邻接表和三元组表示就是找到这些边的有效的存储图的方法。

2.3.2 邻接表与三元组

在图算法中,表示稀疏的无权图的最常用方法是邻接表。它对每个顶点 i 建立一个单链表(即邻接表),这个单链表由邻接于顶点 i 的所有顶点构成。例如,无权有向图 2-5 的邻接表表示如下(图中的节点标号 A ~ E 分别替换为数字 1 ~ 5):

1　2　4　5
2　1　3　4
3　2
4　2　5
5　1　4

以第一行的 1 2 4 5 为例,它表示有从顶点 1 分别指向顶点 2、顶点 4 和顶点 5 的三条边。在无向图的邻接表中,每条边会出现两次。

WWW 上有许多公开的实际网络数据,这些数据常见的一种表示方式是三元组形式。三元组可以很容易地表示一般的加权有向图。以图 2-3 中的含 5 个顶点的加权有向网络为例(图中的节点标号 A ~ E 分别替换为 1 ~ 5),其三元组表示形式如下:

1　2　3
1　4　1
1　5　1
2　1　3
2　3　1
2　4　2
3　2　3

4 2 2

4 5 1

5 1 1

5 4 1

以第一行的三元组 1 2 3 为例，它表示有一条从顶点 1 指向顶点 2 的边，且该边的权值为 3。在无向图的三元组表示中，每条边也会出现两次。

在一些网络分析软件（例如 Pajek）接受的数据格式中，邻接表和三元组也是常用的格式，只是其中每条边只出现一次，从而使得表示更为紧凑。图 2-11 和图 2-12 分别给出了无权无向图 2-7 的邻接表和三元组的常规格式与 Pajek 格式的比较。

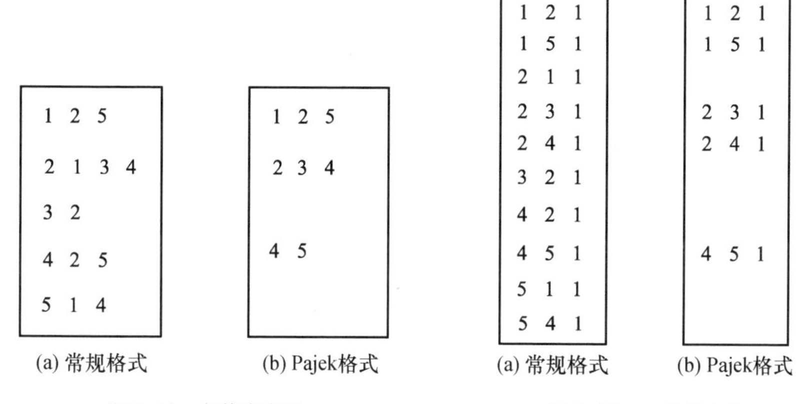

1	2	5	
2	1	3	4
3	2		
4	2	5	
5	1	4	

(a) 常规格式

1	2	5
2	3	4
4	5	

(b) Pajek格式

图 2-11 邻接表表示

1	2	1
1	5	1
2	1	1
2	3	1
2	4	1
3	2	1
4	2	1
4	5	1
5	1	1
5	4	1

(a) 常规格式

1	2	1
1	5	1
2	3	1
2	4	1
4	5	1

(b) Pajek格式

图 2-12 三元组表示

2.4 共引与文献耦合

从便于分析的角度出发，人们有时会把有向网络转化为无向网络来处理，因为相对而言对无向网络的研究要比有向网络成熟得多，而且一些针对无向网络的处理工具与方法并不能简单地直接推广到有向网络。这里我们以一个典型的有向网络——引文网络（Citation network）为例，介绍从一个有向网络得到无向网络的两种对偶方法：**共引**（Co-citation）和**文献耦合**（Bibliographic coupling）。当然，这并不意味着这两种方法就一定比上一节中介绍的简单地把有向边看做无向边的方法更好,只是表明我们可以从多种不同的角度来看待和研究一个问题。

2.4.1 共引网络

在一个有向引文网络中,一个节点表示一篇文章,如果文章 i 引用了文章 j,那么就有一条从节点 i 指向节点 j 的有向边。两篇文章的共引就是指同时引用这两篇文章的其他文章的数量。我们可以构造无向的共引网络如下:如果两篇文章被至少一篇其他文章同时引用,那么在对应的两个节点之间就有一条无向边。

例如,图 2-13 给出的是 5 篇文章之间的引用关系示意图。其中,文章 B 和 D 同时被文章 A 引用,文章 C 和 E 同时被文章 B 引用,文章 D 和 E 同时被文章 B 和 C 引用。从而我们可以得到与图 2-13 显示的有向的引文网络对应的无向的共引网络,如图 2-14(a)所示,其中包含 BD、CE 和 DE 三条边。

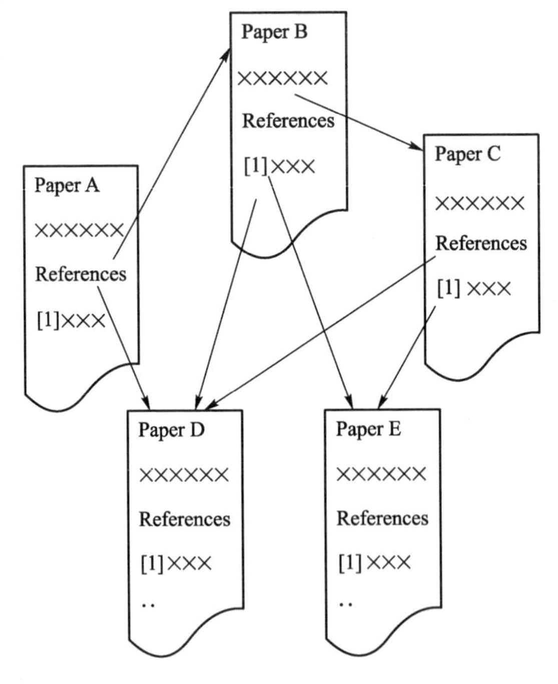

图 2-13　5 篇文章之间的引用关系示意图

上述对于引文网络的分析可以推广到一般的有向网络。一般地,一个有向网络中两个不同节点 i 和 j 的共引就定义为同时有出边指向节点 i 和 j 的节点的数量。根据有向网络的邻接矩阵的定义,如果节点 k 同时有两条出边分别指向节点 i 和 j,那么 $a_{ki}a_{kj}=1$;否则 $a_{ki}a_{kj}=0$。因此,节点 i 和 j 的共引数 c_{ij} 可以计算

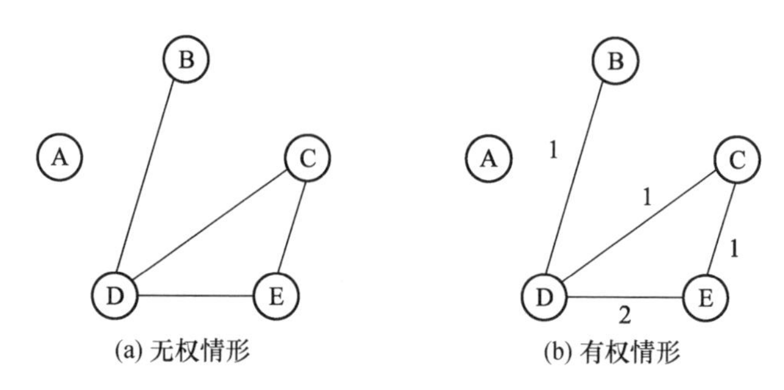

图 2-14　与图 2-13 对应的共引网络

如下：

$$c_{ij} = \sum_{k=1}^{N} a_{ki} a_{kj} . \tag{2-7}$$

据此可以得到共引矩阵 $\boldsymbol{C} = (c_{ij})_{N \times N} = \boldsymbol{A}^{\mathrm{T}} \boldsymbol{A}$，其对角元为

$$c_{ii} = \sum_{k=1}^{N} a_{ki}^{2} = \sum_{k=1}^{N} a_{ki} , \tag{2-8}$$

c_{ii}实际上等于有向网络中指向节点 i 的其他节点的数量，即节点 i 的入度，也就是在引文网络中引用文章 i 的其他文章的数量。

基于共引矩阵，一个有向网络所对应的无向共引网络可以定义如下：如果 $c_{ij} > 0$，那么节点 i 和 j 之间就有一条边（$i \neq j$）。也就是说，如果两个节点在原始的有向网络中被至少一个其他节点共引，那么这两个节点之间就有一条边。

如果在无向的共引网络中把连接节点 i 和 j 的边的权值定义为 c_{ij}，那么就得到一个加权无向的共引网络，其中被更多的其他节点共引的节点对之间有更强的连接。图 2-14(b) 就是与图 2-14(a) 对应的一个无向加权的共引网络。

2.4.2　文献耦合网络

文献耦合与共引类似。在引文网络中，两篇文章的文献耦合就是指这两篇文章的参考文献中的相同文章的数目，也就是同时被这两篇文章引用的其他文章的数目。我们可以定义有向的引文网络所对应的无向的文献耦合网络如下：如果两篇文章至少有一篇相同的参考文献，那么在对应的两个节点之间就有一条边。

例如，在图 2-13 所示的引文网络中，文章 A 和 B 同时引用了文章 D，文章 B 和 C 同时引用了文章 D 和 E，文章 A 和 C 同时引用了文章 D，由此得到包含 AB、BC 和 AC 三条边的文献耦合网络，如图 2-15(a) 所示。如果进一步考虑相同参考文献的数量，就可以得到如图 2-15(b) 所示的加权的文献耦合网络。

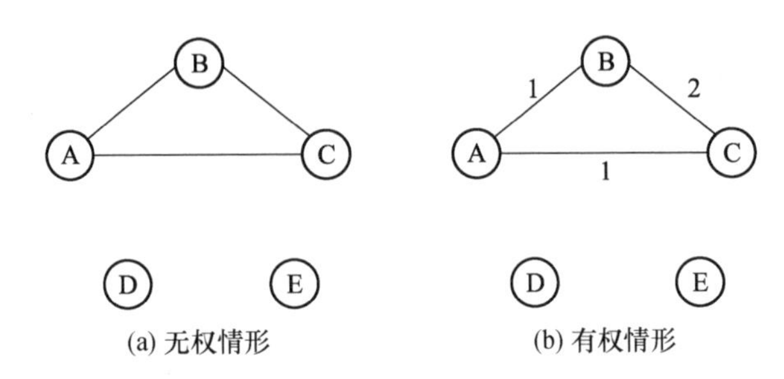

图 2-15　与图 2-13 对应的文献耦合网络

对于一般的有向网络，两个不同节点的文献耦合是指这两个节点同时指向其他节点的数量。如果节点 i 和 j 都有边指向节点 k，那么 $a_{ik}a_{jk}=1$；否则 $a_{ik}a_{jk}=0$。因此，节点 i 和 j 的文献耦合 b_{ij} 可以计算如下：

$$b_{ij}=\sum_{k=1}^{N}a_{ik}a_{jk} \tag{2-9}$$

于是得到文献耦合矩阵 $\boldsymbol{B}=(b_{ij})_{N\times N}=\boldsymbol{A}\boldsymbol{A}^{\mathrm{T}}$。文献耦合矩阵也是对称阵，并可基于非对角元定义加权的文献耦合网络如下：如果 $b_{ij}>0$，那么节点 i 和 j 之间就有一条权值为 b_{ij} 的边 $(i\neq j)$。文献耦合矩阵的对角元为

$$b_{ii}=\sum_{k=1}^{N}a_{ik}^{2}=\sum_{k=1}^{N}a_{ik}, \tag{2-10}$$

其中 b_{ii} 实际上就是节点 i 指向其他节点的数量，即节点 i 的出度，也就是引文网络中文章 i 所引用的参考文献的数量。

两篇文章之间的共引或文献耦合关系一定程度上反映了这两篇文章研究的课题的相关性，而且共引或文献耦合程度越大很可能意味着这种相关性越强。共引程度反映的是两篇文章同时被多少篇其他文章引用，文献耦合程度反映的是两篇文章引用了多少篇相同的参考文献。例如，网络科学研究中关于小世界网络[2]和无标度模型[7]的两篇经典文献就经常同时被研究复杂网络的另一篇文章所引用。

一般而言，尽管共引和文献耦合在数学处理上是相似的，但它们在实际应用还是有可能存在明显区别，特别是会受到节点的入边和出边数量的影响。对于两个具有很强共引的节点，也即被其他很多节点指向的一对节点必须首先要有较大的入度，即较多的入边。在引文网络中，只有当两篇文章都有大量引用时它们才有可能是**强共引**，因此强共引文章局限于那些高引用的文献。

另一方面，只有当两篇文章都引用大量文献时它们才可能有**强文献耦合**。换句话说，如果一篇文章没有较多的参考文献，那么它就不可能与其他文章有较强的文献耦合。发表过文章的读者也许应该知道，文章的参考文献数量的变化

要比文章被引用次数的变化小得多，大部分文章的引用次数都很少甚至没有引用，而少数文章可能有高达数千次的引用。因而文献耦合是文章之间相似性的一种更为一致(均匀)的指标。例如，科学引文索引(SCI)就在其"相关记录"特性中使用了文献耦合，从而使得用户可以找到与一篇给定文章相似的文章。此时，共引就不太合适了，特别是对被引用次数较少的文章。

相比于共引，文献耦合的另一个好处是，一旦一篇文章发表出来，该文章的参考文献就已知并且固定不变，从而立即可计算出该文章与其他已有文章之间的文献耦合。而只有当一篇文章被其他文章引用后才可以计算共引，这通常需要在文章发表几个月甚至几年之后，而且引用次数一般还是随时间变化的。

2.5 路径与连通性

2.5.1 路径

有连才有网。一个系统之所以称为网络就是因为这个系统的各部分是按某种方式相联系的。因此，对于一个网络，人们自然首先关心该网络是否真正是一个整体的网络：网络中任意两个节点之间是否确实能够直接或间接地相关联？

假设一个无向网络的图表示为 $G=(V,E)$。网络中两个节点之间是否相关联的问题就转化为图 G 中两个顶点之间是否存在路径的问题。以下是几个相关的定义：

(1) 路径(Path)：无向图 $G=(V,E)$ 中的一条路径是指一个顶点序列 $P=v_1v_2\ldots v_k$，其中每一对相邻的顶点 v_i 和 v_{i+1} 之间都有一条边。P 也称为从 v_1 到 v_k 的一条路径，或简称为一条 v_1-v_k 路径。一条路径的长度(Length)定义为这条路径所包含的边的数目。

(2) 回路(Circuit)：起点与终点重合的路径称为回路。

(3) 简单路径(Simple path)：各个顶点都互不相同的路径称为是简单的。

(4) 圈(Circle)：一条路径 $P=v_1v_2\ldots v_k$ 称为是一个圈，如果它满足：① $k>2$；② 前 $k-1$ 个顶点互不相同；③ $v_1=v_k$。也就是说，一个圈是从一个起点出发，经过互不相同的一些顶点，然后再回到起点的一条路径。因此，一个圈一定是一条回路，但一条回路可能包含多个圈。

在技术网络(如通信网络和运输网络)中有时会有意设计一些圈，以期通过边的冗余而实现网络鲁棒性。图 2-16 显示的是 Internet 前身——1970 年的 ARPANET 的网络示意图,其中共有 13 个节点。该网络中的每条边都属于某个圈,其中长度最短的一个圈是 SRI—STAN—UCLA—SRI,它只有三条边。这种设计的好处是:网络中任意一条边失效,仍然可以从一个节点到达任一其他节点。

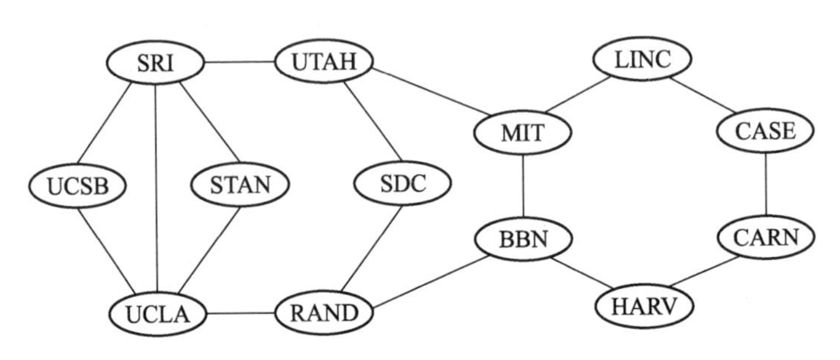

图 2-16　ARPANET 网络示意图

2.5.2　连通性

一个无向图称为是**连通的**(Connected),如果每一对顶点之间都至少存在一条路径;否则就称该图是**不连通的**(Disconnected)。一个不连通图是由多个**连通片**(Connected component)组成的。一个连通片是网络的一个满足如下两个条件的**子图**(Subgraph):① 连通性:该子图中的任意两个顶点之间都存在路径;② 孤立性:网络中不属于该子图的任一顶点与该子图中的任一顶点之间不存在路径。

上述定义意味着,每一个不连通图都是由若干个不相交(即没有公共顶点)的连通片组成的。其中包含顶点数最多的连通片就称为**最大连通片**(Maximal connected component)。例如,图 2-17 中的不连通图包含两个连通片,其中左边的包含 8 个顶点的连通片是最大连通片。

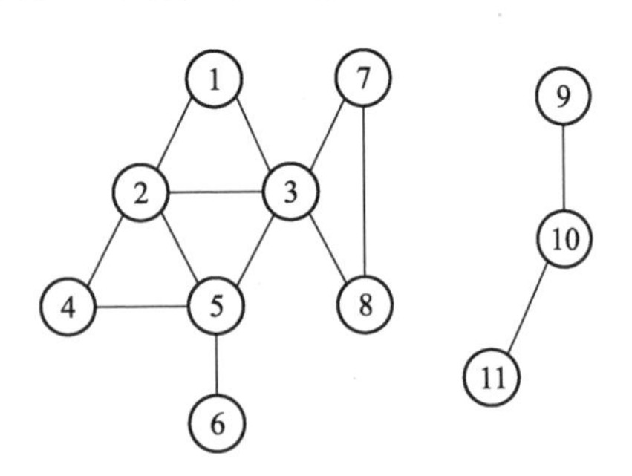

图 2-17　包含两个连通片的一个不连通图

不连通网络(即含有多个连通片)的邻接矩阵可以通过对节点适当编号写为如下的块对角的形式:

$$\boldsymbol{A} = \begin{bmatrix} \square & 0 & \cdots \\ 0 & \square & \cdots \\ \vdots & \vdots & \ddots \end{bmatrix}$$

即所有的非零元都在沿着对角线排列的一些方块中，其余部分元素均为零。

2.5.3 路径与连通性的邻接矩阵表示

网络中的一对节点之间往往可能存在不止一条路径，而且每条路径的长度可能也不一致。我们可以用邻接矩阵 $\boldsymbol{A}=(a_{ij})_{N\times N}$ 来表示一个网络中的两个节点之间的路径的数量。

如果两个节点 i 和 j 之间有一条边，即 $a_{ij}=1$，那么就存在一条长度为 1 的路径。

如果两个节点 i 和 j 之间存在一条长度为 2 的路径，那么就意味着存在另一个节点 k，使得 $a_{ik}a_{kj}=1$。因此，两个节点之间长度为 2 的不同路径的数量为

$$N_{ij}^{(2)}=\sum_{k=1}^{N}a_{ik}a_{kj}=(\boldsymbol{A}^2)_{ij}. \tag{2-11}$$

上式同时也表明：两个节点 i 和 j 之间存在长度为 2 的路径当且仅当 $(\boldsymbol{A}^2)_{ij}>0$。

类似地，可以推得两个节点 i 和 j 之间长度 $r\geqslant1$ 的不同路径的数量为

$$N_{ij}^{(r)}=(\boldsymbol{A}^r)_{ij} \tag{2-12}$$

上式同时也表明：两个节点 i 和 j 之间存在长度为 r 的路径当且仅当 $(\boldsymbol{A}^r)_{ij}>0$。

我们定义两个节点之间的**距离**(Distance)为这两个节点之间的最短路径的长度。节点 i 和 j 之间的距离不超过 $r\geqslant1$ 当且仅当

$$(\boldsymbol{I}+\boldsymbol{A}+\boldsymbol{A}^2+\cdots+\boldsymbol{A}^r)_{ij}>0. \tag{2-13}$$

从而得到网络连通性的如下判据：一个网络是连通的当且仅当 $\boldsymbol{I}+\boldsymbol{A}+\boldsymbol{A}^2+\cdots+\boldsymbol{A}^{N-1}$ 是正矩阵(即所有元素都为正数)。

我们还可以从邻接矩阵的不可约性来看网络的连通性，这一角度在研究网络行为时是非常有用的。一个 N 阶方阵 $\boldsymbol{A}$ 称为是**可约的**(Reducible)，如果存在矩阵 $\boldsymbol{A}$ 的行和列的某种置换 $\{1,2,\dots,N\}\to\{i_1,i_2,\dots,i_N\}$，即把矩阵 $\boldsymbol{A}$ 中的第 j 行和第 j 列变为第 i_j 行和第 i_j 列($j=1,2,\dots,N$)，使得置换之后得到的矩阵 $\bar{\boldsymbol{A}}=(\bar{a}_{ij})_{N\times N}$ 满足

$$\bar{a}_{ij}=0,\quad i=\mu+1,\mu+2,\dots,N;\quad j=1,2,\dots,\mu, \tag{2-14}$$

其中 μ 为某个小于 N 的正整数。否则，就称矩阵 $\boldsymbol{A}$ 是**不可约的**(Irreducible)。

上述定义可以等价地叙述如下：若存在顺列矩阵(即每行只有一个元素为 1，其他元素均为 0 的正交矩阵) $\boldsymbol{U}$，使得

$$\boldsymbol{U}^{\mathrm{T}}\boldsymbol{A}\boldsymbol{U}=\bar{\boldsymbol{A}}=\begin{bmatrix}\bar{\boldsymbol{A}}_{11} & \bar{\boldsymbol{A}}_{12}\\ 0 & \bar{\boldsymbol{A}}_{22}\end{bmatrix}, \tag{2-15}$$

则称矩阵 $\boldsymbol{A}$ 为**可约的**；若不存在这样的矩阵 $\boldsymbol{U}$，则称矩阵 $\boldsymbol{A}$ 是**不可约的**。

注意到节点对 i 和 j 之间存在一条路径 $v_iv_{i_1}\dots v_{i_k}v_j$ 等价于邻接矩阵的元素满

足 $a_{ii_1}a_{i_1i_2}\cdots a_{i_kj}\neq0$。基于这一事实,我们可以推得如下结论:一个网络是连通的当且仅当其邻接矩阵是不可约的。

2.5.4 割集与 Menger 定理

在网络科学研究中,鲁棒性是一个重要课题。互联网的前身 ARPANET 的一个目的就是为了构造能够在部分节点或连边失效时在剩余节点之间仍然能够维持基本通信的网络系统。从图论的术语看,这就归结为如下问题:

> 如果在一个图 G 中去除了一些节点或者连边,那么图 G 中的两个给定顶点 s 和顶点 t 之间是否仍然存在路径(即是否仍然属于同一个连通片)?

我们会在第8章中进一步介绍鲁棒性分析。这里先叙述图论中的 Menger 定理,该定理是为了回答如下问题:

> 如果要使顶点 s 和顶点 t 分离(即分别属于不同的连通片),那么至少需要从图 G 中去除多少个顶点?或者至少需要从图 G 中去除多少条边?

去除一个顶点对应着把以该顶点为端点之一的所有的边也去除。以去除顶点为例,求解这一问题的自然的蛮力方法如下:不包括顶点 s 和顶点 t 的话,图 G 中还有 $N-2$ 个顶点。首先看去除这 $N-2$ 个顶点中的一个顶点是否有可能使得顶点 s 和顶点 t 分离,共有 $N-2$ 种可能的去除方式;如果不可能的话,那么再看去除这 $N-2$ 个顶点中的两个顶点是否有可能使得顶点 s 和顶点 t 分离,共有 C_{N-2}^2 种可能的去除方式;这样一直做下去,直到在某次去除 k 个顶点后使得顶点 s 和顶点 t 分离。k 即为要使顶点 s 和顶点 t 分离所需去除的最少的顶点数目。显然,对于较大规模的图,这一蛮力算法的计算量是非常大的。而 Menger 定理给出了求解这一问题的一个有效方法,关于该定理的证明可参见图论著作。

定理 2-1(Menger 定理) 1)点形式:设顶点 s 和顶点 t 为图 G 中两个不相邻的顶点,则使顶点 s 和顶点 t 分别属于不同的连通片所需去除的顶点的最少数目等于连接顶点 s 和顶点 t 的独立的简单路径的最大数目。

2)边形式:设顶点 s 和顶点 t 为图 G 中两个不同的顶点,则使顶点 s 和顶点 t 分别属于不同的连通片所需去除的边的最少数目等于连接顶点 s 和顶点 t 的不相交的简单路径的最大数目。

先对定理中的术语给出解释。两个顶点称为是**不相邻的**,是指这两个顶点之间没有边直接相连。如果顶点 s 和顶点 t 为相邻顶点(即两者之间有边直接相连),那么即使把图 G 中所有其他的顶点都去除也无法使这两个顶点分别属于不同的连通片。这就是定理的点形式中假设两个顶点不相邻的原因。连接顶点 s 和顶点 t 的两条简单路径称为是**独立的**,是指这两条路径的公共顶点只有顶点 s 和顶点 t。连接顶点 s 和顶点 t 的两条简单路径称为是**不相交的**,是指这两条路径没有经过一条相同的边(但可以有共同顶点)。例如,在图 2-18 中,至少要去除 3 个顶点(标记为实心圆点)才能使得顶点 s 和顶点 t 分别属于不同的连通子图,从顶点 s 到顶点 t 也恰好有 3 条独立的简单路径(分别用不同线型标记)。

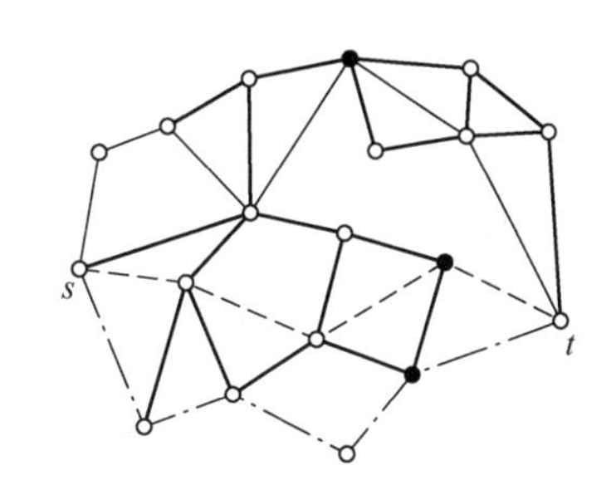

图 2-18 Menger 定理的图示

使得一对顶点分属于不同的连通片所需去除的一组顶点称为这对顶点的**点割集**(Vertex cut set),使得一对顶点分属于不同的连通片所需去除的一组边称为这对顶点的**边割集**(Edge cut set)。包含顶点数或边数最少的割集称为**极小割集**(Minimum cut set)。

基于 Menger 定理,为了计算使顶点 s 和顶点 t 分离所需要去除的顶点的最少数目,我们只需要求出顶点 s 和顶点 t 之间所有的简单路径,而对于后者存在一个经典的有效算法——Dijkstra 算法,将在下一章介绍。

2.5.5 有向图的连通性

上面关于无向图的连通性的介绍都可以推广到有向图的情形,区别在于:在一条从顶点 v_1 到顶点 v_k 的有向路径 $P = v_1v_2 \dots v_k$ 中要求每一对相邻的顶点 v_i 和 v_{i+1} 之间都有一条从 v_i 指向 v_{i+1} 的边 (v_i, v_{i+1});也就是说,一条有向路径所经过的点必须考虑边的方向性。存在一条从顶点 u 到顶点 v 的路径并不一定意味着存在一条从顶点 v 到顶点 u 的路径。

一个有向图称为是**强连通的**(Strongly connected),如果对于图中任意一对顶点 u 和 v,都既存在一条从顶点 u 到顶点 v 的路径也存在一条从顶点 v 到顶点 u 的路径。一个有向图称为是**弱连通的**(Weakly connected),如果把图中所有的有向边都看做是无向边后所得到的无向图是连通的。

通过另外一个等价定义可能更能明白为什么弱连通是弱的。在一个有向图中采取如下操作:如果两个顶点之间只有一条单向边,那么就添加一条反方向的边。如果经过这样添加边的操作之后所得到的新的有向图是强连通的,那么就称原来的有向图是弱连通的。

由于一个有向图的弱连通性是通过某个对应的无向图的连通性来判别的，因此上一小节关于无向图的连通性的所有讨论可以直接用于有向图的弱连通性。对于有向图的强连通性则需要考虑边的方向。例如，图2-19所示的有向图是弱连通的但不是强连通的，该图包含分别位于3个虚框内的3个**强连通片**(Strongly connected component, SCC)。

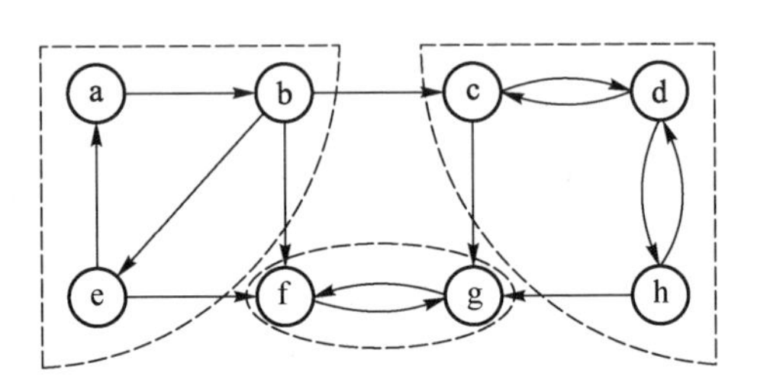

图2-19　包含3个强连通片的有向图

给定一个有向图的一对顶点A和B，我们可以按以下方法确定是否存在从节点A到节点B的路径：首先确定节点A和节点B所在的强连通片。如果节点A和B属于同一强连通片，那么从节点A到B和从节点B到A的路径都是存在的；否则的话，我们就看是否存在从节点A所在的强连通片指向节点B所在的强连通片的边：如果存在，那么就存在从节点A到节点B的路径；否则就肯定不存在这样的路径。

2.6　生成树与最小生成树

2.6.1　树

一个包含N个顶点的连通图G至少含有$N-1$条边。如果这个连通图恰好只有$N-1$条边，那么这个图就可以看做是最简单的连通图，我们称之为**树**(Tree)。

一般地，一个包含N个顶点的无向图G称为一棵树，如果它满足如下任意一个条件：

① 图G是连通的并且有$N-1$条边；

② 图G是连通的并且不包含圈；

③ 图G不包含圈并且有$N-1$条边；

④ 图 G 中任意两个顶点之间有且只有一条路径；

⑤ 图 G 中任意一条边都是桥，即去掉图 G 中任意一条边都会使图变得不连通。

图 2-20(a)给出的就是一棵包含 9 个顶点的树。这棵树也称为自由树，因为用肉眼一下子很难看出来树根、树枝和树叶等人们日常生活中形成的关于树的基本特征。然而，通过把某个顶点设定为**根**(Root)，就可以得到树的层次表示，称为**根树**(Rooted tree)。例如，对于图 2-20(a)的树，我们取顶点 1 为根，就可以得到如图 2-20(b)所示的根树。对于大型复杂网络而言，层次性的描述和分析方法是非常重要的。

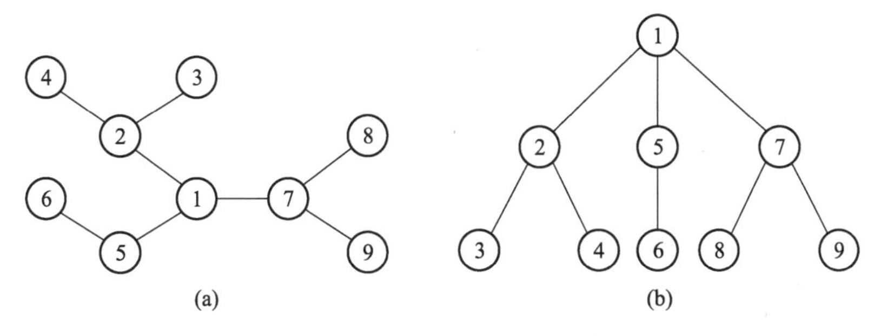

图 2-20　树与根树的例子

2.6.2　广度优先搜索算法

上述关于路径和连通性的定义涉及如下的算法问题：如何判断网络中两点之间是否存在路径？如何判断网络的连通性？如何找出网络所有的连通片？

对于规模很小的网络，我们也许通过眼睛直接观察网络就可以给出判断。但是，对于大规模网络，就需要有系统性的计算机算法来求解。以社会关系网络为例，找到你和地球上某个人之间距离的一种最自然的算法可以描述如下(图2-21)：

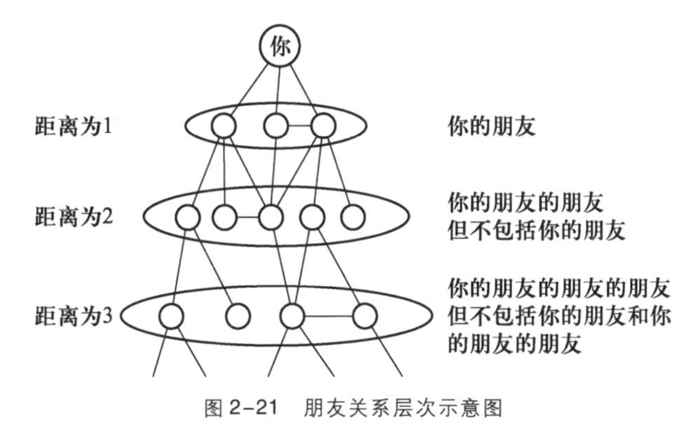

图 2-21　朋友关系层次示意图

① 列出你的所有朋友，你与这些人之间的距离为 1；

② 列出你的所有朋友的朋友（但不包含你的朋友），你与这些人之间的距离为 2；

③ 列出你的所有朋友的朋友的朋友（但不包含你的朋友和你的朋友的朋友），你与这些人之间的距离为 3。

以此类推，如果你的大脑有巨大的计算能力，那么你就可以得到包含你的一个连通片，并确定你和某个人之间是否存在有限路径。如果存在，还能确定你和该人之间的距离。这种算法实际上就是**广度优先搜索算法**（Breadth-first search algorithm）。

以图 2-17 为例，利用广度优先搜索算法寻找该图的包含某个顶点（例如顶点 1）的连通片可以描述如下：

① 以顶点 1 为初始顶点，这个顶点记为第 L_0 层；

② 第一步是找到顶点 1 的所有邻居顶点，包括顶点 2 和 3，把这两个顶点记为第 L_1 层（图 2-22(a)）；

③ 第二步是找到第 L_1 层顶点的所有未在前面层中出现的邻居，包括顶点 4、5、7 和 8，把这 4 个顶点记为第 L_2 层（图 2-22(b)）；

④ 第三步是找到第 L_2 层顶点的所有未在前面层中出现的邻居，包括顶点 6，把这一顶点记为第 L_3 层（图 2-22(c)）；

⑤ 已经找不到第 L_3 层顶点的所有未在前面层中出现的邻居，算法终止。

此时得到一个以顶点 1 为根的树，包括图 2-22(c) 中的顶点及实线边，称为**广度优先搜索树**。如果把这些顶点之间原有的边（图 2-22(c) 中的虚线边）添加进来，就得到包含顶点 1 的连通片。

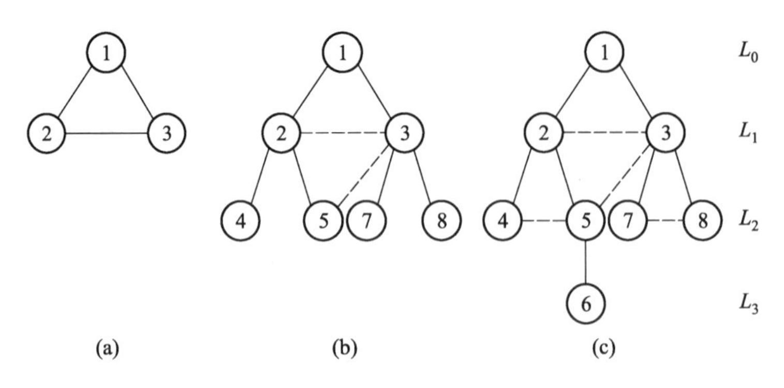

图 2-22　广度优先搜索算法

如果要找出一个图中的所有的连通片，那么可以采用如下方法：先选取该图中的一个顶点 X，用广度优先搜索得到包含顶点 X 的连通片；再选取一个不包含在该连通片中的顶点 Y,用广度优先搜索得到包含顶点 Y 的连通片;如此下去,直至所得到的这些连通片包含了图中所有的顶点。

2.6.3 最小生成树

如果一个连通图本身不是树,那么该图也可以看做是在一个树的基础上添加一些边而形成的,这就是生成树的概念。连通的无向图 G 的一个**生成树**(Spanning tree)是图 G 的一个子图,该子图是包含图 G 所有顶点的一个树。

一个包含 N 个顶点的连通图可能包含多个生成树,但每个生成树的边数一定都是 $N-1$。图 2-23 给出的是一个包含 5 个顶点的连通图及其 4 个生成树。一个顶点数目很大的图,其生成树的数目一般而言可能大得惊人。例如,一个顶点标志了标号的完全图 K_N 的生成树个数 $\tau(K_N)$ 有如下的 Caylay 公式:

$$\tau(K_N) = N^{N-2}. \tag{2-16}$$

生成树的概念可以直接推广到加权无向图。此时,尽管每个生成树的边数仍然相同,然而每个生成树的边的权值之和却未必相同,其中权值之和最小的生成树就称为**最小生成树**(Minimum spanning tree, MST)。最小生成树不一定是唯一的,例如,图 2-24 给出了一个加权无向图的两个最小生成树。如果一个连通图中所有边的权值都互不相同,那么该图必然具有唯一的最小生成树。

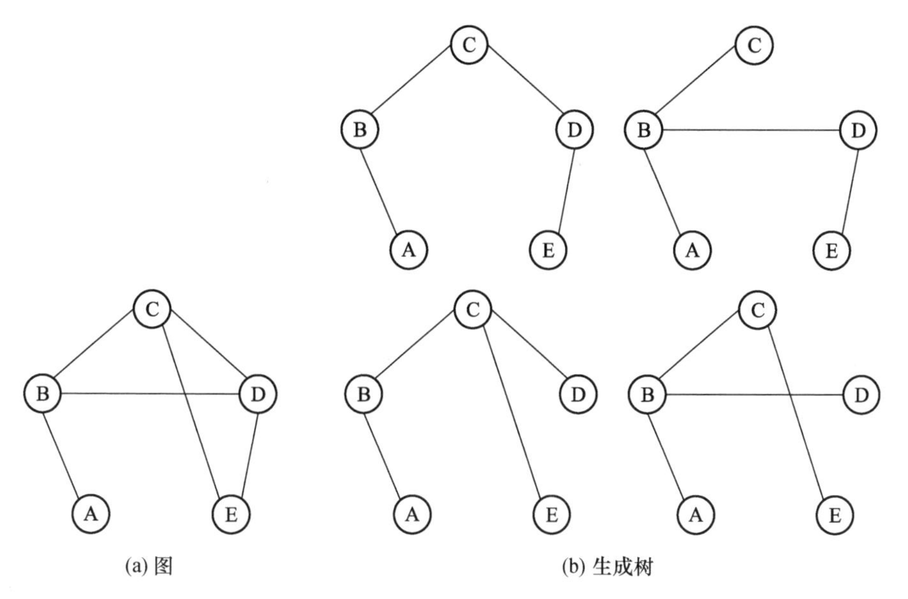

图 2-23 图及其 4 个生成树

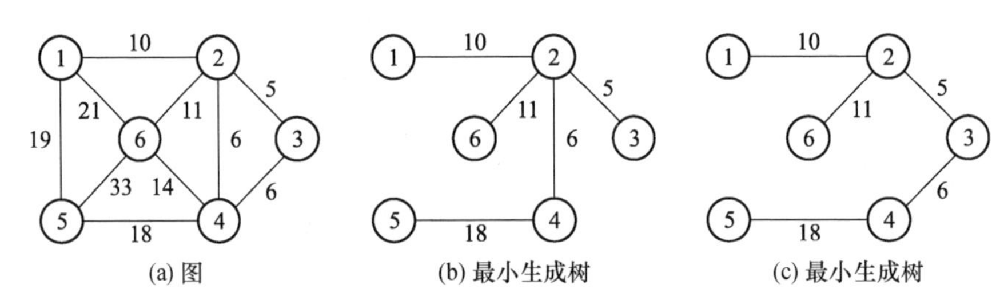

图 2-24 图及其两个最小生成树

最小生成树的概念在实际网络分析与设计中是很有用的。一个典型的问题表述如下:假设要在若干个地点之间建设一个连通的网络,这里的地点可以是国家、城市、建筑物等,网络可以是通信网络、交通网络、电力网络、供水网络等。假设我们可以计算出在任意两点之间建一条可行边所需的代价(如果两点之间完全不可能建边,可以定义代价为无穷大)。要使整个网络保持连通且建设代价最低,应该如何选择需要建设的边?

上述问题用图论的术语可以表述为:给定一个加权无向的连通图 $G=(V,E,W)$,这里 W 为边的权值的集合。求图 G 的一个边的权值之和最小的连通的子图 $\bar{G}=(V,\bar{E},\bar{W})$,其中 $\bar{E}$ 和 $\bar{W}$ 分别为 E 和 W 的子集。

看上去上述表述并未涉及最小生成树,然而却有如下结果。

定理 2-2 连通图 $G=(V,E,W)$ 的一个权值之和最小的连通的子图 $\bar{G}=(V,\bar{E},\bar{W})$ 一定是图 G 的一个最小生成树。

证明 我们用反证法证明 $\bar{G}$ 不包含圈。假设 $\bar{G}$ 包含一个圈 C。在 C 上任取一条边 e,那么从 $\bar{G}$ 中去掉边 e 之后的图$\bar{\bar{G}}$仍然是连通的,因为原来经过这条边 e 的任何路径现在可以改为沿着圈 C 剩下的部分绕行。这表明,$\bar{\bar{G}}$也是图 G 的一个连通子图,并且它的边的权值之和比 $\bar{G}$ 的边的权值之和更小,这与 $\bar{G}$ 的定义矛盾。证毕。

生成树(包括最小生成树)构成了一个网络的**骨架**(Skeleton),它对一个网络的拓扑性质和动力学行为可能具有重要影响。前面已经提到,一般而言,一个大规模网络的生成树的个数是网络规模的指数函数,因此企图通过蛮力方法求出所有的生成树并从中得到最小生成树的想法是行不通的。幸运的是,存在多种构造最小生成树的有效的**贪心算法**,也称为**贪婪算法**(Greedy algorithm)。

贪心算法的基本思想是在算法的每一步根据当前和局部的情况做出一个使得某个指标最优的选择。尽管贪心算法的每一步都是局部最优的,最终所得到的解却并不一定能保证是整体最优的。事实上,对于几乎任何问题都可以较为容易地设计一个贪心算法,但是要想设计出能够保证得到所求解问题的准确解或足够好的近似解的有效的贪心算法却往往是一个挑战性的课题。一般说来,对于某个算法设计问题,如果我们能够得到比蛮力搜索算法有实质性改进的有效算法,那么这一算法一定利用了待求解问题所固有的某种结构或特性。

最小生成树构造算法往往是基于最小生成树的**割性质**(Cut property)和**圈性质**(Circle property),这两个性质分别给出了一条边是否在最小生成树中的判别准则。

定理 2-3 给定连通图 $G=(V,E,W)$ 并假设所有边的权值互不相同,则有

1) 最小生成树的割性质:令 S 是图 G 的任意顶点子集,$S\neq\varnothing$(空集),$S\neq V$。令边 e 是一个端点在 S 中,另一端点在 $V-S$ 中的最小权值边。那么图 G 的最小生成树必然包含边 e。

2) 最小生成树的圈性质:令 C 是图 G 中的一个圈,并假设边 e 是圈 C 中权值最大的一条边,那么图 G 的最小生成树必然不包含边 e。

上述定理的证明读者可参阅有关算法设计的教材[8]。正是由于最小生成树的上述两个性质,才使得人们可以很自然地设计出构造最小生成树的多种贪心算法:任何通过包含满足割性质的边并删除满足圈性质的边以得到一棵生成树的算法,最终得到的一定是最小生成树。

而且这一思想可以直接推广到某些边的权值相同的情形:我们只需要对边的权值做极小的微扰以使边的权值互不相同而保持解不变。

Prim 算法和 Kruskal 算法是两个构造最小生成树的经典的有效贪心算法。假设 $G=(V,E,W)$ 是一个具有 N 个顶点的连通图,$T=(U,TE)$ 为欲构造的最小生成树。Prim 算法和 Kruskal 算法的基本思想如下:

Prim 算法:初始时,$U=\{u_0\}$ 为图 G 中任一顶点,$TE=\varnothing$ 为空集。在所有 $u\in U,v\in V-U$ 的边中,选择一条权值最小的边 (u,v) 加入边集 TE,同时将顶点 v 加入点集 U。重复这一操作,直到 $U=V$,即包含图 G 中的全部顶点为止。

Kruskal 算法:初始时,$U=V,TE=\varnothing$。将图 G 中的边按权值从小到大的顺序依次选取,若选取的边使生成树不形成圈,则把它加入 TE 中;若选取的边使生成树形成圈,则将其舍弃,如此进行下去,直到 TE 中包含 $N-1$ 条边为止。

Prim 算法的时间复杂度为 $O(M+N\log N)$,因此适合于计算边稠密的网络的最小生成树。Kruskal 算法的时间复杂度为 $O(M\log M)$(M 为网络中边的数目),因此适合于计算边稀疏的网络的最小生成树。

下面是一个利用 Kruskal 算法求最小生成树的例子(图 2-25):

① 原始图是一个包含 7 个顶点的连通的加权图(图 2-25(a));

② 添加边(A,D):(A,D)和(C,E)均为最短边,随机选择一条,这里选(A,

D)(图 2-25(b));

③ 添加边(C,E):因为它是最短边,并且添加该边后不会形成圈(图 2-25(c));

④ 添加边(D,F):因为它是最短边,并且添加该边后不会形成圈(图 2-25(d));

⑤ 添加边(A,B):(A,B)和(B,E)为最短边,随机选择一条(图 2-25(e));
舍弃边(B,D):如果添加边(B,D)就会形成圈(A,B,D,A);

⑥ 添加边(B,E):因为它是最短边且添加后不会形成圈(图 2-25(f));
舍弃边(B,C):添加该边会形成圈(B,C,E,B);
舍弃边(D,E):添加该边会形成圈(D,E,B,A,D);
舍弃边(F,E):添加该边会形成圈(F,E,B,A,D,F);

⑦ 添加边(E,G),得到一个最小生成树(图 2-25(g))。

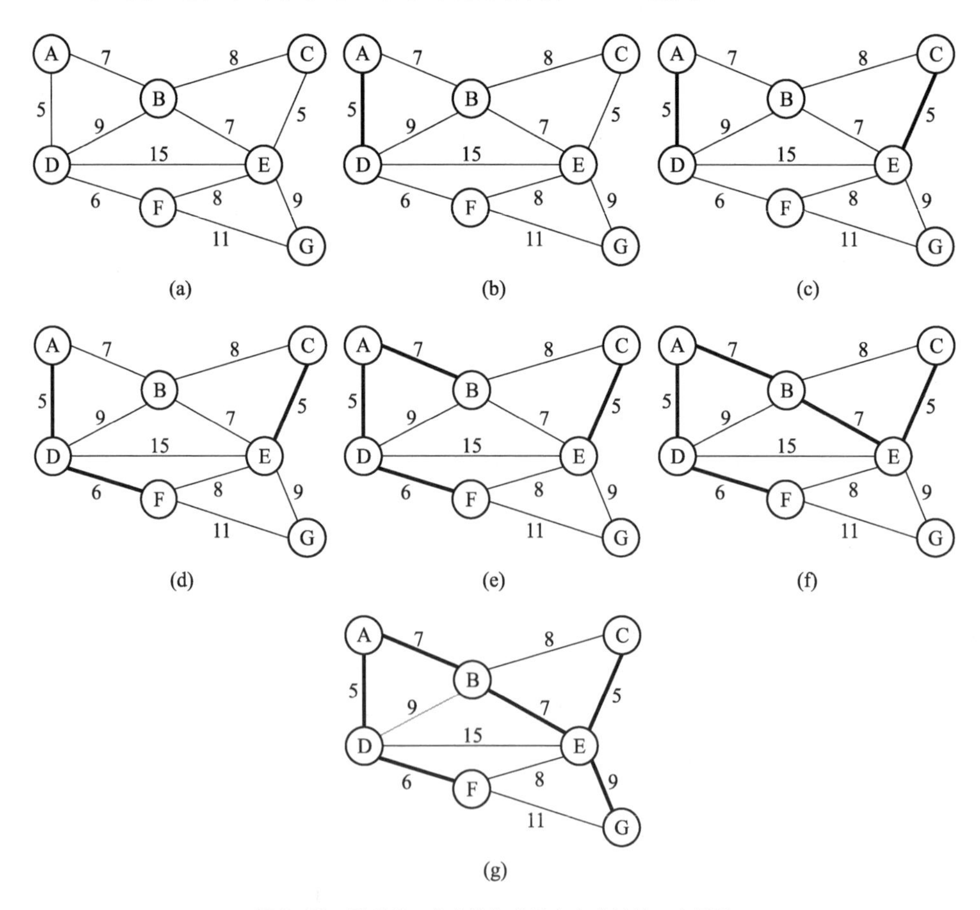

图 2-25　利用 Kruskal 算法求最小生成树的一个例子

Masucci 等人研究了维基百科（Wikipedia）上的英语条目之间的语义流动，构造了一个有向的网络模型，称为语义空间(Semantic space)[9]。他们用 Prim 算法计算了该网络的一个无向的最小生成树，图 2-26 是该最小生成树的一部分。它以条目"nature"为中心，包含了该条目的三层邻居。"nature"是一个很一般的概念，没有太多的连接，但它对于不太复杂的概念之间的语义流起着桥梁的作用，而那些节点通常连接数更大并且形成分类(图中不同的灰度表示不同的模块)，它们是最小生成树中的 Hub 节点。

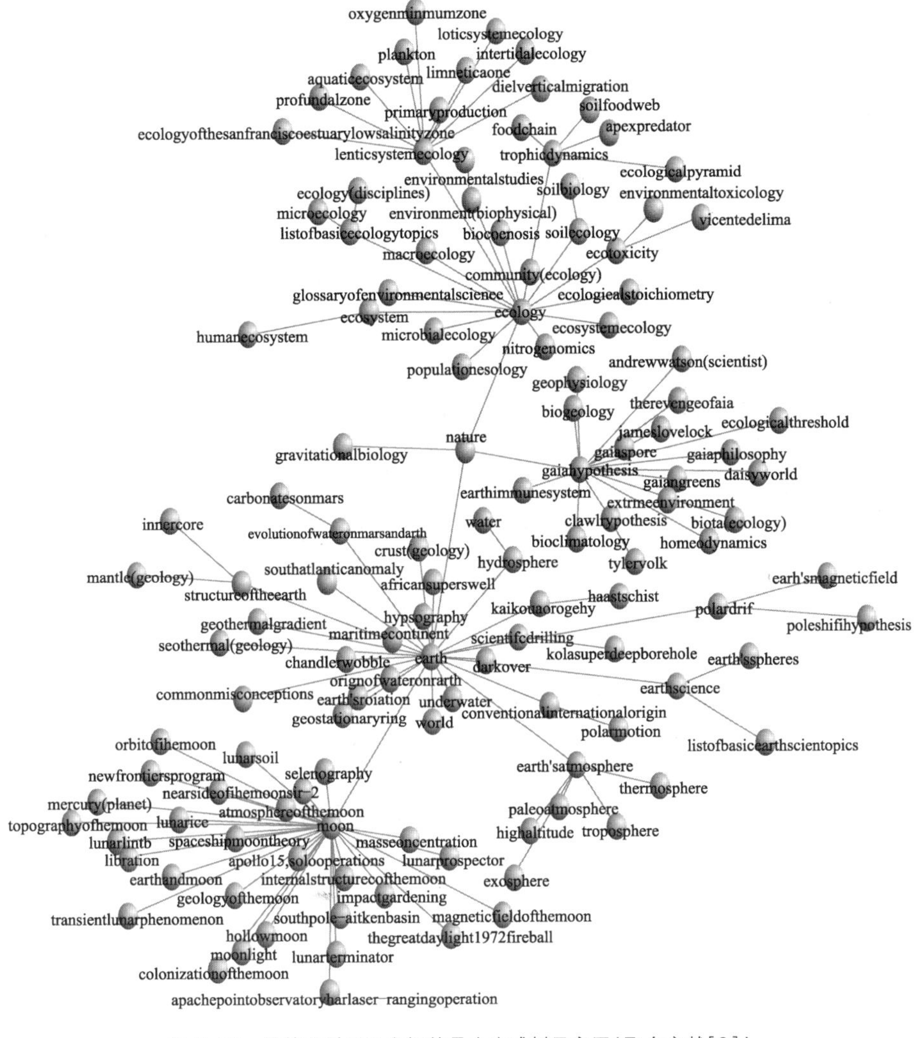

图 2-26　维基百科语义空间的最小生成树示意图(取自文献[9])

一个图的最小生成树是该图的一个包含所有顶点的、边的权值(代价)之和最小的连通的子图。但是,在实际的复杂网络应用问题中,除了希望构建网络的总的代价尽可能小之外,人们常常还需要综合考虑多种目标,并进行取舍与折中。这里仅举几个有可能考虑的其他因素:两点之间的最大距离或平均距离尽可能小;每条边的流量不宜过大以避免严重拥塞;网络应该具有足够的鲁棒性,例如,我们希望从网络中去除一些点或者边之后仍然能够保持网络的连通性。而从最小生成树中去除任意一条边后它就变得不连通了。

2.7　二分图与匹配问题

2.7.1　二分图的定义

给定图 $G=(V,E)$。如果顶点集 V 可分为两个互不相交的非空子集 X 和 Y,并且图中的每条边 (i,j) 的两个端点 i 和 j 分别属于这两个不同的顶点子集,那么就称图 G 为一个**二分图**(Bipartite graph),记为 $G=(X,E,Y)$。如果在子集 X 中的任一顶点 i 和子集 Y 中的任一顶点 j 之间都存在一条边,那么就称图 G 为一个**完全二分图**(Complete bipartite graph)。

在网络科学研究中,二分图也称为**二分网络**(Bipartite network)、**从属网络**(Affiliation network)或**二模网络**(Two-mode network)。

图 2-27(a)给出的是一个包含 9 个顶点的非完全的二分图,其中 5 个顶点属于集合 X,4 个顶点属于集合 Y。图 2-27(b)给出的是一个包含 7 个顶点的完全二分图,其中 3 个顶点属于集合 X,4 个顶点属于集合 Y。

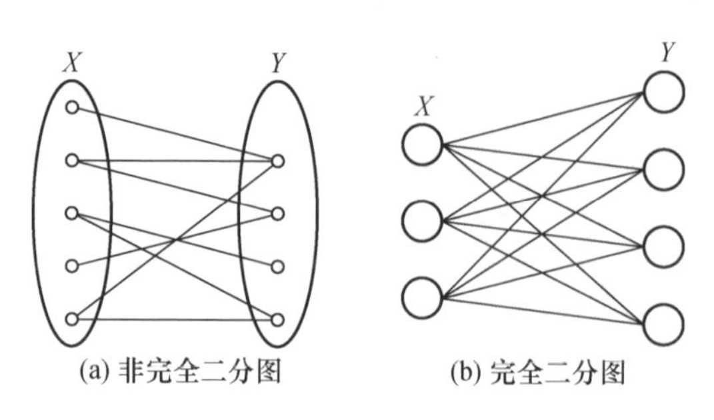

图 2-27　二分图的例子

判断任意一个连通的网络是否为二分网络的一般方法如下（如图 2-28 所示）：在网络中任意选取一点，把该节点以及与该节点距离为偶数的所有其他节点的集合记为 X，把与该节点的距离为奇数的节点的集合记为 Y。如果在集合 X 和 Y 的内部都不存在边，即所有的边都只存在于集合 X 和 Y 之间，那么该网络就是二分网络。图 2-28 中的初始节点为 0，箭头表示寻找集合 X 和 Y 中的节点时的次序。

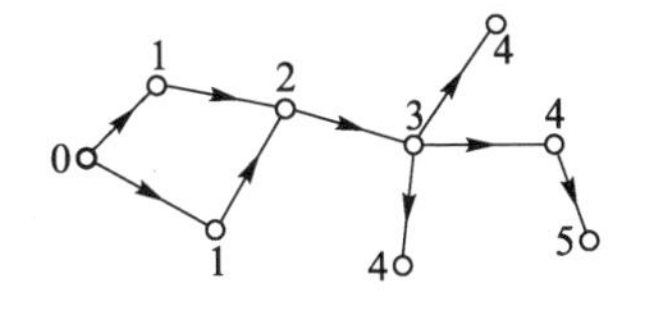

图 2-28　二分网络的判断方法

2.7.2　二分图的实际例子

许多实际网络都自然具有二分图的结构，以下举一些社会网络的例子。

（1）人员合作网络。在科研人员合作网络中，集合 X 中的每个节点代表一名科研人员，集合 Y 中的每个节点代表一篇文章。如果一个科研人员是一篇文章的作者之一，那么就在这个科研人员和这篇文章之间有一条边。在电影演员合作网络中，集合 X 中的每个节点代表一名电影演员，集合 Y 中的每个节点代表一部电影。如果一个演员出演过某部电影，那么就在这个演员和这部电影之间有一条边。

（2）学生选课网络。集合 X 中的每个节点代表一个学生，集合 Y 中的每个节点代表一门学校开设的课程。如果一个学生选修了某门课程，那么就在该学生和该课程之间有一条边。

（3）用户推荐网络。在许多在线购物网站上，都会有类似于“购买物品 A 的用户通常也购买物品 B”之类的推荐。我们可以把每个用户作为集合 X 中的一个元素，每件物品（如图书等）作为集合 Y 中的一个元素。如果一个用户购买了某件物品，那么就在这个用户和这件物品之间有一条边。

（4）在线社区网络。互联网上的在线社区（Online community），包括 BBS 和各种论坛等常常具有一种讨论线的结构。例如，某个用户发一个关于某个话题的帖子，然后一些其他用户回帖来参与讨论或回答问题。我们可以按照如下方式产生一个二分网络：集合 X 中的每个节点代表一个用户，集合 Y 中的每个节点代表一个话题。如果某个用户发了关于某个话题的第一个帖子或者就某个话题回帖，那么就在该用户与该话题之间有一条边。如果把这条边定义为从该用户指向该话题的有向边，那么就得到一个有向的二分网络。

上述这些二分社会网络的例子具有一个共同的特征：集合 X 是由一组个体组成，集合 Y 是由这组个体参与的事件（如发表文章、出演电影、选修课程、购买物品和关心话题等）组成。

近年来关于生物网络的研究中也有不少的二分网络的例子。例如，图 2-29

显示的是一组疾病-病变基因之间的关联,其中的圆圈和长条分别表示疾病和病变基因[8]。如果一种基因的突变导致某种疾病,那么就在该病变基因和该疾病之间有一条边。圆圈的大小与参与该疾病的基因的数量成正比,圆圈的灰度对应于疾病所属的种类。

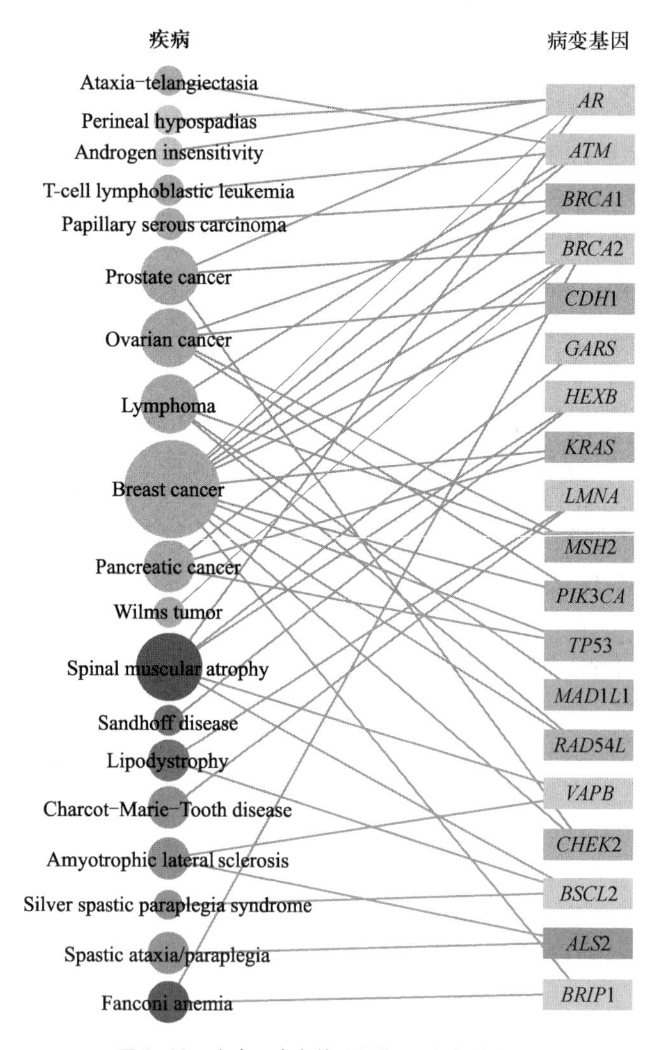

图 2-29　疾病-病变基因网络(取自文献[8])

2.7.3　二分图到单分图的投影

在分析自然具有二分图结构的网络时,通常会先把它投影到由集合 X 中的顶点构成的**单分图**(Unipartite graph)(图 2-30):如果在原来的二分图中,集合

X 中两个顶点都与集合 Y 中的某个顶点相连，那么在对应的单分图中，这两个顶点之间就有一条边。同样，也可以把该二分图投影到由集合 Y 中顶点构成的单分图，然后再分析所得到的单分图的拓扑性质。

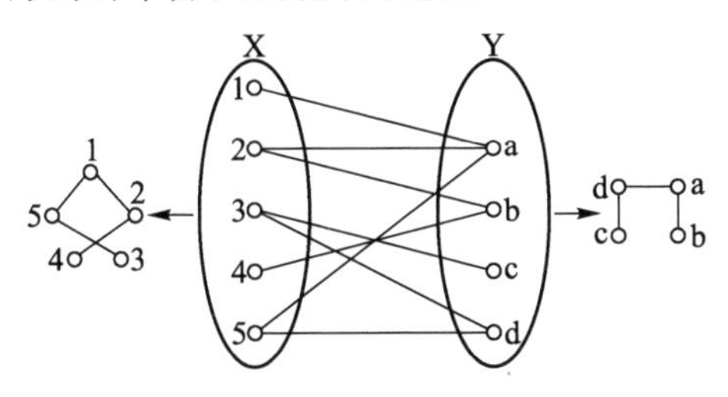

图 2-30 一个二分图可以投影为两个单分图

例如，在科研人员合作网络中，通常把每个科研人员作为一个节点，两个科研人员如果合作发表过文章，那么就在相应的两个节点之间有一条边，从而得到一个单分的合作网络。类似地可以构造电影演员合作网络等。

我们可以把二分图到单分图的投影与多维物体的低维投影相类比。图 2-31 是从不同角度得到的一个三维物体的 3 个二维平面图。显然，每个二维平面图

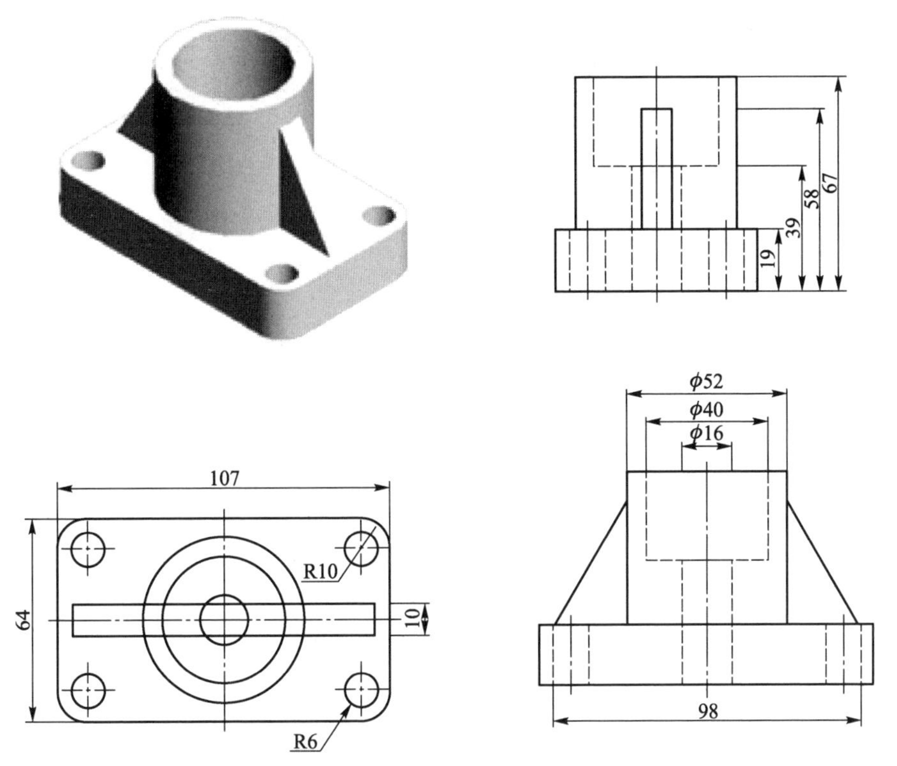

图 2-31 一个三维物体的二维投影

都丢失了原来的三维物体的许多信息。要通过这些二维平面图来充分了解原来的三维物体的性质,我们必须做到:① 对每个二维平面图做仔细分析;② 把从不同二维平面图得到的知识进行有效的整合。

从二分图到单分图的投影也面临类似的问题:无论是基于集合 X 的单分图还是基于集合 Y 的单分图都有可能会失去原始二分图的一些重要的特性。

1. 董事会-董事会成员网络的投影

董事会是一个公司的最高决策机构,因此许多大公司都会聘请一些杰出人士担任董事。自然地,有些重要人物同时会是多个公司的董事会成员。图 2-32(a)中显示了一个二分的董事会-董事会成员网络,其中反映了 11 个董事会成员组成的集合 X 和 4 个董事会组成的集合 Y 之间的关系,每一条边对应于 X 中的一个成员是 Y 中的一个成员。我们可以把这个二分网络转化为两个单分网络:

(1) 董事会网络:图 2-32(b)中每个点对应于一个董事会,如果两个董事会中包括至少一个共同的成员,那么就在它们之间有一条边。

(2) 董事会成员网络:图 2-32(c)中每个点对应于一个成员,如果两个成员同时参加一个董事会,那么他们之间就有一条边。

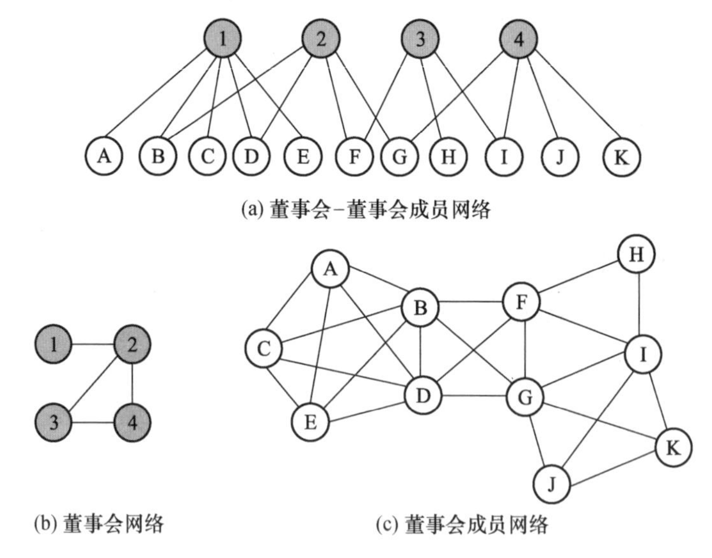

图 2-32　董事会-董事会成员网络及其投影

这两个单分网络各自都会丢失原始的二分网络的一些信息,而且正如把多维物体投影到低维空间会使得许多部分重叠一样,把二分图投影为单分图也会把原来一些不同的结构变为相同的结构。例如,我们看一下单分图 2-32(c)中的两个三角形 FHI 和 FGI。由二分网络图 2-32(a)可以看出,这两个三角形的意义是不同的:三角形 FHI 对应的 3 个顶点都属于第 3 个董事会,但三角形 FGI 的 3 个顶点却不对应于任何一个董事会。从图 2-32(c)还可以看出,从二分网络投影得到的单分网络中包含许多派系(Clique),即完全子图,包括 ABCDE、BDFG、FHI 和 GIJK,这些派系的出现是网络具有高聚类特性的一个重要原因。

2. 疾病-基因网络的投影

我们还可以从二分网络投影得到加权的单分网络。图 2-33(a)是图 2-29 所示的疾病-基因网络投影得到的加权疾病网络:如果两种疾病都与同一种基因有关,那么就在这两种疾病之间有一条边,边的权值与两种疾病所涉及的共同基因的数量成正比。例如,乳腺癌(Breast cancer)和前列腺癌(Prostate cancer)与三种相同的基因有关,因而在这两种癌症之间的连边的权重就为 3。我们也可以从疾病-基因网络投影得到加权的病变基因网络(图 2-33(b)):如果两种基因的突变都会诱导同一种疾病,那么就在这两个基因之间有一条边,边的权值与这两种基因共同诱导的疾病的种类成正比。

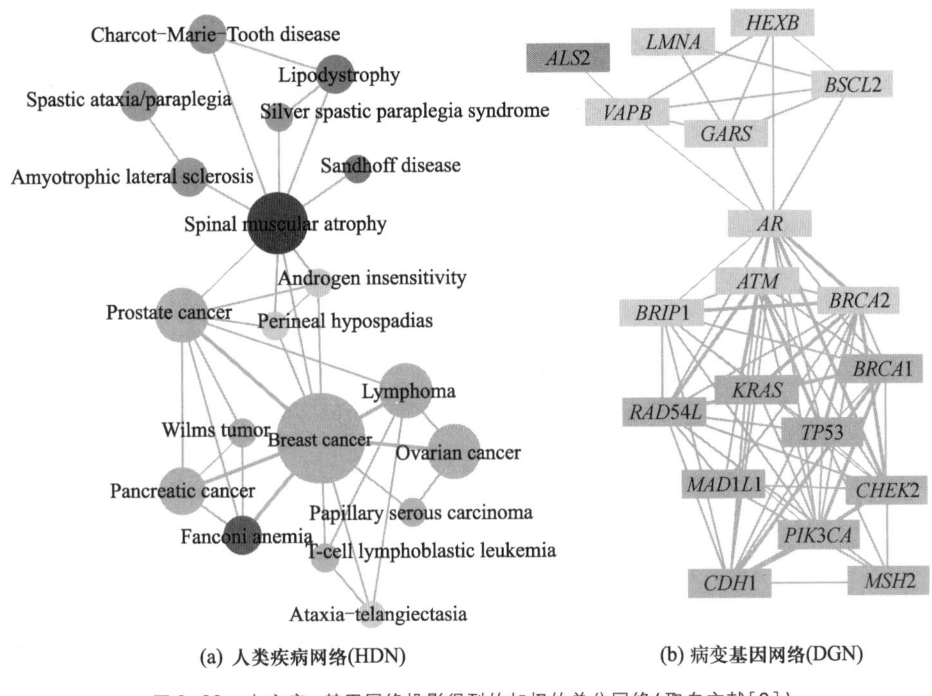

图 2-33 由疾病-基因网络投影得到的加权的单分网络(取自文献[8])

2.7.4 二分图的匹配

二分图是一种十分有用的网络模型,许多涉及资源和人员分配的实际问题

都可以归结为二分图的**匹配问题**(Matching problem),具体定义如下:

(1) 匹配(Matching):设 $G=(X,E,Y)$ 为二分图,F 为边集 E 的一个子集,即 $F\subseteq E$。如果 F 中任意两条边都没有公共端点,那么就称 F 为图 G 的一个匹配。

(2) 最大匹配(Maximal matching):图 G 的所有匹配中边数最多的匹配。

(3) X-完全匹配(X-Perfect matching):集合 X 中任一顶点均为匹配 F 中边的端点。

(4) Y-完全匹配(Y-Perfect matching):集合 Y 中任一顶点均为匹配 F 中边的端点。

(5) 完全匹配(Perfect matching):F 既是 X-完全匹配又是 Y-完全匹配,此时,集合 X 和集合 Y 中的顶点恰好一一对应。

在图 2-34 中,粗线表示匹配中的边(简称匹配边)。图 2-34(a)中的匹配不是最大的;图 2-34(b)中的匹配是最大的,X-完全匹配;图 2-34(c)中的匹配是完全的(从而也是最大的)。

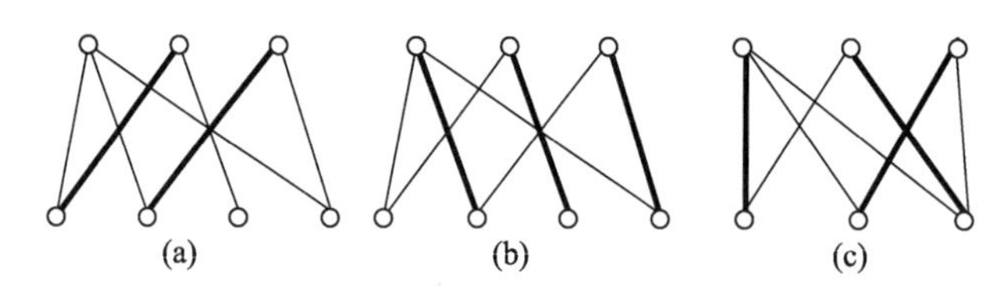

图 2-34　二分图的匹配

2.8　稳定匹配

2.8.1　稳定匹配的定义

寻找二分图的一种特定的完全匹配——稳定的完全匹配的算法是由两个数理经济学家 Gale 和 Shapley 于 20 世纪 60 年代提出的,因此称为 Gale-Shapley 算法(简称 G-S 算法)[10]。这里以硕士研究生与导师之间的双向选择为例来说明稳定匹配问题及其求解算法。

师生分配问题　假设硕士研究生入学后的前两周是师生双向选择的时间,通常学生人数要比教师人数多,系里会对每位老师当年能够招收的研究生设定一个上限,例如至多招 3 名学生。师生分配方案的基本要求是:每位学生必须有且只能有一名导师，每位导师至多只能带3名学生。

系里每年会把所有研究生指导教师的信息提供给所有学生，然后每位学生根据对这些教师的了解及其个人兴趣挑选一些老师，并前去与这些老师面谈。面谈期间往往会发生类似如下的情形：学生 S_1 先是去找教师 P_1，教师 P_1 觉得该学生不错就考虑接受该学生；后来学生 S_1 又去找了教师 P_2 并觉得更愿意跟随教师 P_2，而教师 P_2 也觉得该学生不错，于是学生 S_1 就选了教师 P_2，这时教师 P_1 会从他面试过的学生中再挑选一名学生 S_2，而本来教师 P_3 已经答应接受学生 S_2 的，现在学生 S_2 觉得教师 P_1 更适合他，于是学生 S_2 可能就选择教师 P_1 而离开教师 P_3，如此下去有可能引发一系列的连锁反应。问题是最终能否得到一个稳定的分配方案？

我们首先对问题做进一步的简化而又保持其本质特征。这里的核心问题是要在许多种可能的分配方案中找到一种稳定的分配方案，学生数比教师数多多少并不是本质问题。因此，我们不妨假设学生数和教师数一样多且每位教师恰好带一名学生。现在可以给出该问题的完全二分图表示 $G=(X,E,Y)$，其中 X 是所有学生的集合，Y 是所有教师的集合，两个集合的人数都为 N 且任一学生和任一教师之间都有一条边相连。图2-35是一个包含3个学生和3个教师的完全二分图。

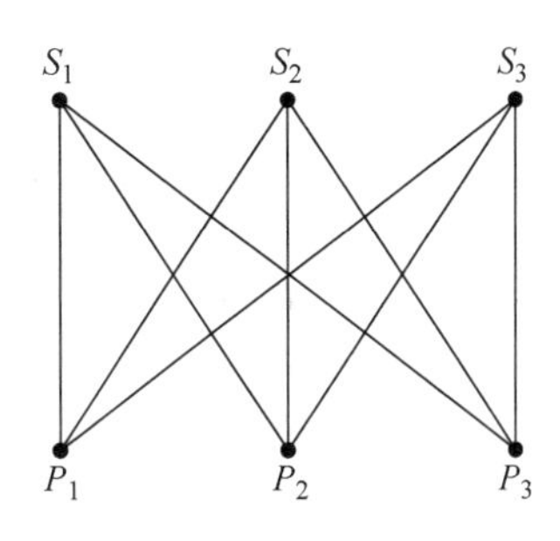

图2-35　师生分配的完全二分图表示

一种师生分配方案就对应于完全二分图 G 的一个完全匹配。图 G 共有 $N!$ 种完全分配，对应于 $N!$ 种可能的师生分配方案。用蛮力方法比较每一种分配方案显然是不切实际的。在介绍G-S算法之前，我们先给出稳定的分配方案的如下定义。

一种师生分配方案称为是**稳定的**(Stable)，如果该方案能够保证：

① 如果有学生想要换导师，那么没有其他教师愿意接受这位学生；

② 如果有教师想要换学生，那么没有其他学生愿意跟随这位教师。

我们可以对稳定分配方案的定义做进一步的形式化处理。为此，假设每个学生都有一个优先表用于对所有教师进行排名：在这个学生的优先表中排名越靠前的教师就是这个学生越想跟随的教师。每个教师也有一个优先表用于对所有学生排名：在这个教师的优先表中排名越靠前的学生就是这个教师越想招的学生。假设所有优先表都不允许出现并列排名。

一种师生分配方案是**稳定的**，如果对每一个教师 P 和每一个没有跟随教师 P 的学生 S，至少出现下列两种情形之一：

① 教师 P 对他已经接受的每位学生都比对学生 S 更满意；

② 学生 S 对他目前的导师比对教师 P 更满意。

由这一形式化的定义，我们可以立即知道什么是不稳定的分配方案：

一种师生分配方案是**不稳定的**（Unstable），如果至少存在一个教师 P 和一个没有跟随教师 P 的学生 S，使得以下两点均满足：

① 教师 P 对学生 S 至少比他所接受的学生中的一位更满意；

② 学生 S 对教师 P 比对他目前的导师更满意。

我们称教师 P 和学生 S 是这种分配方案的一对不稳定的因素。

2.8.2　稳定匹配的求解

对每组给定的优先表，是否一定存在稳定的分配方案？如果存在，是否能够有效地求出来？为了进一步获得感性认识，我们先看一下最简单的例子：假设只有两个学生 $\{S_1, S_2\}$ 和两个教师 $\{P_1, P_2\}$。此时只有两种可能的分配方案：

方案一：(S_1, P_1)，(S_2, P_2)；方案二：(S_1, P_2)，(S_2, P_1)。

假设学生和教师的优先表如下：

- 学生 S_1 更想跟随教师 P_1 而不是 P_2；学生 S_2 更想跟随教师 P_1 而不是 P_2。
- 教师 P_1 更想招收学生 S_1 而不是 S_2；教师 P_2 更想招收学生 S_1 而不是 S_2。

两个学生对教师的排序完全一致：都更想跟随教师 P_1。两个教师对学生的排序也完全一致：都更想招收学生 S_1。此时，方案一是唯一的稳定分配方案：学生 S_1 和教师 P_1 都很满意，他们不会想分开，而学生 S_2 和教师 P_2 想分开也办不到；方案二则是不稳定的：学生 S_1 想离开教师 P_2 而跟随教师 P_1，而教师 P_1 也想放弃学生 S_2 而接收学生 S_1。

现在假设学生和教师的优先表如下：

- 学生 S_1 更想跟随教师 P_1 而不是 P_2；学生 S_2 更想跟随教师 P_2 而不是 P_1。
- 教师 P_1 更想招收学生 S_2 而不是 S_1；教师 P_2 更想招收学生 S_1 而不是 S_2。

两个学生对教师的排序互相协调：各自更想跟随不同的教师。两个教师对学生的排序也互相协调：各自更想招收不同的学生。此时，方案一是稳定的分配方案：两个学生已经得到最满意的结果；方案二也是稳定的分配方案：两个教师已经得到最满意的结果。这个简单的例子说明有可能存在不止一种稳定的分配方案。

在目前实际采用的师生面谈过程中，一批学生可能会同时与一批教师面谈。为进一步简化，我们假设每次只有一位学生与教师面谈。在前述简化假设条件下，求解稳定的师生分配方案的 G-S 算法叙述如下：

每次只选择一位学生 S，让他（她）按照自己的优先表从高到低依次找还没有面谈过的教师面谈。为公平起见,我们假设这位学生是通过完全随机的方式选出来的。如果与他(她)面谈的教师目前没有候选的学生,那么这位教师最安全的做法就是把这位学生列为候选学生,即使这个学生未必是这位老师的优先表中靠前的学生,因为每位教师必须要带一名学生。如果这名教师已经有了候选学生 S',那么他将应该比较学生 S 和学生 S',并从中挑选一个作为他的候选学生。按照这一程序,学生 S 必然在这一轮面谈后被某个教师考虑为候选学生。

然后,再随机选择一位自由的(即还没有成为候选对象的)学生,让他(她)按照自己的优先表从高到低依次找自己还没有面谈过的教师面谈,直到成为候选学生。这一迭代过程一直进行下去,直到所有学生都成为候选学生或每一个自由的学生都与所有教师面谈过为止。

在研究上述算法性质时,首先要注意到,尽管只有 N 个学生,该算法一般说来未必在 N 步之后就终止。这是因为,已经成为候选学生的人有可能在后面的某次迭代中被另一位同学顶替掉而再次成为完全自由的学生。因此,针对该算法我们依次需要考察如下问题:该算法是否会终止?如果会,迭代多少步之后终止?该算法是否能够得到一个完全匹配?如果能,这个完全匹配是否一定为稳定匹配?

在回答这些问题之前,首先注意到算法的几个似乎是让学生越来越沮丧,教师越来越高兴的基本事实:

事实一:教师 P 从第一次有学生去和他面谈开始,就一直会有候选学生,而且他的候选学生只会越变越好(按照教师 P 的优先表);

事实二:学生 S 可能会在候选学生和自由学生状态之间交替,而且他(她)去面谈的教师只会越变越差(按照学生 S 的优先表)。

事实三:如果学生 S 在算法的某一步是自由的,那么此时,必至少存在一位该学生没有面谈过的教师。

事实三意味着算法终止的唯一条件为所有的学生都是候选学生,即找不到自由的学生。现在我们可以证明如下结论:

定理 2-4 G-S 算法在至多 N^2 次迭代之后终止,且算法终止时所得到的集合是一个完全匹配。

证明 每次迭代过程中,某个学生去找一个以前没有面谈过的教师面谈,并且今后该学生不可能再与该教师面谈。令 $f(t)$ 表示到第 t 次迭代结束时,学生 S 已经与教师 P 面谈过的所有的 (S,P) 对的数目,对于任意 t,显然有 $f(t+1) \geq f(t)+1$。但是,在 N 个学生和 N 个教师之间面谈至多只存在 N^2 对。因此,至多可能存在 N^2 次迭代。注意到算法终止的唯一条件是找不到自由的学生,这也就意味着找不到自由的教师,因此得到一个完全匹配。证毕。

定理 2-5　G-S 算法终止时所得到的集合 Ω 一定是一个稳定匹配。

证明　假设集合 Ω 中存在一对不稳定因素,也就是说,在集合 Ω 中存在两个师生对(S_1,P_1)和(S_2,P_2),且满足:学生 S_1 更想跟随教师 P_2 而不是 P_1;教师 P_2 更想招收学生 S_1 而不是 S_2。

根据算法的定义,S_1 最后一次面谈应该是与教师 P_1 进行的。在某个更早的迭代步,学生 S_1 与教师 P_2 面谈过吗?如果没有,那么在学生 S_1 的优先表中,教师 P_1 一定比教师 P_2 排名靠前,这与假设"学生 S_1 更想跟随教师 P_2 而不是 P_1"相矛盾。如果学生 S_1 与教师 P_2 面谈过,那么他被教师 P_2 拒绝肯定是由于教师 P_2 更想要某个其他的学生如 S_3 而不是 S_1。教师 P_2 最后接收的学生是 S_2,因此,或者 $S_3=S_2$,或者根据事实一,P_2 更想要 S_2 而不是 S_3。每种情况都与我们假设教师 P_2 更想要 S_1 而不是 S_2 矛盾。

因此,集合 Ω 中不存在不稳定因素,从而是一个稳定匹配。证毕。

2.8.3　稳定匹配的公平性

至此,我们给出了在一定的简化假设下,稳定的师生分配方案的求解算法。但是,还有一些问题值得考虑。注意到算法的每一步都需要在学生子集中随机挑选一个学生,如果同一个算法执行两次,那么所挑选学生的次序也会不同。前面通过简单的例子已经说明,稳定的分配方案可能不止一种,所以我们自然会问:算法的不同执行是否会得到不同的稳定分配方案?从学生的角度看,这将导致如下的公平性问题:

- 学生之间的公平性问题:在算法执行过程中,是否越是早被选上的学生就越有利呢?

另一方面,算法的两个基本事实似乎是让学生越来越沮丧、教师越来越高兴,这也将导致如下的公平性问题:

- 学生与教师之间的公平性问题:该算法总体上是否是对教师更有利?

对于第一个公平性问题,学生完全不必担心:算法的每次执行得到的都是同一个集合 Ω。对于第二个公平性问题,学生更加不必担心:这一算法得到的结果是对学生最有利的。我们看一个极端的例子:

假设每个学生最喜欢的教师都各不相同,即不妨假设学生 S_i 最想跟随教师 P_i,$i=1,2,\dots,N$。那么不管每次迭代选哪一个学生,最终得到的集合必然是

$$\Omega=\{(S_i,P_i),i=1,2,\dots,N\}.$$

可以看到这一结果与每位教师的优先表完全无关。换句话说,如果对所有的 i,

学生 S_i 都恰好是教师 P_i 最不想要的学生，每位教师也只好接受这样的结果。

上述例子尽管比较极端，但其结论却具有一般性，即不管每位学生和每位教师的优先表如何，我们都有如下结论：

定理 2-6 G-S 算法所有的执行得到的都是对学生最满意、对教师最不理想的稳定匹配。

证明过程留给读者。该定理意味着，在所有可能的稳定分配方案中，按照该算法所产生的方案 Ω，每位学生得到的是最好可能的结果，即他(她)所跟随的导师比他(她)在所有其他稳定的分配方案中跟随的导师至少同样好(按照该学生的优先表)。而每位教师得到的是最差可能的结果，即他(她)所带的学生比他(她)在所有其他稳定的分配方案中所带的学生至少同样不理想(按照该教师的优先表)。

上述算法的基本思想可以推广到学生人数比教师人数多且每位教师可能带多名学生、允许优先表中出现并列排名以及多名学生可以同时与多名教师面谈等实际情形。

2.8.4 完全匹配存在的条件

上面在介绍师生分配问题时有一个前提：每一个学生和每一个教师之间都具有配对的可能性。但如果某些教师只希望选择某些学生，某些学生只希望选择某些教师，那么就有可能不存在完全匹配。例如，系里安排一周的双向选择时间，然后让学生提交他(她)选择的导师，每个学生至多可以填写 3 个教师的名字。系里在汇总所有学生的申请表时总是尽量满足学生的要求和教师的意愿，但是每年总有少量学生的要求不能得到满足，这就意味着不存在完全匹配。此时，系里就必须把这些学生分配给一些教师。下面我们就讨论一下完全匹配存在的条件。

假设有 5 个教师和 5 个学生，他们的意愿用图 2-36 表示。例如，教师 1 只愿意在学生 1 和学生 2 中做选择。此时，我们很容易发现并不存在完全匹配：学生 1、学生 2 和学生 3 这 3 个学生只愿意在教师 1 和教师 2 这两个教师之间做选择。我们称学生 1、学生 2 和学生 3 这 3 个学生的集合为一个**抑制集**(Constricted Set)，因为他们与二分图另一端的连接抑制了完全匹配的形成。

一般地，对于二分图右端的一组节点 S，如果左端某个节点有边与 S 中的某个节点连接，我们就称该节点为 S 的邻居节点。S 的所有邻居节点的集合记为 $N(S)$。如果 S 中的节点数目严格大于 $N(S)$ 中的节点数目，则右端的节点集合 S 是**抑制的**。

显然，只要一个二分图中存在抑制集，那么就不存在完全匹配。现在的问题是：还有哪些其他因素导致不存在完全匹配？是否会存在很多这样的因素？定

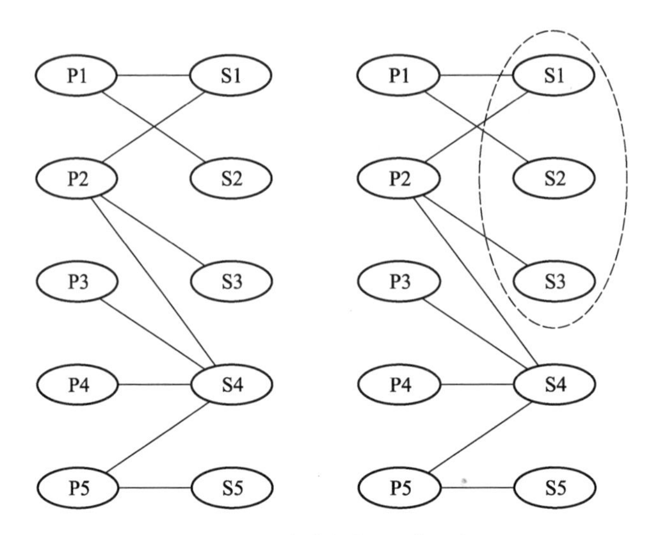

图 2-36　不存在完全匹配的二分图

理 2-7 表明,存在抑制集是不存在完全匹配的唯一理由[11]。

定理 2-7(匹配定理)　一个左右节点数相同的二分图存在完全匹配的充要条件是它不包含抑制集。

习　题

2-1　考虑一个与 Königsberg 七桥问题类似的问题。假设一个实验室共有 15 扇门,如图 2-37 所示,其中每扇门用短粗的黑线表示,箭头表示进出的方向。请问你能否从某个门口出发,穿过所有的门并且每个门只允许穿过一次,然后再回到原地?请说明理由。

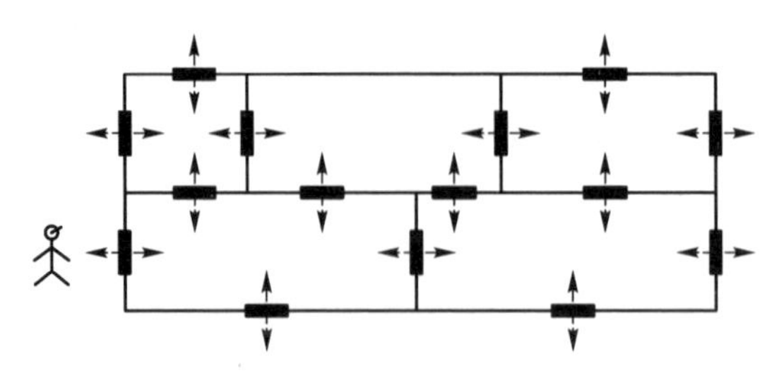

图 2-37　一个实验室示意图

2-2　请证明一个图是连通的当且仅当其邻接矩阵是不可约的。

2-3　给定图 $G=(V,E)$。以 V 为顶点集,以所有使 G 成为完全图的添加边组成

的集合 E^c 为边集的图,称为 G 的**补图**,记做 $G^c=(V,E^c)$。请判断:

(1) 一个图和它的补图是否都可以为连通图?

(2) 一个图和它的补图是否都可以为不连通图?

(3) 一个图和它的补图是否可以一个连通而另一个不连通?

2-4 给定一个包含 N 个节点和 M 条边的简单图 G。请证明:如果图 G 包含 K 个连通片,那么有

$$N-K \leqslant M \leqslant \frac{1}{2}(N-K)(N-K+1)$$

2-5 假设矩阵 $\boldsymbol{A}$ 是一个包含 N 个节点的强连通的有向网络的邻接矩阵。记 $(\boldsymbol{A}^k)_{ij}$ 为矩阵 $\boldsymbol{A}$ 的 k 次幂 $\boldsymbol{A}^k$ 的第 i 行和第 j 列的元素。根据邻接矩阵定义,$(\boldsymbol{A})_{ij}>0$ 就表示存在一条从节点 i 指向节点 j 的边,也就是说,从节点 i 一步就可以到达节点 j。请证明:

(1) 对任一正整数 p,$(\boldsymbol{A}^p)_{ij}>0$ 当且仅当从节点 i 恰好需要 p 步(即经过 p 条有向边)就可以到达节点 j。

(2) $(\boldsymbol{I}+\boldsymbol{A}+\boldsymbol{A}^2+\cdots+\boldsymbol{A}^p)_{ij}>0$ 当且仅当从节点 i 至多需要 p 步就可以到达节点 j。

(3) $\boldsymbol{I}+\boldsymbol{A}+\boldsymbol{A}^2+\cdots+\boldsymbol{A}^{N-1}$ 一定是正矩阵(即所有元素都为正数),并请说明这一结果恰好反映了网络的强连通性。

(提示:$(\boldsymbol{A}^2)_{ij}=\sum\limits_k \boldsymbol{A}_{ik}\boldsymbol{A}_{kj}$。)

2-6 请证明一个图为二分图的充要条件是它不包含长度为奇数的圈,从而说明一个二分图不可能包含节点数大于 2 的派系(即完全子图)。

2-7 本章在介绍师生稳定匹配问题时,我们假设每个学生都有一个优先表用于对所有教师进行排名,每个教师也有一个优先表用于对所有学生排名。现在考虑更为一般的情形,让网络一端的每一个节点给另一端的所有节点打分,然后按照分数高低排序得到相应的优先表。例如,学生 S_1 给教师 P_1 的分值高就表示该学生更愿意跟随该教师,也就表明学生 S_1 跟随教师 P_1 的满意指数越高。表 2-2 和表 2-3 就分别给出了 3 个学生给 3 个教师的打分以及 3 个教师给 3 个学生的打分。

(1) 请找到一种完全匹配方案,使得所有学生的满意指数之和最高。

(2) 请找到一种完全匹配方案,使得所有教师的满意指数之和最高。

(3) 请找到一种完全匹配方案,使得所有学生及所有教师的满意指数之和最高。

表 2-2　3 个学生给 3 个教师的打分

	P_1	P_2	P_3
S_1	9	3	4
S_2	8	7	6
S_3	7	6	3

表 2-3　3 个教师给 3 个学生的打分

	S_1	S_2	S_3
P_1	4	8	5
P_2	6	8	5
P_3	4	6	8

2-8　请你找来一群朋友，以一根足够长的不允许剪断的绳子为纽带构造一个完全图，使得每一个人为一个顶点，任意两个人之间都通过绳子的一段直接相连。

(1) 请说明只有当节点数为奇数时，才有可能构造出一个符合上述要求的完全图。

(2) 假设共有 N 个人，分别位于边长为 1 米的包含 N 个顶点的正多边形的 N 个顶点上。如果要用一根绳子构成完全图，请估算所需要的绳子的长度。

参考文献

[1] CHUNG F. Graph theory in the information age [J]. Notices of AMS, 57(6): 726-732, 2010.

[2] WATTS D J, STROGATZ S H. Collective dynamics of 'small-world' networks [J]. Nature, 1998, 393(6684): 440-442.

[3] WATTS D J. Six Degrees: The Science of a Connected Age [M]. New York: W. W. Norton & Company, 2003.

[4] DIESTEL R. Graph Theory, Graduate Texts in Mathematics [M]. Fourth Edition. New York: Springer, 2010.

[5] BOLLOBÁS B. Modern Graph Theory, Graduate Texts in Mathematics [M].

New York:Springer,1998.

[6] SCHWEITZER F, FAGIOLO G, SORNETTE D, et al. Economic networks: the new challenges [J]. Science,2009,325(5939):422-425.

[7] BARABÁSI A-L, ALBERT R. Emergence of scaling in random networks [J]. Science,1999,286(5439):509-512.

[8] KLEINBERG J, TARDOS E. Algorithm Design [M]. Boston: Addison Wesley,2005.

[9] MASUCCI A P, KALAMPOKIS A, EGUILUZ V M, et al. Wikipedia information flow analysis reveals the scale-free architecture of the semantic space [J]. PLoS ONE,2011,6(2):e17333.

[10] GALE D, SHAPLEY L S. College admissions and the stability of marriage [J]. Amer. Math. Monthly,1962,69:9-14.

[11] LOVÁSZ L, PLUMMER M. Matching Theory [M]. Amsterdam: North-Holland Publishing Company,1986.

第 3 章　网络基本拓扑性质

本章要点

- 实际网络的连通性:无向网络中的巨片、有向网络的蝴蝶结结构
- 网络小世界性质刻画:平均路径长度与聚类系数
- 网络均匀性程度刻画:泊松度分布与幂律度分布

3.1 引言

从某种意义上说,我们对大规模复杂网络的科学探索之旅将从本章正式开始,包括网络拓扑性质分析、网络拓扑建模、网络上的动力学行为分析与控制等。值得注意的是,尽管近年兴起的网络科学和传统的图论关于基本概念的定义是一致的,但两者在研究角度和研究方法上有着重要的区别。传统的图论往往着眼于具有某种规则结构或者节点数较小的图,因而往往在理论分析时可以采用图示的方法直观地看出图的某些性质(如是否连通)。然而,近年网络科学研究中涉及的实际网络往往包含数十万甚至数百万以上的节点,而且具有复杂的不规则拓扑结构。对于如此大规模的网络不可能通过图示的方法看出网络的拓扑性质,而必须借助于强大的计算能力和统计方法。此外,网络科学不仅关注拓扑结构,而且更为关注拓扑结构的演化及其与网络上的动力学行为之间的关系等。

网络规模尺度上的巨大差异使得传统图论和网络科学对所研究的相关问题的表述都会不一样。例如,在图论中,如果去除某个顶点就使得一个图从连通变为不连通,那么该顶点就称为**割点**(Cut-vertex);如果去除某条边就使得一个图从连通变为不连通,那么这条边就称为**桥**(Bridge)。但是,在规模巨大的复杂网络中,去除单个节点或单条边往往并不能对网络的拓扑性质(如连通性)产生如此大的本质影响。因此,网络科学更为关心的是:要去除网络中多少比例的节点或者边才能对网络的某个性质(如最大连通片的大小)产生本质影响?不同的去除策略是否会产生显著不同的后果?对网络的某种性质如何提高其对节点和边的去除鲁棒性?等等。

从更一般的科学范围看,研究个体数量较少的系统和研究个体数量极大的系统往往采用不同的方法:在物理学中,前者可以采用精确的方法,如经典力学;后者则往往需要采用统计的方法,如统计力学。对于这种差异,经典的陈述是诺贝尔奖得主、物理学家 Anderson 于 1972 年在《Science》上发表的一篇挑战还原论的经典文章"多则不同(More is different)"[1]。文中立场鲜明地指出:

"由大量基本粒子构成的复杂系统的集体行为并不能依据少数粒子的性质做简单外推就能理解。正好相反,在复杂性的每一个层次都会呈现全新的性质,而要理解这一行为所需要做的研究,就其基础性而言,与其他研究相比毫不逊色。”

从哲学的观点看,这就是从量变到质变。例如,单个铜原子是不会导电的,因为电子被原子核拉住了。然而,由数量巨大的铜原子构成的一根铜丝却能导电。这种导电特性就是巨量的铜原子聚合之后所涌现出的一种新的与单个铜原子完全不同的特性。日常生活中有许多这样的由数量巨大的个体组成的系统会涌现出与单个个体不同的性质的例子。

近年来,人们在刻画复杂网络结构的统计特性上提出了许多概念和方法,并且利用了统计物理中的许多方法,包括相变和渗流理论、平均场理论、主方程方法等。2002 年 Barabási 和 Albert 发表的综述文章的标题就是“复杂网络的统计力学”[2]。

本章和下一章介绍刻画网络结构的一些拓扑性质。从网络结构角度看,我们首先关心的是网络中的节点是否是连在一起的,也就是网络的连通性问题。而网络的许多其他拓扑性质(例如平均距离)的计算也依赖于网络的连通性。因此,本章首先介绍的就是人们对于实际网络的连通性的认识。在介绍了关于单个节点的最基本的属性——节点度的概念之后,本章将重点阐述近年网络科学研究中关注最多的 3 个拓扑性质:平均路径长度、聚类系数和度分布。

3.2 复杂网络的连通性

3.2.1 无向网络中的巨片

设想一下地球上所有基于朋友关系组成的社会网络,尽管我们无法给出这个网络的完整结构数据,还是可以基于直觉判断这一规模巨大的网络应该不是连通的。因为全世界只要有一个人没有朋友或者只要有一小群人没有除了这群人之外的朋友,那么整个网络就是不连通的。从这个角度看,对于大规模网络而言,连通性其实是一个相当脆弱的性质,因为单个节点或者相当少部分的节点的行为都可能破坏连通性。

但是,从另一个角度看,社会网络也许又并不是那么支离破碎的。例如,假设你是一个研究网络科学的中国学者,那么你应该有一些从事相关研究的朋友,其中也许会有异国的朋友。你和这些朋友显然属于同一个连通片,因为你和他们中的每一个人都有一条边相连。如果再把这些朋友的家人和同事、他们的家人和同事的朋友等都考虑在内,那么所有这些人也是在同一个连通片中的,其中很多人你可能都没有听说过,有些人甚至没有来过中国。因此,尽管全球社会关系网络是不连通的,但你所在的连通片确实可以非常大。

网络平均距离和直径等概念严格说来只有对于连通图才是有限值。经验和实证研究表明,许多实际的大规模复杂网络都是不连通的,但是往往会存在一个特别大的连通片,它包含了整个网络中相当比例的节点,这一连通片称为**巨片**(Giant component),如图 3-1 所示。一些关于网络的拓扑性质的研究往往是针对巨片来进行的。实际网络中不仅往往存在巨片,而且巨片几乎总是唯一的。这一点仍然可以通过对社会网络的直觉来推断。假设社会网络中存在两个巨片,每个都包含数以千万计甚至数以亿计的人,只要某一天分别属于两个片的两个人偶然相识,也就在这两个片之间对应地有一条边相连,那么这两个巨片就合并成为了一个更大的巨片。

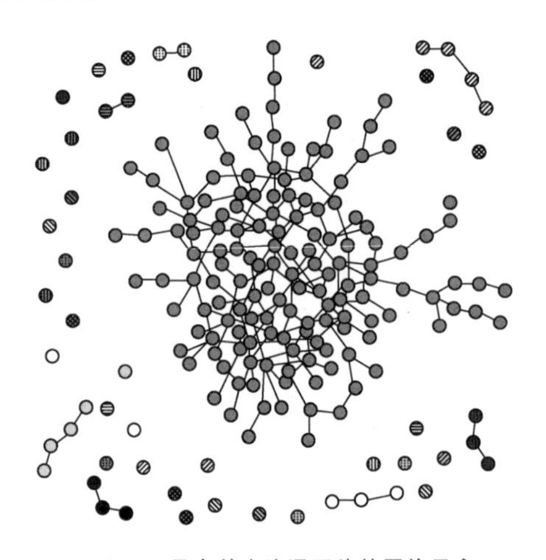

图 3-1　具有单个连通巨片的网络示意

本章将多次提及的一个实例是全球最大的社交网站 Facebook 上的活跃用户之间的朋友关系网络[3,4]。2011 年 5 月,Facebook 上大约有 7.21 亿个活跃用户以及 687 亿条朋友关系链接,节点数超过当时全球人口的 10%。这里,如果一个 Facebook 注册用户在 2011 年 5 月测量数据之前的最近 28 天时间里至少登录过一次并且至少有一个 Facebook 朋友,那么就称该用户为活跃用户,这里把那些只是注册过但几乎从不使用或者没有朋友的孤立用户剔除掉。

对于一个包含多个连通片的网络,可以绘制该网络的连通片规模的分布。图 3-2 给出了双对数坐标下 Facebook 网络中不同规模的连通片的数量。图中最右端的一个黑点对应于最大的连通片(即巨片),它包含了网络中 99.91%

的节点。其余的连通片数量很多但规模都很小,第二大连通片仅包含不到 3 000 个节点。

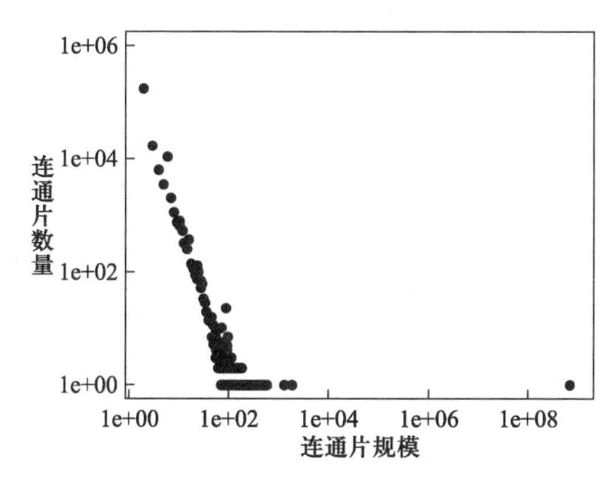

图 3-2 Facebook 用户关系网络的连通片规模的分布(取自文献[3])

3.2.2 有向网络中的蝴蝶结结构

实际的大规模有向网络往往既不是强连通也不是弱连通的,但是许多有向网络往往有一个包含了网络中相当部分节点的很大的弱连通片,称为**弱连通巨片**(Giant weakly connected component,GWCC)。这一弱连通巨片又往往具有一种包含 4 个部分的**蝴蝶结结构**(Bow-tie structure)(图 3-3):

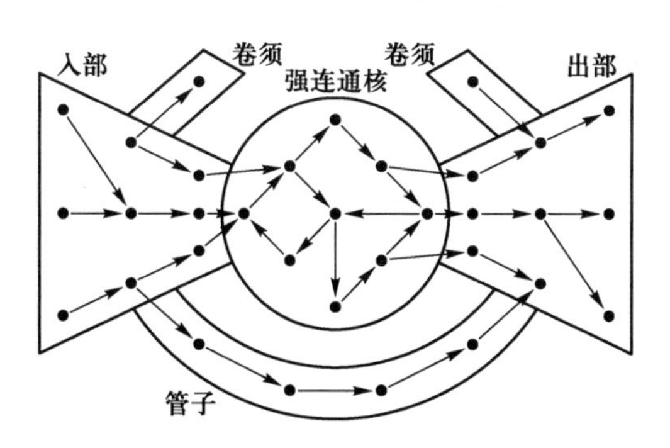

图 3-3 有向网络的弱连通巨片的蝴蝶结结构

(1) 强连通核(Strongly connected core,SCC):也称为**强连通巨片**(Giant strongly connected component),它位于网络的中心。SCC 中任意两个节点之间都是强连通的,即存在从任一节点到另一节点的有向路径。

(2) 入部(IN):包含那些可以通过有向路径到达 SCC 但不能从 SCC 到达的节点。也就是说,一定存在从 IN 中任一节点到 SCC 中任一节点的有向路径;反之,从 SCC 中任一节点出发沿着有向边都无法到达 IN 中的一个节点。

(3) 出部(OUT):包含那些可以从 SCC 通过有向路径到达但不能到达 SCC 的节点。也就是说,一定存在从 SCC 中任一节点到 OUT 中任一节点的有向路径;反之,从 OUT 中任一节点出发沿着有向边都无法到达 SCC 中的一个节点。从 IN 中任一节点到 OUT 中任一节点必然存在有向路径,而且该路径必经过 SCC 中的某些节点。

(4) 卷须(Tendrils):包含那些既无法到达 SCC 也无法从 SCC 到达的节点。对于挂在 IN 上的任一卷须节点,必至少存在一条从 IN 中某一节点到该节点的不需经过 SCC 的有向路径;对于挂在 OUT 上的任一卷须节点,必至少存在一条从该节点到 OUT 中某一节点的不需经过 SCC 的有向路径。此外,还有可能存在从挂在 IN 上的卷须节点到挂在 OUT 上的卷须节点的不经过 SCC 的有向路径,这些串在一起的卷须节点称为**管子**(Tube)。

表 3-1 和图 3-4 说明的是超过 2 亿个页面和 15 亿个链接的 WWW 样本的蝴蝶结结构[5]。在 WWW 样本上:① 包含 30% 左右网页的强连通核,对应于可以通过鼠标点击超链接在有限步内互相到达的“核心网页”。② 包含 24% 左右网页的入部,对应于可以通过超链接在有限步内到达“核心网页”但是无法返回的“源网页”。例如,你设计的一个网页上有超链接指向某个“核心网页”,但通常并不存在从“核心网页”指向你的网页的超链接。③ 包含 24% 左右网页的出部对应于从“核心网页”的链接中指出来却无法回到“核心网页”的“目标网页”。例如,你在搜索文章时,从 Google 主页开始,找到某位教授的主页,然后找到该教授的文章列表,然后点击相应的文章。但是你从该文章对应的页面通常无法通过超链接再返回到 Google 主页。

表 3-1　WWW 采样数据的蝴蝶结结构的各部分比例

区域	强连通核	入部	出部	卷须	其他连通片	总数
页面数	56 463 993	43 343 168	43 166 185	43 797 944	16 777 756	203 549 046

当然,强连通核未必一定就是蝴蝶结结构中节点数最多的部分。例如,Vitali 等人研究了由全球 43 060 家跨国公司基于股权所有关系构建的有向的经济网络[6],在该网络的蝴蝶结结构中,出部是最大的部分,而强连通核只占很小部分。蝴蝶结也是生物网络中常见的一种结构[7]。从更一般的意义看,蝴蝶结作为复杂的技术和生物网络中常见的一种系统结构可能有助于在效率、鲁棒性和进化能力等方面保持一种平衡。

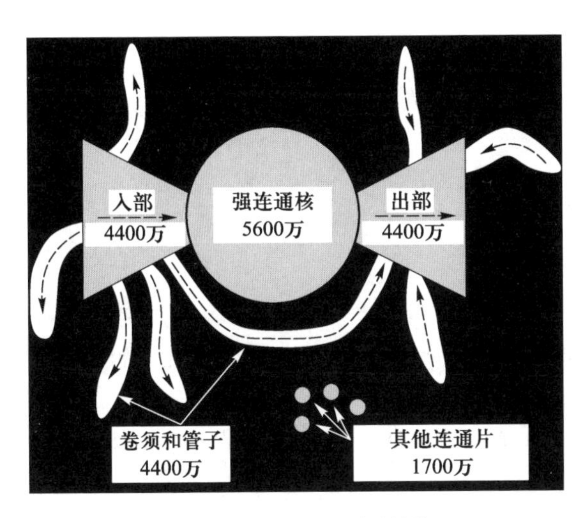

图 3-4　WWW 的蝴蝶结结构

3.3　节点的度与网络稀疏性

3.3.1　度与平均度

度(Degree)是刻画单个节点属性的最简单而又最重要的概念之一。

无向网络中节点 i 的度 k_i 定义为与节点直接相连的边的数目。对于没有自环和重边的简单图,节点 i 的度 k_i 也是与节点 i 直接有边连接的其他节点的数目。网络中所有节点的度的平均值称为网络的**平均度**(Average degree),记为 $\langle k\rangle$。

给定网络 G 的邻接矩阵 $\boldsymbol{A}=(a_{ij})_{N\times N}$,我们有

$$k_i = \sum_{j=1}^{N} a_{ij} = \sum_{j=1}^{N} a_{ji}. \tag{3-1}$$

$$\langle k\rangle = \frac{1}{N}\sum_{i=1}^{N} k_i = \frac{1}{N}\sum_{i,j=1}^{N} a_{ij}. \tag{3-2}$$

网络节点的度与网络边数 M 之间有如下关系:

$$2M = N\langle k\rangle = \sum_{i=1}^{N} k_i = \sum_{i,j=1}^{N} a_{ij}, \tag{3-3}$$

亦即有

$$M = \frac{1}{2}N\langle k\rangle = \frac{1}{2}\sum_{i=1}^{N}k_i = \frac{1}{2}\sum_{i,j=1}^{N}a_{ij}, \tag{3-4}$$

$$\langle k\rangle = \frac{2M}{N}. \tag{3-5}$$

3.3.2　出度与入度

有向网络中节点的度包括**出度**(Out-degree)和**入度**(In-degree)。节点 i 的出度 k_i^{out} 是指从节点 i 指向其他节点的边的数目,节点 i 的入度 k_i^{in} 是指从其他节点指向节点 i 的边的数目。

节点的出度和入度也可以通过邻接矩阵的元素来表示:

$$k_i^{out} = \sum_{j=1}^{N}a_{ij}, \quad k_i^{in} = \sum_{j=1}^{N}a_{ji}. \tag{3-6}$$

一个看似平凡实则寓意深刻的事实是:在有向网络中,尽管单个节点的出度和入度可能并不相同,网络的平均出度 $\langle k^{out}\rangle$ 和平均入度 $\langle k^{in}\rangle$ 却是相同的,即有

$$\langle k^{out}\rangle = \langle k^{in}\rangle = \frac{1}{N}\sum_{i,j=1}^{N}a_{ij} = \frac{M}{N}. \tag{3-7}$$

从有向网络的定义看,上式是显然成立的。而且,它代表了一类复杂系统的一个重要特性:*对于系统中每个个体而言不一定成立的性质,却会在整个系统的层面上成立。*

WWW、微博用户之间的关注网络、论文引用网络等都是具有这种特性的有向网络。这里以打电话为例说明。每个人累计打出电话的次数和接听电话的次数一般而言不会恰好相等,但是全球打出电话的次数和接听电话的次数总是相等的。然而,有人也许会反驳:应该是打出电话的次数比接听电话的次数要多,因为我打出去的电话对方有可能没有接听。也有人会问:如果我打出的电话对方总机接听后又转给分机接听,这是算一次接听还是两次接听呢?这些非常好的反驳和提问涉及科学研究的一个基本要素:我们在试图得出某种结论时,必须清楚系统模型的假设条件。例如,这里就需要假设打出去的电话只有对方接听了才统计次数,而且只统计最后接听的分机等,这样才与有向网络中"每一条有向边都必然对应于一个指出节点和一个指入节点"这一基本特征相对应。

对于加权网络而言,度的概念仍然可以用,但是这时还可以定义节点的**强度**(Strength)。给定一个包含 N 个节点的加权网络 G 及其权值矩阵 $\boldsymbol{W} = (w_{ij})$。如果 G 是无向加权网络,那么节点 i 的**强度**定义为

$$s_i = \sum_{j=1}^{N} w_{ij}. \tag{3-8}$$

如果 G 是有向加权网络，那么节点 i 的**出强度**（Out-strength）和**入强度**（In-strength）分别定义为

$$s_i^{out} = \sum_{j=1}^{N} w_{ij}, \quad s_i^{in} = \sum_{j=1}^{N} w_{ji}. \tag{3-9}$$

3.3.3　网络稀疏性与稠密化

一个包含 N 个节点的网络的**密度**（Density）ρ 定义为网络中实际存在的边数 M 与最大可能的边数之比。因此，对于无向网络，我们有

$$\rho = \frac{M}{\frac{1}{2}N(N-1)}. \tag{3-10}$$

对于有向网络，上式分母中的 1/2 去掉即可。

实际的大规模网络的一个通有特征就是稀疏性：网络中实际存在的边数要远小于最大可能的边数。例如，2011 年 5 月的 Facebook 朋友关系网络包含 7.21 亿个活跃用户和 687 亿条边，网络平均度 $\langle k\rangle \approx 190$，密度 $\rho \approx 0.3\times 10^{-7}$，意味着这是一个很稀疏的网络。

在分析网络模型时，如果当 $N\to\infty$ 时网络密度趋于一个非零常数，就表明网络中实际存在的边数是与 N^2 同阶的，那么我们就可以认为该网络是稠密的；此时，邻接矩阵中非零元素的比例也会趋于一个常数。而如果当 $N\to\infty$ 时网络密度趋于零或者网络平均度趋于一个常数，就表明网络中实际存在的边数是比 N^2 低阶的，那么该网络就是稀疏的；此时，邻接矩阵中非零元素的比例也会趋于零。

实际网络的规模一般也都是随时间而演化的，而且许多实际网络中节点和连边的数量总体上在相当长的时间里都是呈现增加趋势的。因此，一个自然的问题是：随着时间的演化，网络是变得越来越稀疏，还是越来越稠密？此时，平均度 $\langle k\rangle$ 是一个更为合理的刻画网络稀疏性（或稠密性）的指标。对比式（3-10）和式（3-5），可以看到平均度和网络密度之间具有如下的简单关系：

$$\langle k\rangle = \frac{2M}{N} = (N-1)\rho \approx N\rho. \tag{3-11}$$

将时刻 t 网络中的节点数和边数分别记为 $N(t)$ 和 $M(t)$。如果两者呈线性比例关系，即 $M(t)\sim N(t)$，那么由式（3-11）可见，平均度 $\langle k\rangle$ 为一常数。另一方面，如果两者呈平方关系，即 $M(t)\sim N^2(t)$，那么就意味着，平均而言，每个节点都会与网络中一定比例的其他节点直接相连，整个网络会演化为一个非常稠密的网络。研究表明，许多实际网络的演化是介于上述两种情形之间的，即服从如

下的超线性关系，也称为**稠密化幂律**（Densification power law）[8]：

$$M(t) \sim N^{\alpha}(t), \quad 1 < \alpha < 2. \tag{3-12}$$

这意味着，一方面，相对而言，实际网络会随着时间的演化而变得越来越稠密；另一方面，与稠密的全耦合网络相比，实际网络仍然是稀疏的。

对式(3-12)两边取对数，可以得到：

$$\ln M(t) \approx \alpha(\ln N(t)) + C, \quad 1 < \alpha < 2, \tag{3-13}$$

其中 C 为一常数。这说明 $\ln M(t)$ 是 $\ln N(t)$ 的线性函数，也就是说，如果以 $\ln N(t)$ 为横轴、$\ln M(t)$ 为纵轴，我们应该会看到一条斜率为 α 的直线。由于横轴和纵轴都采用了对数坐标，我们称对应的坐标系为**双对数坐标系**。图 3-5 显示了双对数坐标系下的 4 种实际网络的节点数和边数之间的演化关系，可以看到它们都近似可以用斜率 $\alpha \in (1,2)$ 的直线拟合[8]。图 3-5(a)—(d)对应的 α 值分别为 1.68，1.66，1.18 和 1.15。

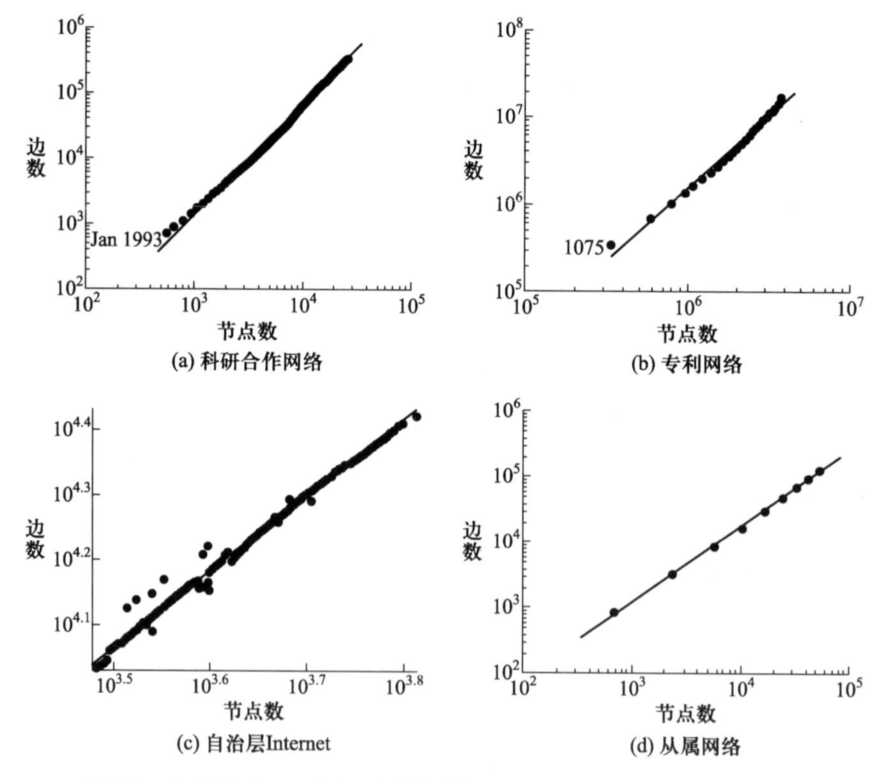

图 3-5　双对数坐标下 4 个实际网络的边数和节点数的增长关系（取自文献[8]）

3.4　平均路径长度与直径

3.4.1　无权无向网络情形

1. 平均路径长度

网络中两个节点 i 和 j 之间的**最短路径**(Shortest path)也称为**测地路径**(Geodesic path),是指连接这两个节点的边数最少的路径。节点 i 和 j 之间的**距离** d_{ij}定义为连接这两个节点的最短路径上的边的数目,也称为两个节点之间的**测地距离**(Geodesic distance)或**跳跃距离**(Hop distance)。

网络的**平均路径长度**(Average path length) L 定义为任意两个节点之间的距离的平均值,即

$$L=\frac{1}{\frac{1}{2}N(N-1)}\sum_{i\geq j}d_{ij}. \tag{3-14}$$

其中 N 为网络节点数。网络的平均路径长度也称为网络的**特征路径长度**(Characteristic path length)或**平均距离**(Average distance)。

对于图 3-6 所示的一个包含 5 个节点和 5 条边的简单网络,有 $L=1.7$。

在朋友关系网络中,平均路径长度 L 是连接网络内两个人之间最短关系链中的朋友的平均个数。尽管许多实际的复杂网络的节点数巨大,网络的平均路径长度却小得惊人,这就是所谓的小世界现象。以 Facebook 为例,图 3-7 表明,2007 年以来,无论是整个 Facebook 还是单个国家或者几个国家的组合,任意两个用户之间的平均距离均呈现下降趋稳的态势[3,4]。图中的 fb 表示全球 Facebook,us 表示美国,it 表示意大利,se 表示瑞典,itse 表示意大利和瑞典的组合。在 2011 年 5 月(图中的当前),全球 Facebook 上两个用户之间的平均距离仅为 4.74,比“六度分离”还要小!

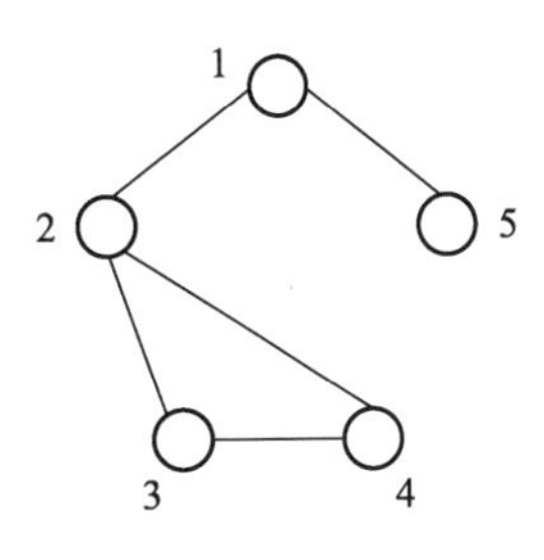

图 3-6　一个包含 5 个节点的简单网络

注意到两点之间的最短路径可能不存在、可能只有一条、也可能有多条,但是两点之间的距离是唯一的,要么为有限值(如果存在最短路径),要么为无穷大

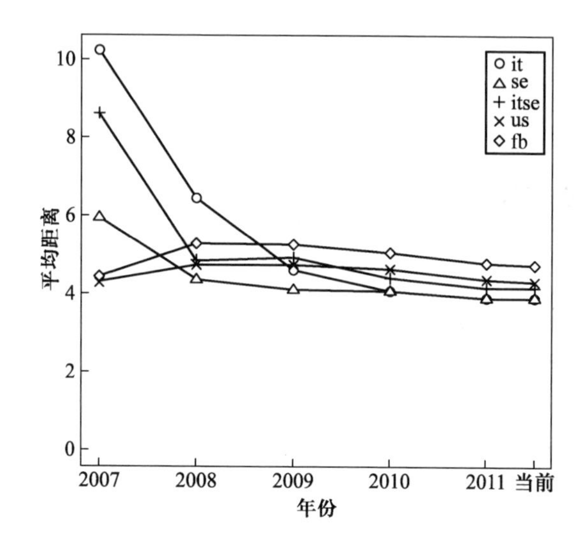

图3-7　Facebook用户之间的平均距离的时间演化(取自文献[4])

(如果不存在最短路径)。我们在第2章已经介绍了可以利用广度优先搜索算法求得从一个节点到网络中所有节点的最短路径。一个含有 N 个节点和 M 条边的网络的平均路径长度可以用时间量级为 $O(MN)$ 的广度优先搜索算法来确定。

大型实际网络往往是不连通的,此时,可能两个节点之间不存在连通的路径,即意味着这两个节点之间的距离为无穷大,从而导致整个网络的平均路径长度也为无穷大。为了避免在计算时出现这种发散问题,可以把网络平均路径长度定义为存在连通路径的节点对之间的距离的平均值。这种方法对于存在一个包含相当部分节点的连通巨片的网络较为适合。另一种方法是把平均路径长度定义为网络中两点之间距离的**简谐平均**(Harmonic mean):

$$L = \frac{1}{GE}, \quad GE = \frac{1}{\frac{1}{2}N(N-1)} \sum_{i>j} \frac{1}{d_{ij}}. \tag{3-15}$$

按照上式计算,两点之间距离为无穷大对应于距离的倒数为零,由此得到的平均路径长度总是有限值。如果我们认为两个节点之间距离越短,在它们之间发送信息的效率越高,也就是假设两节点之间发送信息的效率与它们之间距离的倒数成正比,那么式(3-15)中的 GE 就定量反映了网络中节点之间发送信息的平均效率,因此 GE 也称为**全局效率**(Global efficiency)。

2. 网络直径

网络中任意两个节点之间的距离的最大值称为网络的**直径**(Diameter),记为 D,即

$$D = \max_{i,j} d_{ij}. \tag{3-16}$$

考虑到实际网络往往并不是连通的，而是存在一个连通巨片，因此，在实际应用中，网络直径通常是指任意两个存在有限距离的节点（也称连通的节点对）之间的距离的最大值。

进一步地，我们可能更为关心的是网络中绝大部分用户对之间的距离。为此，可以统计网络中距离为 d 的连通的节点对的数量占整个网络中连通的节点对数量的比例，记为 $f(d)$；并进而统计网络中距离不超过 d 的连通的节点对的数量占整个网络中连通的节点对数量的比例，记为 $g(d)$。例如，图 3-8 显示了在 5 个不同的时间采集得到的全球和美国的 Facebook 朋友关系网络中具有给定距离的用户对所占的比例。图 3-9 显示的则是 2011 年 5 月份的全球和美国的 Facebook 朋友关系网络中距离不超过给定值的用户对所占的比例。对于全球 Facebook 而言，任意两个用户之间距离不超过 5 的概率是 92%，不超过 6 的概率高达 99.6%！

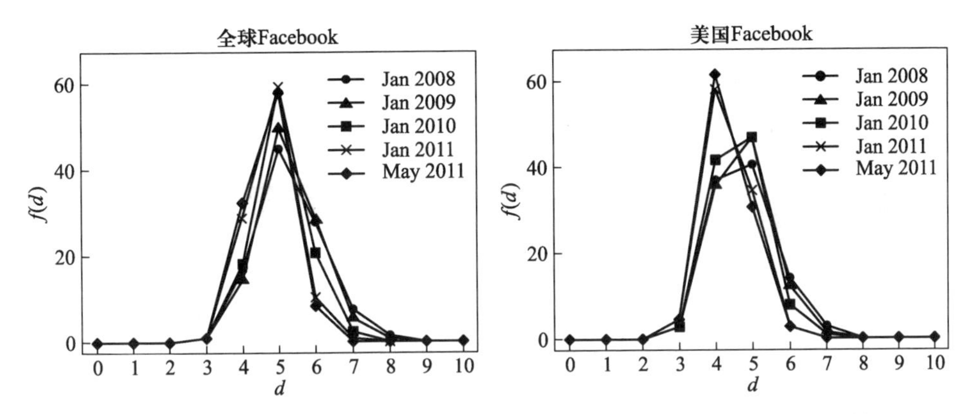

图 3-8　全球和美国的 Facebook 朋友关系网络中具有给定距离的用户对所占的比例

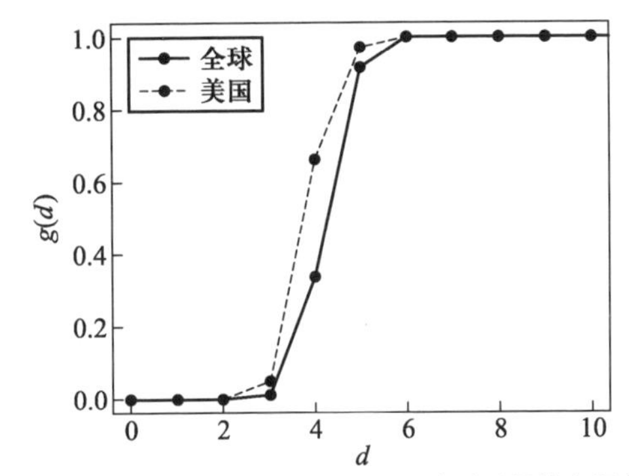

图 3-9　全球和美国的 Facebook 朋友关系网络中距离不超过给定值的用户对所占的比例

一般地，如果整数 D 满足

$$g(D-1)<0.9,\quad g(D)\geqslant 0.9, \tag{3-17}$$

那么就称 D 为网络的**有效直径**（Effective diameter）。换句话说，D 是使得至少 90% 的连通的节点对可以互相到达的最小的步数。我们可以通过插值的方式把有效直径推广到非整数的情形。为此，对任一实数 r，假设 $d\leqslant r<d+1$，通过线性插值的方式定义 $g(r)$ 如下：

$$g(r)=g(d)+(g(d+1)-g(d))(r-d). \tag{3-18}$$

如果实数 D 满足 $g(D)=0.9$，那么就称 D 为网络的**有效直径**。从实际计算的角度看，整数和非整数的有效直径定义之间的区别是可以忽略的。有效直径通常是一个比直径更为鲁棒的量，因为去除网络中少许几条边之后有可能会使原先距离较近的两个节点之间的距离变得很长，但对网络的有效直径并没有明显影响。

图 3-7 说明了 Facebook 网络的平均距离随着时间的演化而呈现越来越小的趋势。研究表明，许多实际网络的直径和有效直径都呈现越来越小的趋势，也称为**直径收缩**（Shrinking diameters）现象[8]。

3.4.2　加权有向网络情形

上述关于无权无向网络的讨论都可以推广到加权和有向的情形，只是需要注意在加权情形需要考虑边的权值，在有向情形需要考虑边的方向。

对于加权无向网络，两个节点之间的最短路径定义为连接这两个节点的边的权值之和最小的路径。两个节点之间的距离即为最短路径上边的权值之和。对于加权有向网络，从节点 A 到节点 B 的最短路径是指从节点 A 到节点 B 的权值之和最小的有向路径。

在加权网络中，两个节点之间边数最少的路径并不一定是权值之和最小的路径。在有向网络中，从节点 A 到节点 B 的距离可能并不等于从节点 B 到节点 A 的距离，甚至可能存在从节点 A 到节点 B 的有向路径但是不存在从节点 B 到节点 A 的有向路径。

求解加权有向网络上两点之间最短路径的经典算法是 Dijkstra 算法。该算法可以计算从一个源节点 s 到网络中所有其他节点的最短路径，其基本想法是为每个节点 v 保留到目前为止所找到的从节点 s 到节点 v 的最短路径。算法简介如下。

源点 s 到自身的路径长度为 0（$d_{ss}=0$）。初始时，把从源点 s 到所有其他节点的路径长度都设为无穷大（即对于除节点 s 外网络中所有其他节点 v，令 $d_{sv}=\infty$），表示一开始我们不知道任何从源节点通向这些节点的路径。

Dijkstra 算法维护两个节点集 S 和 Q。节点 v 属于集合 S 当且仅当 d_{sv} 已经表示的是从节点 s 到节点 v 的距离，而集合 Q 则保留其他所有节点。集合 S 初始状态为空集，而后每一步都有一个节点从 Q 移动到集合 S。这个被选择的节点是集合 Q 中拥有最小的 d_{su} 值的节点 u。当节点 u 从集合 Q 转移到集合 S 中，算法对每条以节点 u 为端点的边进行拓展：如果已知 d_{su} 的值确实是从源点 s 到节点 u 的距离，并且存在一条从节点 u 到节点 v 的边，那么从源节点 s 到节点 v 的最短路径可以通过将边 (u,v) 添加到尾部来拓展一条从节点 s 到节点 u 的路径。这条路径的长度是 $d_{su}+w(u,v)$，这里 $w(u,v)$ 为边 (u,v) 的权值。如果这个值小于当前已知的 d_{sv} 值，那么就用新值来替代当前的 d_{sv} 值。拓展边的操作一直执行到所有的 d_{sv} 都代表从节点 s 到节点 v 的距离。

图 3-10 给出了一个包含 9 个节点的加权有向网络的例子。我们选取左上角的节点为源节点，利用 Dijkstra 算法就可计算出从该节点到网络中所有节点的最短路径及其长度。左上角的小图表示初始时的状态。在每一个小图中，圆圈中的值表示当前步从源节点到该圆圈对应的节点的距离的估计值。为了便于计算机处理，这里用一个相对很大的值 99 来表示无穷大。阴影部分包含的节点表

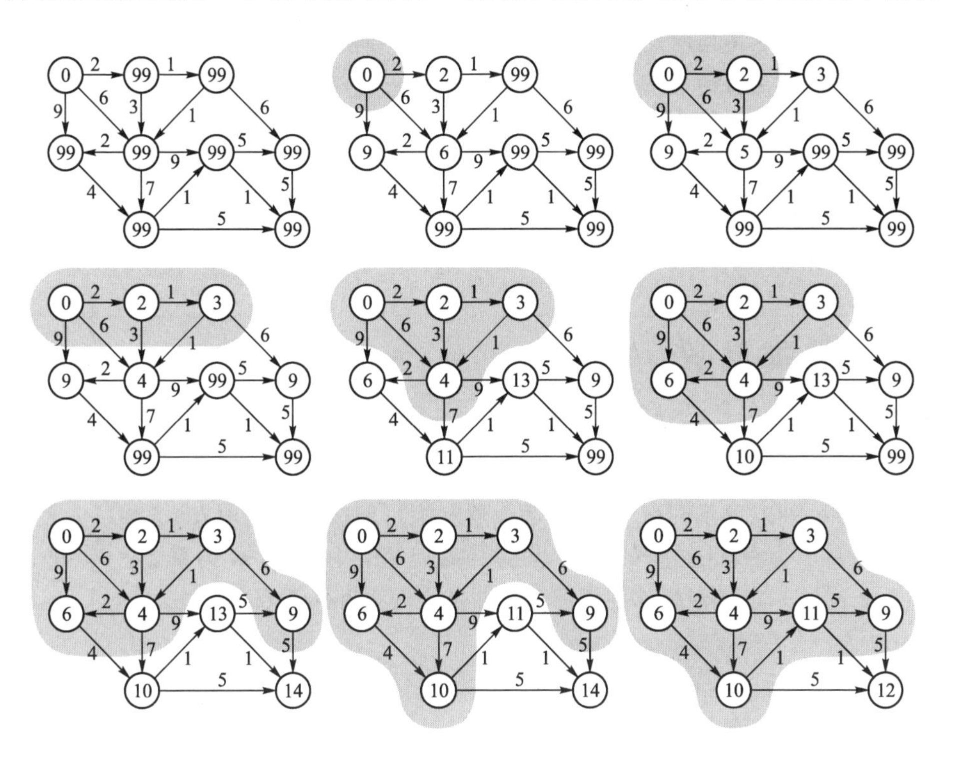

图 3-10 Dijkstra 算法示例

示当前步在集合 S 中的节点(即已经求得从源节点到该节点的最短路径的节点的集合),加粗的边为当前步已经经过拓展的边。

经典的 Dijkstra 算法只适用于网络中所有边的权值非负的情形。对于可能存在负权值边的网络的最短路径问题,可以采用 Bellman-Ford 算法[9]。

Google 中国的一位工程师在 Google 黑板报——Google 中国的博客网志上介绍了求最短路径的一个“笨”算法,为保持叙述的原创性,相关段落照抄如下①:

> “有一次,我笨得忘记了该如何在一个复杂的有向图中找出两点之间的最短路径。身边的一位工程师很郑重地告诉我说:‘你知道吗? 解决这个问题有两种方法,聪明人的方法和笨人的方法。聪明人的方法是:照着算法教科书的讲解,实现那个时间复杂度相当大的名叫嘀嘀哒嘀哒的最短路径算法。笨人的方法时间复杂度最低:找一堆线头来,按照有向图的结构连成一张网,然后一手拿一个顶点,向两边一抻,中间拉直了的那条路就是最短路径呀。’
>
> ‘哇塞! 笨是一种多么伟大的品格呀!’我眩晕得说不出话来。于是,我们这两个自认为足够笨的工程师足足花了两周的时间,用计算机程序模拟了不同材质的细线在北半球的重力条件下相互连接并在两个反方向作用力的影响下向两边伸展的整个物理过程,然后以此为基础实现了时间复杂度最小的最短路径算法。”

3.5　聚类系数

3.5.1　无权无向网络情形

在你的朋友关系网络中,你的两个朋友很可能彼此也是朋友,这种可能性的大小反映了你的朋友圈的紧密程度。我们可以用你的**聚类系数**(Clustering coefficient②)来定量刻画你的任意两个朋友之间也互为朋友的概率。

① http://www.google.com.hk/ggblog/googlechinablog/2006/05/google_8992.html

② 国内对 Clustering coefficient 也有译为簇系数、集聚系数或群集系数。考虑到在信息科学中,clustering 的标准译法为聚类,因此本书将 Clustering coefficient 译为聚类系数。

假设网络中的节点 i 的度为 k_i，即它有 k_i 个直接有边相连的邻居节点（简称邻居或邻节点）。如果节点 i 的 k_i 个邻节点之间也都两两互为邻居，那么，在这些邻节点之间就存在 $k_i(k_i-1)/2$ 条边，这是边数最多的一种情形。但是，在实际情形，节点 i 的 k_i 个邻节点之间未必都两两互为邻居。网络中一个度为 k_i 的节点 i 的**聚类系数** C_i 定义为

$$C_i=\frac{E_i}{(k_i(k_i-1))/2}=\frac{2E_i}{k_i(k_i-1)},\tag{3-19}$$

其中，E_i 是节点 i 的 k_i 个邻节点之间实际存在的边数，即节点 i 的 k_i 个邻节点之间实际存在的邻居对的数目。如果节点 i 只有一个邻节点或者没有邻节点（即 $k_i=1$ 或 $k_i=0$），那么 $E_i=0$，此时式（3-19）的分子分母全为零，我们记 $C_i=0$。显然，$0\leqslant C_i\leqslant 1$，并且 $C_i=0$ 当且仅当节点 i 的任意两个邻节点都不互为邻居或者节点 i 至多只有一个邻节点。

可以从另一个角度来阐述节点 i 的聚类系数的定义（3-19）。E_i 也可看做是以节点 i 为顶点之一的三角形的数目。因为节点 i 只有 k_i 个邻节点，包含节点 i 的三角形至多可能有 $k_i(k_i-1)/2$ 个。如果用以节点 i 为中心的连通三元组表示包括节点 i 的 3 个节点并且至少存在从节点 i 到其他两个节点的两条边（图 3-11），那么以节点 i 为中心的连通三元组的数目实际上就是包含节点 i 的三角形的最大可能的数目，即 $k_i(k_i-1)/2$。因此，我们可以给出与定义（3-19）等价的节点 i 的聚类系数的几何定义如下：

$$C_i=\frac{\text{包含节点 } i \text{ 的三角形的数目}}{\text{以节点 } i \text{ 为中心的连通三元组的数目}}\tag{3-20}$$

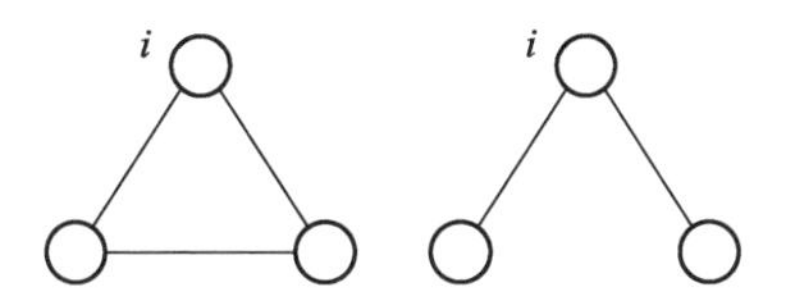

图 3-11　以节点 i 为中心的连通三元组的两种可能形式

给定网络的邻接矩阵表示 $\boldsymbol{A}=(a_{ij})_{N\times N}$，那么包含节点 i 的三角形的数目为

$$E_i=\frac{1}{2}\sum_{j,k}a_{ij}a_{jk}a_{ki}=\sum_{k>j}a_{ij}a_{jk}a_{ki}.\tag{3-21}$$

这是因为 $a_{ij}a_{jk}a_{ki}=1$ 当且仅当节点 i、j 和 k 构成一个三角形，否则必有 $a_{ij}a_{jk}a_{ki}=0$。

因此，节点 i 的聚类系数可如下计算：

$$C_i=\frac{2E_i}{k_i(k_i-1)}=\frac{1}{k_i(k_i-1)}\sum_{j,k=1}^{N}a_{ij}a_{jk}a_{ki},\tag{3-22}$$

或者

$$C_i = \frac{\text{包含节点 } i \text{ 的三角形的数目}}{\text{以节点 } i \text{ 为中心的连通三元组的数目}} = \frac{\sum\limits_{j\neq i,k\neq j,k\neq i} a_{ij}a_{ik}a_{jk}}{\sum\limits_{j\neq i,k\neq j,k\neq i} a_{ij}a_{ik}}. \quad (3\text{-}23)$$

一个网络的聚类系数 C 定义为网络中所有节点的聚类系数的平均值,即

$$C = \frac{1}{N}\sum_{i=1}^{N} C_i. \quad (3\text{-}24)$$

显然有 $0\leqslant C\leqslant 1$。$C=0$ 当且仅当网络中所有节点的聚类系数均为零;$C=1$ 当且仅当网络中所有节点的聚类系数均为 1,此时网络是全局耦合的,即网络中任意两个节点都直接相连。

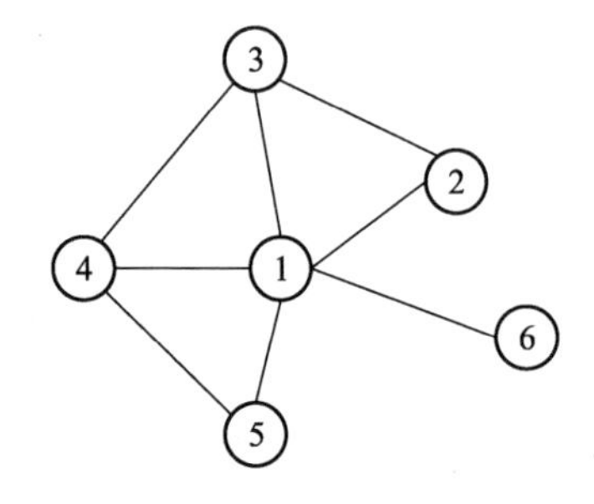

图 3-12　一个包含 6 个节点的网络

考虑图 3-12 所示的包含 6 个节点的网络。对于节点 1 有 $E_1=3, k_1=5$,于是有

$$C_1 = \frac{2E_1}{k_1(k_1-1)} = \frac{3}{10},$$

同样可以求得

$$C_2=1,\quad C_3=\frac{2}{3},\quad C_4=\frac{2}{3},$$

$$C_5=1,\quad C_6=0\ .$$

于是整个网络的聚类系数为

$$C = \frac{1}{6}\sum_{i=1}^{6} C_i = \frac{109}{180}\ .$$

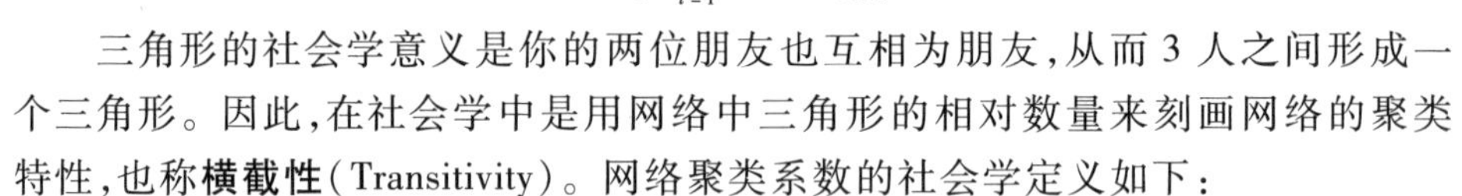

三角形的社会学意义是你的两位朋友也互相为朋友,从而 3 人之间形成一个三角形。因此,在社会学中是用网络中三角形的相对数量来刻画网络的聚类特性,也称**横截性**(Transitivity)。网络聚类系数的社会学定义如下:

$$C = \frac{\text{网络中三角形的数目}}{\text{网络中连通三元组的数目}/3} = \frac{\sum\limits_{i=1}^{N}\sum\limits_{j\neq i,k\neq i,j\neq k} a_{ij}a_{ik}a_{jk}}{\sum\limits_{i=1}^{N}\sum\limits_{j\neq i,k\neq i,j\neq k} a_{ij}a_{ik}}. \quad (3\text{-}25)$$

公式中的因子 3 是由于每个三角形对应于 3 个不同的连通三元组,它们分别以三角形的 3 个顶点为中心。

网络聚类系数的两个定义(3-24)和(3-25)并不完全等价。定义(3-24)中的平均是对于每个节点聚类系数给以相同的权,而定义(3-25)中的平均则是对于网络中的每个三角形给以相同的权。与度小的节点相比,度大的节点可能被包含在更多的三角形中。然而,两种定义的差别并不会带来本质的影响,因为我们通常关心的是聚类系数的相对大小而不是绝对大小。例如,我们会关心与具

有相同节点数和边数的一个完全随机化的网络相比，某个实际网络是否具有明显较高的聚类系数。第6章将详细介绍随机化网络的生成方法。

考虑图3-13所示的一个包含5个节点的网络。该网络包含1个三角形和8个三元组。因此，按照社会学聚类系数定义(3-25)，该网络的聚类系数为3/8。另一方面，按照节点聚类系数定义(3-22)，可以计算得到5个节点的聚类系数分别为1/6、0、1、1和0，从而根据定义(3-24)求得网络聚类系数为13/30。

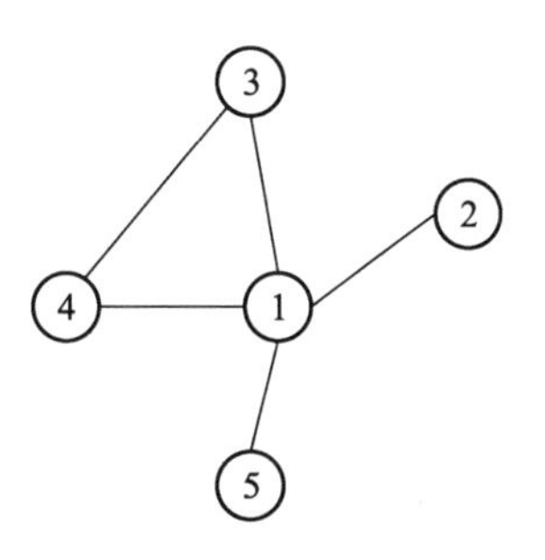

图3-13 一个包含5个节点的网络

相对而言，聚类系数定义(3-24)易于数值计算，因而被广泛用于实际网络数据分析，而聚类系数的社会学定义(3-25)则更为适于解析研究。

在网络科学研究中有时会关注一类节点的整体行为或平均行为。在求得各节点聚类系数的基础上，我们可以得到度为 k 的节点的聚类系数的平均值，从而把聚类系数表示为节点度的函数：

$$C(k)=\frac{\sum_i C_i\delta_{k_ik}}{\sum_i \delta_{k_ik}}, \tag{3-26}$$

这里 δ_{k_ik} 为如下定义的 Kronecker δ 函数：

$$\delta_{k_ik}=\begin{cases}1, & k_i=k,\\0, & k_i\neq k.\end{cases} \tag{3-27}$$

研究表明，对于许多实际网络，$C(k)$ 具有幂律形式 $C(k)\sim k^{-\alpha}(\alpha>0)$，这一形式反映了网络具有层次结构。图3-14给出了双对数坐标系下的两个实际网络的例子，图中虚线的斜率均为 -1。两个网络分别叙述如下：

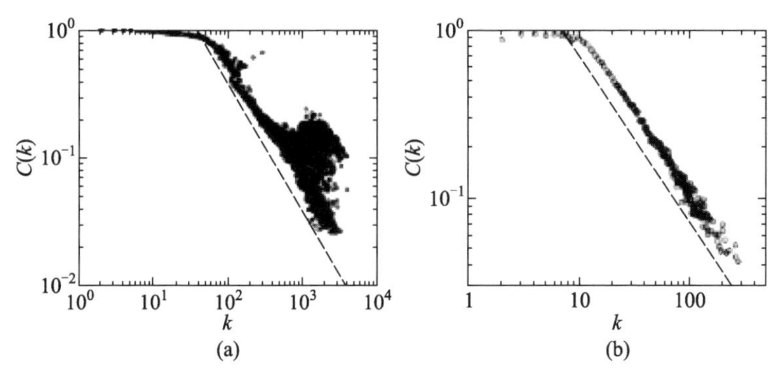

图3-14 两个实际网络的 $C(k)$

（1）电影演员网：如果在电影演员数据库 www. IMDB. com 中查到两个演员出演过同一部电影，那么两者之间就有一条边。该网络包含 392 340 个节点和 15 345 957 条边。

（2）语义网：如果两个英文单词在 Merriam Webster 词典被列为同义词，那么两者之间就有一条边。该网络包含 182 853 个节点和 317 658 条边。

3.5.2 加权网络情形

从前面的介绍可以看到，无权网络中的一些概念，如节点度和最短路径，可以较为直接地推广到加权网络中。但是，聚类系数的概念从无权网络推广到加权网络却并不那么简单。最简单的方法就是完全不考虑边的权值的影响，从而直接把无权网络的聚类系数的定义用于加权网络。这种做法固然有时未必不可，但毕竟不是很合理。例如，一个三角形表示你有两个非常好的密友，而且这两个密友之间也是密友；另一个三角形表示我有两个关系一般的朋友，而且这两个朋友之间只是偶尔相识。那么，直观上看，你应该比我具有更高的聚类性（图 3-15）。但是，把这一直观想法变为科学定义却是需要仔细考虑的。事实上，近年人们提出了多种加权网络的聚类系数的定义，其区别主要在于到底应该如何定量刻画边的权值对聚类特性的影响[10,11]。

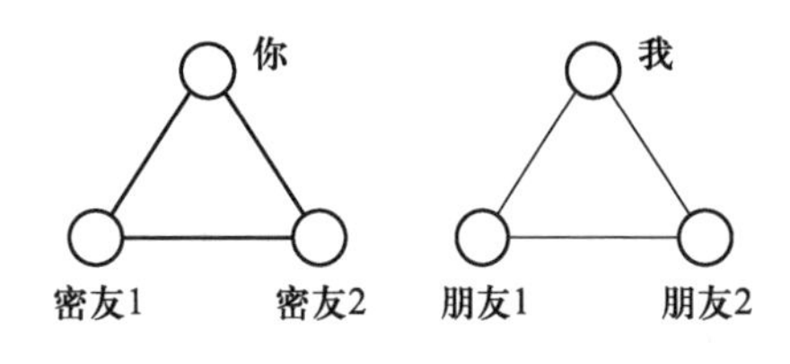

图 3-15 朋友关系强弱比较

给定一个加权网络 G 及其邻接矩阵 $\boldsymbol{A}=(a_{ij})$ 和非负的权值矩阵 $\boldsymbol{W}=(w_{ij})$。直观上看，我们有无权网络的节点聚类系数定义（3-22）的加权形式：

$$\tilde{C}_i=\frac{1}{k_i(k_i-1)}\sum_{j,k}\omega_{ijk}a_{ij}a_{ik}a_{jk}. \tag{3-28}$$

现在的问题是如何根据加权网络的非负权值矩阵 $\boldsymbol{W}=(w_{ij})$ 来合理确定 ω_{ijk}。先看一下对 ω_{ijk} 的限制条件：

① 当节点 i、j 和 k 不构成一个三角形时，ω_{ijk} 可以任意取值（故不妨取为 $\omega_{ijk}=0$）。这是因为 $a_{ij}a_{jk}a_{ki}=1$ 当且仅当节点 i、j 和 k 构成一个三角形，否则必有 $a_{ij}a_{jk}a_{ki}=0$。

② 在无权网络的特殊情形，定义（3-28）应该退化为无权网络中节点的聚类系数定义（3-22）。在此情形，当节点 i、j 和 k 构成一个三角形时应该有 $\omega_{ijk}=1$。

③ 为了保证 $\tilde{C}_i\in[0,1]$，应该有 $\omega_{ijk}\in[0,1]$。这就意味着不管权值矩阵 $\boldsymbol{W}$

如何选取，总有$\tilde{C}_i \leqslant C_i$。换句话说，如果用式(3-28)来定义加权网络节点的聚类系数，那么权值的非均匀化可能会导致聚类系数的减小。

尽管有上述限制条件，ω_{ijk}的取法也是不唯一的。下面介绍两种取法。

(1) 取法1：把ω_{ijk}取为节点i与它的两个邻节点j和k之间的两条边的权值的归一化的平均值，即

$$\omega_{ijk} = \frac{1}{\langle w_i \rangle} \frac{w_{ij} + w_{ik}}{2}, \tag{3-29}$$

其中$\langle w_i \rangle$是以节点i为一个端点的所有边的权值的平均值，即

$$\langle w_i \rangle = \frac{1}{k_i} \sum_j w_{ij}. \tag{3-30}$$

把式(3-29)代入式(3-28)，即得到加权网络中节点i的聚类系数定义如下：

$$\tilde{C}_i^{(1)} = \frac{1}{k_i(k_i - 1)} \sum_{j,k} \frac{w_{ij} + w_{ik}}{2\langle w_i \rangle} a_{ij} a_{ik} a_{jk}. \tag{3-31}$$

这一定义考虑了节点i与其邻节点之间的边的权值的影响，但是没有考虑节点i的两个邻节点之间的边(也称为外边)的权值的影响。对于无权网络，当节点i、j和k构成一个三角形时，有$\omega_{ijk}=1$，定义(3-31)即退化为无权网络的节点聚类系数定义(3-22)。

注意到节点i的强度s_i满足

$$s_i = k_i(s_i/k_i) = k_i \langle w_i \rangle, \tag{3-32}$$

式(3-31)也可以写为

$$\tilde{C}_i^{(1)} = \frac{1}{s_i(k_i - 1)} \sum_{(j,k)} \frac{w_{ij} + w_{ik}}{2} a_{ij} a_{ik} a_{jk}. \tag{3-33}$$

(2) 取法2：把ω_{ijk}取为节点i与它的两个邻节点j和k组成的三角形的三条边的归一化权值的几何平均，即

$$\omega_{ijk} = (\hat{w}_{ij} \hat{w}_{ik} \hat{w}_{jk})^{1/3}, \tag{3-34}$$

其中$\hat{w}_{ij} \in [0,1]$为如下定义的归一化权值：

$$\hat{w}_{ij} = \frac{w_{ij}}{\max\limits_{k,l} w_{kl}}. \tag{3-35}$$

把式(3-34)代入式(3-28)，即得到加权网络中节点i的聚类系数的另一种定义：

$$\tilde{C}_i^{(2)} = \frac{1}{k_i(k_i - 1)} \sum_{j,k} (\hat{w}_{ij} \hat{w}_{ik} \hat{w}_{jk})^{1/3} a_{ij} a_{ik} a_{jk}. \tag{3-36}$$

如果把两个节点之间没有边等价地定义为两个节点之间的边的权值为零，那么式(3-36)可以等价地写为

$$\tilde{C}_i^{(2)} = \frac{1}{k_i(k_i-1)}\sum_{j,k}(\hat{w}_{ij}\hat{w}_{ik}\hat{w}_{jk})^{1/3}. \tag{3-37}$$

该式可进一步写为

$$\tilde{C}_i^{(2)} = C_i\bar{I}_i, \tag{3-38}$$

其中 C_i 是把该网络看做无权网络时节点 i 的聚类系数，$\bar{I}_i$是包含节点 i 的三角形的归一化平均密度：

$$\bar{I}_i = \frac{1}{2E_i}\sum_{j,k}(\hat{w}_{ij}\hat{w}_{ik}\hat{w}_{jk})^{1/3}, \tag{3-39}$$

这里 E_i 是包含节点 i 的三角形的数目，即

$$E_i = \frac{1}{2}\sum_{j,k}a_{ij}a_{jk}a_{ki}. \tag{3-40}$$

由无权网络中节点聚类系数的定义(3-23)可以看出，在无权网络中，节点 i 的聚类系数等于包含节点 i 的三角形的数目 E_i 除以以节点 i 及其邻节点为顶点的三角形数目的可能的上界。基于这一定义的推广，可以得到加权网络中节点聚类系数的第三种定义如下：

$$\tilde{C}_i^{(3)} = \frac{\frac{1}{2}\sum_{j,k}\hat{w}_{ij}\hat{w}_{ik}\hat{w}_{jk}}{\frac{1}{2}\left(\left(\sum_k\hat{w}_{ik}\right)^2-\sum_k\hat{w}_{ik}^2\right)} = \frac{\sum_{j,k}\hat{w}_{ij}\hat{w}_{ik}\hat{w}_{jk}}{\left(\sum_k\hat{w}_{ik}\right)^2-\sum_k\hat{w}_{ik}^2}, \tag{3-41}$$

上式的分子即为包含节点 i 的三角形数目 E_i 的加权化形式，而对应的分母则为分子的可能的上界，从而保证$\tilde{C}_i^{(3)}\in[0,1]$。式(3-41)也可以写为

$$\tilde{C}_i^{(3)} = \frac{\sum_{j,k}\hat{w}_{ij}\hat{w}_{ik}\hat{w}_{jk}}{\sum_{j\neq k}\hat{w}_{ij}\hat{w}_{ik}}, \tag{3-42}$$

其中 $\hat{w}_{ij}\in[0,1]$，定义见式(3-35)。

与无权网络聚类系数定义相比，上述关于加权网络聚类系数的三种定义具有如下特性：

(1) 当加权网络退化为无权网络时，上述几种定义都是等价的，即有

$$\tilde{C}_i^{(1)} = \tilde{C}_i^{(2)} = \tilde{C}_i^{(3)} = C_i.$$

(2) 与无权网络中节点 i 的聚类系数 C_i 相同，有

$$\tilde{C}_i^{(l)}\in[0,1],\quad l=1,2,3.$$

(3) 与 C_i 相同，$\tilde{C}_i^{(l)}=0(l=1,2,3)$当且仅当不存在包含节点 i 的三角形。

(4) 与 C_i 相同，$\tilde{C}_i^{(1)}=1$ 的充要条件是节点 i 的任意两个邻节点都互为邻

居，即节点 i 与它的任意两个邻节点都构成一个三角形。但是，这一条件只是 $\tilde{C}_i^{(2)}=\tilde{C}_i^{(3)}=1$ 的必要条件，因为 $\tilde{C}_i^{(2)}=1$ 还要求包含节点 i 的所有三角形的边的权值都相同；$\tilde{C}_i^{(3)}=1$ 则要求包含节点 i 的每一个三角形的每一条外边的权值都相同且为最大值，而与节点 i 相连的边的权值无关。

表 3-2 以一个加权三角形为例比较了三种聚类系数定义的区别。实心圈为节点 i，实线表示权值为 1 的边，虚线表示权值接近于零的边。在表中所列的 7 种情形中，只有一种情形按照三个定义计算的值是一致的。

表 3-2　几种加权网络聚类系数定义的比较

$\tilde{C}_i^{(1)}$	1	1	1	~1/2	~0	1/3	~1/2
$\tilde{C}_i^{(2)}$	~0	~0	~0	1/3	~0	~0	~0
$\tilde{C}_i^{(3)}$	1	~0	1	~1	~0	1/3	~0

在研究加权网络的聚类特性时，我们建议首先把网络看做是无权网络来计算聚类系数，然后在必要时再考虑权值的影响，例如计算三角形的平均密度等。

关于有向网络，通常的做法也是把它看做是无向网络来计算聚类系数。近来也有一些考虑到有向边的聚类系数定义并用于有向网络的分类[12,13]，其中的一个基本难点是：无向网络情形的一个三角形对应于有向网络情形有 7 种可能的三角形（图 3-16）。

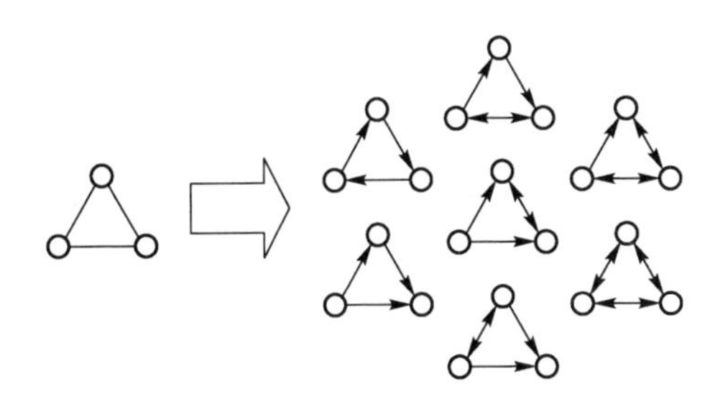

图 3-16　有向网络中 7 种可能的三角形

3.6　度分布

3.6.1　度分布的概念

有连接才有网络。因此,在刻画节点性质时我们自然关心该节点与多少个其他节点相连接,这就是前面介绍过的节点的度的概念。在确定了网络中各个节点的度值之后,就可以进一步得到有关整个网络的一些性质。首先,我们可以很容易计算出网络中所有节点的度的平均值,即网络节点的平均度$\langle k\rangle$。给定两个节点数相同的网络,它们的平均度相同也就等价于它们的总边数相同。我们还可以把网络中节点的度按从小到大排序,从而统计得到度为 k 的节点占整个网络节点数的比例 p_k。

例如,对于图 3-17 所示的一个包含 10 个节点的网络,有

$$p_0 = \frac{1}{10},\quad p_1 = \frac{2}{10},\quad p_2 = \frac{4}{10},$$

$$p_3 = \frac{2}{10},\quad p_4 = \frac{1}{10},\quad p_k = 0,\quad k > 4.$$

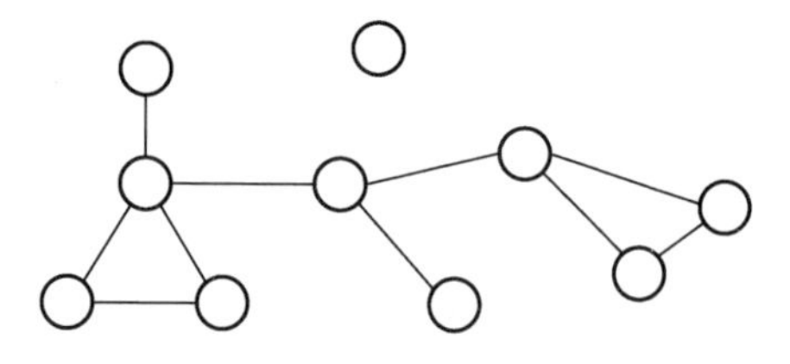

图 3-17　包含 10 个节点的网络

从概率统计的角度看,p_k 也可以视为网络中一个随机选择的节点的度为 k 的概率,这就是**度分布**(Degree distribution)的概念。

无向网络的度分布 $P(k)$ 定义为网络中一个随机选择的节点的度为 k 的概率。有向网络的**出度分布**(Out-degree distribution) $P(k^{out})$ 定义为网络中随机选取的一个节点的出度为 k^{out} 的概率;**入度分布**(In-degree distribution) $P(k^{in})$ 定义为网络中随机选取的一个节点的入度为 k^{in} 的概率。

图 3-18 给出了由 7 个节点组成的有向网络及其对应的入度分布和出度分布。

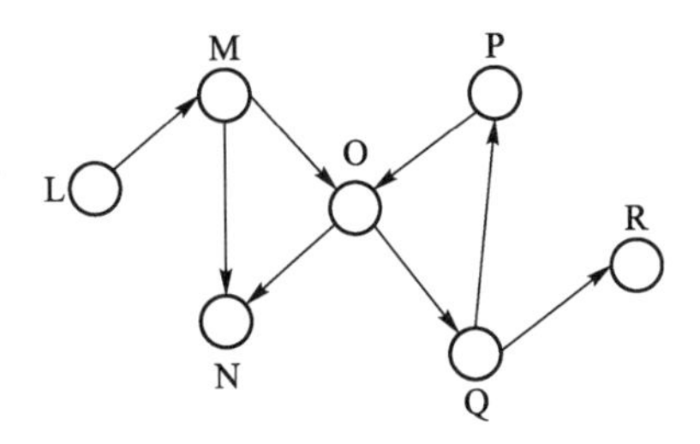

k^{in}	$P(k^{in})$
0	1/7
1	4/7
2	2/7

k^{out}	$P(k^{out})$
0	2/7
1	2/7
2	3/7

图 3-18 由 7 个节点组成的有向网络及其对应的入度分布和出度分布

3.6.2 从钟形曲线到长尾分布

最常见的、最重要的概率分布是正态分布，也称为高斯分布，常记为 $\xi - N(\mu,\sigma^2)$，其中 μ 是均值、σ 是标准差（σ^2 是方差）。正态分布曲线是钟形对称曲线，也称为正态曲线或高斯曲线（图 3-19）：均值 μ 决定了分布的中心，标准差 σ 决定了分布的形状。正态分布的均匀性体现在绝大部分的数据都落在均值附近，观察到距离均值 c 个标准差之外的数据的概率是参数 c 的指数下降函数。具体地说，大约有 68%、96%、99.7% 的数据落在距平均值 1 个、2 个、3 个标准差的范围内。

正态分布是针对连续型随机变量而言的，而网络中随机选取的一个节点的度值是一个离散型随机变量，取值范围为非负整数。常见的离散型概率分布 $P(k)$ 有超几何分布、二项分布和泊松（Poisson）分布等，它们在一定条件下都可以近似看做是正态分布的离散化形式，并且概率分布图都近似具有钟形形状。最重要的泊松分布满足

$$P(k) = \frac{\lambda^k e^{-\lambda}}{k!}, \tag{3-43}$$

其中参数 $\lambda > 0$。泊松分布的均值和方差都是 λ，且随着 λ 的增大，分布的形状迅速接近正态曲线（图 3-20）。

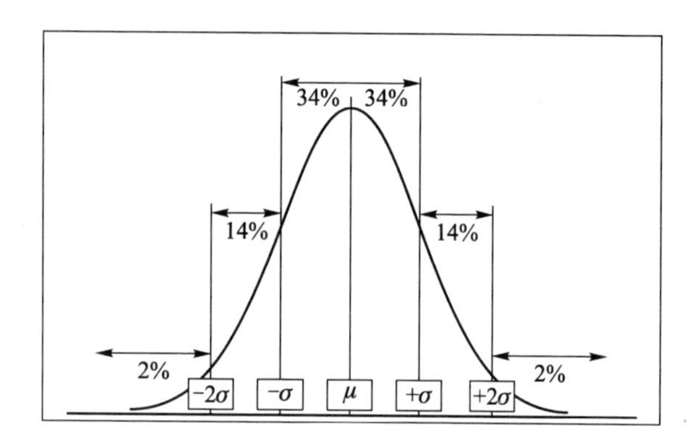

图 3-19 正态分布的均匀性特征

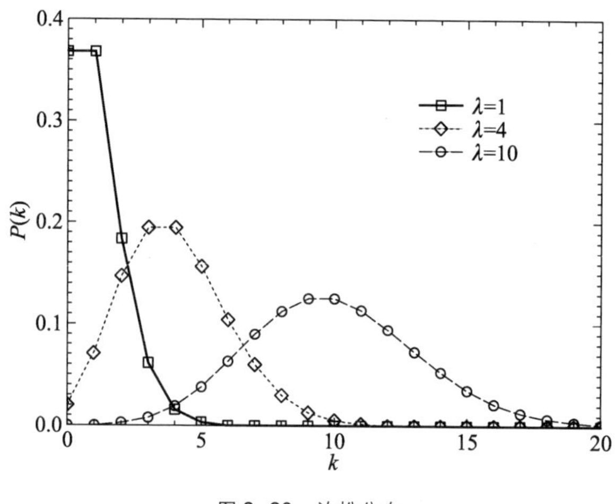

图 3-20 泊松分布

服从钟形分布的随机变量具有一个明显的特征标度——钟形曲线的峰值(即随机变量的均值)。以人的身高为例,假设全球成年男子的平均身高为 1.75 米,那么绝大多数成年男子的身高应该都与 1.75 米相差不远,例如在 1.65 米到 1.85 米之间。我们从未在大街上见过身高低于 50 厘米的“小矮人”,或高于 3 米的“巨人”。因此,全球成年男子的身高分布具有钟形曲线的形状是合理的。

但是,如果考察的是全球个人财富分布,情况就很不一样了。因为财富的分布是极端不均匀的:既有大量一贫如洗的穷人,也有少数富可敌国的显贵。联合国下属的世界发展经济学研究院 2006 年发布报告称,2% 最富有的成年人拥有全球 50% 的财富,而 50% 最贫穷的人口仅拥有全球 1% 的财富。因此,全球个人财富分布图呈现出与钟形曲线完全不同的形状,它会具有一个长长的尾巴,所以也称为**长尾分布**(Long tail distribution),如图 3-21 所示。长尾分布意味着大部分个体的取值都比较小,但是会有少数个体的取值非常大。以财富分布为例,尽管大部分人的个人财富都比较少(例如,不超过 20 万美元),但是也存在不少拥有至少 100 万美元财富的人,也存在相当数量拥有至少 1 000 万美元财富的人,还存在极少数拥有数亿财富的人。这一现象是钟形曲线无法描述的。

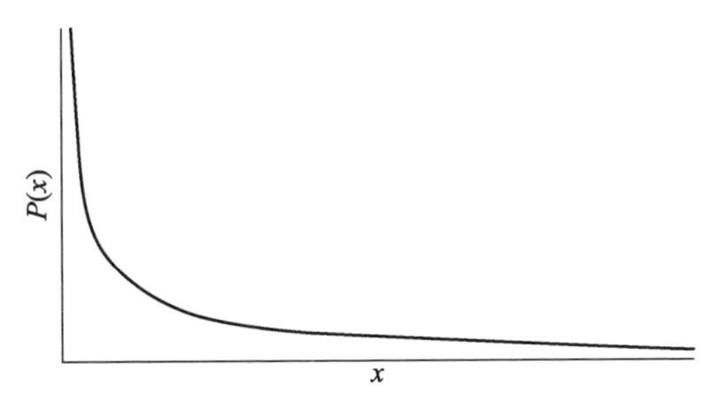

图 3-21 长尾分布

与钟形分布存在一个明显的特征标度不同,长尾分布往往不存在单一的特征标度,因此也称为**无标度分布**(Scale-free distribution)。读者也许会问,长尾分布也有平均值,这个平均值为什么不是特征标度呢?所谓特征标度是指大部分取值应该落在以特征标度为中心的一个相对比较小的区间内,而长尾分布却不具有这一特征。例如,假设全球只有 100 个人,其中有一个人的财富为 100 亿美元,而其余每个人的财富都不超过 1 万美元,那么这 100 个人的平均财富大约为 1 亿美元,但实际上没有一个人的财富接近这一平均值。

如果一个实际网络的度分布曲线近似具有钟形形状,其形状在远离峰值$\langle k\rangle$处呈指数下降。这意味着我们几乎可以肯定地认为网络中所有节点的度都与网络的平均度$\langle k\rangle$相差不大。换句话说,网络中不存在一个具有比平均度$\langle k\rangle$大得太多的度值的节点。因此,这类网络也称为**均匀网络**或**匀质网络**(Homogeneous network)。然而,大量实证研究表明,许多实际网络的度分布曲线都具有长尾的形状。

什么样的分布函数才具有长尾的形状呢?答案就是幂律分布。而且我们将证明,在一定的数学意义下,幂律分布是唯一一种具有无标度特性的长尾分布。

3.7　幂律分布

3.7.1　幂律度分布及其检验

1999 年 9 月,Barabási 小组在《Nature》上发表了一篇通讯,指出 WWW 的出度分布和入度分布都与正态分布有很大不同,而是服从幂律分布[14]。一个月之后,该小组又在《Science》上发表文章指出,包括电影演员网络和电力网络在内的其他许多实际网络的度分布也都服从与泊松分布有很大差异的幂律分布,并给出了产生幂律度分布的两个基本机理,建立了相应的无标度网络模型[15]。近年来,度分布作为网络的一个重要拓扑特征在网络科学研究中具有重要地位[16,17]。特别地,人们发现很多实际网络的度分布并不服从具有均匀特征的泊松分布,而是可以较好地用如下形式的幂律分布来表示:

$$P(k) \sim k^{-\gamma}, \tag{3-44}$$

其中 $\gamma>0$ 为幂指数,通常取值在 2 与 3 之间。现在我们就以 WWW 的入度分布为例来看一下幂律分布与泊松分布的区别。

如果 WWW 上每个页面都是各自独立而随机地决定是否有链接指向任一给定的其他页面,那么一个给定页面的入度就是大量独立的随机变量之和,从而入度分布应该具有钟形曲线的形状,即入度为 k 的页面的比例应该是随着 k 的增大而以指数速度快速下降。但是,实际情形却并非如此。人们通过对于不同时期得到的大量不同的 WWW 采样数据研究发现,WWW 中入度为 k 的页面的比例近似与 k^{-2} 成正比(实际指数要比 -2 稍小一点,为计算和说明方便,我们取指数为 -2)。随着 k 的增大,幂函数 k^{-2} 的下降速度要比泊松分布所对应的指数函数的下降速度慢得多。

假设要估计入度 $k^{in}=1\ 000$ 的页面的数量,我们有 $P(k^{in}=1\ 000)\sim 1\ 000^{-2}=10^{-6}$,即在 WWW 中入度为 1 000 的页面出现的概率为百万分之一,假设 WWW 有 10 亿(即 10^9)个页面(事实上可能接近百亿),那么这就意味着仍有数以千计的页面的入度可以达到上千的规模。而另一方面,如果入度为 k 的页面的比例随着 k 的增加而以指数速度(为估算方便,我们假设为 2^{-k})下降,那么即使 WWW 有 100 亿(即 10^{10})个页面,10^{10} 乘以 $2^{-1\ 000}$ 仍然小到可以近似为零,这意味着不可能存在入度为 1 000 左右的页面。直觉告诉我们,WWW 页面的入度分布应该更有可能符合幂律分布而不是泊松分布,因为 WWW 上不仅应该有入度为1 000 左右的页面,而且也应该有入度为 10 000 甚至更大的页面(如 Google 主页和新浪主页等)。

- **链接**

Pareto 分布和 Zipf 定律

与幂律分布相关的研究具有较长的历史。20 世纪初,意大利经济学家 Pareto 研究了个人收入的统计分布,提出了著名的 80/20 法则:20% 的人口占据了 80% 的社会财富。个人收入 X 大于某个特定值 x 的概率服从如下的具有幂律关系的 Pareto 分布:

$$P[X > x] = \begin{cases} \left(\dfrac{x_m}{x}\right)^{\alpha}, & x \geqslant x_m \\ 1, & x < x_m \end{cases}$$

其中 $x_m > 0$ 是变量 X 的最小可能值,$\alpha > 0$ 称为 Pareto 指数。

20 世纪 30 年代,哈佛大学的语言学家 Zipf 在研究英文单词出现的频率时发现,如果把单词出现的频率按由大到小的顺序排列,那么名次为 r 的单词出现的频率服从被称为 Zipf 定律的幂律关系:

$$P(r) \sim r^{-\alpha},$$

它表明在英语单词中,只有极少数的词被经常使用,而绝大多数词很少被使用。

1. 双对数坐标系中的直线

判断一个网络的度分布 $P(k)$ 是否为幂律分布有一个看上去很简单的方法,这就是本章前面在介绍网络密度和聚类系数时提到过的双对数坐标系。假设我们要验证是否存在比例常数 C 和幂指数 γ,使得近似地有

$$P(k) = Ck^{-\gamma}. \tag{3-45}$$

可以对上式两边取对数,从而有

$$\ln P(k) = \ln C - \gamma \ln k, \tag{3-46}$$

这说明 $\ln P(k)$ 是 $\ln k$ 的线性函数,也就是说,如果以 $\ln k$ 为横轴、$\ln P(k)$ 为纵轴,我们应该会看到一条斜率为 $-\gamma$ 的直线,$\ln C$ 为纵轴的截距(图 3-22(a))。因此,直观上,如果根据给定的数据,在双对数坐标系中看到近似有一条直线,那么

就可以推断所处理的数据近似符合幂律,并且可以从该直线的斜率得到对应的幂指数。

然而,通常很难看到在度的整个取值范围内都很好地服从幂律分布的实际网络。事实上,当人们提到某个网络具有幂律度分布时,往往是指当度值较大时分布近似具有幂律形式,此时我们也称分布的尾部服从幂律(图 3-22(b))。当然,在有些情形幂律度分布会出现截断,也就是说,实际网络的度的最大值是有限的,从而使得在度很高时幂律分布也不成立。

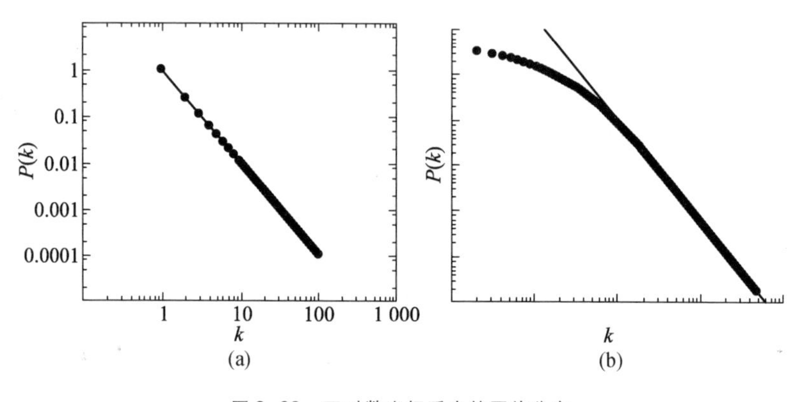

图 3-22 双对数坐标系中的幂律分布

仅凭肉眼观察双对数坐标系中的度分布来判断在什么范围内符合幂律以及估计相应的幂指数毕竟不是一种科学的办法,很容易带来较大的误差,因此,通常需采用最小二乘直线拟合方法。

2. 累积度分布

直接在双对数坐标系的度分布图中判断是否存在幂律还有另外一个问题:即使我们说网络的度分布在某段范围内服从幂律,实际情形往往会在其中的一些度值处(特别是尾部的一些地方)有明显的类似于噪声扰动的偏差。一种常见的光滑化的处理方法是绘制**累积度分布**(Cumulative degree distribution)P_k,它表示的是度不小于 k 的节点在整个网络中所占的比例,也就是网络中随机选取的一个节点的度不小于 k 的概率,即有

$$P_k = \sum_{k'=k}^{\infty} P(k'). \tag{3-47}$$

有些研究也把度小于 k 的节点在整个网络中所占的比例 $1-P_k$ 称为累积度分布。

如果一个网络的度分布为幂律分布(3-45),那么累积度分布函数近似符合幂指数为 $\gamma-1$ 的幂律:

$$P_k = C\sum_{k'=k}^{\infty} k'^{-\gamma} \simeq C\int_k^{\infty} k'^{-\gamma} dk' = \frac{C}{\gamma-1}k^{-(\gamma-1)}. \tag{3-48}$$

注意到由于当 k 值较大时幂函数变化较为缓慢,所以上式中把离散的求和用连续的积分来近似。为了保证积分收敛,这里假设 $\gamma > 1$。

如果度分布为指数分布,即 $P(k) \sim e^{-k/\kappa}$,其中 $\kappa > 0$ 是一常数,那么累积度分布函数也是指数型的,且具有相同的指数:

$$P_k \sim \sum_{k'=k}^{\infty} e^{-k'/\kappa} \sim e^{-k/\kappa}. \tag{3-49}$$

累积度分布不仅能够较好地避免度分布中出现的扰动,而且也易于计算:度值不小于第 r 个度最大的节点的度的节点数显然就是 r,这些节点占网络整个节点的比例即为 $P_k = r/N$。计算 P_k 的一个简单办法就是把网络中的节点按照度值的大小以降序排列(如果两个节点的度值相同就随机排序)。

当然,由于累积度分布是间接反映节点度的分布,因此没有度分布那么容易解释。特别地,累积度分布图上的相邻点是相关的:由于累积效应,累积度分布函数一般从一点到邻近的下一点的改变很小,也就是说,相邻点并不是完全独立的。这意味着如果我们要提取出累积度分布的指数,通过最小二乘拟合直线部分的斜率并取为 $-(\gamma-1)$ 并不合适,因为最小二乘拟合方法假设数据点之间是独立的。

更严格地说,通过直线拟合的方法来估计累积度分布或者度分布的幂指数并不是最好的办法,因为两者在统计学上都是有偏估计。更好的方法是基于给定的数据,采用如下的极大似然公式直接估计幂指数:

$$\gamma = 1 + \tilde{N}\left[\sum_i \ln\frac{k_i}{k_{\min} - 0.5}\right]^{-1}, \tag{3-50}$$

这里 $k_{\min}$ 是使得幂律成立的度的最小值,$\tilde{N}$ 是度不小于 $k_{\min}$ 的节点数,求和也是针对所有度不小于 $k_{\min}$ 的节点。按照上式计算的幂指数 γ 的统计误差为

$$\sigma = \sqrt{\tilde{N}}\left[\sum_i \ln\frac{k_i}{k_{\min} - 0.5}\right]^{-1} = \frac{\gamma - 1}{\sqrt{\tilde{N}}}. \tag{3-51}$$

基于实际数据的幂律度分布检验的详细介绍可参考相关综述[18]及对应程序①。

在进一步介绍幂律分布的性质之前,有必要说明的是,尽管许多实际网络的度分布都具有明显的非均匀特征,但这并不意味着这些网络的度分布一定可以用幂律来较好地刻画。例如,图 3-23(a)中的实线和虚线分别显示的是 2011 年

① http://tuvalu.santafe.edu/~aaronc/powerlaws/

5 月的全球和美国 Facebook 朋友关系网络的度分布,两者具有非常相似的特征。首先,度分布曲线几乎是单调下降的,只是在度值接近 20 的地方有少许异常,这是由于 Facebook 特别鼓励朋友数少的用户添加朋友,直至其朋友数达到 20。其次,度分布在度值 5 000 处出现明显截断,这是由于 5 000 是 Facebook 设定的每个用户的朋友数的上限。第三,双对数坐标下的度分布具有明显弯曲的形状,而并非幂律度分布所对应的直线。但是 Facebook 网络的度分布仍然体现了非均匀的特征:大多数用户的朋友数都少于 200,而少数用户具有高达几千的朋友。图 3-23(b)显示的是 Facebook 朋友关系网络的累积度分布 P_k,即度不小于 k 的节点在整个网络中所占的比例,可以看到这是一条相对光滑的曲线,避免了度分布曲线在尾部的抖动。

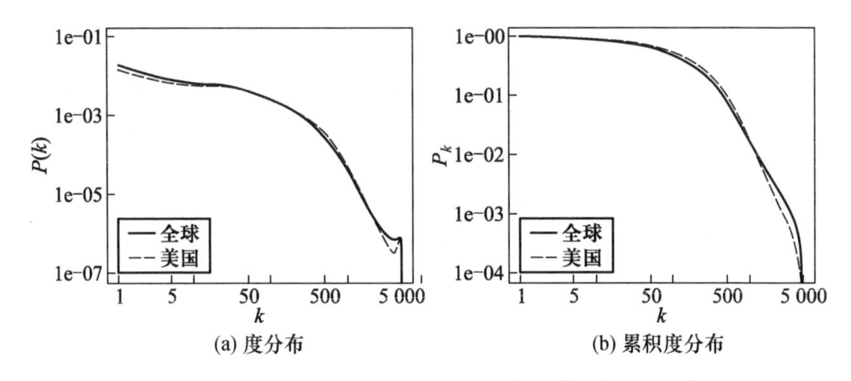

图 3-23　全球和美国 Facebook 朋友关系网络的度分布和累积度分布

3.7.2　幂律分布的性质

1. 无标度性质

定理 3-1　考虑一个概率分布函数 $f(x)$,假设 $f(1)f'(1)\neq 0$。如果对任意给定常数 a,存在常数 b 使得函数 $f(x)$ 满足如下"无标度条件":

$$f(ax)=bf(x), \tag{3-52}$$

那么必有

$$f(x)=f(1)x^{-\gamma},\quad \gamma=-f'(1)/f(1), \tag{3-53}$$

也就是说,幂律分布函数是唯一满足无标度条件的概率分布函数。

证明　在式(3-52)中取 $x=1$,有 $f(a)=bf(1)$,从而 $b=f(a)/f(1)$,有

$$f(ax)=\frac{f(a)f(x)}{f(1)}, \tag{3-54}$$

由于上述方程对任意的 a 都成立,两边对 a 求导可得

$$x\frac{\mathrm{d}f(ax)}{\mathrm{d}(ax)}=\frac{f(x)}{f(1)}\frac{\mathrm{d}f(a)}{\mathrm{d}a}. \tag{3-55}$$

若取 $a=1$,则有

$$x\frac{\mathrm{d}f(x)}{\mathrm{d}(x)}=\frac{f'(1)}{f(1)}f(x). \tag{3-56}$$

微分方程(3-56)的解为

$$\ln f(x)=\frac{f'(1)}{f(1)}\ln x+\ln f(1). \tag{3-57}$$

两边取指数,即得公式(3-53)。证毕。

2. 归一化

幂函数 $p_k=Ck^{-\gamma}$要成为概率分布必须满足如下基本条件:

$$\sum_{k=0}^{\infty}p_k=1. \tag{3-58}$$

此外,度值 k 不能为零,否则 p_0 为无穷大。因此,我们不妨假设幂律分布是当 $k\geqslant k_{\min}>0$ 时才成立,于是有

$$\sum_{k=k_{\min}}^{\infty}Ck^{-\gamma}=1, \tag{3-59}$$

从而得到

$$C=\frac{1}{\zeta(\gamma,k_{\min})}, \tag{3-60}$$

其中

$$\zeta(\gamma,k_{\min})\equiv\sum_{k=k_{\min}}^{\infty}k^{-\gamma} \tag{3-61}$$

称为**广义 ζ 函数**,$\zeta(\gamma,1)\triangleq\zeta(\gamma)$称为**标准黎曼**(Riemann)**$\zeta$ 函数**。通过把求和用积分近似,我们可以用如下公式近似计算归一化常数:

$$C=\frac{1}{\sum\limits_{k=k_{\min}}^{\infty}k^{-\gamma}}\sim\frac{1}{\int_{k_{\min}}^{\infty}k^{-\gamma}\mathrm{d}k}=(\gamma-1)(k_{\min})^{\gamma-1}. \tag{3-62}$$

从而幂律度分布可以写为

$$p_k\sim\frac{\gamma-1}{k_{\min}}\left(\frac{k}{k_{\min}}\right)^{-\gamma}, \tag{3-63}$$

相应地,累积度分布可以写为

$$P_k\sim\left(\frac{k}{k_{\min}}\right)^{-(\gamma-1)}. \tag{3-64}$$

3. 矩的性质

度分布的 $m(m\geqslant1)$阶矩为

$$\langle k^m \rangle = \sum_{k=0}^{\infty} k^m p_k, \tag{3-65}$$

其中当 $m=1$ 时,一阶矩即为网络平均度$\langle k \rangle$。如果网络在 $k \geqslant k_{\min}$时度分布具有幂律形式 $p_k = Ck^{-\gamma}$,那么可以把 m 阶矩写为

$$\langle k^m \rangle = \sum_{k=0}^{k_{\min}-1} k^m p_k + C\sum_{k=k_{\min}}^{\infty} k^{m-\gamma}. \tag{3-66}$$

再次用积分近似求和,得到

$$\begin{aligned}\langle k^m \rangle &\simeq \sum_{k=0}^{k_{\min}-1} k^m p_k + C\int_{k_{\min}}^{\infty} k^{m-\gamma}\mathrm{d}k \\ &= \sum_{k=0}^{k_{\min}-1} k^m p_k + \frac{C}{m-\gamma+1}\left[k^{m-\gamma+1} \right]_{k_{\min}}^{\infty}\end{aligned} \tag{3-67}$$

上式中最后一个和式的第一项总是有限值,取决于度 k 较小时的非幂律的度分布。如果 $m-\gamma+1<0$,那么第二项是有限值,这意味着存在有限矩$\langle k^m \rangle$。如果 $m-\gamma+1 \geqslant 0$,那么第二项将发散,意味着矩$\langle k^m \rangle$也发散。因此,我们得到如下结论:

定理 3-2　幂律分布 $p_k = Ck^{-\gamma}$存在有限的 m 阶矩的充要条件为 $\gamma > m+1$。

特别地,存在有限一阶矩(有限均值)的充要条件是 $\gamma>2$,存在有限二阶矩(有限方差)的充要条件是 $\gamma>3$。许多具有幂律度分布的网络所对应的幂指数都满足 $2<\gamma\leqslant 3$,这类幂律分布具有有限均值,但是没有有限方差。具有这类分布的网络的典型特征是:网络中既存在大量度相对较小的节点,也存在少量度相对非常大的节点(常称为 Hub 节点),即分布的尾巴拖得很长。直观上看,存在有限的更高阶矩意味着尾巴的长度相对变得更短,也就是说,网络中节点的度分布相对变得越来越集中,而不是展开得那么宽。如果幂指数充分大,那么几乎所有的节点都具有相同的度值。

当然,实际网络的规模总是有限的,度分布的所有矩也是有限的,即对任意 m 阶矩有

$$\langle k^m \rangle = \frac{1}{N}\sum_{i=1}^{N} k_i^m. \tag{3-68}$$

由于实际网络中任一节点的度值都是有限的,上述求和也肯定是有限值。事实上,只有当网络规模趋于无穷大时,m 阶矩才有可能发散。

关于度分布的数学理论的更多详细介绍可参见史定华教授的著作[17]。

均匀与非均匀、幂律与无标度

如果一个网络中节点的度值都集中在某个值附近，那么该网络就称为**均匀网络**或**匀质网络**(Homogeneous network)；相反地，如果网络中节点的度值很不均等，既存在度相对较小的节点，也存在度相对非常大的节点，那么就称该网络为**非均匀网络**(Inhomogeneous network)或**异质网络**(Heterogeneous network)。

度分布服从幂律分布的网络也称为**幂律网络**(Power-law network)。当幂指数从小变大时，幂律网络从高度非均匀网络变化为高度均匀网络。因此，如果要研究某个量的分布的均匀性所产生的影响，那么就可以考虑采用幂指数可调的幂律分布。

一般认为，只有幂指数较小(如 $\gamma \leqslant 3$)的幂律网络才是非均匀网络。另一方面，如果按照数学上的无标度性质的定义(3-52)，那么无标度网络就是幂律网络，也确实有很多文献是把二者等价的。但是，如果认为无标度网络是指节点的度没有明显的特征标度的网络，那么无标度网络应该是与非均匀网络等价的提法，因此，只有幂指数较小的幂律网络才是无标度网络。

习 题

3-1 考虑一个二分网络 $G=(X,Y)$。假设集合 X 和集合 Y 分别包含 N_X 和 N_Y 个节点，并且节点的平均度分别为 $\langle k_X \rangle$ 和 $\langle k_Y \rangle$。请证明：

$$N_X\langle k_X \rangle = N_Y\langle k_Y \rangle.$$

3-2 考虑一个网络节点数 N 随着时间演化不断增加的连通网络 G_N。请证明：如果当网络规模 $N\to\infty$ 时，网络 G_N 的直径 D_N 是有界的，那么网络 G_N 中节点的最大度一定是无界的。即如果存在一个有限数 $\bar{D}$ 使得对任意的 N 均有 $D_N \leqslant \bar{D}$，那么对于任意给定的正整数 K，必然存在该序列中的一个网络，其节点的最大度大于 K。

3-3 如果一个有向网络中不存在从一点出发沿着有向边的方向能够回到该节点的闭合环路，那么就称该网络为**非循环网络**(Acyclic network)。这类网络的一个特征是，通过对节点的重新编号，可以使得网络中所有的边都是从编号高的节点指向编号低的节点，如图 3-24 所示。记 k_i^{in} 和 k_i^{out} 分别为

节点 i 的入度和出度。

(1) 请推导出指向编号最小的 r 个节点的边数之和,以及从这 r 个节点指出去的边数之和。

(2) 请证明,对于任意的 $r>1$,有

$$k_r^{out} \leqslant \sum_{i=1}^{r-1}(k_i^{in} - k_i^{out}).$$

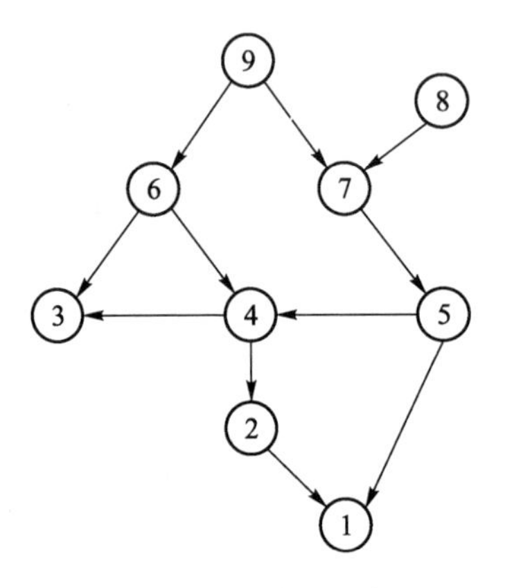

图 3-24　非循环网络

3-4 对于任意给定的正常数 c,请问能否构造出一个网络,使其直径大于平均路径长度的 c 倍? 请说明理由。

3-5 请证明基于社会学的网络聚类系数的定义(3-25),可以用节点聚类系数定义(3-22)表示如下:

$$C = \sum_{i=1}^{N} C_i \left(\frac{k_i(k_i-1)/2}{\sum_{j=1}^{N} k_j(k_j-1)/2} \right).$$

请比较上式和网络聚类系数定义(3-24),即 $C = \frac{1}{N}\sum_{i=1}^{N} C_i$ 的大小。假设网络中每个节点的度都不小于 2,请分别考虑如下两种不同的情形:

(1) 对任意两个不同的节点 i 和 j,如果 $k_i \geqslant k_j$,那么 $C_i \geqslant C_j$;

(2) 对任意两个不同的节点 i 和 j,如果 $k_i \geqslant k_j$,那么 $C_i \leqslant C_j$。

3-6 请证明关于加权网络的节点聚类系数的定义(3-41)和(3-42)的等价性。

3-7 假设一个网络具有幂律度分布。通过对该网络节点的随机采样,我们得到前 20 个度值不小于 10 的节点的度值如下:

16　17　10　26　13　14　28　45　10　12　12　10　136　16　25

36　12　14　22　10

请基于公式(3-50)和(3-51)估计幂指数 γ 及其统计误差。

3-8 请设计一个算法,使得给定一个弱连通的有向网络就可以得到该网络的蝴蝶结结构,即找出该网络的强连通核、入部、出部和卷须。请用自己构造的类似于图 3-25 的简单网络和实际的有向网络数据验证算法的正确性和有效性。

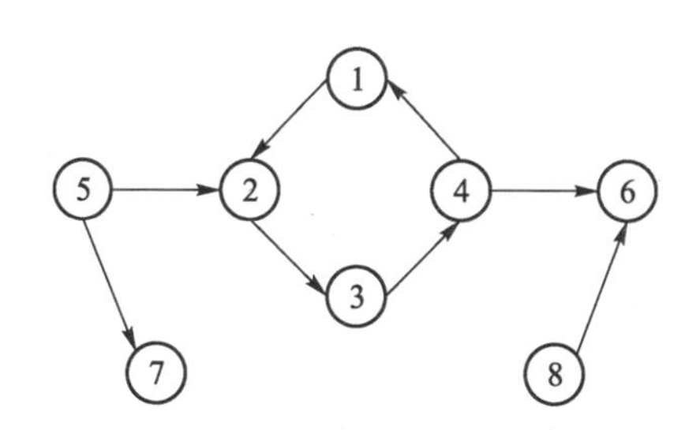

图 3-25　一个简单的有向网络

参考文献

[1] ANDERSON P W. More is different [J]. Science, 1972, 1779(4047): 393-396.

[2] ALBERT R, BARABÁSI A-L. Statistical mechanics of complex networks [J]. Rev. of Modern Physics, 2002, 74(1): 47-97.

[3] UGANDER J, KARRER B, BACKSTROM L, et al. The anatomy of the Facebook social graph [J]. 2011, arXiv: 1111.4503v1.

[4] BACKSTROM L, BOLDI P, ROSA M, et al. Four degrees of separation [J]. 2011, arXiv: 1111.4570v1.

[5] BRODER A, KUMAR R, MAGHOUL F, et al. Graph structure in the Web [J]. Computer Networks, 2000, 33(1-6): 309-320.

[6] VITALI S, GLATTFELDER J, BATTISTON S. The network of global corporate control [J]. Plos ONE, 2011, 6(10): e25995 (1-6).

[7] CSETE M, DOYLE J. Bow ties, metabolism and disease [J]. Trends in Biotechnology, 2004, 22(9): 446-450.

[8] LESKOVEC J, KLEINBERG J, FALOUTSOS C. Graph evolution: Densification and shrinking diameters. ACM Transactions on Knowledge Discovery from Data, 2007, 1(1): 2-42.

[9] KLEINBERG J, TARDOS E. Algorithm Design [M]. Boston: Addison

Wesley, 2005.

[10] BARRAT A, BARTHELEMY M, PASTOR-SATORRAS R, et al. The architecture of complex weighted networks [J]. Proc. Natl. Acad. Sci. USA, 2004, 101(11): 3747-3752.

[11] OPSAHL T, PANZARASA P. Clustering in weighted networks [J]. Social Networks, 2009, 31 (2): 155-163.

[12] FAGIOLO G. Clustering in complex directed networks [J]. Phys. Rev. E, 2007, 76(2): 026107 (1-5).

[13] AHNERT S E, FINK T M A. Clustering signatures classify directed networks [J]. Phys. Rev. E, 2008, 78(3): 036112 (1-6).

[14] ALBERT R, JEONG H, BARABÁSI A-L. Diameter of the World Wide Web [J]. Nature, 1999, 401(6749): 130-131.

[15] BARABÁSI A-L, ALBERT R. Emergence of scaling in random networks [J]. Science, 1999, 286(5439): 509-512.

[16] BARABÁSI A-L. Scale-free networks: A decade and beyond [J]. Science, 325(5939): 412-413.

[17] 史定华. 网络度分布理论 [M]. 北京:高等教育出版社,2011.

[18] CLAUSET A, SHALIZI C R, NEWMAN M E J. Power-law distributions in empirical data [J]. SIAM Review, 2009, 51(4): 661-703.

第 4 章　度相关性与社团结构

本章要点

- 度相关性质:联合概率分布、条件概率和余平均度、同配系数
- 社团结构与模块度
- 基于模块度的社团检测算法及其局限性
- 社团结构的派系过滤算法、连边检测算法以及算法评价标准

4.1　引言

度分布尽管是网络的一个重要拓扑特征,但是不能由它唯一地刻画一个网络,因为具有相同度分布的两个网络可能具有非常不同的其他性质或行为。为了进一步刻画网络的拓扑结构,我们需要考虑包含更多结构信息的高阶拓扑特性。本章介绍刻画网络的二阶度分布特性(也称度相关性)的几种不同的方法,包括最为一般但较为复杂的联合概率分布、更为简洁但不宜比较的条件概率和余平均度以及可以定量刻画度相关性但过于粗略的相关系数。

即使是联合概率分布也仍然不能完全刻画网络拓扑。一个典型例子就是复杂网络的社团结构:实际网络往往可以视为是由若干个社团构成的,每个社团内部的节点之间的连接相对较为紧密,但是各个社团之间的连接相对比较稀疏。本章将介绍大规模网络社团结构分析所面临的挑战以及几个有代表性的算法。

4.2　度相关性与同配性

4.2.1　高阶度分布的引入

平均度$\langle k\rangle=2M/N$可以视为网络的 0 阶度分布特性,它除了告诉我们网络中有多少条边之外,并没有给出这些边是如何安置在网络中的任何信息。给定一个网络的节点数 N 和边数 M,那么任一与该网络具有相同节点数和边数的网络模型也具有相同的平均度。

网络的度分布 $P(k)=n(k)/N$ 可以视为网络的 1 阶度分布特性,它刻画了网络中不同度的节点各自所占的比例,这里 $n(k)$是网络中度为 k 的节点数。如果随机地从网络中选取一个节点,那么该节点度为 k 的概率即为 $P(k)$。显然,度分布中已经包含了平均度的信息:

$$\langle k \rangle = \sum_{k=0}^{\infty} kP(k). \tag{4-1}$$

具有相同度分布的两个网络可能具有非常不同的其他性质或行为。例如，图 4-1(a)和(b)显示的是两个具有完全相同度序列(从而也具有相同度分布)的包含 5 个节点的网络，但是两者在结构方面具有明显区别：一个包含三角形但不连通，另一个连通但不包含三角形。

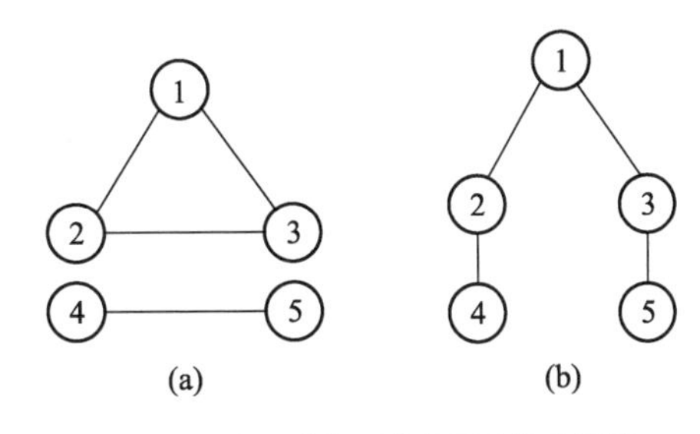

图 4-1　两个具有相同度序列的简单网络

为了进一步刻画网络的拓扑结构，需要考虑包含更多结构信息的高阶拓扑特性。以下介绍网络的 2 阶度分布特性的刻画方法[1-4]。

4.2.2　联合概率分布

联合概率 $P(j,k)$ 定义为网络中随机选取的一条边的两个端点的度分别为 j 和 k 的概率，即为网络中度为 j 的节点和度为 k 的节点之间存在的边数占网络总边数的比例：

$$P(j,k) = \frac{m(j,k)\mu(j,k)}{2M}, \tag{4-2}$$

其中，$m(j,k)$ 是度为 j 的节点和度为 k 的节点之间的连边数；如果 $j=k$，那么 $\mu(j,k)=2$，否则 $\mu(j,k)=1$。

联合概率分布具有如下性质：

① 对称性，即

$$P(j,k) = P(k,j), \quad \forall j,k, \tag{4-3}$$

② 归一化，即

$$\sum_{j,k=k_{min}}^{k_{max}} P(j,k) = 1, \tag{4-4}$$

③ 余度分布(Excess degree distribution)，即

$$P_n(k) = \sum_{j=k_{min}}^{k_{max}} P(j,k), \tag{4-5}$$

其中 k_{min} 和 k_{max} 分别为网络中节点的度的最小值和最大值。$P_n(k)$ 表示网络中随机选取的一个节点随机选取的一个邻居节点的度为 k 的概率。也就是说，在网络中随机选取一个节点，然后再从该节点出发随机地沿着一条连边到达一个邻居节点，该邻居节点的度为 k 的概率即为 $P_n(k)$。一般而言，$P_n(k)$ 与度分布 $P(k)$ 是不相同的。例如，我们无法从一个节点出发到达网络中的孤立节点。因

此，在网络中存在孤立节点的情形：$P_n(0) \equiv 0 < P(0)$。

记

$$p_k \triangleq P(k), \quad q_k \triangleq P_n(k), \quad e_{jk} \triangleq P(j,k). \tag{4-6}$$

下式表明网络的 2 阶度分布特性包含了 1 阶度分布特性：

$$p_k = \frac{\langle k \rangle}{k} \sum_{j=k_{\min}}^{k_{\max}} e_{jk} = \frac{\langle k \rangle}{k} q_k. \tag{4-7}$$

如果网络中两个节点之间是否有边相连与这两个节点的度值无关，也就是说，网络中随机选择的一条边的两个端点的度是完全随机的，即有

$$e_{jk} = q_j q_k, \quad \forall j,k, \tag{4-8}$$

那么就称**网络不具有度相关性**（The network has no degree correlations），或者称网络是**中性的**（Neutral）；否则，就称**网络具有度相关性**（The network has degree correlations）。

对于度相关的网络，如果总体上度大的节点倾向于连接度大的节点，那么就称网络是度正相关的，或者称网络是**同配的**（Assortative）；如果总体上度大的节点倾向于连接度小的节点，那么就称网络是度负相关的，或者称网络是**异配的**（Disassortative）。图 4-2 表明，具有相同度序列（从而也具有相同度分布）的网络可以具有完全不同的度相关性。

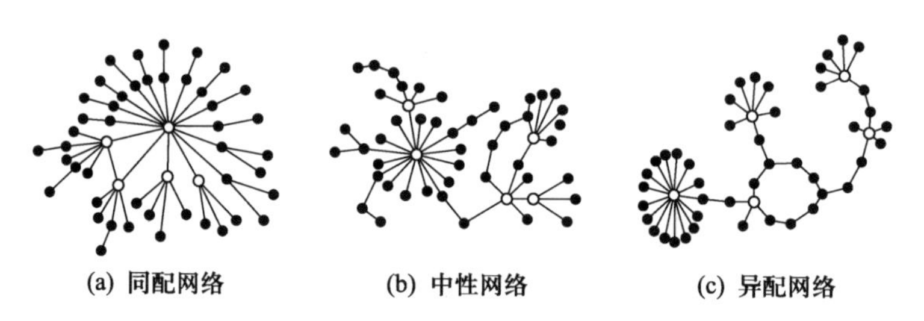

图 4-2　具有相同度序列和不同同配性质的 3 个网络

表 4-1 给出了两个实际网络——天体物理科研合作网络（Astrophysics co-authorship network）和酵母蛋白质交互网络（Yeast PPI）的联合概率分布矩阵 $(e_{jk})_{k_{\max} \times k_{\max}}$ 的图示。仔细观察，可以看出天体物理科研合作网络具有一定的同配性，而酵母蛋白质交互网络具有一定的异配性。从图 4-3 显示的一个酵母蛋白质交互网络中的 5 个圆圈部分也可以看到，度大的节点倾向于和度小的节点相连。然而，要想用眼睛观察联合概率度分布图以判断网络是否同配显然并不是一个高效和清晰的办法，也容易产生歧义。因此，需要有更为简洁的办法来刻画网络是同配还是异配，以及网络同配或者异配的程度。

表 4-1 两个实际网络的三种度相关性指标比较

指标	天体物理科研合作网络	酵母蛋白质交互网络
e_{jk}	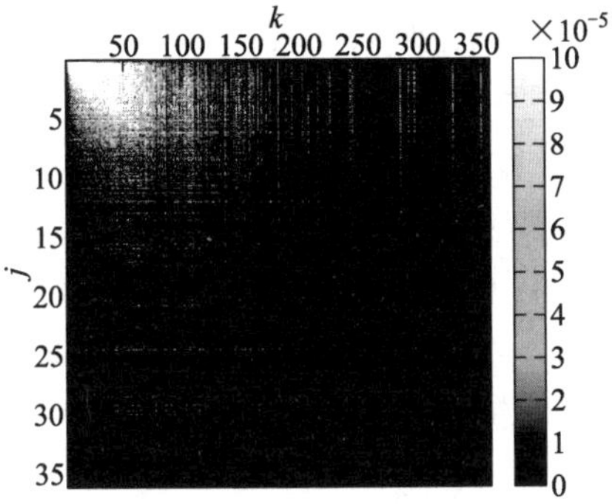	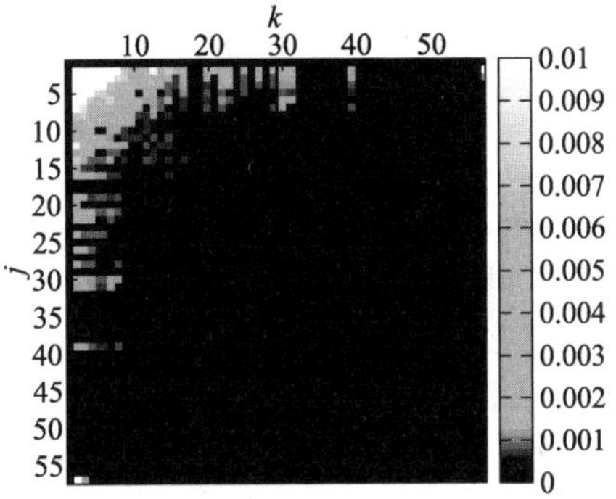
$\langle k_{nn} \rangle$	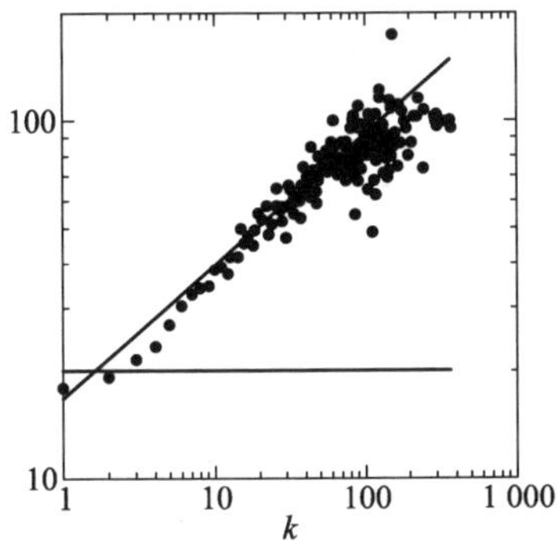	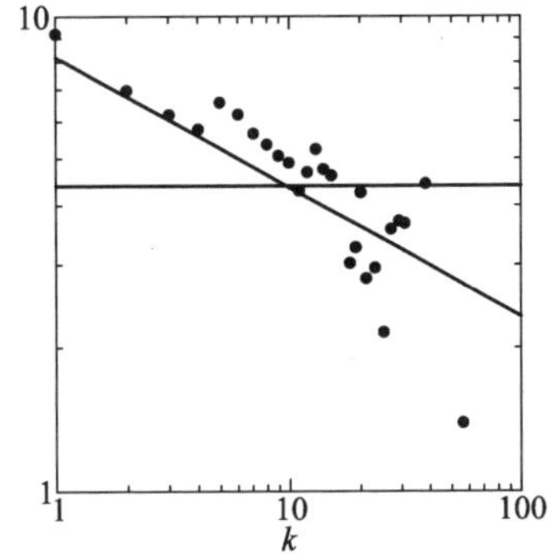
r	0.31	−0.16

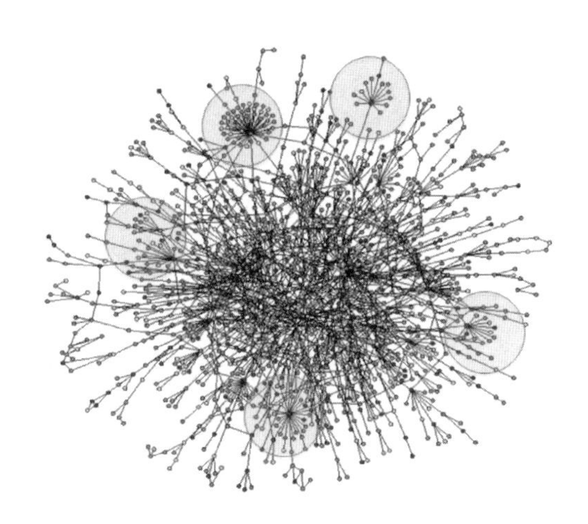

图 4-3 一个酵母蛋白质交互网络

4.2.3　余平均度

条件概率 $P_c(j|k)$ 定义为网络中随机选取的一个度为 k 的节点的一个邻居的度为 j 的概率，它与联合概率 $P(j,k)$ 之间具有如下关系：

$$P_c(j|k)P_n(k) = P(j,k). \tag{4-9}$$

因此，在给定度分布的情形，条件概率与联合概率可通过式(4-9)等价变换。如果条件概率 $P_c(j|k)$ 与 k 相关，那么就说明节点度之间具有相关性，并且网络拓扑可能具有**层次结构**(Hierarchical structure)。如果条件概率 $P_c(j|k)$ 与 k 无关，那么就说明网络没有度相关性。考虑到任一条边与某个节点相连的概率与该节点的度成正比，度不相关网络的条件概率为

$$P_n(k'|k) = P_n(k') = \frac{k'P(k')}{\langle k\rangle} \tag{4-10}$$

另一种更为简洁的判断度相关性的方法是计算度为 k 的节点的邻居节点的平均度，也称度为 k 的节点的**余平均度**(Excess average degree)，记为 $\langle k_{nn}\rangle(k)$。

假设节点 i 的 k_i 个邻居节点的度为 $k_{i_j}, j=1,2,\ldots,k_i$。我们可以计算节点 i 的余平均度，即节点 i 的 k_i 个邻居节点的平均度 $\langle k_{nn}\rangle_i$ 如下：

$$\langle k_{nn}\rangle_i = \frac{1}{k_i}\sum_{j=1}^{k_i} k_{i_j} \tag{4-11}$$

例如，在图4-4中，节点 v 的余平均度为

$$\langle k_{nn}\rangle_v = \frac{4+3+3+1}{4} = \frac{11}{4}$$

假设网络中度为 k 的节点为 $v_1, v_2, \ldots, v_{i_k}$，那么度为 k 的节点的余平均度可计算如下：

$$\langle k_{nn}\rangle(k) = \frac{1}{i_k}\sum_{i=1}^{i_k}\langle k_{nn}\rangle_{v_i} \tag{4-12}$$

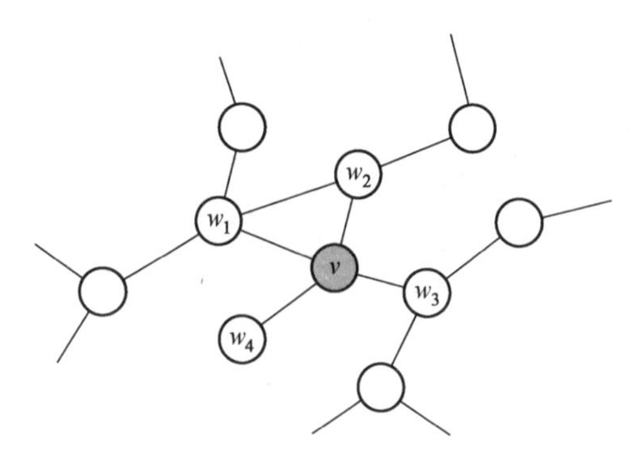

图4-4　余平均度计算示意图

$\langle k_{nn}\rangle(k)$与条件概率和联合概率之间具有如下关系：

$$\langle k_{nn}\rangle(k) = \sum_{k'=k_{\min}}^{k_{\max}} k'P_c(k'\mid k) = \frac{1}{q_k}\sum_{k'=k_{\min}}^{k_{\max}} k'e_{kk'}. \tag{4-13}$$

如果$\langle k_{nn}\rangle(k)$是k的增函数，那么就意味着平均而言，度大的节点倾向于与度大的节点连接，从而表明网络是同配的；反之，如果$\langle k_{nn}\rangle(k)$是k的减函数，那么就意味着平均而言，度大的节点倾向于与度小的节点连接，从而表明网络是异配的；如果网络不具有度相关性，那么$\langle k_{nn}\rangle(k)$是一个与k无关的常数：

$$\langle k_{nn}\rangle(k) = \frac{\sum_j je_{jk}}{\sum_j e_{jk}} = \frac{\sum_j jq_jq_k}{q_k} = \sum_j jq_j = \sum_j j\frac{jp_j}{\langle k\rangle} = \frac{\langle k^2\rangle}{\langle k\rangle}. \tag{4-14}$$

从表4-1可以看出，天体物理科研合作网络的$\langle k_{nn}\rangle(k)$总体上是k的增函数，从而表明该网络是同配的；而酵母蛋白质交互网络的$\langle k_{nn}\rangle(k)$总体上是k的减函数，从而表明该网络是异配的。与联合概率分布矩阵$(e_{jk})_{k_{\max}\times k_{\max}}$相比，余平均度$\langle k_{nn}\rangle(k)$更为直观但不易用于比较不同规模的网络。

我们再以2011年5月份的包含7.21亿个活跃用户的Facebook朋友关系网络为例加以说明[5,6]。图4-5中实线显示的是Facebook网络的余平均度$\langle k_{nn}\rangle(k)$，它随着节点度值k的增加而呈现较为明显的上升趋势，反映了Facebook网络具有较为明显的同配性。作为对比，图4-5中水平的虚线表示的是假设网络不具有度相关性时的期望余平均度$\langle k^2\rangle/\langle k\rangle=635$。图4-5中另一个值得注意的地方是：表示网络余平均度的实线与对角线有一个交点出现在$k=700$附近，这意味着，平均而言，除非你的朋友数超过700，否则你的朋友比你拥有更多的朋友！注意到大约92%的Facebook用户的朋友数都小于700，这意味着绝大部分用户都会觉得自己的朋友比自己拥有更多的朋友，这就是社会网络分析中的"友谊悖论(Friendship paradox)"。社会学者Feld于1991年发表的一篇文章对此做了专门阐述，文章的标题即为"为什么你的朋友比你拥有更多的朋友(Why your friends have more friends than you do)"[7]。第6章的6.4.2节会给出进一步的理论分析。

图4-5(b)进一步显示了$k=10$、50、100及500时的Facebook网络的条件概率分布曲线$P_c(j\mid k)$，图中的横坐标是对数坐标，纵坐标是线性坐标。随着k值的增大，曲线峰值也更为向右偏移，表明度大的节点也更为倾向于和度大的节点相连，从而说明网络是同配的。此外，在$k=10$、50及100三种情形的条件概率分布的均值都明显大于假设网络不具有度相关性时的期望条件概率分布$k'P(k')/\langle k\rangle$的均值。

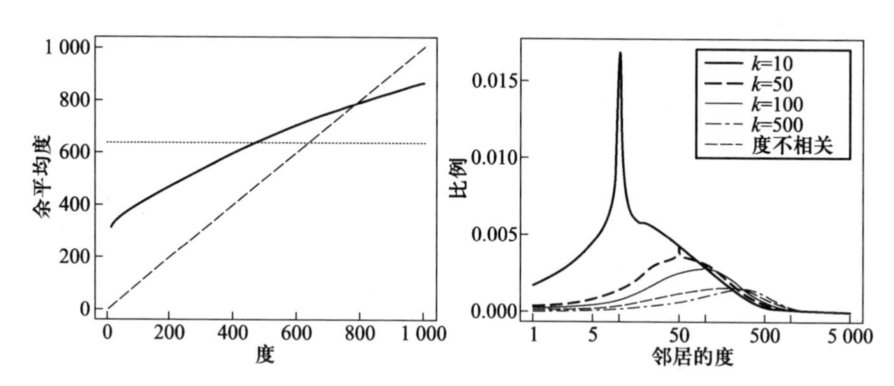

图 4-5 Facebook 网络的余平均度和条件概率分布(取自文献[5])

4.2.4 同配系数

现在我们进一步介绍如何用一个指标值来刻画网络是同配还是异配。根据式(4-8),网络是度相关的就意味着 e_{jk} 与 $q_j q_k$ 之间不恒等。可以考虑用两者之间的差的大小刻画网络的同配或者异配程度,即如下定义的度相关函数:

$$\langle jk \rangle - \langle j \rangle \langle k \rangle = \sum_{j,k} jk(e_{jk} - q_j q_k), \tag{4-15}$$

一般而言,规模大的网络根据式(4-15)计算得到的值的绝对值也大,但可以通过归一化处理消除这一影响,从而可以比较不同规模网络的同配或异配程度。当网络为完全同配时,$e_{jk} = q_k \delta_{jk}$,式(4-15)达到最大值,即为余度分布 q_k 的方差:

$$\sigma_q^2 = \sum_k k^2 q_k^2 - \left[\sum_k k q_k \right]^2. \tag{4-16}$$

于是得到归一化的相关系数,也称为**同配系数**(Assortativity coefficient)如下:

$$r = \frac{1}{\sigma_q^2} \sum_{j,k} jk(e_{jk} - q_j q_k). \tag{4-17}$$

显然,$r \in [-1,1]$。如果 $r > 0$,那么网络是同配的;如果 $r < 0$,那么网络是异配的。$|r|$ 的大小反映了网络同配或异配的强弱程度。表 4-1 中比较了两个实际网络的同配系数。

已有研究表明,网络的同配或异配对网络结构和行为如鲁棒性和传播等可能有显著的影响。

4.2.5 实际网络的同配性质

大量的实证研究表明,蛋白质交互网络和神经网络等生物网络以及互联网和 WWW 等技术网络都是异配的,包括科研人员合作和电影演员合作在内的许多现实社会网络往往呈现较为明显的同配性特征，而不同的在线社会网络却可能呈现不同的同配、异配或接近中性的特征。例如，包含1亿多个节点的韩国最大的在线社交网站Cyworld上的用户关系网络呈现出异配性($r=-0.13$)，而包含7亿多个节点的Facebook网络则呈现出同配性($r=0.226$)[5]。

关于现实社会网络中度同配性的起源有多种解释。从社会学和心理学的角度看，现实生活中普通人都希望能跟知名人士或业界精英建立关系，但这些精英人士往往更倾向于跟与自己同等地位的人交往，从而形成了节点度的正相关，即同配性。对于职业合作，像科学家、演员或商业公司之间的合作，已经是知名人士的人物为了获得更大的成功、声誉和影响力，也是会优先地跟其他名人合作。在学术界存在同配性的另一个原因是科研人员的合作者的某种不可替代性，这往往是由研究者们的共同兴趣决定的。比如，研究主题相同、知识背景相近的科研人员更倾向于互相合作。此外，现实社会网络中的同配性可能也与存在各种组织机构有关。一般地，学术界、演员或商业人士之间的合作网络都是从属网络(即二分网络)，在这些网络中，属于同一个群组的成员之间建立连接，如一部电影的演员、一个实验室的研究人员或一家公司的职员等。

近年兴起并迅猛发展的在线社会网络在一定程度上冲破了社会阶层之间无形的壁垒，使得人们可以很容易地跟网络明星建立联系。而且，与现实生活中的人际关系相比，维护这些在线连接所需的时间和精力要小得多。理解这种差异有助于更好地理解在线社会网络的形成和演化过程。例如，图4-6显示了国内一个在线社会网络最初27个月的拓扑演化(从2005年6月11日到2007年8月11日)[8]。图4-6(a)显示了网络节点数和边数随时间的变化趋势。网络规模在最初10个月增长缓慢，然后突然急剧膨胀，并很快进入一种新的稳态发展阶段。值得关注的是，该网络的演化经历了从同配到异配的转变过程，如图4-6(b)所示。一种推测是，初始阶段的好友关系是建立在现实生活中的人际关系基础上

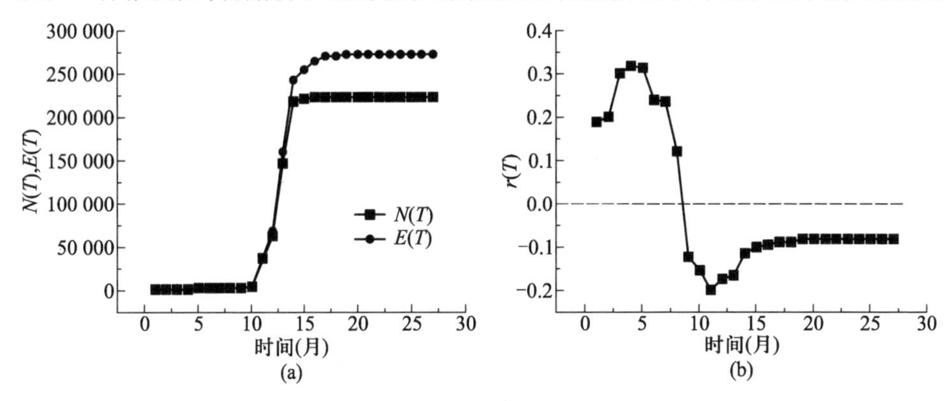

图4-6　一个在线社会网络的演化(取自文献[8])

的,即网络用户与那些在现实生活中也是朋友关系的用户建立连接。在此情况下,这个在线社会网络继承了现实中的人际关系网络的同配结构。逐渐地,低度值用户可能会优先地与那些高度值的网络名人建立连接,从而导致网络异配性。

4.2.6　同配概念的一般化

从更为一般的角度看,同配就是指属性相近的节点倾向于互相连接。这里的属性可以是节点的度值,但也可以是我们感兴趣的其他特性,例如,社会网络中个体的职业、年龄、种族、信仰等等。在社会网络分析中,这种现象称为同质性(Homophily)[9,10]。图 4-7 所示的是美国一所中学的学生之间的朋友关系网络[10],其中每个节点表示一个学生,如果学生 A 把学生 B 认作朋友,那么就有一条从节点 A 指向节点 B 的边。白色节点表示白种人,灰色节点表示黑种人,黑色节点表示其他种族的学生。从图中可以看出,左右分割具有以种族为界的倾向,表明同一种族的学生倾向于互为朋友,而上下分割对应于初中生和高中生,表明年龄接近的学生倾向于结为朋友。

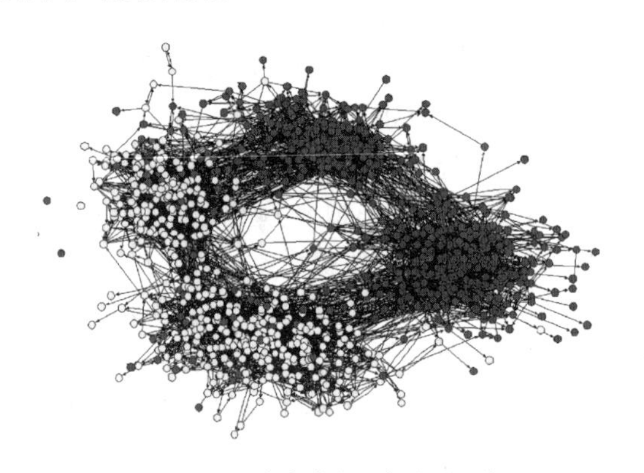

图 4-7　一个中学生朋友关系网络

图片来源:http://www-personal.umich.edu/~mejn/networks/

关于社会网络的同质性有两种基本的解释:一是选择(Selection),即人们倾向于和相似的人成为朋友,所谓“物以类聚,人以群分”;二是影响(Influence),即人们由于成为朋友而互相影响,从而变得更为相似,所谓“近朱者赤,近墨者黑”。社会网络分析面临的最大的挑战之一就是区分选择和影响的效果,即在一个社会网络的形成和演化过程中,如何区分选择和影响这两个因素以及如何判断哪一个因素起着更大的作用?问题研究的难度在于:一方面,我们需要关于社会关系和个体属性的详细的随时间演化的数据;另一方面,我们需要对结构和个体行为的联合演化建立合适的模型。随着在线社会网络的迅速发展,人们已经有可能获得高可信度的网络数据。此外,建模的进展(例如,随机的基于演员的建模框架(stochastic actor-based modeling framework))也使得人们有可能恰当地考虑网络结构和个体行为之间的相互依赖[11]。例如,基于一群大学生在 Facebook 上超过 4 年的活动记录,发现在音乐和电影方面具有共同品味的两个人,比在图书方面具有共同品味的两个人,成为朋友的可能性要高得多;而且,除了经典和爵士音乐的喜好外,其他喜好在 Facebook 上朋友之间的扩散相对很少[12]。

关于度同配性的一些判别方法也可推广用于判断基于其他特征的同配性质。例如,如果要研究社会网络中基于个体年龄特征的同配性,我们可以定义条件概率 $P_c(t'\mid t)$ 为网络中随机选取的一个年龄为 t 的个体的一个邻居的年龄为 t' 的概率。图 4-8 给出了 $t=20$、30、40、50 及 60 时的包含 7.21 亿个节点的 Facebook 网络的条件概率分布[5]。可以看到,每一条曲线都是以 $t=t'$ 为峰值的,并且在峰值的右端下降更快,意味着 Facebook 网络在年龄特征上的同配性:用户更加倾向于和自己年龄相近或更为年轻的其他用户成为好友,而且越是年轻的用户越是倾向于和自己年龄相仿的人成为好友,年龄大的用户的朋友的年龄范围也相对更宽。

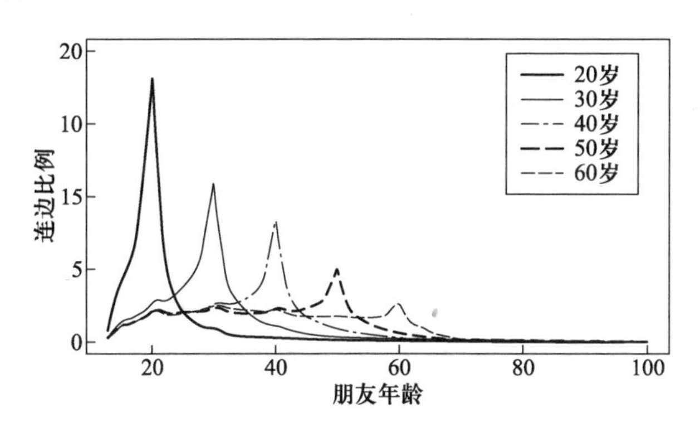

图 4-8　Facebook 上用户交友与年龄之间的关系(取自文献[5])

度同配系数也可以推广到其他属性的情形。我们用标量参数 x_i 表示节点 i 的某个属性。假设一个无向网络中有 M 条边,$\boldsymbol{A}=(a_{ij})$ 为网络的邻接矩阵。每条边有两个端点,对所有 M 条边的 $2M$ 个端点的属性值取平均,得到:

$$\mu=\frac{\sum\limits_{i,j}a_{ij}x_i}{\sum\limits_{i,j}a_{ij}}=\frac{\sum\limits_{i}k_ix_i}{\sum\limits_{i}k_i}=\frac{1}{2M}\sum_i k_ix_i. \tag{4-18}$$

由于度为 k_i 的一个节点是 k_i 条边的端点,因而在上式的最后一个求和中含有因子 k_i。

考虑网络中每条边的两个端点 i 和 j 所对应的(x_i,x_j),它们对于所有边的协方差为

$$\begin{aligned}\operatorname{cov}(x_i,x_j) &= \frac{\sum_{i,j} a_{ij}(x_i-\mu)(x_j-\mu)}{\sum_{i,j} a_{ij}} \\ &= \frac{1}{2M}\sum_{i,j} a_{ij}(x_ix_j-\mu x_i-\mu x_j+\mu^2) \\ &= \frac{1}{2M}\sum_{i,j} a_{ij}x_ix_j-\mu^2 \\ &= \frac{1}{2M}\sum_{i,j} a_{ij}x_ix_j-\frac{1}{(2M)^2}\sum_{i,j} k_ik_jx_ix_j \\ &= \frac{1}{2M}\sum_{i,j}\left(a_{ij}-\frac{k_ik_j}{2M}\right)x_ix_j.\end{aligned}$$

令 $x_i=x_j$，得到 x_i 的方差如下：

$$\begin{aligned}\sigma_x^2 &= \frac{1}{2M}\sum_{i,j}\left(a_{ij}-\frac{k_ik_j}{2M}\right)x_i^2 \\ &= \frac{1}{2M}\sum_{i,j}\left(k_i\delta_{ij}-\frac{k_ik_j}{2M}\right)x_ix_j.\end{aligned} \tag{4-19}$$

同配系数就定义为归一化的协方差，即如下的 Pearson 相关系数：

$$r=\frac{\operatorname{cov}(x_i,x_j)}{\sigma_x^2}=\frac{\sum_{i,j}\left(a_{ij}-\frac{k_ik_j}{2M}\right)x_ix_j}{\sum_{i,j}\left(k_i\delta_{ij}-\frac{k_ik_j}{2M}\right)x_ix_j}. \tag{4-20}$$

如果属性值 x_i 就是度值 k_i，那么同配系数即为

$$r=\frac{\sum_{i,j}\left(a_{ij}-\frac{k_ik_j}{2M}\right)k_ik_j}{\sum_{i,j}\left(k_i\delta_{ij}-\frac{k_ik_j}{2M}\right)k_ik_j}. \tag{4-21}$$

上式可进一步表示为

$$r=\frac{S_1S_e-S_2^2}{S_1S_3-S_2^2}. \tag{4-22}$$

其中，

$$S_e=\sum_{i,j}a_{ij}k_ik_j=2\sum_{(i,j)\in E}k_ik_j,\quad S_1=\sum_i k_i,\quad S_2=\sum_i k_i^2,\quad S_3=\sum_i k_i^3.$$

尽管式(4-21)和(4-22)与式(4-17)给出的定义在形式上不一样，但是可以证明它们是等价的。

4.3 社团结构与模块度

4.3.1 社团结构的描述

图 4-7 所示的中学生朋友关系网络还揭示了该网络的社团结构性质:整个网络包含 4 个社团,每个社团内部的节点之间的连接相对较为紧密,各个社团之间的连接相对来说比较稀疏。随着对网络性质的深入研究,人们发现许多实际网络都具有较为明显的社团结构,如图 4-9 所示。下文会结合算法给出更多的实例。

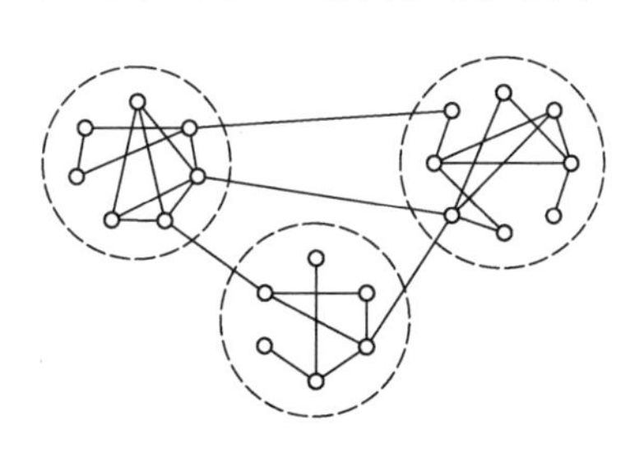

图 4-9 一个小型的具有社团结构性质的网络

社团结构分析与计算机科学中的图分割(Graph partition,Graph cut)和社会学中的分级聚类(Hierarchical clustering)等有着密切的关系。图分割问题的一个实际例子是并行计算。假设有 n 个互相通信的计算机程序分布在 g 个处理器上运行。每个程序不一定与其他所有程序直接联络。所有程序之间的通信模式可以用一个图或网络来表示。图中的一个节点表示一个程序,每条边连接了一对需要直接联络的关系。现在的问题是:如何分配这 n 个程序到 g 个处理器上,使得每个处理器上运行的程序个数近似相等,同时处理器之间连接的边数最少,从而使得各个处理器之间的通信量最小(处理器之间的通信相对比较慢)。一般情况下,找到这类分割问题的精确解是一个 NP 难题,当图的规模很大时不存在有效的精确解法。

分级聚类是寻找社会网络中社团结构的一类传统算法。它基于各个节点之间连接的相似性或者强度,把网络自然地划分为各个子群。根据向网络中添加边还是从网络中移除边,该类算法又可以分为两类:**凝聚方法**(Agglomerative method)和**分裂方法**(Divisive method)。

4.3.2 模块度

模块度(Modularity)是近年常用的一种衡量社团划分质量的标准[13],其基本想法是把划分社团后的网络与相应的**零模型**(Null model)进行比较,以度量社团划分的质量。所谓与一个网络对应的零模型，就是指与该网络具有某些相同的性质（如相同的边数或者相同的度分布等）而在其他方面完全随机的随机图模型，第6章将有更为细致的介绍。在社团结构研究中，零模型的选择需要仔细考虑。最低阶的零模型是与原网络具有相同边数的ER随机图模型，它具有均匀度分布。由于度分布被认为是网络的重要的拓扑性质并且实际网络往往具有非均匀的度分布，所以目前在分析网络社团结构时，通常是把待研究的网络与具有相同度序列的随机图也称为一阶零模型做比较。

现在就具体介绍模块度的概念。对于一个给定的实际网络，假设找到了一种社团划分，那么所有社团内部的边数的总和可计算如下：

$$Q_{real} = \frac{1}{2}\sum_{ij} a_{ij}\delta(C_i, C_j),$$

其中$\boldsymbol{A}=(a_{ij})$是实际网络的邻接矩阵，C_i与C_j分别表示节点i与节点j在网络中所属的社团：如果这两个节点属于同一社团，δ取值为1；否则δ取值为0。

对于与该实际网络对应的一个相同规模的零模型，如果用相同的社团划分，那么所有社团内部的边数总和的期望值为

$$Q_{null} = \frac{1}{2}\sum_{ij} p_{ij}\delta(C_i, C_j),$$

其中p_{ij}是零模型中节点i和节点j之间的连边数的期望值。

一个网络的模块度就定义为该网络的社团内部边数与相应的零模型的社团内部边数之差占整个网络边数M的比例，即

$$Q = \frac{Q_{real} - Q_{null}}{M} = \frac{1}{2M}\sum_{ij}(a_{ij} - p_{ij})\delta(C_i, C_j). \tag{4-23}$$

在理论上，对于与原网络具有相同度序列但不具有度相关性的一个常用的零模型——配置模型（详见第6章），我们有$p_{ij}=k_ik_j/(2M)$，这里k_i和k_j分别为原网络中节点i和节点j的度。因此，常用的模块度定义为

$$Q = \frac{1}{2M}\sum_{ij}\left(a_{ij} - \frac{k_ik_j}{2M}\right)\delta(C_i, C_j) = \frac{1}{2M}\sum_{ij} b_{ij}\delta(C_i, C_j), \tag{4-24}$$

其中

$$b_{ij} = a_{ij} - \frac{k_ik_j}{2M}.$$

$\boldsymbol{B}=(b_{ij})_{N\times N}$也称为**模块度矩阵**（Modularity matrix）。

实际网络数据通常包含的是节点之间的连边信息，而不会直接给出各个节点的度值。为此，下面给出模块度的一种更便于实际计算的形式。

记e_{vw}为社团v和社团w之间的连边占整个网络边数的比例，有

$$e_{vw} = \frac{1}{2M}\sum_{ij} a_{ij}\delta(C_i, v)\delta(C_j, w).$$

记 a_v 为一端与社团 v 中节点相连的连边的比例,则有

$$a_v = \frac{1}{2M}\sum_i k_i\delta(C_i, v).$$

注意到

$$\delta(C_i, C_j) = \sum_v \delta(C_i, v)\delta(C_j, v)$$

于是,式(4-24)可写为

$$\begin{aligned} Q &= \frac{1}{2M}\sum_{ij}\left(a_{ij} - \frac{k_i k_j}{2M}\right)\sum_v \delta(C_i, v)\delta(C_j, v) \\ &= \sum_v\left[\frac{1}{2M}\sum_{ij} a_{ij}\delta(C_i, v)\delta(C_j, v) - \frac{1}{2M}\sum_i k_i\delta(C_i, v)\frac{1}{2M}\sum_j k_j\delta(C_j, v)\right] \\ &= \sum_v [e_{vv} - a_v^{\ 2}]. \end{aligned} \tag{4-25}$$

式(4-25)意味着,只要根据网络连边数据统计出每个社团 v 内部节点之间的连边数占整个网络边数的比例 e_{vv},以及一端与社团 v 中节点相连的连边的比例 a_v,就可计算出模块度。a_v^2 还有一个清晰的物理意义:它表示的是在相应的具有相同度序列的配置模型中这些节点之间的连边数占整个网络边数比例的期望值。因此,式(4-25)的另一种等价表示方式为

$$Q = \sum_{v=1}^{n_c}\left[\frac{l_v}{M} - \left(\frac{d_v}{2M}\right)^2\right], \tag{4-26}$$

其中 n_c 是社团的数量,l_v 是社团 v 内部所包含的边数,d_v 是社团 v 中所有节点的度值之和。

给定一个网络,不同的社团分割所对应的模块度值一般也是不一样的。社团分割的两个极端情形是:① 把整个网络视为一个社团,对应的模块度恒为零;② 把每一个节点视为一个社团,模块度恒为负。一个给定网络的模块度最大的社团分割称为该网络的最优分割,对应的模块度值记为 $Q_{\max}$,并且有 $0 \leqslant Q_{\max} < 1$。注意到规模较大的网络所对应的 $Q_{\max}$ 通常也较大,因此不能简单通过模块度的大小来比较不同规模网络的社团划分的质量。

4.3.3 加权和有向网络的模块度

模块度公式(4-24)可直接推广到加权网络情形,只需把边数用边的权值之和代替,节点度值用节点强度代替,从而有

$$Q_w = \frac{1}{2W}\sum_{ij}\left(w_{ij} - \frac{s_i s_j}{2W}\right)\delta(C_i, C_j) = \sum_{c=1}^{n_c}\left[\frac{W_c}{W} - \left(\frac{S_c}{2W}\right)^2\right], \tag{4-27}$$

其中,W 是网络中所有边的权值之和,s_i 是节点 i 的强度,即与节点 i 相连的所有边的权重和,w_{ij}是网络中节点 i 与节点 j 之间的连边的权值,$s_i s_j/(2W)$ 是相应的

零模型中节点 i 与节点 j 之间的连边的期望的权值，W_c 是社团 C 内部所有边的权重和，S_c 是所有与社团 C 内部的点相关联的边的权重和。

注意到对于具有 M 条边的无向网络，邻接矩阵的非零元素的个数为 $2M$，并且所有节点的度值之和为 $2M$；对于具有 M 条边的有向网络，邻接矩阵的非零元素的个数为 M，并且所有节点的入度（出度）之和为 M。因此，无向网络的模块度公式（4-24）推广到有向情形可表示为

$$Q_d = \frac{1}{M}\sum_{ij}\left(a_{ij} - \frac{k_i^{out}k_j^{in}}{M}\right)\delta(C_i, C_j), \tag{4-28}$$

其中 k_i^{in} 和 k_i^{out} 分别表示节点 i 的入度和出度。但是，也有研究指出式（4-28）用于有向网络并非完全恰当[14]。

把式（4-27）和（4-28）结合，就得到一般的加权有向网络的模块度公式：

$$Q_{wd} = \frac{1}{W}\sum_{ij}\left(w_{ij} - \frac{s_i^{out}s_j^{in}}{W}\right)\delta(C_i, C_j), \tag{4-29}$$

其中 s_i^{in} 和 s_i^{out} 分别表示节点 i 的入强度和出强度。

4.4　基于模块度的社团检测算法

4.4.1　CNM 算法

模块度最大值的求解已经被证明是 NP 难题，因此出现了一系列基于谱优化、模拟退火和极值优化等的近似算法[14]。本节介绍一种基于贪婪算法思想的社团结构检测算法——CNM 算法，它是由 Clauset、Newman 和 Moore 提出的一种凝聚算法[15]。该算法的计算复杂度为 $O(n\log^2 n)$，算法代码可以下载①。CNM 算法采用堆数据结构计算和更新模块度，具体描述如下：

（1）初始化：初始时假设每个节点就是一个独立的社团，模块度值 $Q=0$，初始的 e_{ij}、a_i 计算如下：

$$e_{ij} = \begin{cases} 1/(2M), & \text{如果节点 } i \text{ 和 } j \text{ 之间有边相连} \\ 0, & \text{其他} \end{cases}$$

$$a_i = k_i/(2M).$$

① http://www.cs.unm.edu/~aaron/research/fastmodularity.htm

初始的模块度增量矩阵的元素计算如下：

$$\Delta \boldsymbol{Q}_{ij} = \begin{cases} e_{ij} - a_i a_j, & \text{如果节点 } i \text{ 和 } j \text{ 相连} \\ 0, & \text{其他} \end{cases}$$

得到初始的模块度增量矩阵后，就可以得到由它每一行的最大元素构成的最大堆 H。

(2) 从最大堆 H 中选择最大的 $\Delta \boldsymbol{Q}_{ij}$，合并相应的社团 i 和 j，标记合并后的社团的标号为 j；并更新模块度增量矩阵 $\Delta \boldsymbol{Q}_{ij}$、最大堆 H 和辅助向量 $\boldsymbol{a}_i$：

① $\Delta \boldsymbol{Q}_{ij}$的更新：删除第 i 行和第 i 列的元素，更新第 j 行和第 j 列的元素，得到

$$\Delta \boldsymbol{Q}'_{jk} = \begin{cases} \Delta \boldsymbol{Q}_{ik} + \Delta \boldsymbol{Q}_{jk}, & \text{社团 } k \text{ 与社团 } i \text{ 和社团 } j \text{ 都相连} \\ \Delta \boldsymbol{Q}_{ik} - 2\boldsymbol{a}_j \boldsymbol{a}_k, & \text{社团 } k \text{ 仅与社团 } i \text{ 相连，不与社团 } j \text{ 相连} \\ \Delta \boldsymbol{Q}_{jk} - 2\boldsymbol{a}_i \boldsymbol{a}_k, & \text{社团 } k \text{ 仅与社团 } j \text{ 相连，不与社团 } i \text{ 相连} \end{cases}$$

② 最大堆 H 的更新：更新最大堆中相应的行和列的最大元素。

③ 辅助向量 $\boldsymbol{a}_i$ 的更新：

$$\boldsymbol{a}'_j = \boldsymbol{a}_i + \boldsymbol{a}_j, \quad a'_i = 0$$

记录合并以后的模块度值 $\boldsymbol{Q} = \boldsymbol{Q} + \Delta \boldsymbol{Q}_{ij}$。

(3) 重复步骤(2)直到网络中所有的节点都归到一个社团内。

在算法整个过程中，模块度 $\boldsymbol{Q}$ 仅有一个最大的峰值。当模块度增量矩阵中最大的元素都小于零以后，$\boldsymbol{Q}$ 值就只可能一直下降了。所以，只要模块度增量矩阵中最大的元素由正变为负，就可以停止合并，并认为此时的结果就是网络的社团结构。

以 Amazon 上商品之间的关系构成的一个包含 409 687 个节点和 2 464 630 条边的网络为例，图 4-10 显示了节点合并过程中的模块度的变化[15]。模块度

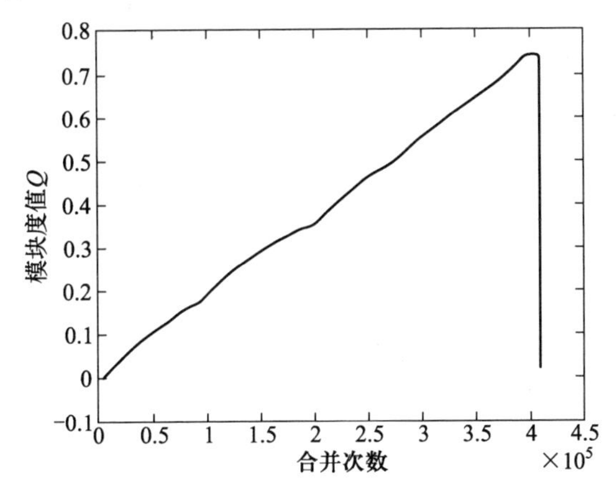

图 4-10 CNM 算法节点合并过程中的模块度的变化(取自文献[15])

最大值为 0.745,对应的社团结构包含 1 684 个社团。前 10 个最大的社团就包含了网络中 87% 的节点,其中最大的一个社团包含 114 538 个节点。图 4-11 给出了这 1 684 个社团的规模的累积分布。除了尾部,累积分布近似服从幂指数为 1 的幂律分布,这等价于社团规模分布近似服从幂指数为 2 的幂律分布。

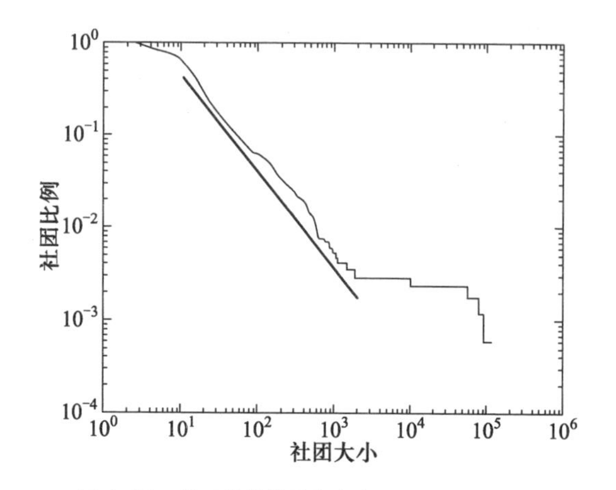

图 4-11　社团规模的累积分布(取自文献[15])

4.4.2　层次化社团检测

大规模实际网络中的节点往往具有不同层次的组织结构,大社团内部可能含有较小规模的社团,较小规模社团内部可能又包含更小规模的一些社团,如图 4-12 所示。

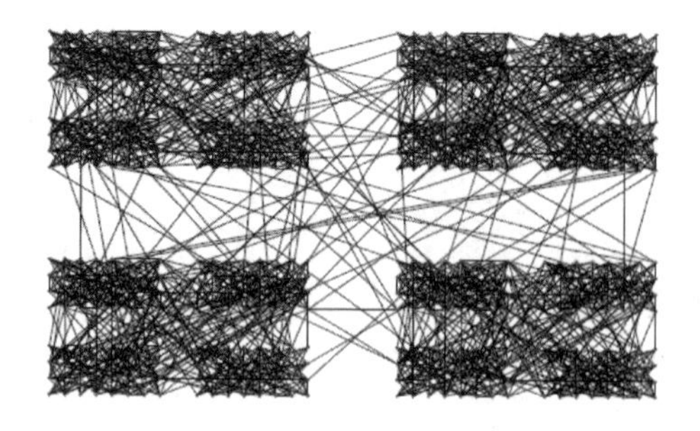

图 4-12　层次化社团结构示意

Blondel 等人基于模块度概念提出了一种能够用于加权网络的层次化社团结构分析的凝聚算法,简称为 BGLL 算法[16]。算法分为两个阶段:

① 初始时仍然假设网络中的每个节点都是一个独立的社团。对任意相邻的节点 i 和节点 j,计算将节点 i 加入其邻居节点 j 所在社团(记为社团 C)时对应的

模块度增量 ΔQ：

$$\Delta Q = \left[\frac{W_c + s_{i,in}}{2W} - \left(\frac{S_c + s_i}{2W}\right)^2\right] - \left[\frac{W_c}{2W} - \left(\frac{S_c}{2W}\right)^2 - \left(\frac{s_i}{2W}\right)^2\right],$$

其中，$s_{i,in}$是节点 i 与社团 C 内其他节点所有连边的权重和。

计算节点 i 与所有邻居节点的模块度增量，然后选出其中最大的一个。当该值为正时，把节点 i 加入相应的邻居节点所在的社团；否则，节点 i 留在原社团中。这种社团合并过程重复进行，直到不再出现合并现象，这样就划分出了第一层社团。

② 构造一个新网络，其中的节点是前一阶段划分出的社团，节点之间连边的权重是两个社团之间所有连边的权重和。然后再利用①中的方法对新网络进行社团划分，得到第二层社团结构。以此类推，直到不能再划分出更高一层的社团结构为止。

图 4-13 显示了把 BGLL 算法应用于包含 16 个节点的网络的社团结构分析的处理过程：第一层社团结构包含 4 个社团，第二层社团结构包含 2 个社团。

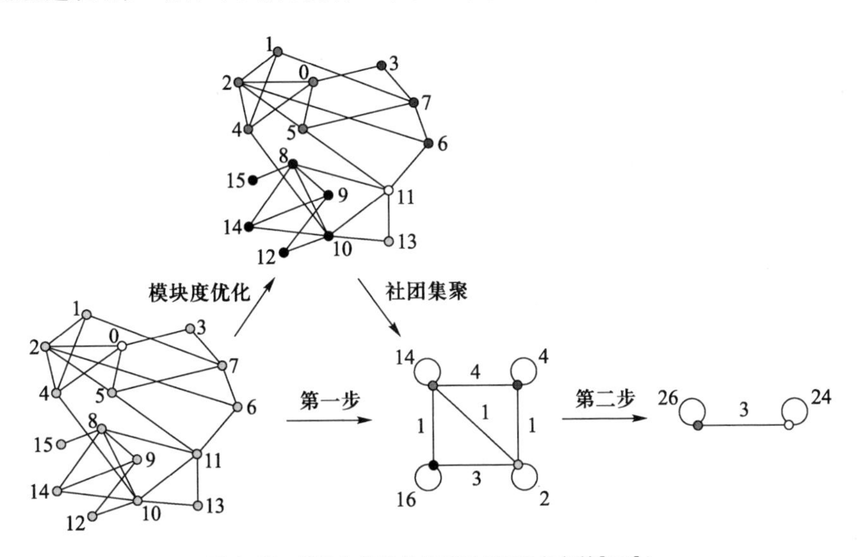

图 4-13 BGLL 算法的处理过程（取自文献[16]）

图 4-14 是把 BGLL 算法应用于包含 200 万左右手机用户构成的网络的结果示意，其中每个点对应于一个社团，点的大小与相应社团所包含的用户数成比例（图中只显示了至少包含 100 个用户数的社团）。

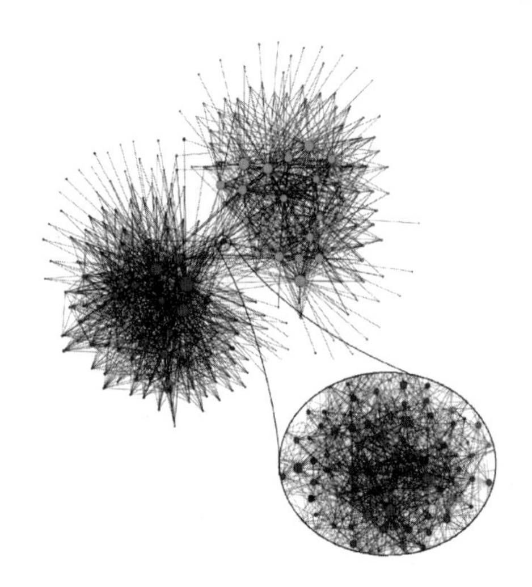

图 4-14　基于 BGLL 算法的实际网络社团分析结果(取自文献[16])

4.4.3　多片网络社团检测

模块度的概念可以推广用于随时间演化的动态网络(Time-dependent network)、具有多种连接形式的多元网络(Multiplex network)以及具有不同尺度社团结构的多尺度网络(Multiscale network)。一种统一的处理办法就是把这些网络表示为如图 4-15 所示的多片网络(Multislice networks)[17]。其中,同一片上的节点之间的连接用实线表示,位于不同片的同一个节点之间用虚线连接。

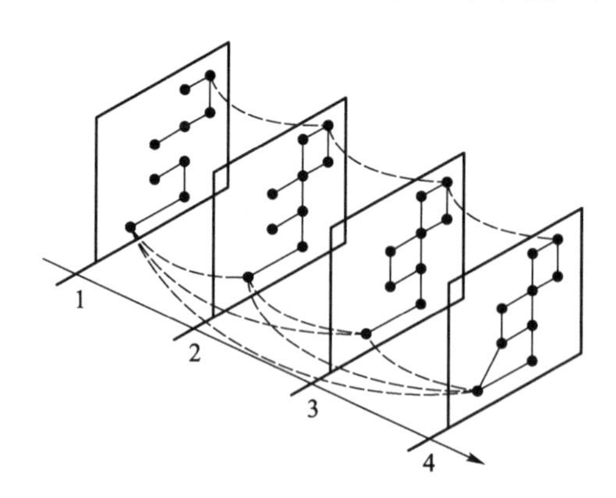

图 4-15　多片网络结构(取自文献[17])

根据片与片之间的关系,我们可以把多片网络分为如下两类:

(1) 一类是各片之间有先后次序关系的多片网络,典型例子包括随时间演化的组织内部成员之间的关系网络。以美国参议员关系网络为例,美国国会由参议院和众议院组成,参议院目前包括 100 名 6 年任期错开的参议员,每 2 年换届改选大约三分之一的议席。在历史上,从1789—2008年总共有110届参议院,并有1 884个人担任过参议员。我们用每一片网络对应于每一届的参议员依据他们投票的相似程度构成的有权网络,得到一个按照时间顺序排列的110片的网络。如果一个人在相邻的两届国会中都担任参议员,那么就在相邻的两片的同一个节点之间有一条边相连,类似于图4-15中右上的不同片上的同一个节点之间的3条虚线连接。

(2) 另一类是各片之间并无先后次序关系的多片网络。典型例子包括一群个体之间基于不同的关系类型定义而得到的不同的关系网络。以美国一所大学的1 640名学生的多重关系网络为例[15],这里的关系包括:① Facebook朋友关系;② 照片朋友关系,即如果一个学生把另一个学生的照片做了标记并上网公开,那么这两个学生就为朋友;③ 寝室朋友关系;④ "合租"意愿关系。这样,我们就可以构造分别对应于4种朋友关系的4片网络。由于这4种关系之间并没有确定的先后顺序关系,因此每一片上的一个节点都与其他3片上的同一个节点之间存在连接,如图4-15右下的同一个节点之间的虚线连接所示。

现在介绍多片加权网络的模块度公式。第p片上节点i与节点j之间的连接权重记为w_{ijp},第p片网络上的节点i与第q片网络上的节点i之间的连接的权重记为c_{ipq}。定义第p片上的节点i的三种强度如下:片上强度$s_{ip}=\sum_j w_{ijp}$,片间强度$c_{ip}=\sum_q c_{ipq}$,总强度$w_{ip}=s_{ip}+c_{ip}$。第p片上所有节点的强度之和记为$W_p=\sum_i s_{ip}$,所有片上的所有节点的总强度之和记为$2\mu=\sum_{ip} w_{ip}$。多片加权网络的模块度公式如下:

$$Q_{multislice}=\frac{1}{2\mu}\sum_{ijpq}\left[\left(w_{ijp}-\gamma_p\frac{s_{ip}s_{jp}}{2W_p}\right)\delta_{pq}+c_{jpq}\delta_{ij}\right]\delta(C_{ip},C_{jq}),\qquad(4-30)$$

其中,γ_p是用来控制各片网络内社团划分规模和数量的分辨率系数。理论上说,方括号中的第二项也可以添加一个表示片间耦合的分辨率参数因子,但是这个参数可以包含到片间节点的连边权重c_{ipq}的取值中,通常取值为0(没有连接)或者取为$\omega>0$。

表4-2是对大学生多重关系网络进行社团划分的结果[17],这里设定$\gamma_p=1$。随着ω值的增大,网络中社团数目减小。表中右侧的4列数据反映了同一个节点(在4片网络中各有一个)分别被划分到1、2、3、4个社团的比例:$\omega=0$时,每片网络独立地划分社团,所以位于每一片网络上的同一个节点都属于不同的社团;随着ω值的增大,位于不同片上的同一个节点属于同一个社团的可能性也增加;$\omega=1$时,位于不同片上的同一个节点均属于同一个社团。

表 4-2　大学生多重关系网的社团划分(取自文献[17])

ω	社团数	每个个体属于的社团数（%）			
		1	2	3	4
0	1036	0	0	0	100
0.1	122	14.0	40.5	37.3	8.2
0.2	66	19.9	49.1	25.3	5.7
0.3	49	26.2	48.3	21.6	3.9
0.4	36	31.8	47.0	18.4	2.8
0.5	31	39.3	42.4	16.8	1.5
1	16	100	0	0	0

4.4.4　空间网络社团检测

许多实际网络都嵌入在欧氏空间中,如在线和现实社会网络、Internet、交通网络等(参见第 1 章的相关图示)。因此,空间地理位置对于网络拓扑的影响的研究也很重要[18]。以包含 7.1 亿个用户的 Facebook 网络为例,即使我们不采用本章介绍的任何一种社团划分算法,只是简单地把来自每个国家或地区的用户归为一个社团,这样的完全基于地理位置的划分所对应的模块度值高达 0.7846[5]。

为了更有效地研究空间网络的社团结构,我们再看一下模块度的原始定义(4-23),其中的 p_{ij}是零模型中节点 i 和节点 j 之间的连边数的期望值,并且对于通常选取的保持度序列不变的配置模型有

$$p_{ij} = k_i k_j/(2M). \tag{4-31}$$

为了考虑空间的影响,可以把式(4-31)修改为[19]

$$p_{ij}^{spa} = N_i N_j f(d_{ij}), \tag{4-32}$$

其中 N_i 度量节点 i 的重要性,d_{ij}为节点 i 和节点 j 之间的物理距离。由于相隔一定距离的节点之间的总的权值应保持不变,即有

$$\sum_{ij \mid d_{ij}=d} p_{ij}^{spa} = \sum_{ij \mid d_{ij}=d} a_{ij},$$

因此,障碍函数具有如下形式:

$$f(d) = \frac{\sum_{ij \mid d_{ij}=d} a_{ij}}{\sum_{ij \mid d_{ij}=d} N_i N_j}. \tag{4-33}$$

4.5 其他社团检测算法

4.5.1 模块度的局限性

给定一个网络,其最大模块度满足 $0 \leqslant Q_{\max} < 1$。如果把整个网络视为一个社团,那么 $Q_{\max} = 0$。但是,$Q_{\max} > 0$ 并不一定意味着网络具有社团结构,因为任意随机产生的一个网络都具有正的 $Q_{\max}$。现在的问题是:如果你计算得到一个实际网络的 $Q_{\max} = 0.45$,那么如何判断这个网络是否具有较强的社团结构呢?一种较为合理的办法是把一个给定网络与该网络相应的随机化模型做对比。通常的做法是通过随机重连方式生成许多具有相同度序列的随机化网络,并计算这些网络的模块度的均值和方差,分别记为 $\langle Q \rangle_{NM}$ 和 δ_Q^{NM}。然后计算给定网络的最大模块度 $Q_{\max}$ 的统计重要性:

$$z_Q = \frac{Q_{\max} - \langle Q \rangle_{NM}}{\delta_Q^{NM}}. \tag{4-34}$$

如果 $z_Q > 0$,那么就可以认为网络具有社团结构,并且 z_Q 值越大就表明网络的社团结构越强。但是,这一方法也有问题:一些大家公认不具有较强社团结构的网络也会具有较大的 z_Q 值;另一方面,也存在一些大家公认具有明显社团结构的网络却具有很小的 z_Q 值。

模块度的另一个也许更为重要的问题是分辨率限制[20]:它无法识别出规模充分小的社团。例如,在图 4-16 中,每一个标记为 K_m 的点表示由 m 个节点组成的派系(全耦合子图),假设共有 n_c 个这样的派系。直观上看,只要 $m >> 1$,那么最佳的社团划分应该是把每一个派系作为一个社团。但是,如果 n_c 充分大的话,那么如图中虚线所示,把相邻的派系组合成一个社团所对应的模块度更高。因此,基于模块度优化的算法用于实际网络就很有可能无法识别出许多实际存在的小规模的社团。尽管在理论上可以通过如式(4-30)引入分辨率系数以得到不同规模的社团结构,但是,人们事先并不知道实

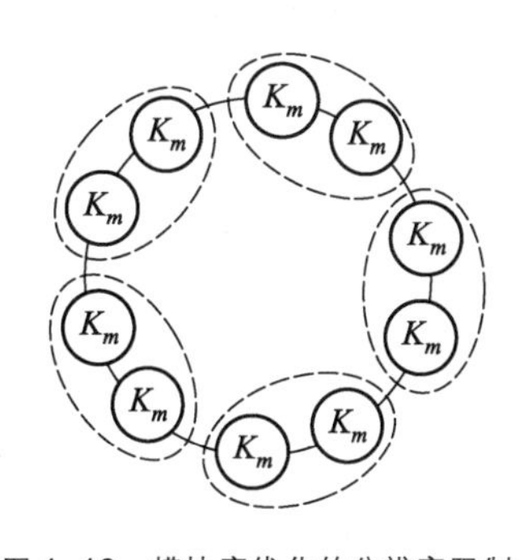

图 4-16 模块度优化的分辨率限制

际网络社团大小的分布,从而无法确定分辨率系数。

4.5.2 派系过滤算法

在前面介绍的算法中,一个节点只能被划分到一个社团。然而大规模实际网络的社团结构往往具有重叠性特征,即网络中会存在一些"骑墙节点(Overlapping nodes)",每一个骑墙节点会同时属于多个社团。图4-17(a)中心的一个节点就可能属于4个不同的社团,这样的节点在整个网络中可能还有很多(图4-17(b))。Palla等人提出了一种派系过滤(Clique percolation)算法来分析具有重叠性的社团结构[21,22],并编制了相应的软件CFinder①。

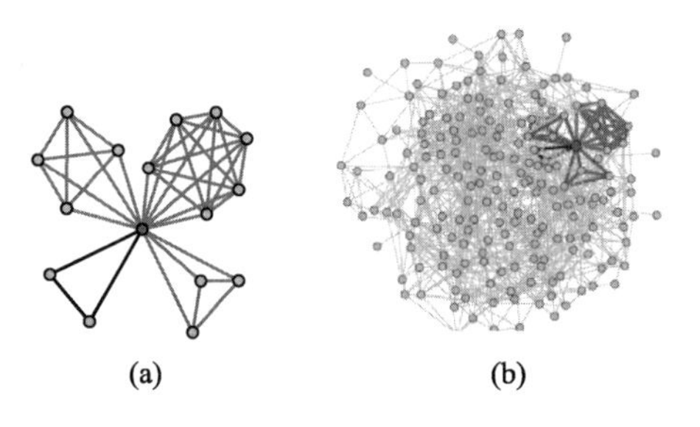

图4-17 具有重叠性的社团结构示意

1. k-派系社团的定义

k-派系(k-clique)是网络中包含k个节点的全耦合子图,即这k个节点中的任意两个节点之间都有边相连。如果两个k-派系有$k-1$个公共节点,那么就称这两个k-派系是**相邻的**。如果一个k-派系可以通过若干个相邻的k-派系到达另一个k-派系,就称这两个k-派系为**彼此连通的**。网络中由所有彼此连通的k-派系构成的集合就称为一个**k-派系社团**。例如,网络中的3-派系社团即代表彼此连通的三角形的集合,其中任意相邻的两个三角形都具有一条公共边。

如果某个节点属于多个不相邻的k-派系,那么该节点就会位于不同的k-派系社团的重叠部分。图4-18显示的是4-派系社团,其中浅色的社团与半浅色和深色的社团分别有3个节点和1个节点是重叠的。

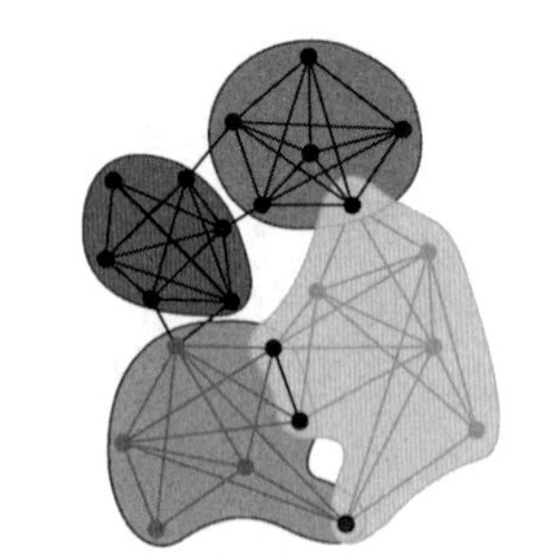

图4-18 重叠的4-派系社团(取自文献[21])

① http://angle.elte.hu/clustering

2. 寻找网络中的派系

在派系过滤算法中,采用由大到小、迭代回归的算法来寻找网络中的派系。首先,从网络中各节点的度可以判断网络中可能存在的最大全耦合子图的大小 s。从网络中一个节点出发,找到所有包含该节点的大小为 s 的派系后,删除该节点以及与之相连的边(以避免多次找到同一个派系)。然后,另选一个节点,重复上述步骤,直到网络中没有节点为止。至此,找到了网络中大小为 s 的所有派系。接着,逐步减小 s(每次 s 值减小 1),再用上述方法便可寻找到网络中所有不同大小的派系。

这里的关键是如何从一个节点 v 出发寻找包含它的所有大小为 s 的派系。为此,首先定义两个集合 A 和 B:集合 A 为包括节点 v 在内的两两相连的所有节点的集合,而集合 B 则为与集合 A 中各节点都相连的节点的集合。为了避免重复选到某个节点,对集合 A 和 B 中的节点都按节点的序号顺序排列。

寻找包含节点 v 的所有大小为 s 的派系的迭代回归算法如下:

① 初始集合 $A=\{v\}$,$B=\{v$ 的邻居$\}$;

② 从集合 B 中移动一个节点到集合 A,同时删除集合 B 中不再与集合 A 中所有节点相连的节点;

③ 如果在集合 A 的大小未达到 s 之前,集合 B 已为空集,或者集合 A 和 B 为已有的一个较大的派系中的子集,则停止计算,返回上一步。否则,当集合 A 的大小达到 s,就得到一个新的派系,记录该派系,然后返回上一步,继续寻找包含节点 v 的新的派系。

3. 利用派系寻找 k-派系社团

找到网络中所有的派系以后,就可以得到这些派系的重叠矩阵。与网络邻接矩阵的定义类似,该矩阵是一个对称的方阵,每一行(列)对应一个派系,对角线上的元素表示相应派系的大小(即派系所包含的节点数目),非对角线元素表示两个派系之间的公共节点数。在派系重叠矩阵中,将对角线上小于 k 而非对角线上小于 $k-1$ 的元素置为 0,其他元素置为 1,就可以得到 k-派系的社团结构邻接矩阵,各个连通部分分别代表各个 k-派系的社团。图 4-19 给出了寻找 4-派系社团的一个例子,图 4-19(a)表示原网络,图 4-19(b)为该网络的派系重叠矩阵;图 4-19(c)表示对应 $k=4$ 的 k-派系社团邻接矩阵,图 4-19(d)是对应的 2 个 4-派系社团。

许多实际网络,特别是社会网络的社团结构往往都是随时间演化的,即社团的规模和数量都有可能随时间而发生变化,小的社团可能会合并为较大的社团,大社团也可能分裂为小的社团,一个节点所属的社团也可能并非固定不变等(图 4-20)。Palla 等人把派系过滤算法用于科学家合作网络和移动手机用户网络的社团结构分析[22],发现如下特征:大的社团如果内部人员动态变化,反而能够使

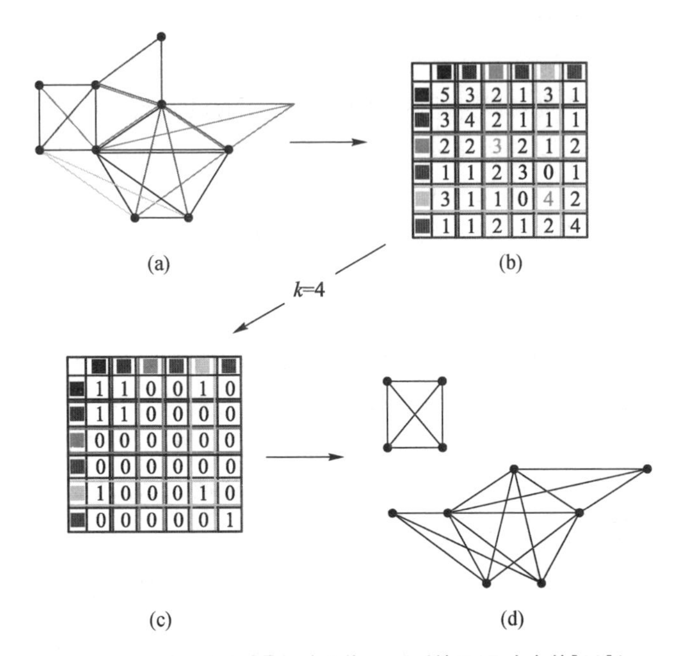

图 4-19　利用派系重叠矩阵寻找 4-派系社团(取自文献[21])

社团维持更长的时间;而小的社团则应尽可能保持人员的相对固定以维护社团的稳定性。

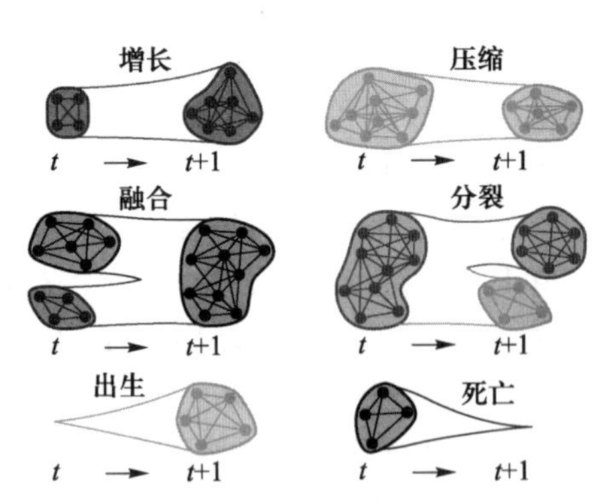

图 4-20　社团结构的演化特征(取自文献[22])

4.5.3　连边社团检测算法

2010 年,Ahn、Bagrow 和 Lehmann 提出了检测具有重叠性和层次性的社团结构的新思路[23]:一个社团是一组紧密相连的连边的集合,而不是通常定义的紧密相连的节点的集合。这样定义的好处是:尽管一个节点可以属于多个组织,如家庭、同事和朋友圈子等,但一条边通常对应于单个明确的含义从而只能属于一个社团。在网络的树图表示中,如果每一个叶子表示一个节点,那么就无法用单个树完整地表示网络的层次结构(图4-21)。而如果用树图的每一个叶子表示一条边,就可以把相应的分支作为社团。在连边树图中,由于每条边的位置是唯一确定的,从而只能属于一个社团。而由于一个节点可以与多条边相连,如果这些边属于不同的社团,那么这个节点也相应地属于这些不同的社团,从而有效解决重叠节点问题。此外,通过不同的阈值分割树图,就可以得到层次化的连边社团结构。

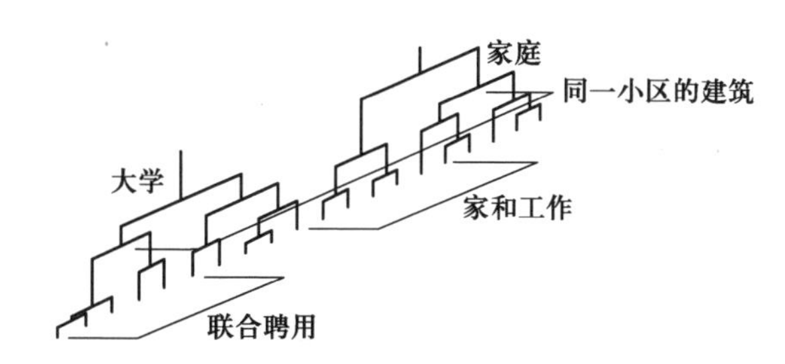

图4-21 单个点树难以完整表示网络的层次结构(取自文献[23])

连边社团检测算法的基本操作步骤就是把具有一定相似度的连边合并为一个社团。为此,需要给出连边相似度的定量刻画。假设初始时我们把网络中的每一条边都单独视为一个社团,现在要把其中的两条边合并为一个社团,一个自然的要求就是这两条边应该是连在一起的,即有一个公共节点。具有一个公共节点 k 的一对连边 e_{ik} 和 e_{jk} 之间的相似度的合理定义就是考虑节点对 i 和 j 之间的相似度。第5章将详细介绍节点对之间的相似度的各种刻画方法,其中一个常用的度量就是两个节点所拥有的共同邻居的相对数量(图4-22)。为此,定义连边对 e_{ik} 和 e_{jk} 之间的相似度如下:

$$S(e_{ik},e_{jk}) = \frac{|n_+(i) \cap n_+(j)|}{|n_+(i) \cup n_+(j)|}, \qquad (4-35)$$

其中 $n_+(i)$ 为节点 i 及其所有邻居节点的集合。例如,图4-22所示的连边对 e_{ik} 和 e_{jk} 之间的相似度为 $S(e_{ik},e_{jk})=4/12=1/3$。

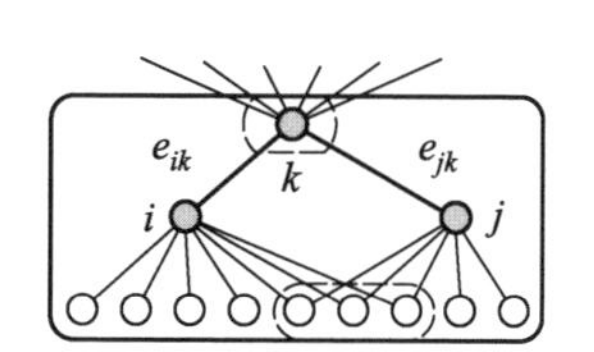

图4-22 节点对的相似度定义

利用连边相似度定义,就可以用分级聚类方法来检测网络社团结构。具体步骤如下:

(1) 计算网络中所有相连的连边对(即至少拥有一个共同节点的连边对)的相似度,并根据相似度的值按降序排列这些连边对。

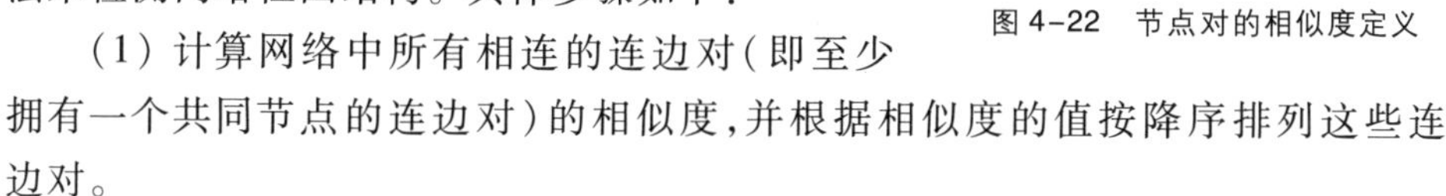

(2) 按排列次序依次将连边对所属社团进行合并,将合并过程以树图的形

式记录下来。这里,如果一些连边对具有相同的相似度,那么就在同一步进行合并。

(3) 社团的合并过程可进行到某一步为止,至多可进行到所有的连边都属于一个社团。

在上述操作过程中,两个社团融合时所对应的相似度值称为融合社团的强度,并对应于树图分支的高度。图 4-23 显示的是包含 9 个节点的简单网络的一种社团划分及其对应的连边树图和连边相似性矩阵(颜色越深的元素对应于越相似的连边对)。图 4-23(a)是把属于同一社团的节点用同一种灰度标记,节点 4 由于属于不同的社团,从而是不同灰度的混合。图 4-23(b)是把属于同一社团的连边用同一种灰度标记。

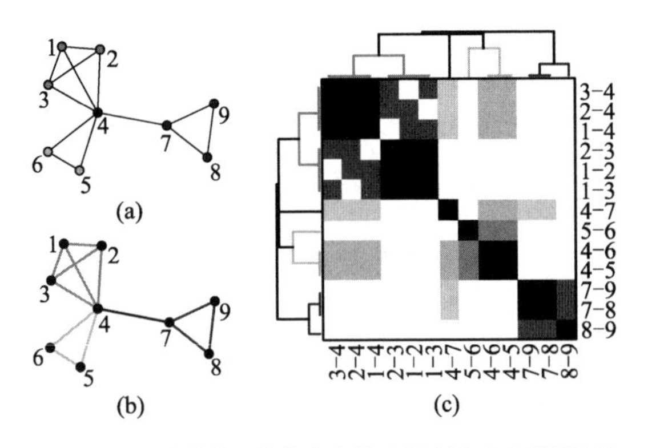

图 4-23　一个简单网络的连边社团检测(取自文献[23])

为了得到最佳的社团结构,需要确定分割树图的最佳位置,或者等价地,确定社团合并过程进行到哪一步是最佳的。为此,基于社团内部的连边密度定义一个目标函数,称为**划分密度**(Partition density) D。假设一个包含 M 条连边的网络被划分为 C 个社团 $\{P_1, P_2, \dots, P_c\}$,其中社团 P_c 包含 m_c 条连边和 n_c 个节点,它所对应的归一化密度定义为

$$D_c = \frac{m_c - (n_c - 1)}{n_c(n_c - 1)/2 - (n_c - 1)}, \tag{4-36}$$

其中 $n_c - 1$ 是使得 n_c 个节点构成连通图所需的最少连边数,而 $n_c(n_c - 1)/2$ 则是 n_c 个节点之间的最大可能的连边数。这里,如果 $n_c = 2$,那么定义 $D_c = 0$。整个网络的划分密度就定义为 D_c 的加权和:

$$D = \frac{1}{M}\sum_c m_c D_c = \frac{2}{M}\sum_c m_c \frac{m_c - (n_c - 1)}{(n_c - 2)(n_c - 1)}. \tag{4-37}$$

由于上式求和中的每一项都局限在社团内部,从而使得划分密度避免了模块度具有的分辨率限制问题。通过计算连边树图每一层所对应的划分密度或者

直接优化划分密度就可以得到最佳的社团划分。注意到 D 的最大值是 1,此时所有的社团都是全耦合的派系(即边数最多的连通子图)。另一方面,如果每一个社团都是一棵树(即边数最少的连通子图),那么 $D=0$。理论上说,D 是有可能为负值的,其下界为 $-2/3$,这是因为两条不相连的边组成的社团所对应的 $D_c=-2/3$。当然在连边社团算法中不会出现这一情形。

图 4-24 示例的是一篇小说中的人物之间的关系网络(如两人同时在一章中出现,那么两人之间就有一条边)的连边社团划分[23]。图 4-24 的下图中给出了基于连边相似度的合并过程的树图表示及对应的划分密度。图中的纵坐标表示连边相似度,最右边的曲线表示划分密度值,树图的虚线分割对应于最大的划分密度。

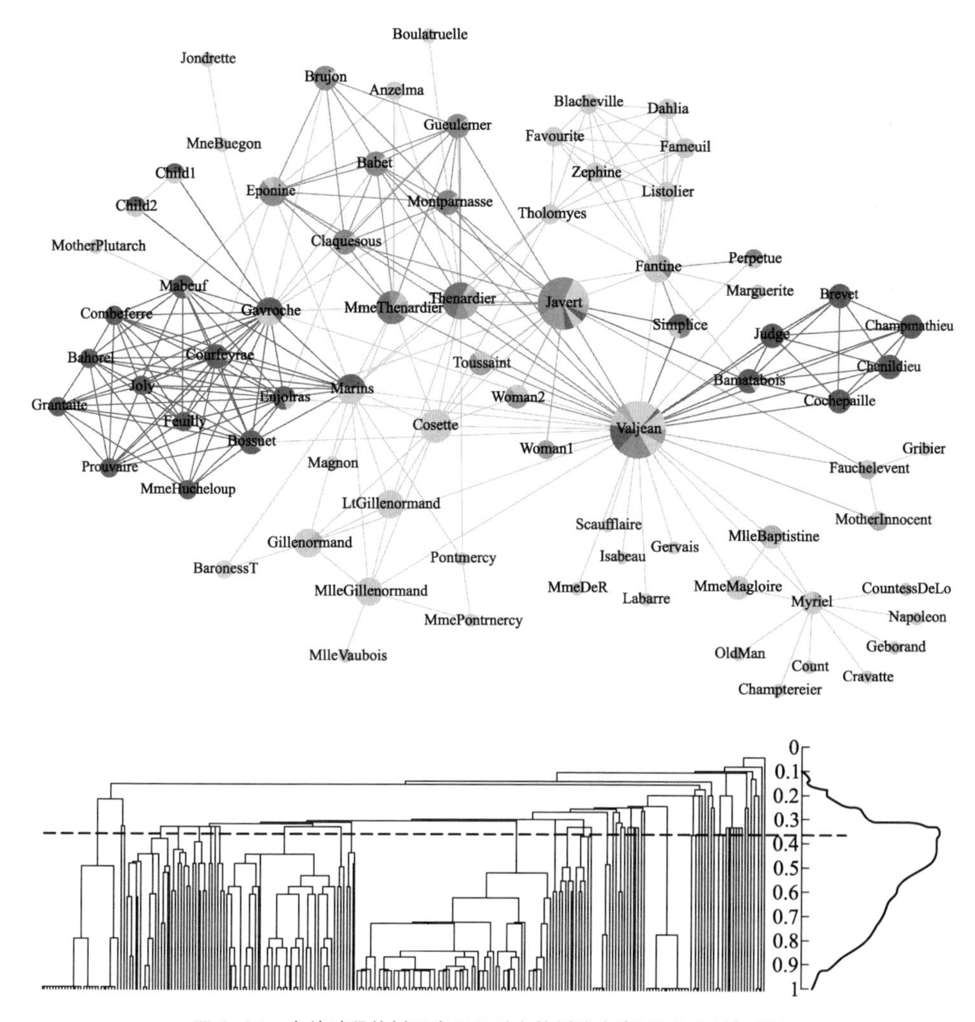

图 4-24　合并过程的树图表示及对应的划分密度(取自文献[23])

采用连边树图的另一个好处是，不仅在对应于最大划分密度的最优分割处，而且在树图的其他分割线也能得到有意义的社团结构，从而揭示出网络的层次化社团结构特征[18]。

图 4-25 显示了把基于划分密度优化的连边社团算法用于英语单词关联网络的社团检测而得到的与单词“Newton”相关的社团，图中不同的社团中的连边用不同的灰度表示。在“Smart，intellect”社团中正确地识别出了“Clever，wit”子社团。另一个值得注意的地方是，尽管单词“Newton”和“Gravity”之间的边只属于一个社团，但是这两个节点同时属于“Smart，intellect”、“Weight”和“Apple”这三个社团。

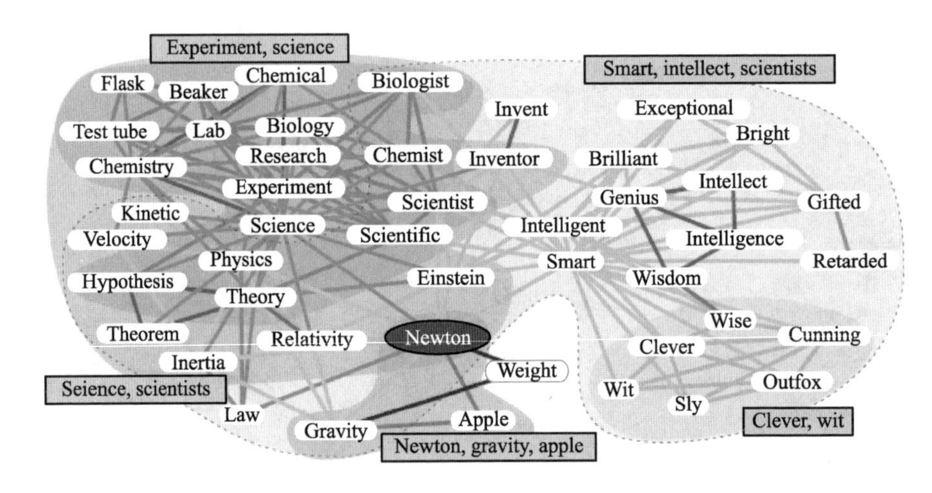

图 4-25　英语单词关联网络的社团结构(取自文献[23])

一般地，通过把所得到的连边社团划分再表示为节点社团，就可以识别出社团划分中的重叠节点。并且即使一条边的两个端点同时属于不同的社团，也能够识别出这条边的多重含义，尽管在连边社团划分时一条边只能属于一个社团。图 4-26 给出了一个简单的例子，如果 Alice 和 Bob 既是夫妻又是同事，并且在连边社团划分中两人之间的连边属于家庭社团，那么通过把连边社团转化为对应的节点社团表示可以清楚看出两人既属于家庭社团也属于工作社团，从而也揭示出两人之间的连边的多重

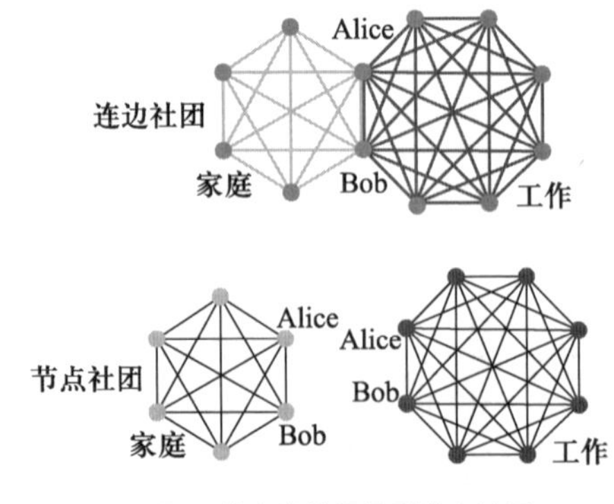

图 4-26　从连边社团得到节点社团

属性。

4.5.4 社团检测算法的评价标准

1. 基准图方法

对于把社团检测算法应用于实际网络分析,算法的好坏取决于两点:① 时间(即计算复杂性):算法能否在可接受的时间内给出社团划分结果;② 性能(即社团划分质量):算法能否高质量地揭示出实际网络的社团结构。

到目前为止,对于已经提出的算法往往有相应的计算复杂性分析,而对于不同算法的性能比较仍然缺乏统一的标准。这里存在一个类似于"先有鸡还是先有蛋"的问题:由于我们事先并不知道所要研究的某个实际网络的社团结构是怎么样的,所以才必须要使用某种算法试图发现其社团结构;但是,如果我们事先并不知道实际的社团结构,又如何能够确定算法得到的社团划分的好坏呢?解决这一问题的一种"自然"的办法是找到一些具有公认的社团结构的实际网络或人工构造网络作为"基准图(Benchmark graphs)",我们期望一个好的社团划分算法至少对于这些"基准图"能够检测出公认的社团结构。

近年来在验证社团划分算法时最常用的一个"基准"网络就是 Zachary 空手道俱乐部网络(Zachary's karate club network)[24]。从 1970 到 1972 年, Zachary 用三年时间观察了美国一所大学空手道俱乐部成员间的社会关系,并构造出了一个包含 34 个节点和 78 条边的网络,其中每个节点表示一个俱乐部成员,节点间的连接表示两个成员经常一起出现在俱乐部活动之外的其他场合,如图 4-27 所示。在 Zachary 的观察过程中,俱乐部主管 John(节点 34)与教练 Hi(节点 1)之间产生了冲突,起因是关于空手道课程的价格。Hi 教练希望提高价格,他认为作为教练自己有权确定课程的收费标准。但是 John 主管则希望保持价格稳定,认为他作为俱乐部的主要负责人有权确定课程价格。随着时间的推移,双方矛盾不断激化,John 领导的管理层以试图单方面提高课程价格为由解雇了 Hi。Hi 的支持者则以辞职为报复,并组成了一个以 Hi 为首的新组织,从而导致俱乐部最终分裂成为两个分别以 John(节点 34)和 Hi(节点 1)为核心的小团体,对应于图 4-27 中竖直虚线分割的两部分。由于这两个部分具有清晰的实际意义,因此一个社团划分算法应该能够把这两部分划分为两个社团。

注意到网络中的节点 3 和节点 9 等节点处于社团分割的边界处,它们都分别与其他社团中的节点有边相连。因此,有些社团划分算法把这样的节点作为同时属于两个社团的重叠节点。事实上,节点 9 是 John 主管的弱支持者,在分裂之后加入了 Hi 教练的团体。一个合理的动机解释是,当原俱乐部分裂时,他(节点 9)离黑带考试只有 3 周时间。如果他加入 John 主管的俱乐部,那么他就需要

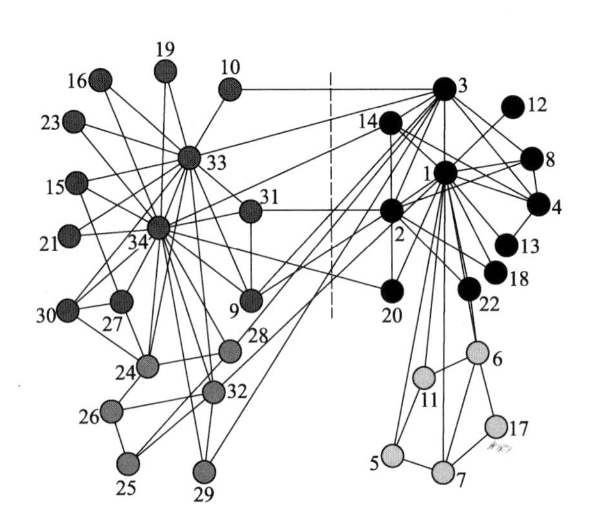

图 4-27　Zachary 空手道俱乐部网络

从白带重新开始，因为 John 主管决定在新的俱乐部里要改变空手道的练习方式。所以，把节点 9 作为重叠节点也是合理的。

但是，Zachary 空手道俱乐部网络毕竟是一个很小规模的网络，一个社团划分算法能够很好地应用于这个网络应该是对算法的最起码的但却是远非充分的要求。另一方面，要找到具有公认的社团结构的、能够作为基准网络的大规模实际网络显然是极其困难的。因此，近年来人们也考虑人工构造出一些基准网络。

例如，近年常用的一种预设 l-划分模型（Planted l-partition model）构造如下：网络包含 $N=g\cdot l$ 个节点，分为 l 组，每组包含 g 个节点。同组的任意两个节点之间的连接概率均为 p_{in}，不同组的任意两个节点之间的连接概率均为 p_{out}。这意味着与每组对应的子图是一个 ER 随机图（详见第 7 章）。网络节点的平均度为

$$\langle k\rangle = p_{in}(g-1)+p_{out}g(l-1).$$

如果 $p_{in}-p_{out}>0$，那么就意味着每组内部节点之间的连边相对更密而不同组之间的连边相对较疏，从而说明网络具有社团结构；而且 $p_{in}-p_{out}$ 值越大，网络社团结构就越明显。常用的一组参数为：$l=4$，$g=32$，$\langle k\rangle=16$，从而 $N=128$，$p_{in}+3p_{out}\approx 0.5$。在具体计算中，通常使用节点的组内平均度和组外平均度这两个参数：

$$z_{in}=p_{in}(g-1)=31p_{in},\quad z_{out}=p_{out}g(l-1)=96p_{out}.$$

图 4-28 显示了 z_{in} 分别取 15、11 和 8 时对应的基准图。一个社团划分算法至少应该准确识别图 4-28(a)所对应的社团结构、较为准确地识别图 4-28(b)所对应的社团结构。

上述基准图构造简单，但与许多实际网络存在明显差异。例如，实际网络往

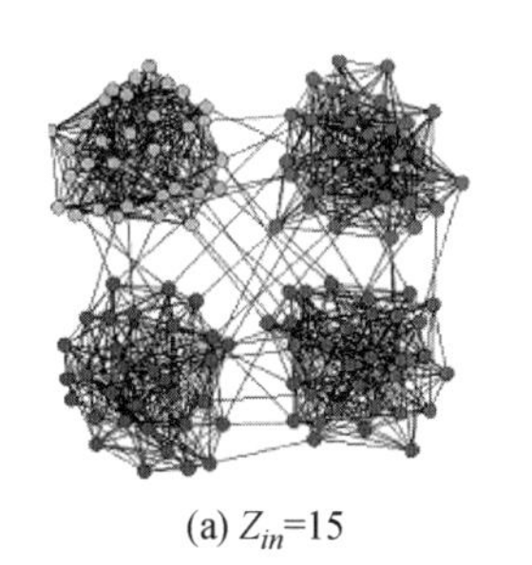
(a) Z_{in}=15

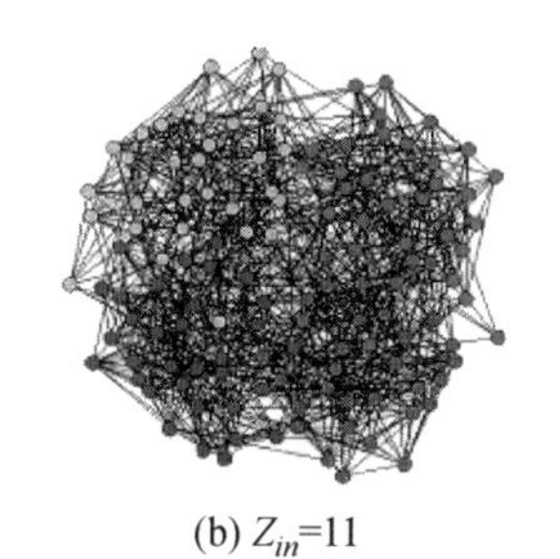
(b) Z_{in}=11

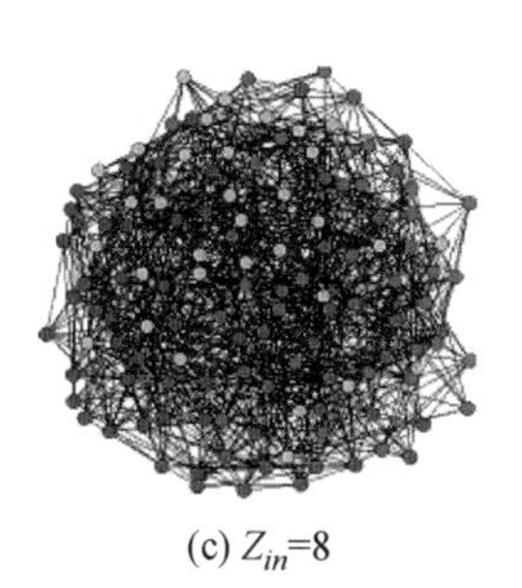
(c) Z_{in}=8

图 4-28 三种不同参数下的基准图

往具有较为不均匀的度分布,而该基准图中节点的度值分布是均匀的;实际网络中往往包含相对较多的三角形等模块,而该基准图中却由于组内完全随机的连接导致这些模块的数量相对很少。尽管人们也提出了多种不同的基准图模型[14],但目前仍然难以判断适合于这些基准图的社团划分算法是否也一定适合于实际网络。

2. 元数据方法

在许多实际情形中,关于节点的描述除了包含一些直接用于构造网络的信息外,还会包含一些有助于我们理解节点在网络中的作用以及节点之间的相似性等信息。例如,在购物网站中,当你准备购买某件商品时,网站通常会基于历史记录告诉你购买该商品的用户同时也购买了其他一些商品(通常列出排名前几位的商品)。基于这一信息,我们可以构建一个共同购买商品网络如下:如果两件商品被同时购买,那么就在它们之间有一条边。此外,网站上通常还会提供商品所属的分类以及用户对该商品添加的标签等信息,这些信息就称为元数据。图 4-29 显示的是 Amazon 网站上一本图书的相关信息。右下图的标签有助于我们定量刻画两本书之间的相似性,而右上图的图书分类越多就表明该书越有可能属于多个不同的社团。

为了定量比较不同社团划分算法的效果,可以引入以下几个指标[23]:

(1) 社团质量(Community quality)。相似的节点应该共享尽可能多的元数据。基于这一想法,节点对相似性的富裕度(Enrichment)定义为

$$\frac{\langle \mu(i,j) \rangle_{\text{同一社团中所有的}i,j}}{\langle \mu(i,j) \rangle_{\text{网络中所有节点对}i,j}},$$

其中,$\mu(i,j)$是基于元数据的节点 i 和 j 之间的相似度,对于不同的网络可以有不同的定义。富裕度是位于一个社团中的所有节点对之间的平均元数据相似度,富裕度越大就表明社团越紧密。

(2) 重叠质量(Overlap quality)。对于网络中的每个节点 i,我们从元数据中

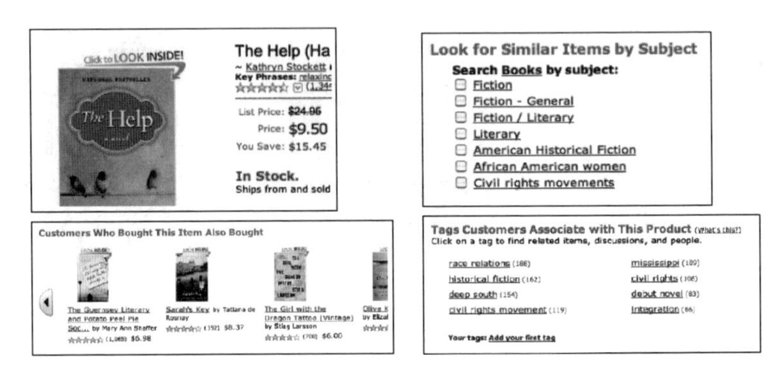

图 4-29　Amazon 网站上一本图书的相关信息

提取一个标量(称为重叠元数据),它对应于节点 i 所属的真实社团的数目。例如,在单词关联网络中,每个社团对应于一组拥有相同话题的单词。一个单词拥有的定义越多,我们期望这个单词属于的话题也越多。在新陈代谢网络中,一种代谢物参与的反应路径的数目对应于该代谢物属于的社团的数目。因此,可以通过比较某个社团划分算法得到的节点所属的社团数目和该节点的元数据中的重叠信息之间的交互信息(Mutual information)来衡量重叠质量。

(3) 社团覆盖(Community coverage)。计算属于非平凡社团(即有 3 个或以上节点的社团)的节点所占的比例。

(4) 重叠覆盖(Overlap coverage)。计算每个节点所属的非平凡社团的数目的平均值。两个算法可能具有相同的社团覆盖度,但是一个算法有可能比另一个算法提取出更多的重叠节点。对于不具有检测重叠性的社团算法,重叠覆盖度与社团覆盖度是一样的。

对上述 4 个指标的取值进行归一化,使得每个指标最大值为 1,最小值为 0。这 4 个归一化值之和就是算法的复合性能(Composite performance)。

关于社团划分算法的更多介绍可以阅读综述文献[14]和[25,26]。值得关注的方法还包括块模型(Block models)[27,28]和矩阵分解方法[29-31]。这两类方法不仅可以用于社团检测,也可用于链路预测(Link prediction)和网络坐标系统(Network coordinate system)等,从而揭示出看似不同问题之间的内在联系。

习　题

4-1　请证明同配系数的 3 个表达式(4-17)、(4-21)以及(4-22)的等价性。

4-2　给定一个包含 N 个节点的星形网络,一个节点位于中心并与其他 $N-1$ 个节点相连,网络中不再有其他边。请计算:

1）网络的余度分布 $q_k \triangleq P_n(k)$。

2）网络的联合概率分布 $e_{jk} \triangleq P(j,k)$。

3）网络的同配系数 r。

4-3 考虑由 N 个人手拉手排成一行构成的最近邻网络，如图 4-30 所示。假设我们要把该网络分为两个社团，使得左边 $r(0<r<N)$ 个人属于一个社团，右边 $N-r$ 个人属于另一个社团。请证明，这样的社团划分对应的模块度值为

$$Q = \frac{3-4N+4rN-4r^2}{2(N-1)^2}.$$

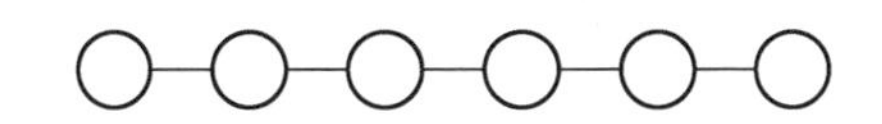

图 4-30 排成一行的最近邻网络

并请判断 r 取何值时模块度值为最大。

4-4 第 4.3 节和 4.4 节介绍了模块度概念的一些推广。请对二分网络 $G=(X,E,Y)$ 给出合理的模块度计算公式。

4-5 图 4-16 中的每一个标记为 K_m 的点表示的是由 m 个节点组成的派系（全耦合子图）。假设共有 n_c 个这样的派系（不妨假设 n_c 为偶数）。记 Q_1 为把网络中的每个派系视为一个社团所对应的模块度，Q_2 为如图中虚线所示把相邻的派系两两组合成一个社团所对应的模块度。请证明：当 n_c 充分大时，$Q_2 > Q_1$。（提示：可参考文献[20]。）

参考文献

[1] PASTOR-SATORRAS R, VÁZQUEZ A, VESPIGNANI A. Dynamical and correlation properties of the Internet [J]. Phys. Rev. Lett., 2001, 87(25): 258701.

[2] MASLOV S, SNEPPEN K. Specificity and stability in topology of protein networks [J]. Science, 2002, 296(5569): 910-913.

[3] NEWMAN M E J. Assortative mixing in networks [J]. Phys. Rev. Lett., 2002, 89(20): 208701.

[4] MASLOV S. Complex networks: Role model for modules [J]. Nature Physics, 2007, 3(1): 18-19.

[5] UGANDER J, KARRER B, BACKSTROM L, et al. The anatomy of the Facebook social graph [J]. 2011, arXiv: 1111.4503v1.

[6] BACKSTROM L, BOLDI P, ROSA M, et al. Four degrees of separation [J]. Proc. 4th ACM Int'I Conf. on Web Science,2012,45-54.

[7] FELD S. Why your friends have more friends than you do[J]. Amer. J. of Sociology, 1991, 96(6): 1464-1477.

[8] HU H, WANG X. Evolution of a large online social network [J]. Phys. Lett. A, 2009, 373(12-13): 1105-1110.

[9] MCPHERSON M, SMITH-LOVIN L, COOK J M. Birds of a feather: Homophily in social networks [J]. Annual Review of Sociology, 2001, 27(1): 415-444.

[10] RACE M J. School integration, and friendship segregation in America [J]. Amer. J. of Sociology, 2001, 107(3): 679-716.

[11] SNIJDERS T A B, VAN DE BUNT G, STEGLICH C E G. Introduction to stochastic actor-based models for network dynamics[J]. Social Networks, 2010,32(1):44-60.

[12] LEWIS K, GONZALEZ M, KAUFMAN J. Social selection and peer influence in an online social network[J]. Proc. Natl. Acad. Sci. USA, 2012, 109(1): 68-72.

[13] NEWMAN M E J, GIRVAN M. Finding and evaluating community structure in networks [J]. Phys. Rev. E, 2004, 69(2): 026113.

[14] FORTUNATO S. Community detection in graphs [J]. Phys. Reports, 2010, 486(3-5): 75-174.

[15] CLAUSET A, NEWMAN M E J, MOORE C. Finding community structure in very large networks [J]. Phys. Rev. E, 2004, 70(6): 066111.

[16] BLONDEL V D, GUILLAUME J L, LAMBIOTTE R, et al. Fast unfolding of community hierarchies in large networks [J]. J. of Statistical Mechanics, 2008, 10: 10008.

[17] MUCHA P J, RICHARDSON T, MACON K, et al. Community structure in time-dependent, multiscale, and multiplex networks [J]. Science, 2010, 328(5980): 876-878.

[18] BARTHELEMY M. Spatial networks [J]. Phys. Reports, 2010, 499(1-3): 1-101.

[19] EXPERT P, EVANS T S, BLONDEL V D, LAMBIOTTE. Uncovering space-independent communities in spatial networks [J]. Proc. Natl. Acad. Sci. USA, 2011, 108(19): 7663-7668.

[20] FORTUNATO S, BARTHÉLEMY M. Resolution limit in community detection [J]. Proc. Natl. Acad. Sci. USA, 2007, 104(1): 36-41.

[21] PALLA G, DERENYI I, FARKAS I, VICSEK T. Uncovering the overlapping community structure of complex networks in nature and society [J]. Nature, 2005, 435(7043): 814-818.

[22] PALLA G, BARABÁSI A-L, VICSEK T. Quantifying social group evolution [J]. Nature, 2007, 446(7136): 664-667.

[23] AHN Y-Y, BAGROW J P, LEHMANN S. Link communities reveal multiscale complexity in networks [J]. Nature, 2010, 466(7307): 761-764.

[24] ZACHARY W W. An information flow model for conflict and fission in small groups [J]. J. Anthropological Research, 1977, 33: 452-473.

[25] NEWMAN M E J. Communities, modules and large-scale structure in networks [J]. Nature Physics, 2012, 8(1): 25-31.

[26] COSCIA M, GIANNOTTI F, PEDRESCHI D. A classification for community discovery methods in complex networks [J]. Statistical Analysis and Data Mining, 2011, 4(5): 512-546.

[27] KARRER, B. & NEWMAN, M E J. Stochastic block models and community structure in networks [J]. Phys. Rev. E, 2011, 83(1): 016107.

[28] GUIMERÀ R, SALES-PARDO M. Missing and spurious interactions and the reconstruction of complex networks [J]. Proc. Natl Acad. Sci. USA, 2009, 106(52): 22073-22078.

[29] CLAUSET A, MOORE C, NEWMAN M E J. Hierarchical structure and the prediction of missing links in networks [J]. Nature, 2008, 453(7191): 98-101.

[30] WANG F, LI T, WANG X, et al. Community discovery using nonnegative matrix factorization [J]. Data Mining and Knowledge Discovery, 2011, 22(3): 493-521.

[31] CHEN Y, WANG X, SHI C, et al. Phoenix: A weight-based network coordinate system using matrix factorization [J]. IEEE Trans. Network and Service Management, 2011, 8(4): 334-347.

第 5 章　节点重要性与相似性

本章要点

- 无向网络节点重要性排序指标：度值、介数、接近数、k-壳值、特征向量
- 有向网络节点重要性排序算法：HITS 算法和 PageRank 算法
- 节点相似性与链路预测

5.1　引言

第 1 章举例说明了寻找网络中的关键节点是网络科学的重要研究内容之一。本章将较为详细地介绍无向网络中节点重要性排序的几个常用指标,包括度值、介数、接近数、k-壳值和特征向量。有向网络中节点重要性排序的两个经典算法——HITS 算法和 PageRank 算法都是来自 WWW 上的网页排序,本章将从一般有向网络的角度来介绍这两个算法。

如果你是在线社交网站用户,那么你每次登录都会发现网站推荐给你的一些“你可能感兴趣的人”。网站的推荐是否有效,用网络科学的术语即为网络中的链路预测是否精确的问题。如果预测精度高,也就是说,你愿意关注网站推荐给你的人,那么就会提高网站在你心目中的地位,从而提高你对网站的忠诚度。链路预测的一个基本想法就是:两个节点越是相似,那么它们之间就越有可能存在连边。近年来,随着网络科学的兴起,基于网络结构信息的链路预测受到越来越多的关注。本章将介绍多种基于节点相似性的预测方法。

5.2　无向网络节点重要性指标

5.2.1　度中心性

房地产行业有一个众所周知的黄金法则:地段、地段、还是地段。也就是说,一套房子的价值首先要看这套房子所在的地段。把这一黄金法则搬到复杂网络上就成为:位置、位置、还是位置。也就是说,网络中一个节点的价值首先取决于这个节点在网络中所处的位置,位置越中心的节点其价值也越大。这就是关于节点中心性指标的研究,它在不同的领域都具有重要意义。例如:

- 在各种社会关系网络(如你的朋友圈子、BBS 和微博等在线社区)中,哪些是最活跃、最具影响力的人?
- 在艾滋病等疾病传播网络中,哪些人是最危险的?

- 在通信网络和交通网络中,哪些节点承受的流量最大?
- 当你在搜索引擎中输入一个关键词后,搜索引擎是如何知道哪些页面对你是最重要的,从而应该排在最前面显示给你?

诸如此类的问题都与如何刻画节点在网络中所处的位置有关。在社会网络分析中,常用"**中心性**(Centrality)"来表示。最直接的度量是**度中心性**(Degree centrality),即一个节点的度越大就意味着这个节点越重要。一个包含 N 个节点的网络中,节点最大可能的度值为 $N-1$,通常为便于比较而对中心性指标作归一化处理,度为 k_i 的节点的归一化的度中心性值定义为

$$DC_i = \frac{k_i}{N-1}. \tag{5-1}$$

5.2.2　介数中心性

我们先来看图 5-1 所示的一个简单网络。从度中心性来看,节点 A、B 和 C 都比节点 H 重要。现在假设有信息或物质在节点之间沿着连边流动,对应于社会网络上的信息传播、互联网上的数据包发送、交通网络上的车流等。为了便于说明,可以进一步做如下的理想化假设:网络中的每对节点之间每个单位时间都以相同概率交换一个包(这个包可以表示消息、数据包、汽车等),并且假设包总是沿着最短路径传输。如果两个节点之间存在多条最短路径,那么就随机选择一条最短路径。经过一段相当长的时间之后,每对节点之间都传输了很多包。现在我们要问:网络中哪个节点是最繁忙的?也就是说,经过哪个节点的包的数量最多?

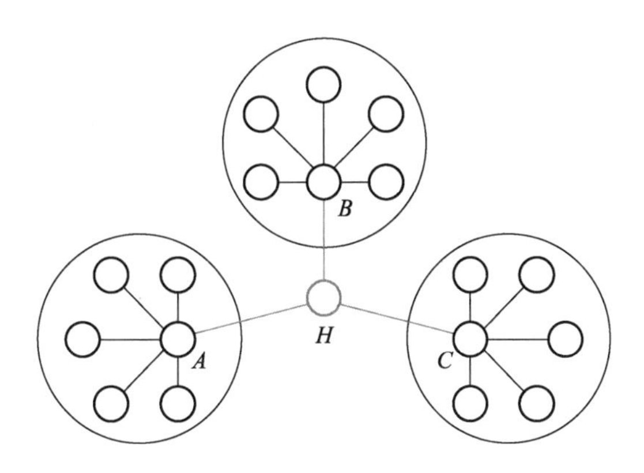

图 5-1　说明节点重要性的一个包含 19 个节点的网络

即使不做仔细计算,凭直觉也能判断节点 H 应该是最繁忙的:因为除了节点 H,网络中的其他节点可以分为被 3 个大的圆圈包围的 3 块,从每块中的任一节

点到其他某块中的任一节点的包的传输都必然要经过节点 H。换句话说,从每块中的任一节点到其他某块中的任一节点的最短路径必然要经过节点 H。这种以经过某个节点的最短路径的数目来刻画节点重要性的指标就称为**介数中心性**(Betweeness centrality),简称**介数**(BC)。

具体地,节点 i 的**介数**定义为

$$BC_i = \sum_{s \neq i \neq t} \frac{n_{st}^i}{g_{st}}, \tag{5-2}$$

其中,g_{st}为从节点 s 到节点 t 的最短路径的数目,n_{st}^i为从节点 s 到节点 t 的 g_{st}条最短路径中经过节点 i 的最短路径的数目。

上述介数的定义最早由 Freeman 于 1977 年给出[1],它刻画了节点 i 对于网络中节点对之间沿着最短路径传输信息的控制能力。如果节点 s 和节点 t 之间没有路径(即 $n_{st}^i = g_{st} = 0$),或者节点 i 没有位于节点 s 和节点 t 之间的任何一条最短路径上(即 $n_{st}^i = 0$),那么显然节点 i 对于节点 s 和节点 t 之间的传输信息没有直接的控制能力。一般地,如果信息在两个节点之间总是沿着最短路径传输,并且在存在多条最短路径情形时随机选择其中一条最短路径,那么节点 s 和节点 t 之间传输的信息经过节点 i 的概率为 n_{st}^i/g_{st}(如果 $n_{st}^i = g_{st} = 0$,那么定义 $n_{st}^i/g_{st} = 0$)。

对于一个包含 N 个节点的连通网络,节点度的最大可能值为 $N-1$,节点介数的最大可能值是星形网络中的中心节点的介数值:因为所有其他节点对之间的最短路径是唯一的并且都会经过该中心节点,所以该节点的介数就是这些最短路径的数目,即为

$$\frac{(N-1)(N-2)}{2} = \frac{N^2 - 3N + 2}{2}.$$

基于上式,一个包含 N 个节点的网络中的节点 i 的归一化介数定义为

$$BC_i = \frac{2}{N^2 - 3N + 2} \sum_{s \neq i \neq t} \frac{n_{st}^i}{g_{st}}. \tag{5-3}$$

归一化介数的定义还有其他稍有不同的形式。例如,Newman 就给出了如下定义[2]:

$$BC_i = \frac{1}{N^2} \sum_{s,t} \frac{n_{st}^i}{g_{st}}. \tag{5-4}$$

上式包含了每个节点到自身的路径,以及以节点 i 为起点或终点的路径,N^2 则是网络中所有可能的节点对(包括节点到自身的配对)。尽管按照公式(5-3)和(5-4)计算的实际数值会有所不同,但是不会影响网络中的节点按介数大小的排序结果,而后者通常才是我们所关心的。

从控制信息传输的角度而言,介数越高的节点其重要性也越大,去除这些

节点后对网络传输的影响也越大。尽管在实际网络中,节点对之间的传输频率并不都一样,而且也并非所有的传输都是基于最短路径的,介数仍然近似刻画了节点对网络上信息流动的影响力。不过需要指出的是,尽管节点的度值较为容易统计,大规模网络的节点介数的快速有效计算仍然是一个值得研究的课题。

5.2.3 接近中心性

对于网络中的每一个节点 i,可以计算该节点到网络中所有节点的距离的平均值,记为 d_i,即有

$$d_i = \frac{1}{N}\sum_{j=1}^{N} d_{ij}, \tag{5-5}$$

其中 d_{ij}是节点 i 到节点 j 的距离。这样,就得到网络平均路径长度的另一种计算公式:

$$L = \frac{1}{N}\sum_{i=1}^{N} d_i. \tag{5-6}$$

d_i 值的相对大小也在某种程度上反映了节点 i 在网络中的相对重要性:d_i 值越小意味着节点 i 更接近其他节点。我们把 d_i 的倒数定义为节点 i 的**接近中心性**(Closeness centrality),简称**接近数**,用记号 CC_i 来表示:

$$CC_i = \frac{1}{d_i} = \frac{N}{\sum_{j=1}^{N} d_{ij}}. \tag{5-7}$$

再以图 5-1 所示的网络为例,节点 H 同时具有最大的介数和最大的接近数。介数最高的节点对于网络中信息的流动具有最大的控制力,而接近数最大的节点则对于信息的流动具有最佳的观察视野。一般而言,介数最大的节点并不一定就是接近数最大的节点。Cornell 大学的社会学家 David Krackhardt 曾考虑了如下问题:能否给出一个最简单的网络例子,其中度值最大的节点、介数最大的节点和接近数最大的节点各不相同?

Krackhardt 设计了一个包含 10 个节点的网络,称之为**风筝网络**(Kite network),如图 5-2 所示[3]。表 5-1 列出了使用社会网络分析软件 InFlow 计算得到的风筝网络中 10 个节点的归一化的度值、介数和接近数①。该网络中度值最大的节点显然是 Diane;Heather 的度值尽管只有 3,但它却有最大的介数;Fernando 和 Garth 这两个节点有着最大的接近数。

① http://www.orgnet.com/sna.html

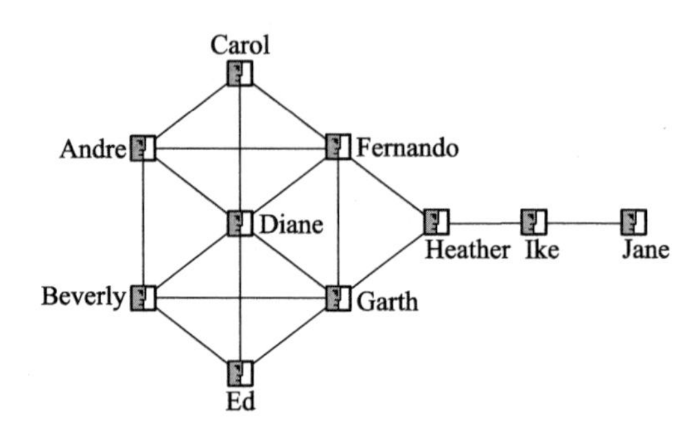

图 5-2　风筝网络(取自文献[3])

表 5-1　风筝网络中 10 个节点的度值、介数和接近数

度值		介数		接近数	
Diane	0.667	Heather	0.389	Fernando	0.643
Fernando	0.556	Fernando	0.231	Garth	0.643
Garth	0.556	Garth	0.231	Diane	0.600
Andre	0.444	Ike	0.222	Heather	0.600
Beverly	0.444	Diane	0.102	Andre	0.529
Carol	0.333	Andre	0.023	Beverly	0.529
Ed	0.333	Beverly	0.023	Carol	0.500
Heather	0.333	Carol	0.000	Ed	0.500
Ike	0.222	Ed	0.000	Ike	0.429
Jane	0.111	Jane	0.000	Jane	0.310

5.2.4　*k*-壳与 *k*-核

现在我们再从另一个角度看如何把基于度值的节点重要性排序方法加以推广。一个大规模网络中的节点的度值,可以具有从小到个位数直至大到上千上万,下面介绍一种粗粒化的节点重要性分类方法,即 ***k*-壳分解方法**(*k*-shell decomposition method)。

不妨假设网络中不存在度值为 0 的孤立节点。这样从度中心性的角度看,度为 1 的节点就是网络中最不重要的节点。如果我们把所有度值为 1 的节点以及与这些节点相连的边都去掉会怎么样?这时网络中可能又会出现一些新的度值为 1 的节点，我们就再把这些节点及其相连的边去掉，重复这种操作，直至网络中不再有度值为 1 的节点为止。这种操作形象上相当于剥去了网络的最外面一层壳，我们就把所有这些被去除的节点以及它们之间的连边称为网络的 **1-壳**(1-shell)。有时，网络中度为 0 的孤立节点也称为 **0-壳**(0-shell)。

在剥去了 1-壳后的新网络中的每个节点的度值至少为 2。接下来我们可以继续剥壳操作，即重复把网络中度值为 2 的节点及其相连的边去掉直至不再有度值为 2 的节点为止。我们把这一轮所有被去除的节点及它们之间的连边称为网络的 **2-壳**(2-shell)。依次类推，可以进一步得到指标更高的壳，直至网络中的每一个节点最后都被划分到相应的 k-壳中，就得到了网络的 ***k*-壳分解**。网络中的每一个节点对应于唯一的 k-壳指标 k_s，并且 k_s-壳中所包含的节点的度值必然满足 $k \geqslant k_s$。

图 5-3(a)显示的是一个可分解为三层壳的简单网络。图 5-3(b)—(d)分别显示了 1-壳、2-壳和 3-壳所包含的节点和边。该网络中有两个度值最大的节点，即图中的黑色节点和白色节点，它们的度值都是 $k=8$，但是具有不同的 k_s 值：黑色节点位于最里层，$k_s=3$；白色节点位于最外层，$k_s=1$。实际网络也会出现类似的情形：度大的节点既可能具有较大的 k_s 值从而位于 k-壳分解的核心内层，也有可能具有较小的 k_s 值而位于 k-壳分解的外层，从而使得对于某些问题而言，度大的节点未必是重要的节点[4]。对于这一问题，第 9 章在介绍网络传播时

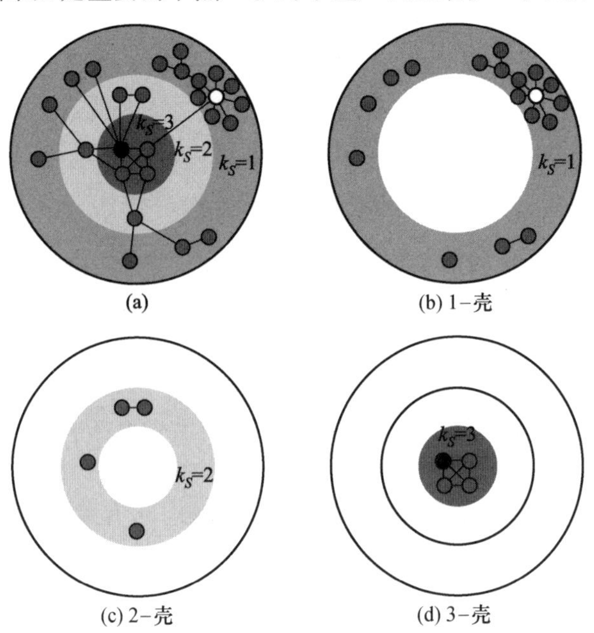

图 5-3 一个可分解为三层壳的简单网络(取自文献[4])

会有进一步的阐述。

在得到一个网络的 k-壳分解之后,我们把所有 $k_s \geqslant k$ 的 k-壳的并集称为网络的 **k-核**(k-core),把指标 $k_s \leqslant k$ 的 k-壳的并集称为网络的 **k-皮**(k-crust)。k-核的一个等价定义是:它是一个网络中所有度值不小于 k 的节点组成的连通片。基于这一定义,我们可以按照如下方法得到 k-核:

首先去除网络中度值小于 k 的所有节点及其连边;如果在剩下的节点中仍然有度值小于 k 的节点,那么就继续去除这些节点,直至网络中剩下的节点的度值都不小于 k。依次取 $k=1, 2, 3, \ldots$,对原始网络重复这种去除操作,就得到了该网络的 **k-核分解**(k-core decomposition)。对于一个连通网络,1-核实际上就是整个网络,$(k+1)$-核一定是 k-核的子集。

也可以由网络的 k-核分解得到相应的 k-壳分解:属于 k-核但不属于$(k+1)$-核的所有节点就是 k-壳中的节点。图 5-4 给出了一个简单网络的 k-核分解和 k-壳分解。

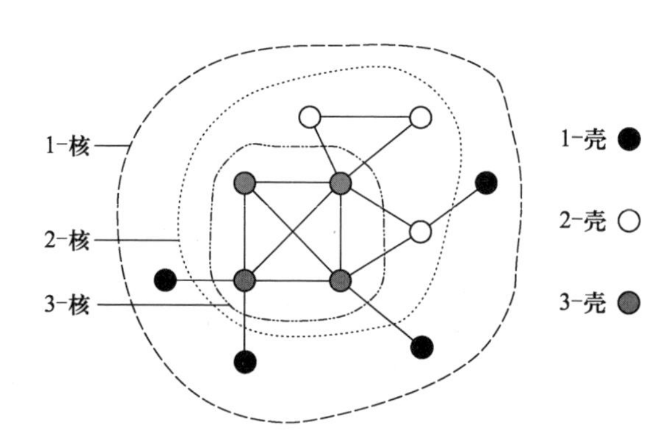

图 5-4　一个简单网络的 k-核分解和 k-壳分解

k-壳分解(k-核分解)给出了网络中节点重要性的一种粗粒化的划分。例如,对于大约有 20 000 个节点的自治层(AS 层)Internet 拓扑,基于 k-壳分解可以把网络中的节点粗粒化划分为 3 组(图 5-5)[5]:

(1) 核心(Nucleus):由 k_{max}-壳中的节点构成,大约有 100 个节点,k_{max} 为网络中 k_s 的最大值。这个核心是对 Internet 性能具有重要影响的一个稠密区域,其中每个核心节点都与大约 70% 以上的其他核心节点相连。然而,如果单纯从度值的角度看,核心节点之间是存在明显差异的,既有像美国电信巨头 ATT Worldnet 这种度值超过 2 500 的节点,也有像 Google 这种度值只有 50 左右的节点。

(2) 对等连通片(Peer-connected component):由$(k_{max}-1)$-皮的最大连通片中的节点构成,大约包括近 70% 的网络节点。也就是说,即使去除掉网络的核心部分，仍有 70% 左右的节点之间是连通的，从而可以互相传递信息。对等连通片的存在有助于避免和缓解 Internet 核心部分的拥塞。

(3) 孤立片(Isolated component)：由($k_{max}-1$)-皮中不属于最大连通片的节点构成，大约包括网络中近 30% 的节点。位于这部分的节点只有通过网络中的核心节点才能与网络的其他部分联系。

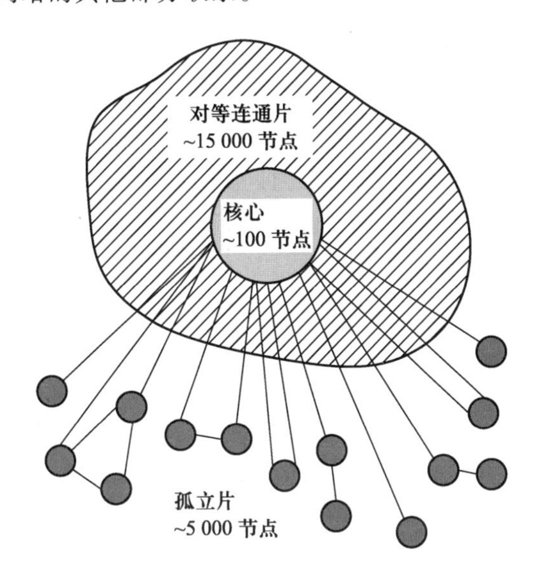

图 5-5 基于 k-壳分解的 AS 层 Internet 拓扑的粗粒化(取自文献[5])

5.2.5 特征向量中心性

特征向量中心性(Eigenvector centrality)的基本想法是：一个节点的重要性既取决于其邻居节点的数量(即该节点的度)，也取决于其邻居节点的重要性。记 x_i 为节点 i 的重要性度量值，那么，应该有

$$x_i = c\sum_{j=1}^{N} a_{ij}x_j, \tag{5-8}$$

其中 c 为一比例常数，$\boldsymbol{A}=(a_{ij})$ 仍然是网络的邻接矩阵。记 $\boldsymbol{x}=[x_1 \quad x_2 \quad \dots \quad x_N]^{\mathrm{T}}$，则式(5-8)可写成如下矩阵形式：

$$\boldsymbol{x} = c\boldsymbol{A}\boldsymbol{x}, \tag{5-9}$$

上式意味着 $\boldsymbol{x}$ 是矩阵 $\boldsymbol{A}$ 与特征值 c^{-1} 对应的特征向量，故此称为特征向量中心性。计算向量 $\boldsymbol{x}$ 的一个基本方法就是给定初值 $\boldsymbol{x}(0)$，然后采用如下迭代算法：

$$\boldsymbol{x}(k) = c\boldsymbol{A}\boldsymbol{x}(k-1), \quad k = 1,2,\dots \tag{5-10}$$

现在我们分析迭代算法的收敛性。注意到矩阵 $\boldsymbol{A}$ 是对称阵，它的特征值均为实数，记为 $\lambda_i(i=1,2,\dots,N)$，对应的特征向量记为 $\boldsymbol{v}_i\in\Re^N(i=1,2,\dots,N)$。这组特征向量构成 N 维线性空间的一组基，因此初值 $\boldsymbol{x}(0)$ 可表示为这组基的线性组合：

$$\boldsymbol{x}(0)=\sum_{i=1}^{N}\gamma_i v_i, \tag{5-11}$$

基于式(5-10)和(5-11)，可得

$$\boldsymbol{x}(k)=c^k\boldsymbol{A}^k\boldsymbol{x}(0)=c^k\sum_{i=1}^{N}\gamma_i\boldsymbol{A}^k\boldsymbol{v}_i=c^k\sum_{i=1}^{N}\gamma_i\boldsymbol{\lambda}_i^k v_i. \tag{5-12}$$

如果 λ_1 为矩阵 $\boldsymbol{A}$ 的模最大的特征值并且为单根，那么有

$$\boldsymbol{x}(k)=c^k\boldsymbol{\lambda}_1^k\sum_{i=1}^{N}\gamma_i\left(\frac{\boldsymbol{\lambda}_i}{\boldsymbol{\lambda}_1}\right)^k\boldsymbol{v}_i\to\gamma_1c^k\boldsymbol{\lambda}_1^k\boldsymbol{v}_1, \tag{5-13}$$

这意味着特征向量中心性 $\boldsymbol{x}$ 应该是与 λ_1 对应的特征向量，也称为主特征向量。从而式(5-9)即为

$$\boldsymbol{x}=\lambda_1^{-1}\boldsymbol{A}\boldsymbol{x}. \tag{5-14}$$

在理论上，特征向量中心性可直接推广于有向网络。然而，在有向网络情形，最常用的还是下面要介绍的两种经典算法，它们在思路上与特征向量中心性是一脉相承的：一个节点的重要性既取决于邻居的数量也取决于邻居的质量。

5.3　权威值和枢纽值：HITS 算法

5.3.1　引言

当考虑有向网络中节点的重要性时，一种简单的方法是把有向网络视为无向网络，从而可以直接利用无向网络中节点的重要性指标。然而，有向网络中边的方向对于节点的重要性往往是非常重要的。例如，在论文引用网络中，一篇论文的出度是它的参考文献的数量，而入度是该论文的他引次数。显然，即使一篇论文的出度很大，即参考文献数量很多，也不能反映该论文是否一定重要，否则每个人都可以轻而易举地写出重要的文章了。评价一篇论文是否重要更为合理的标准应该是与它的入度即他引次数相关的。当然，如果我们再仔细想一下，一篇论文是否重要不仅要看有多少别人的论文引用它，还要看其中有多少重要的

论文引用它。

关于刻画有向网络中节点重要性的一个典型例子当推 WWW 上的搜索。当你在 Google、百度或者 Bing 等搜索引擎网站上输入一个关键词后,搜索引擎就会基于某种排序算法对与该关键词有关的网页按照某种重要性指标进行排序。在搜索引擎领域已经成为经典的两个算法是 Cornell 大学的 Kleinberg 提出的 HITS 算法[6]以及 Google 创始人 Page 和 Brin 提出的 PageRank 算法[7]。据 Google Scholar 统计,截至 2011 年 5 月 10 日,文献[6]和[7]分别被引用了 5 496 和 3 701 次。巧合的是,这两个算法是在 20 世纪 90 年代后期几乎同时提出的,而且 Kleinberg 和 Page 还曾当面交流过各自的算法,专栏作家 John Battelle 在一本介绍 Google 的书中对当时的情形有一番精彩的描述[8]。

5.3.2 HITS 算法描述

HITS 算法的基本思想是:每个网页的重要性有两种刻画指标——**权威性**(Authority)和**枢纽性**(Hub)。例如,当你想要查找与“上海交通大学”有关的页面时,显然,从内容的权威性角度看,上海交通大学主页应该是最重要的。另一方面,如果 WWW 上有一个网页 H,该网页的唯一功能就是给出全世界最重要的一些大学的主页的链接,其中就包含了上海交通大学主页的链接,那么网页 H 就具有相对高的枢纽值,也就是说从网页 H 能够到达一些重要的权威页面。

一般地,一个页面的权威值由指向该页面的其他页面的枢纽值来刻画:如果一个页面被多个具有高枢纽值的页面所指向,那么该页面就具有高的权威值。另一方面,一个页面的枢纽值由它所指向的页面的权威值来刻画:如果一个页面指向多个具有高权威值的页面,那么该页面就具有高的枢纽值。

可以通过论文引用网络加以说明。在每个研究领域都会有一些具有重要创新的文章,这些文章在这个领域就具有高的权威性;另一方面,每个领域都有一些重要的综述文章,这些文章本身并不一定有重要创新,但是却列出了该领域主要的一些权威性高的文章,你只要通过这些综述文章的参考文献就可以通向那些权威性高的重要论文,从而这些综述文章就具有较高的枢纽性。

一般地,考虑一个包含 N 个节点的有向网络,记 $\boldsymbol{A}=(a_{ij})_{N\times N}$ 为该有向网络对应的邻接矩阵,也就是说,$a_{ij}=1$ 当且仅当有一条从节点 i 指向节点 j 的有向边;否则 $a_{ij}=0$。HITS 算法可以描述如下:

算法 5-1　HITS 算法。

(1) 初始步:设定网络中所有节点的权威值和枢纽值的初始值 $x_i(0)$, $y_i(0)$, $i=1,2,\ldots,N$。

(2) 迭代过程:在第 k 步($k\geqslant 1$)进行如下 3 种操作:

① 权威值校正规则:每一个节点的权威值校正为指向它的节点的枢纽值之和,即

$$x_i'(k)=\sum_{j=1}^{N}a_{ji}y_j(k-1),\quad i=1,2,\ldots,N;\tag{5-15}$$

② 枢纽值校正规则:每一个节点的枢纽值校正为它所指向的节点的权威值之和,即

$$y_i'(k)=\sum_{j=1}^{N}a_{ij}x_j'(k),\quad i=1,2,\ldots,N;\tag{5-16}$$

③ 归一化:

$$x_i(k)=\frac{x_i'(k)}{\|x'(k)\|},\quad y_i(k)=\frac{y_i'(k)}{\|y'(k)\|},\quad i=1,2,\ldots,N.\tag{5-17}$$

5.3.3　HITS 算法的收敛性

记第 k 步校正后的权威值向量和枢纽值向量分别为

$$\boldsymbol{x}(k)=[x_1(k)\quad x_2(k)\quad \ldots\quad x_N(k)]^{\mathrm{T}},$$
$$\boldsymbol{y}(k)=[y_1(k)\quad y_2(k)\quad \ldots\quad y_N(k)]^{\mathrm{T}}.$$

下面分析 HITS 算法的收敛性问题,即是否存在常值向量 $\boldsymbol{x}^*$ 和 $\boldsymbol{y}^*$,使得对于较为一般的初始条件,当 $k\to\infty$ 时有

$$\boldsymbol{x}(k)\to\boldsymbol{x}^*,\quad \boldsymbol{y}(k)\to\boldsymbol{y}^*.\tag{5-18}$$

注意到 HITS 算法的迭代过程可以写为如下矩阵形式:

$$\boldsymbol{x}(k)=\bar{\alpha}_k\boldsymbol{A}^{\mathrm{T}}\boldsymbol{y}(k-1),\quad \boldsymbol{y}(k)=\bar{\beta}_k\boldsymbol{A}\boldsymbol{x}(k),\quad k=1,2,\ldots,\tag{5-19}$$

其中 $\bar{\alpha}_k$ 和 $\bar{\beta}_k$ 为归一化常数,使得 $\|\boldsymbol{x}(k)\|=\|\boldsymbol{y}(k)\|=1$。

基于递推关系可以得到:

$$\boldsymbol{x}(1)=\bar{\alpha}_1\boldsymbol{A}^{\mathrm{T}}\boldsymbol{y}(0);\quad \boldsymbol{x}(k)=\alpha_k(\boldsymbol{A}^{\mathrm{T}}\boldsymbol{A})\boldsymbol{x}(k-1),\quad k=2,3,\ldots,\tag{5-20}$$

$$\boldsymbol{y}(k)=\beta_k(\boldsymbol{A}\boldsymbol{A}^{\mathrm{T}})\boldsymbol{y}(k-1),\quad k=1,2,\ldots,\tag{5-21}$$

其中 α_k 和 β_k 为归一化常数,使得 $\|\boldsymbol{x}(k)\|=\|\boldsymbol{y}(k)\|=1$,即有

$$\alpha_k=\frac{1}{\|(\boldsymbol{A}^{\mathrm{T}}\boldsymbol{A})\boldsymbol{x}(k-1)\|},\quad \beta_k=\frac{1}{\|(\boldsymbol{A}\boldsymbol{A}^{\mathrm{T}})\boldsymbol{y}(k-1)\|}.$$

在矩阵计算方法中[9],式(5-20)和(5-21)就是分别计算矩阵 $\boldsymbol{A}^{\mathrm{T}}\boldsymbol{A}$ 和 $\boldsymbol{A}\boldsymbol{A}^{\mathrm{T}}$ 的主特征向量(即与模最大的特征值对应的特征向量)的**幂法**(Power method)。

一般而言,计算一个给定的 N 阶矩阵 B 的主特征向量的幂法为:

$$z(k) = \boldsymbol{B}z(k-1), \quad k = 1,2,\dots. \tag{5-22}$$

幂法的收敛性基于如下两个假设:

假设 1:模最大的特征值为单根。记矩阵 $\boldsymbol{B}$ 的特征值为 $\lambda_i(i=1,2,\dots,N)$,那么按照模的大小排序应有

$$|\lambda_1| > |\lambda_2| \geqslant |\lambda_3| \geqslant \cdots \geqslant |\lambda_N| \geqslant 0. \tag{5-23}$$

假设 2:初始状态与主特征向量不正交。记与特征值 λ_1 对应的单位主特征向量为 $\boldsymbol{z}^*$ ($\|\boldsymbol{z}^*\|=1$),那么有

$$\boldsymbol{z}^{\mathrm{T}}(0)\boldsymbol{z}^* \neq 0. \tag{5-24}$$

在上述两个假设下,可以保证根据式(5-22)计算的 $\boldsymbol{z}(k)$ 收敛到与特征值 λ_1 对应的单位主特征向量 $\boldsymbol{z}^*$:

$$\boldsymbol{z}(k) \to \boldsymbol{z}^* \quad (k \to \infty). \tag{5-25}$$

假设 2 事实上可以默认是成立的:因为如果初始状态向量是随机选取的,那么它与某个给定的非零向量正交的概率为零。

现在我们再来看 HITS 算法的矩阵形式(5-20)和(5-21)。注意到尽管有向网络的邻接矩阵 $\boldsymbol{A}$ 一般是非对称的,矩阵 $\boldsymbol{A}^{\mathrm{T}}\boldsymbol{A}$ 和 $\boldsymbol{A}\boldsymbol{A}^{\mathrm{T}}$ 都是对称阵并且具有相同的非负的实特征值,记为 $\lambda_i(i=1,2,\dots,N)$,并排列如下:

$$\lambda_1 > \lambda_2 \geqslant \lambda_3 \geqslant \cdots \geqslant \lambda_N \geqslant 0. \tag{5-26}$$

如果 $\boldsymbol{x}^*$ 和 $\boldsymbol{y}^*$ 分别为矩阵 $\boldsymbol{A}^{\mathrm{T}}\boldsymbol{A}$ 和 $\boldsymbol{A}\boldsymbol{A}^{\mathrm{T}}$ 的与特征值 λ_1 对应的单位主特征向量,满足 $\|\boldsymbol{x}^*\| = \|\boldsymbol{y}^*\| = 1$,并且 $\boldsymbol{x}(1)$ 与 $\boldsymbol{x}^*$ 不正交(等价于 $\boldsymbol{A}^{\mathrm{T}}\boldsymbol{y}(0)$ 与 $\boldsymbol{x}^*$ 不正交)、$\boldsymbol{y}(0)$ 与 $\boldsymbol{y}^*$ 不正交,那么 HITS 算法计算的权威值向量收敛到矩阵 $\boldsymbol{A}^{\mathrm{T}}\boldsymbol{A}$ 的最大特征值所对应的单位主特征向量 $\boldsymbol{x}^*$;枢纽值向量收敛到矩阵 $\boldsymbol{A}\boldsymbol{A}^{\mathrm{T}}$ 的最大特征值所对应的单位主特征向量 $\boldsymbol{y}^*$。下面我们以枢纽值向量 $\boldsymbol{y}(k)$ 为例给出收敛性分析。

记 $\boldsymbol{q}_i \in \Re^N$ 为矩阵 $\boldsymbol{A}\boldsymbol{A}^{\mathrm{T}}$ 的与特征值对应的一组正交的单位特征向量($i=1,2,\dots,N$),即有

$$\boldsymbol{q}_i^{\mathrm{T}}\boldsymbol{q}_j = \begin{cases} 1, & i = j, \\ 0, & i \neq j, \end{cases} \tag{5-27}$$

那么,$\boldsymbol{Q} = [\boldsymbol{q}_1 \quad \boldsymbol{q}_2 \quad \cdots \quad \boldsymbol{q}_N]$ 为正交矩阵,并且有

$$Q^{\mathrm{T}}(AA^{\mathrm{T}})Q = \begin{bmatrix} \lambda_1 & & & \\ & \lambda_2 & & \\ & & \ddots & \\ & & & \lambda_N \end{bmatrix}. \tag{5-28}$$

由于 $\boldsymbol{q}_i \in \Re^N (i=1,2,\ldots,N)$ 构成 N 维线性空间的一组正交向量基,我们可以把 $\boldsymbol{y}(0)$ 表示为这组基的线性组合,记为

$$\boldsymbol{y}(0) = \gamma_1\boldsymbol{q}_1 + \gamma_2\boldsymbol{q}_2 + \cdots + \gamma_N\boldsymbol{q}_N. \tag{5-29}$$

根据假设,$\boldsymbol{y}(0)$ 与 $\boldsymbol{q}_1$ 不正交,即有 $\gamma_1 \neq 0$。

HITS 算法 (5-20) 和 (5-21) 可以写为

$$\boldsymbol{x}(k) = \alpha_k(\boldsymbol{A}^{\mathrm{T}}\boldsymbol{A})^{k-1}\boldsymbol{A}^{\mathrm{T}}\boldsymbol{y}(0), \quad \boldsymbol{y}(k) = \beta_k(\boldsymbol{A}\boldsymbol{A}^{\mathrm{T}})^k\boldsymbol{y}(0), \quad k = 1,2,\ldots. \tag{5-30}$$

把式(5-29)代入上式,有

$$\begin{aligned} \boldsymbol{y}(k) &= \beta_k(\boldsymbol{A}\boldsymbol{A}^{\mathrm{T}})^k\boldsymbol{y}(0) \\ &= \beta_k(\lambda_1^k\gamma_1\boldsymbol{q}_1 + \lambda_2^k\gamma_2\boldsymbol{q}_2 + \cdots + \lambda_N^k\gamma_N\boldsymbol{q}_N) \\ &= \beta_k\lambda_1^k\left(\gamma_1\boldsymbol{q}_1 + \left(\frac{\lambda_2}{\lambda_1}\right)^k\gamma_2\boldsymbol{q}_2 + \cdots + \left(\frac{\lambda_N}{\lambda_1}\right)^k\gamma_N\boldsymbol{q}_N\right). \end{aligned} \tag{5-31}$$

于是,当 $k\to\infty$ 时有

$$\boldsymbol{y}(k) \to \lambda_1^k\beta_k\gamma_1\boldsymbol{q}_1. \tag{5-32}$$

注意到对任意 $k \geqslant 1$,$\boldsymbol{y}(k)$ 均为单位向量,即 $\|\boldsymbol{y}(k)\| = 1$,而 $\boldsymbol{q}_1$ 也为单位向量,因此式(5-32)意味着当 $k\to\infty$ 时有

$$\boldsymbol{y}(k) \to \boldsymbol{q}_1. \tag{5-33}$$

如果特征值 λ_1 为重根,那么就会出现算法收敛值不唯一,即依赖于初值。假设特征值 λ_1 的重数为 $l>1$,即有

$$\lambda_1 = \lambda_2 = \cdots = \lambda_l > \lambda_{l+1} \geqslant \lambda_{l+2} \geqslant \cdots \geqslant \lambda_N \geqslant 0. \tag{5-34}$$

式(5-31)可修改为

$$\boldsymbol{y}(k) = \beta_k\lambda_1^k\left(\gamma_1\boldsymbol{q}_1 + \gamma_2\boldsymbol{q}_2 + \cdots + \gamma_l\boldsymbol{q}_l + \left(\frac{\lambda_{l+1}}{\lambda_1}\right)^k\gamma_{l+1}\boldsymbol{q}_{l+1} + \cdots + \left(\frac{\lambda_N}{\lambda_1}\right)^k\gamma_N\boldsymbol{q}_N\right). \tag{5-35}$$

于是当 $k\to\infty$ 时有

$$\boldsymbol{y}(k) \to \beta_k\lambda_1^k(\gamma_1\boldsymbol{q}_1 + \gamma_2\boldsymbol{q}_2 + \cdots + \gamma_l\boldsymbol{q}_l). \tag{5-36}$$

也就是说,枢纽值向量不再收敛到特征向量 $\boldsymbol{q}_1$,而是收敛到 $\boldsymbol{q}_1,\boldsymbol{q}_2,\ldots,\boldsymbol{q}_l$ 的线性组合。这一组合的系数一般而言是与初始 Hub 值向量 $\boldsymbol{y}(0)$ 的选取有关的。

到目前为止,HITS 算法并没有在实际的搜索引擎中得到广泛使用。另一方面,几乎同时提出的 PageRank 算法却催生了 Google,并使其在短短几年之内成为

了搜索引擎霸主。

5.4 PR 值:PageRank 算法

5.4.1 基本算法

如果你在浏览器中加载了 Google 工具栏,就会发现其中有一个绿色小栏目称为"PageRank",它是 Google 为网页排序的关键技术。当你打开一个页面,然后把鼠标指针放在 PageRank 栏目上就会显示类似如下的文字:"PageRank 是 Google 对此页面重要性的判断(7/10)",其中的数字 10 表示 Google 赋予页面重要性的最大可能值,7 表示 Google 对该页面重要性的判断。

PageRank 算法的基本想法是:WWW 上一个页面的重要性取决于指向它的其他页面的数量和质量。针对一般的有向网络,基本的 PageRank 算法可叙述如算法 5-2。

算法 5-2 基本的 PageRank 算法。

(1) 初始步:给定所有节点的初始 PageRank 值(简称 PR 值)$PR_i(0)$,$i = 1,2,\ldots,N$,满足 $\sum_{i=1}^{N} PR_i(0) = 1$。

(2) 基本的 PageRank 校正规则:把每个节点在第 $k-1$ 步时的 PR 值平分给它所指向的节点。也就是说,如果节点 i 的出度为 k_i^{out},那么节点 i 所指向的每一个节点分得的 PR 值为 $PR_i(k-1)/k_i^{out}$。如果一个节点的出度为 0,那么它就始终把 PR 值只给自己。每个节点的新的 PR 值校正为它所分得的 PR 值之和,即有

$$PR_i(k) = \sum_{j=1}^{N} a_{ji} \frac{PR_j(k-1)}{k_j^{out}}, \quad i = 1,2,\ldots,N. \tag{5-37}$$

注意在上述算法中,网络中所有节点的 PR 值之和总是不变的(这里为 1),因此,无需像 HITS 算法一样每步都做归一化处理。只不过这里采用的是 1-范数而不是 2-范数(当然在 HITS 算法中也可以使用 1-范数)。

式(5-37)表明，一个节点的重要性是指向它的节点的重要性的加权组合。我们可以对为什么要“加权”，或者说，为什么每个节点要把它的 PR 值平分给它所指向的节点做一个直观的解释。假设我们公认某个页面 A 是重要的。如果在页面 A 上只有一个超文本链接，而且这个链接就是指向你的个人主页(记为页面 B)，那么直观上就会觉得页面 B 应该也很重要。另一方面，如果在页面 A 上有 1 000 个超文本链接，其中有一个链接指向页面 B，这时候就会觉得你的个人主页的重要性没有第一种情形高了；也就是说，页面 A 的重要性要被所有它所指向的页面分摊。

在有向网络的邻接矩阵 $\boldsymbol{A}=(a_{ij})_{N\times N}$ 基础上定义基本 Google 矩阵 $\bar{\boldsymbol{A}}=(\bar{a}_{ij})_{N\times N}$ 如下：

$$\bar{a}_{ij}=\begin{cases}1/k_i^{out}, & \text{如果有从节点 } i \text{ 指向节点 } j \text{ 的边}\\ 0, & \text{否则}\end{cases} \tag{5-38}$$

那么，基本的 PageRank 校正规则可以写为如下的矩阵形式：

$$\boldsymbol{PR}(k)=\bar{\boldsymbol{A}}^{\mathrm{T}}\boldsymbol{PR}(k-1). \tag{5-39}$$

上式就是求解矩阵 $\bar{\boldsymbol{A}}$ 的与模最大的特征值对应的主特征向量的幂法，并且有 $\|\boldsymbol{PR}(k)\|_1=1,\forall k\geqslant 0$。

例如，与图 5-6 所示的包含 8 个节点的网络对应的基本 Google 矩阵 $\bar{\boldsymbol{A}}$ 为

$$\bar{\boldsymbol{A}}=\begin{bmatrix}0 & 1/2 & 1/2 & 0 & 0 & 0 & 0 & 0\\ 0 & 0 & 0 & 1/2 & 1/2 & 0 & 0 & 0\\ 0 & 0 & 0 & 0 & 0 & 1/2 & 1/2 & 0\\ 1/2 & 0 & 0 & 0 & 0 & 0 & 0 & 1/2\\ 1/2 & 0 & 0 & 0 & 0 & 0 & 0 & 1/2\\ 1 & 0 & 0 & 0 & 0 & 0 & 0 & 0\\ 1 & 0 & 0 & 0 & 0 & 0 & 0 & 0\\ 1 & 0 & 0 & 0 & 0 & 0 & 0 & 0\end{bmatrix}.$$

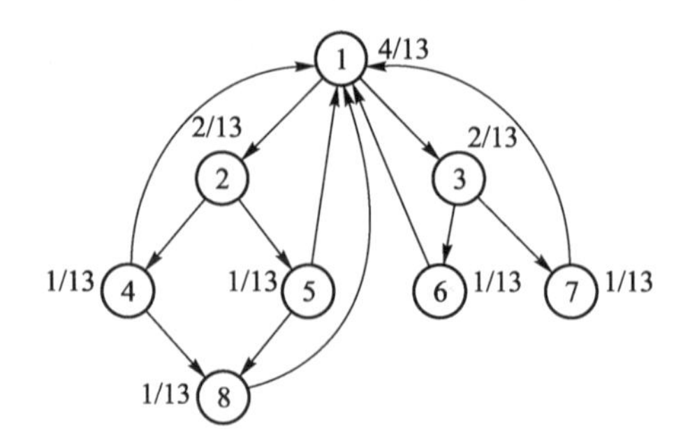

图 5-6　由 8 个节点组成的有向网络中各节点的稳态 PR 值

假设 8 个节点的初始 PR 值均为 1/8,当迭代步数增加时,每个节点的 PR 值会趋于如图 5-6 中每个节点旁边的分数所示的稳态 PR 值。

我们可以从复杂网络上的随机行走的观点来解释基本的 PageRank 算法,从而也容易发现它存在的问题:首先,完全随机地选择一个初始节点;然后,每次都是从当前节点出发,在从该节点指出去的边中随机选择一条边并沿着该边到达另一个节点。

可以证明:随机行走 k 步后位于节点 i 的概率就等于应用基本 PageRank 算法 k 步后所得到的节点 i 的 PR 值。

Page 和 Brin 为 WWW 上的随机行走取了一个好听的名字——**随机冲浪**(Random surfing):

> 假设有一个网上的随机冲浪者,他从一个随机选择的页面开始浏览,然后在当前页面浏览一定时间后通过随机点击当前页面上的某个超文本链接而进入到下一个页面浏览。随机冲浪 k 步后位于页面 X 的概率就等于应用基本 PageRank 算法 k 步后得到的页面 X 的 PR 值。

上述行走规则的缺陷在于:一旦到达某个出度为零的节点,就会永远停留在该节点而无法再走出来。出度为零的节点也称为**悬挂节点**(Dangling node),这些节点的存在会使得基本的 PageRank 算法失效。

我们看一个最简单的只包含两个节点和一条有向边的例子。这里的有向边是从节点 1 指向节点 2(图 5-7)。

图 5-7 包含两个节点的有向网络

基本 Google 矩阵为

$$\bar{\boldsymbol{A}} = \begin{bmatrix} 0 & 1 \\ 0 & 0 \end{bmatrix}$$

初始 PR 值取为 $\boldsymbol{PR}(0) = [1/2 \quad 1/2]^{\mathrm{T}}$, 我们有

$$\boldsymbol{PR}(1) = \bar{\boldsymbol{A}}^{\mathrm{T}}\boldsymbol{PR}(0) = \begin{bmatrix} 0 & 0 \\ 1 & 0 \end{bmatrix}\begin{bmatrix} 1/2 \\ 1/2 \end{bmatrix} = \begin{bmatrix} 0 \\ 1/2 \end{bmatrix}$$

$$\boldsymbol{PR}(2) = \bar{\boldsymbol{A}}^{\mathrm{T}}\boldsymbol{PR}(1) = \begin{bmatrix} 0 & 0 \\ 1 & 0 \end{bmatrix}\begin{bmatrix} 0 \\ 1/2 \end{bmatrix} = \begin{bmatrix} 0 \\ 0 \end{bmatrix}$$

也就是说,经过两轮迭代之后,网络中两个节点的 PR 值全部稳定在零,这显然是不合理的。

更为一般地,如果网络中存在一些没有指出边的子图(对应于有向网络蝴蝶结结构的出部),那么这些子图中的节点有可能"吸尽"网络中所有的 PR 值。例如,假设在图 5-6 所示的网络中,从节点 6 指向节点 1 的一条边改为从节点 6 指向节点 7,从节点 7 指向节点 1 的一条边改为从节点 7 指向节点 6(见图 5-8)。

采用上述基本的 PageRank 算法你会发现：节点 6 和节点 7 组成了网络的出部（参见第 3.2.2 节），它们的 PR 值均为 1/2，而所有其他节点的 PR 值均为 0。

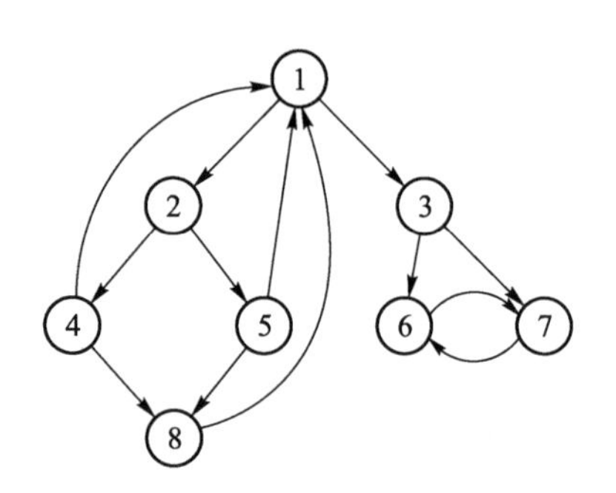

图 5-8　对图 5-6 所示网络的两条边做调整之后的网络

对于悬挂节点的处理有一种简单的办法：假设一旦到达一个出度为零的页面，那么就以相同概率 $1/N$ 随机地访问网络中的任一页面。从数学上看，这相当于把基本 Google 矩阵 $\bar{\boldsymbol{A}}$ 中的全零行替换为每个元素均为 $1/N$ 的行。我们称这种修正为随机性修正，因为修正后的 Google 矩阵是每一行的元素之和都为 1 的**行随机矩阵**（Row stochastic matrix），其元素为

$$\bar{a}_{ij}=\begin{cases}1/k_i^{out}, & k_i^{out}>0 \text{ 且有从节点 } i \text{ 指向节点 } j \text{ 的边}\\ 0, & k_i^{out}>0 \text{ 且没有从节点 } i \text{ 指向节点 } j \text{ 的边}\\ 1/N, & k_i^{out}=0\end{cases} \tag{5-40}$$

例如，再看一下图 5-7 所示的两个节点的情形。随机性修正后的 Google 矩阵为

$$\bar{\boldsymbol{A}}=\begin{bmatrix}0 & 1\\ \frac{1}{2} & \frac{1}{2}\end{bmatrix}$$

初始 PR 值仍取为 $\boldsymbol{PR}(0)=[1/2\quad 1/2]^{\mathrm{T}}$，可以求得稳态 PR 值为 $\boldsymbol{PR}^*=[1/3\quad 2/3]^{\mathrm{T}}$。

5.4.2　PageRank 算法

上述针对悬挂节点的随机性修正并没有完全解决基本的 PageRank 算法的收敛性问题。事实上，即使网络中没有出度为零的悬挂节点，甚至即使网络是强连通的（即任意两个节点之间都可以互相到达），基本的 PageRank 算法也仍然有可能失效。看一个由 5 个节点组成的环状网络（图 5-9），对应的基本 Google 矩阵满足

$$\bar{\boldsymbol{A}}^{\mathrm{T}}=\begin{bmatrix}0&0&0&0&1\\1&0&0&0&0\\0&1&0&0&0\\0&0&1&0&0\\0&0&0&1&0\end{bmatrix}$$

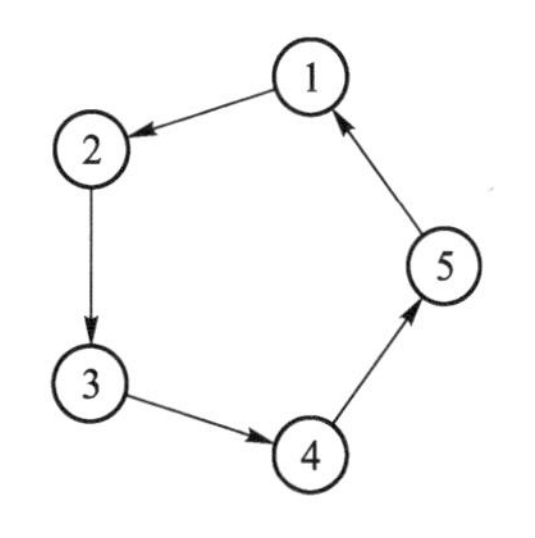

图 5-9 由 5 个节点组成的环状有向网络

从表 5-2 可以看出,如果初始 PR 值取为 $\boldsymbol{PR}(0)=[1\quad 0\quad 0\quad 0\quad 0]^{\mathrm{T}}$,那么经过 5 次迭代后 PR 值又回到了初值,也就是说,算法将不停地循环而无法收敛。

表 5-2 PR 值迭代过程

PR(0)	***PR***(1)	***PR***(2)	***PR***(3)	***PR***(4)	***PR***(5)
1	0	0	0	0	1
0	1	0	0	0	0
0	0	1	0	0	0
0	0	0	1	0	0
0	0	0	0	1	0

解决基本的 PageRank 算法收敛性的有效办法是:从当前页面出发,不管该页面是否为悬挂页面,都允许以一定概率随机选取网络中的任一页面作为下一步要浏览的页面。这就是如下的**修正的随机冲浪者模型:**

> 假设有一个网上的随机冲浪者,他从一个随机选择的页面开始浏览。如果当前页面的出度大于零,那么以概率 $s(0<s<1)$ 在当前页面上随机点击某个超文本链接而进入下一个页面,以概率 $1-s$ 在整个 WWW 上完全随机选择一个页面作为下一步要浏览的页面;如果当前页面的出度为零,那么完全随机选择一个页面作为下一步要浏览的页面。

针对一般的有向网络,相应有如下的**修正的随机行走规则:**

> 完全随机地选择一个初始节点。如果当前所在节点的出度大于零,那么以概率 $s(0<s<1)$ 在指出去的边中随机选择一条边并沿着该边到达下一个节点,以概率 $1-s$ 在整个网络上完全随机选择一个节点作为下一步要到达的节点。如果当前所在节点的出度等于零,那么完全随机选择一个节点作为下一步要到达的节点。

基于上述修正的随机行走思想，修正的 PageRank 算法（简称 PageRank 算法）见算法 5-3。

算法 5-3　PageRank 算法。

（1）初始步：给定所有节点的初始 PageRank 值（简称 PR 值）$PR_i(0)$，$i=1,2,\dots,N$，满足 $\sum_{i=1}^{N} PR_i(0)=1$。

（2）修正的 PageRank 校正规则（简称 PageRank 校正规则）：给定一个标度常数 $s\in(0,1)$。首先按照基本的 PageRank 校正规则计算各个节点的 PR 值，然后把每个节点的 PR 值通过比例因子 s 进行缩减。这样，所有节点的 PR 值之和也就缩减为 s，再把 $1-s$ 平均分给每个节点 PR 值，以保持网络总的 PR 值为 1。即有

$$PR_i(k)=s\sum_{j=1}^{N}\bar{a}_{ji}PR_j(k-1)+(1-s)\frac{1}{N},\quad i=1,2,\dots,N. \tag{5-41}$$

可以证明：基于修正的随机行走规则行走 k 步后位于节点 i 的概率就等于应用 PageRank 校正规则 k 步后所得的节点 i 的 PR 值。

PageRank 校正规则的矩阵形式如下：

$$\boldsymbol{PR}(k)=\widetilde{\boldsymbol{A}}^{\mathrm{T}}\boldsymbol{PR}(k-1)=(\widetilde{\boldsymbol{A}}^{\mathrm{T}})^{k}\boldsymbol{PR}(0), \tag{5-42}$$

其中

$$\widetilde{\boldsymbol{A}}=s\bar{\boldsymbol{A}}+(1-s)\frac{1}{N}\boldsymbol{e}\boldsymbol{e}^{\mathrm{T}},\quad \boldsymbol{e}=[1\quad 1\quad \cdots\quad 1]^{\mathrm{T}}. \tag{5-43}$$

注意到不管网络连通性如何，$\bar{\boldsymbol{A}}$ 是一个非负矩阵，从而 $\widetilde{\boldsymbol{A}}$ 是一个正矩阵。根据矩阵理论中的 Perron-Frobenius 定理[9]，我们有如下结论：

（1）矩阵 $\widetilde{\boldsymbol{A}}$ 的模最大的特征值为正实特征值 $\lambda_1>0$，且有 $\lambda_1>|\lambda_i|$，$i=2,3,\dots,N$。

（2）与特征值 λ_1 对应的单位特征向量 $\boldsymbol{PR}^*$（$\|\boldsymbol{PR}^*\|_1=1$）的元素全为正。

（3）如果矩阵 $\bar{\boldsymbol{A}}$ 是行随机矩阵，那么 $\widetilde{\boldsymbol{A}}$ 也是行随机矩阵。在此情形，$\lambda_1=1$，对于任意的非零和非负的单位初始向量，PageRank 校正规则计算得到的 $\boldsymbol{PR}(k)$ 当 $k\to\infty$ 时收敛到 $\boldsymbol{PR}^*$。

关于标度常数 s 的取值需要考虑到收敛性和有效性之间的折中：如果 $s=1$，那么算法会无法收敛，s 越接近 1 算法收敛速度越慢；s 越接近 0 算法收敛速

度越快,如果 $s=0$,那么算法一步就收敛到所有节点均具有相同 PR 值的状态,但收敛值缺乏有效的意义。Page 和 Brin 当初提出 PageRank 算法时,建议取 $s=0.85$。

5.4.3 排序鲁棒性与网络结构

实际的大规模网络的结构往往会随时间而发生变化,包括节点和连边的增减等。而 Internet、WWW 等技术网络和许多生物网络本来就难以甚至无法得到完整的网络数据。因此,我们希望关于节点重要性的某种排序能够对网络结构的扰动具有一定的鲁棒性。例如,网络结构的小的扰动不会对按照度值的节点排序结果产生明显影响。通过分析网络结构对 PageRank 算法计算得到的 PR 值的影响[10],发现均匀的随机网络中节点的 PR 值排序对网络扰动较为敏感,而非均匀的无标度网络中会涌现个别超稳定的 PR 值最大的节点,它们在按照 PR 值排序中的位置对于网络扰动具有很高的鲁棒性。这项研究考虑的是在保持每个节点的度值不变的情况下,通过将在第 6 章介绍的随机重连机制生成具有相同度分布的不同的网络,然后比较这些网络中的节点的 PR 值排序是否相同。表 5-3 以 Physical Review E 上发表的文章之间的引用关系构成的网络为例,列举了 1950 年以来的一些受到广泛引用的超稳定的文章,其中 Kohn 和 Sham 的一篇文章居然在长达 30 年的时间里雄踞榜首。

表 5-3　Physical Review E 论文引用网络中的超稳定节点(取自文献[10])

年代	规模	超稳定文章
1950—1960	26 677	1) M. Goldhaber and A. W. Sunyar, *Classification of Nuclear Isomers*, Phys. Rev. **83**, 906 (1951).
1960—1970	53 711	1) J. Bardeen, L. N. Cooper and J. R. Schrieffer, *Theory of Superconductivity*, Phys. Rev. **108**, 1175 (1957). 2) M. Gell-Mann, *Symmetries of Baryons and Mesons*, Phys. Rev **125**, 1067 (1962). 3) R. P. Feynman and M. Gell-Mann, *Theory of the Fermi Interaction*, Phys. Rev. **109**, 193 (1958).
1970—1980	98 622	1) J. Bardeen, L. N. Cooper and J. R. Schrieffer, *Theory of Superconductivity*, Phys. Rev. **108**, 1175 (1957). 2) M. Gell-Mann, *Symmetries of Baryons and Mesons*, Phys. Rev **125**, 1067 (1962). 3) S. Weinberg, *A model of Leptions*, Phys. Rev. Lett. **19**, 1264 (1967).

续表

年代	规模	超稳定文章
1980—1990	164 458	1) W. Kohn and L. J. Sham, *Self-Consistent Equations*, Phys. Rev. **136**, A1133 (1965). 2) S. Weinberg, *A model of Leptions*, Phys. Rev. Lett. **19**, 1264 (1967). 3) J. Bardeen, L. N. Cooper and J. R. Schrieffer, *Theory of Superconductivity*, Phys. Rev. **108**, 1175 (1957).
1990—2000	282 384	1) W. Kohn and L. J. Sham, *Self-Consistent Equations*, Phys. Rev. **136**, A1133 (1965). 2) P. Hohenberg and W. Kohn, *Inhomogenous Electron Gas*, Phys. Rev. **136**, B864 (1964). 3) J. P. Perdew, *Self-interaction correction to density-functional approximation*, Phys. Rev. B **23**, 5048 (1981).
2000—2009	449 673	1) W. Kohn and L. J. Sham, *Self-Consistent Equations*, Phys. Rev. **136**, A1133 (1965). 2) P. Hohenberg and W. Kohn, *Inhomogenous Electron Gas*, Phys. Rev. **136**, B864 (1964). 3) J. P. Perdew, *Self-interaction correction to density-functional approximation*, Phys. Rev. B **23**, 5048 (1981). 4) J. P. Perdew, K. Burke and M. Erzerhof, *Generalized gradient approximation*, Phys. Rev. Lett. **77**, 3865 (1996).

关于网络节点的重要性分析还有许多研究。针对不同类型的网络和不同的研究问题,节点的重要性判断标准也不同。在线社会网络中用户的重要性刻画就是一个例子[11]。

5.5　节点相似性与链路预测

5.5.1　问题描述与评价标准

刻画节点的相似性有很多种方法,最简单直接的就是利用节点的属性。例如，如果两个人具有相同的年龄、性别、职业、兴趣等，我们就说这两人很相似。近年来，基于网络结构信息的节点相似性刻画得到了越来越多的重视。

节点相似性分析的一个典型应用就是链路预测（Link prediction），它是指如何通过已知的各种信息预测给定网络中尚不存在连边的两个节点之间产生连接的可能性。这种预测既包含了对未知链接（existing yet unknown link），也称丢失链接（missing link）的预测，也包含了对未来链接（future link）的预测。基于节点相似性进行链路预测的一个基本假设就是如果两个节点之间的相似性（或者相近性）越大，它们之间存在链接的可能性就越大。下面主要基于综述文章[12]和[13]加以介绍。

在蛋白质相互作用网络和新陈代谢网络等生物网络中，节点之间是否存在相互作用关系是需要通过大量实验结果进行推断的。我们已知的实验结果仅仅揭示了巨大网络的冰山一角。以蛋白质相互作用网络为例，酵母菌蛋白质之间80%左右的相互作用仍不为人们所知。揭示这类网络中隐而未现的链接需要依赖技术的进步和高额的实验成本。如果能够事先在已知网络结构的基础上设计出足够精确的链路预测算法，再利用预测的结果指导试验，就有可能提高实验的成功率从而降低试验成本。此外，在很多构建生物网络的实验中存在不清晰甚至自相矛盾的数据，我们有可能应用链路预测的方法纠正一些错误的虚假连边。基于各种采样方法获得的社会网络数据也往往存在丢失节点和连边的问题，而链路预测可以作为更为准确分析社会网络结构的有力的辅助工具。

链路预测还可以用于预测演化网络中未来可能出现的链接。例如，在在线社交网站中，链路预测可以基于当前的网络结构去预测哪些现在尚未结交的用户对“应该是朋友”，并将此结果作为“朋友推荐”发送给用户。

给定一个具有 N 个节点和 M 条边的无向网络 $G(V,E)$。链路预测的基本想法是为网络中每一对没有连边的节点对 (x,y) 赋予一个分数 S_{xy}，然后将所有未连接的节点对按照该值从大到小排序，排在最前面的节点对出现连边的概率最大。

为了测试链路预测算法的准确性，通常将网络中已知的连边集 E 分为训练集 E^T 和测试集 E^P 两部分：$E=E^T\cup E^P$，$E^T\cap E^P=\varnothing$。在计算时只使用测试集的信息，并把不属于现有边集 E 的任意一对节点之间的可能连边称为不存在的边。衡量链路预测算法精确度的两种常用指标为 AUC[14] 和 Precision[15]。

（1）AUC 是从整体上衡量算法的精确度。它可以理解为，测试集中的边的分数值比随机选择的一个不存在的边的分数值高的概率。也就是说，每次随机从测试集中选取一条边与随机选择的不存在的边进行比较：如果测试集中的边的分数值大于不存在的边的分数值，那么就加 1 分，如果两个分数值相等就加

0.5分。这样独立比较 n 次，如果有 n' 次测试集中的边的分数值大于不存在的边的分数值，有 n'' 次两个分数值相等，那么 AUC 定义为

$$AUC = \frac{n' + 0.5n''}{n}. \tag{5-44}$$

显然，如果所有分数都是随机产生的，那么 $AUC = 0.5$。因此 AUC 大于0.5的程度衡量了算法在多大程度上比随机选择的方法精确。

（2）Precision 只考虑排在前 L 位的边是否预测准确，即前 L 个预测边中预测准确的比例。如果排在前 L 位的边中有 m 个在测试集中，那么 Precision 定义为

$$Precision = \frac{m}{L}. \tag{5-45}$$

显然，$Precision$ 越大预测越准确。如果两个算法 AUC 相同，而算法1的 $Precision$ 大于算法2，那么说明算法1更好，因为它倾向于把真正连边的节点对排在前面。

例如，考虑图5-10(a)所示的一个包含5个节点和7条边的网络。这7条边称为已存在边，而(1, 2)、(1, 4)和(3, 4)就称为3条不存在边。我们把已存在边中的(1, 3)和(4, 5)这两条边作为测试集（图5-10(b)中的虚线），而把其他5条已存在边作为训练集（图5-10(b)中的实线）。假设一个链路预测算法为训练集之外的其他所有可能的连边的打分如下：

$$s_{12} = 0.4,\quad s_{13} = 0.5,\quad s_{14} = 0.6,\quad s_{34} = 0.5,\quad s_{45} = 0.6.$$

为了计算 AUC，我们要比较2条测试边的分数与3条不存在边的分数。6种比较情况如下：

$$s_{13} > s_{12},\quad s_{13} < s_{14},\quad s_{13} = s_{34},\quad s_{45} > s_{12},\quad s_{45} = s_{14},\quad s_{45} > s_{34},$$

从而求得

$$AUC = \frac{1}{6}(3 \times 1 + 2 \times 0.5) \approx 0.67.$$

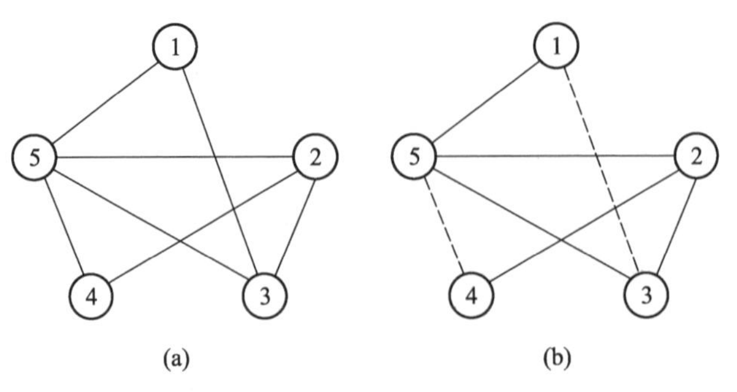

图5-10　用于链路预测精度指标计算的一个简单例子

另一方面,对于 Precision 指标,如果 $L=2$,那么分数最高的前两条预测边为(1, 4)和(4, 5),其中一条预测是对的而另一条预测是错的,从而有 $Precision=0.5$。

链路预测作为数据挖掘领域的研究方向之一在计算机领域已有较多的研究,研究思路和方法主要基于马尔可夫链和机器学习。近年来,基于网络结构的链路预测方法受到越来越多的关注。

5.5.2 基于局部信息的节点相似性指标

社会网络分析中经典的三元闭包(Triadic closure)原则指出,如果两个人 A 和 B 拥有一个共同的朋友 C,那么这两个人今后也很有可能成为朋友,从而使得 3 个节点构成一个闭合的三角形 ABC。对于一般的网络,我们可以把这一原则推广如下:两个节点的共同邻居的数量越多,这两个节点就越相似,从而更倾向于相互连接。最简单的基于共同邻居(Common neighbors)的节点相似性指标定义如下(图 5-11):

$$s_{xy}^{CN} = |\Gamma(x) \cap \Gamma(y)|, \tag{5-46}$$

其中 $\Gamma(x)$ 为节点 x 的邻居节点的集合。

例如,一些在线社交网站向用户(记为 A)推荐可能感兴趣的人(记为 B)时,往往会告诉用户 A 和 B 之间有多少共同好友,并且还会列出这些好友的名字。当然,从更为精细的角度看,如果 A 和 B 共同拥有的是一些经常联系的好友,那么 A 和 B 将更有可能成为朋友。也就是说,在设计推荐算法时最好能够考虑到不同好友具有不同的权重[16]。

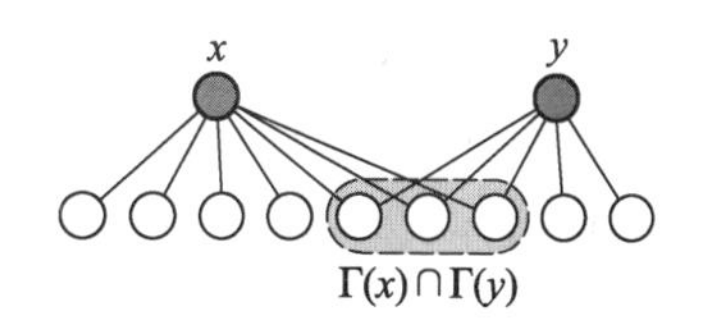

图 5-11 两个节点的共同邻居

在相似性指标(5-46)的基础上,还可以考虑两个节点的共同邻居的相对数量。表 5-4 列出了 10 种基于节点局部信息的相似性指标,其中第②至⑦种相似性指标是直接基于共同邻居指标的不同的规范化而得到的,表中的 $k(x)=|\Gamma(x)|$ 为节点 x 的度。第⑧种指标 PA 是基于 BA 无标度网络模型(见第 8 章)中新加入节点倾向于和度大的节点相连的优先连接机制而提出的。第⑨种指标 AA 的基本思想是度小的共同邻居节点的贡献大于度大的共同邻居节点,因此根据共同邻居节点的度为每个节点赋予一个权重值。第⑩种指标 RA 是从网络资源分配(Resource allocation)的角度提出的。RA 和 AA 指标最大的区别就在于赋予共同邻居节点的权重分别是以 $1/k$ 和 $1/\log k$ 的形式递减的。

表 5-4　10 种基于节点局部信息的相似性指标

名称	定义	名称	定义
① 共同邻居(CN)	$s_{xy}=\lvert\Gamma(x)\cap\Gamma(y)\rvert$	⑥ 大度节点不利指标(HDI)	$s_{xy}=\dfrac{\lvert\Gamma(x)\cap\Gamma(y)\rvert}{\max\{k(x),k(y)\}}$
② Salton 指标	$s_{xy}=\dfrac{\lvert\Gamma(x)\cap\Gamma(y)\rvert}{\sqrt{k(x)\times k(y)}}$	⑦ LHN-I 指标	$s_{xy}=\dfrac{\lvert\Gamma(x)\cap\Gamma(y)\rvert}{k(x)\times k(y)}$
③ Jaccard 指标	$s_{xy}=\dfrac{\lvert\Gamma(x)\cap\Gamma(y)\rvert}{\lvert\Gamma(x)\cup\Gamma(y)\rvert}$	⑧ 优先链接指标(PA)	$s_{xy}=k(x)\times k(y)$
④ Sorenson 指标	$s_{xy}=\dfrac{2\lvert\Gamma(x)\cap\Gamma(y)\rvert}{k(x)+k(y)}$	⑨ Adamic-Adar 指标(AA)	$s_{xy}=\sum\limits_{z\in\Gamma(x)\cap\Gamma(y)}\dfrac{1}{\log k(z)}$
⑤ 大度节点有利指标(HPI)	$s_{xy}=\dfrac{\lvert\Gamma(x)\cap\Gamma(y)\rvert}{\min\{k(x),k(y)\}}$	⑩ 资源分配指标(RA)	$s_{xy}=\sum\limits_{z\in\Gamma(x)\cap\Gamma(y)}\dfrac{1}{k(z)}$

表 5-5 总结了把上述 10 种基于节点局部信息的相似性指标用于 6 个实际网络的链路预测的结果[17]。这 6 个网络分别为:蛋白质相互作用网络(PPI)、科学家合作网络(NS)、美国电力网络(Grid)、政治博客网络(PB)、路由器层的 Internet 拓扑(INT)以及美国航空网络(USAir)。所有结果均以 AUC 为预测精度评价指标。10 种算法中,RA 总体表现最好,PA 总体表现最差,特别是在电力网络和路由器网络中预测精度还不到 0.5,这意味着 PA 算法在这两个网络中预测精度还不如完全随机的预测好。

表 5-5　10 种基于节点局部信息的相似性在 6 个网络链路预测中的精度比较

指标	蛋白质相互作用网络	科学家合作网络	美国电力网络	政治博客网络	路由器层的 Internet 拓扑	美国航空网络
CN	0.889	0.933	0.590	0.925	0.559	0.937
Salton	0.869	0.911	0.585	0.874	0.552	0.898
Jaccard	0.888	0.933	0.590	0.882	0.559	0.901
Sorensen	0.888	0.933	0.290	0.881	0.559	0.902
HPI	0.868	0.911	0.585	0.852	0.552	0.857
HDI	0.888	0.933	0.590	0.877	0.559	0.895
LHN-I	0.866	0.911	0.585	0.772	0.552	0.758
PA	0.828	0.623	0.446	0.907	0.464	0.886

续表

指标	蛋白质相互作用网络	科学家合作网络	美国电力网络	政治博客网络	路由器层的 Internet 拓扑	美国航空网络
AA	0.888	0.932	0.590	0.922	0.559	0.925
RA	0.890	0.933	0.590	0.931	0.559	0.955

5.5.3 基于全局信息的节点相似性指标

基于全局信息的节点相似性指标有以下 3 种：

(1) 局部路径(Local path,LP)指标。它在共同邻居指标的基础上考虑了三阶邻居的贡献,定义如下：

$$\boldsymbol{S} = \boldsymbol{A}^2 + \alpha \boldsymbol{A}^3, \tag{5-47}$$

其中 α 为可调节参数,$\boldsymbol{A}$ 为网络的邻接矩阵,$(\boldsymbol{A}^n)_{xy}$给出了节点 x 和 y 之间长度为 n 的路径数。当 $\alpha=0$ 时,LP 指标就等于共同邻居(CN)指标。

(2) Katz 指标。它考虑的是所有的路径数,且对越短的路径赋予越大的权重,定义为

$$s_{xy} = \sum_{l=1}^{\infty} \beta^l (\boldsymbol{A}^l)_{xy},$$

其中 β 为权重衰减因子。对应的相似性矩阵如下：

$$\boldsymbol{S} = \beta \boldsymbol{A} + \beta^2 \boldsymbol{A}^2 + \beta^3 \boldsymbol{A}^3 + \cdots = (\boldsymbol{I} - \beta \boldsymbol{A})^{-1} - \boldsymbol{I}. \tag{5-48}$$

为了保证数列的收敛性,β 的取值必须小于邻接矩阵 $\boldsymbol{A}$ 最大特征值的倒数。

(3) LHN-II 指标。它和 Katz 指标类似,也是考虑所有的路径,其基本想法是如果两个节点的邻居节点之间是相似的,那么这两个节点也是相似的。注意到$(\boldsymbol{A}^l)_{xy}$的期望值为

$$E[(\boldsymbol{A}^l)_{xy}] = \frac{k_x k_y}{M} \lambda_1^{\ l-1},$$

其中 λ_1 为矩阵 $\boldsymbol{A}$ 的最大特征值。LHN-II 和 Katz 指标的主要区别是把 Katz 指标中的$(\boldsymbol{A}^n)_{xy}$变为$(\boldsymbol{A}^n)_{xy}/E[(\boldsymbol{A}^n)_{xy}]$。LHN-II 指标的表达式如下：

$$\begin{aligned} s_{xy}^{LHN2} &= \delta_{xy} + \sum_{l=1}^{\infty} \phi^l \frac{(\boldsymbol{A}^l)_{xy}}{E[(\boldsymbol{A}^l)_{xy}]} \\ &= \delta_{xy} + \frac{2M}{k_x k_y} \sum_{l=1}^{\infty} \phi^l \lambda_1^{1-l} (\boldsymbol{A}^l)_{xy} \\ &= \left[1 - \frac{2M\lambda_1}{k_x k_y}\right] \delta_{xy} + \frac{2M\lambda_1}{k_x k_y} \left[\left(\boldsymbol{I} - \frac{\phi}{\lambda_1} \boldsymbol{A}\right)^{-1}\right]_{xy} \end{aligned}$$

其中 δ_{xy} 为 Kronecker δ 函数，ϕ 为取值小于 1 的参数。上式最后一个等式的第一项是可以去掉的对角阵，从而相似性矩阵可以写为

$$\boldsymbol{S} = 2M\lambda_1\boldsymbol{D}^{-1}\left(\boldsymbol{I}-\frac{\phi\boldsymbol{A}}{\lambda_1}\right)^{-1}\boldsymbol{D}^{-1}, \tag{5-49}$$

其中 $\boldsymbol{D}$ 为度值矩阵，$\boldsymbol{D}_{xy}=\delta_{xy}k_x$。

应用上述三种基于路径的相似性指标进行链路预测，结果总结于表 5-6 和表 5-7，分别用 AUC 和 Precision($L=100$)进行评价[17]。LP 的结果是在最优参数 α 时得到的；LP* 的结果是在固定参数 $\alpha=0.01$ 时得到的。由于美国航空网络特殊的层次结构，在网络中设定 $\alpha=-0.01$。从表中可以看出应用 AUC 作为评价指标时，基于全局信息的 Katz 指标表现最好，特别是在电力网和 Internet 中 AUC 可达到 0.95 以上。其次 LP 算法表现也不错，比如在蛋白质相互作用网络和政治博客网络中可以达到和 Katz 指标差不多好的预测精度。甚至在政治博客网络和美国航空网络中表现比 Katz 指标还好。其原因在于政治博客网络和美国航空网络的平均最短距离很小，因此基于 3 阶路径的 LP 指标比基于全部路径的 Katz 指标能够更好地符合网络的结构特点。电力网络的平均最短路径为 16，此时只考虑三阶路径的 LP 指标就不够精确了。

表 5-6　基于路径相似性指标在使用 AUC 衡量时的预测精度比较

AUC	蛋白质相互作用网络	科学家合作网络	美国电力网络	政治博客网络	路由器层的 Internet 拓扑	美国航空网络
LP	0.970	0.988	0.697	0.941	0.943	0.960
LP*	0.970	0.988	0.697	0.939	0.941	0.959
Katz	0.972	0.988	0.952	0.936	0.975	0.956
LHN-II	0.968	0.986	0.947	0.769	0.959	0.778

表 5-7　基于路径相似性指标在使用 Precision 衡量时的预测精度比较

Precision	蛋白质相互作用网络	科学家合作网络	美国电力网络	政治博客网络	路由器层的 Internet 拓扑	美国航空网络
LP	0.734	0.292	0.132	0.519	0.557	0.627
LP*	0.734	0.292	0.132	0.469	0.121	0.627
Katz	0.719	0.290	0.063	0.456	0.368	0.623
LHN-II	0	0.06	0.005	0	0	0.005

5.5.4 基于随机游走的相似性指标

基于随机游走的相似性指标有以下 6 种：

（1）平均通勤时间(Average commute time,ACT)。设 $m(x,y)$ 为一个随机粒子从节点 x 到节点 y 平均需要走的步数，那么节点 x 和 y 的平均通勤时间定义为

$$n(x,y) = m(x,y) + m(y,x). \tag{5-50}$$

其数值解可通过求该网络拉普拉斯矩阵 $\boldsymbol{L}$ 的伪逆 $\boldsymbol{L}^+$ 获得，即

$$n(x,y) = M(l_{xx}^+ + l_{yy}^+ - 2l_{xy}^+),$$

其中 l_{xy}^+ 表示矩阵 $\boldsymbol{L}^+$ 中相应位置的元素。如果两个节点的平均通勤时间越小，那么两个节点越接近。由此，定义基于 ACT 的相似性为（在此可忽略常数 M）

$$s_{xy}^{ACT} = \frac{1}{l_{xx}^+ + l_{yy}^+ - 2l_{xy}^+}. \tag{5-51}$$

（2）基于随机游走的余弦相似性(Cos +)。在由向量 $\boldsymbol{v}_x = \boldsymbol{\Lambda}^{1/2}\boldsymbol{U}^{\mathrm{T}}\boldsymbol{e}_x$ 展开的欧式空间内，$\boldsymbol{L}^+$ 中的元素 l_{xy}^+ 可表示为两向量 $\boldsymbol{v}_x$ 和 $\boldsymbol{v}_y$ 的内积，即 $l_{xy}^+ = \boldsymbol{v}_x^{\mathrm{T}}\boldsymbol{v}_y$，其中 $\boldsymbol{U}$ 是一个标准正交矩阵，由 $\boldsymbol{L}^+$ 特征向量按照对应的特征根从大到小排列，$\boldsymbol{\Lambda}$ 为以特征根为对角元素的对角矩阵，$\boldsymbol{e}_x$ 表示一个一维向量且只有第 x 个元素为 1，其他都为 0。由此定义余弦相似性如下：

$$s_{xy}^{\cos +} = \cos(x,y)^+ = \frac{l_{xy}^+}{\sqrt{l_{xx}^+ \cdot l_{yy}^+}}. \tag{5-52}$$

（3）重启的随机游走(Random walk with restart,RWR)。这个指标可以看成是 PageRank 算法的拓展应用。它假设随机游走粒子在每走一步的时候都以一定概率返回初始位置。设粒子返回概率为 $1-c$，$\boldsymbol{P}$ 为网络的马尔可夫概率转移矩阵，其元素 $\boldsymbol{P}_{xy} = a_{xy}/k_x$ 表示节点 x 处的粒子下一步走到节点 y 的概率。某一粒子初始时刻在节点 x 处，那么 $t+1$ 时刻该粒子到达网络各个节点的概率向量为

$$\boldsymbol{q}_x(t+1) = c \cdot \boldsymbol{P}^{\mathrm{T}}\boldsymbol{q}_x(t) + (1-c)\boldsymbol{e}_x,$$

其中 $\boldsymbol{e}_x$ 表示初始状态（其定义与 Cos + 中相同）。上式的稳态解为

$$\boldsymbol{q}_x = (1-c)(\boldsymbol{I} - c\boldsymbol{P}^{\mathrm{T}})^{-1}\boldsymbol{e}_x,$$

其中元素 q_{xy} 为从节点 x 出发的粒子最终有多少概率走到节点 y。由此定义 RWR 相似性如下：

$$s_{xy}^{RWR} = q_{xy} + q_{yx}. \tag{5-53}$$

（4）SimRank(SimR)指标。它的基本假设是，如果两节点所连接的节点相似，那么这两个节点就相似。其定义如下：

$$s_{xy}^{SimR} = C\frac{\sum\limits_{z \in \Gamma(x)}\sum\limits_{z' \in \Gamma(y)} s_{zz'}^{SimR}}{k_x k_y}, \tag{5-54}$$

其中假定 $s_{xx}=1$，$C\in[0,1]$ 为相似性传递时的衰减参数。SimR 指标可以用来描述两个分别从节点 x 和 y 出发的粒子多久会相遇。

（5）局部随机游走指标（Local random walk，LRW）。该指标与上述 4 种基于随机游走的相似性不同，它只考虑有限步数的随机游走过程。一个粒子 t 时刻从节点 x 出发，定义 $\pi_{xy}(t)$ 为 t 时刻这个粒子正好走到节点 y 的概率，那么可得到系统演化方程

$$\boldsymbol{\pi}_x(t+1)=\boldsymbol{P}^{\mathrm{T}}\boldsymbol{\pi}_x(t),\quad t=0,1,\cdots,$$

其中 $\boldsymbol{\pi}_x(0)$ 为一个 $N\times 1$ 的向量，只有第 x 个元素为 1，其他为 0，即 $\boldsymbol{\pi}_x(0)=\boldsymbol{e}_x$。设定各个节点的初始资源分布为 q_x，那么基于 t 步随机游走的相似性为

$$s_{xy}^{LRW}(t)=q_x\cdot\pi_{xy}(t)+q_y\cdot\pi_{yx}(t).\tag{5-55}$$

（6）叠加的局部随机游走指标（Superposed random walk，SRW）。这个指标的想法就是与目标节点更近的节点更有可能与目标节点相连。在 LRW 的基础上将 t 步及其以前的结果求和便得到 SRW 值，即

$$s_{xy}^{SRW}(t)=\sum_{l=1}^{t}s_{xy}^{LRW}(l)=q_x\sum_{l=1}^{t}\pi_{xy}(l)+q_y\sum_{l=1}^{t}\pi_{yx}(l).\tag{5-56}$$

表 5-8 和表 5-9 总结了 4 种基于随机游走的相似性指标用于 5 个网络的最大连通片中的链路预测效果[18]。括号中的数字表示 LRW 和 SRW 指标所对应的最优行走步数。除了科学家合作网络外，LRW 和 SRW 指标无论 AUC 还是 Precision 都好于 ACT 和 RWR 指标。而在科学家合作网络中虽然 RWR 表现稍好，但是其计算复杂度远远大于 LRW 和 SRW 指标。由于 ACT 和 RWR 的计算复杂度为 $O(N^3)$，而 LRW 和 SRW 为 $O(N\langle k\rangle^n)$，其中 n 为随机游走步数。由此可以推算对于科学家合作网络来说，计算 RWR 的时间复杂度要比 SRW 慢 1 000 多倍，而 AUC 只提高了千分之一。

表 5-8　4 种基于随机游走的指标在使用 AUC 衡量时的预测精度比较

AUC	美国航空网络	科学家合作网络	美国电力网络	蛋白质相互作用网络	C. elegans
ACT	0.901	0.934	0.895	0.900	0.747
RWR	0.977	0.993	0.760	0.978	0.889
LRW	0.972 (2)	0.989 (4)	0.953 (16)	0.974 (7)	0.899 (3)
SRW	0.978 (3)	0.992 (3)	0.963 (16)	0.980 (8)	0.906 (3)

表 5-9　4 种基于随机游走的指标在使用 Precision 衡量时的预测精度比较

Precision	美国航空网络	科学家合作网络	美国电力网络	蛋白质相互作用网络	C. elegans
ACT	0.49	0.19	0.08	0.57	0.07
RWR	0.65	0.55	0.09	0.52	0.13
LRW	0.64 (3)	0.54 (2)	0.08 (2)	0.86 (3)	0.14 (3)
SRW	0.67 (3)	0.54 (2)	0.11 (3)	0.73 (9)	0.14 (3)

关于链路预测方法的更多介绍参见综述[12,13]。此外,在许多情形中我们所得到的网络数据的节点和边的信息都是不完整的,我们希望能够基于不完整的数据同时推断丢失的节点和连边或者预测未来网络中可能出现的新节点和新连边,这将是更大的挑战[19]。

此外,不同网络之间的节点的相同或者相似性分析也是一个值得深入研究的课题。例如,假设知道同一群人基于 E-mail 通信构成的朋友关系网络 F 以及基于某个社交网站构成的好友关系网络 G,假设我们知道网络 F 中每个节点的身份,问题是要推断出网络 G 中每个节点的身份。也就是说,我们要找到两个网络的节点之间的一一对应关系(如图 5-12 所示),这类问题称为网络结盟问题(Network alignment problem)[20],用于社会网络分析时也称为去匿名化(de-anonimization)。在生物学中也经常需要比较两个不同物种的蛋白质或者基因网络,其中一种物种中的节点信息是已知的,我们希望通过比较推断出另一个物种中的各个节点的信息[21]。求解网络结盟问题的一种思路就是基于两个网络中对应节点之间的相似性。

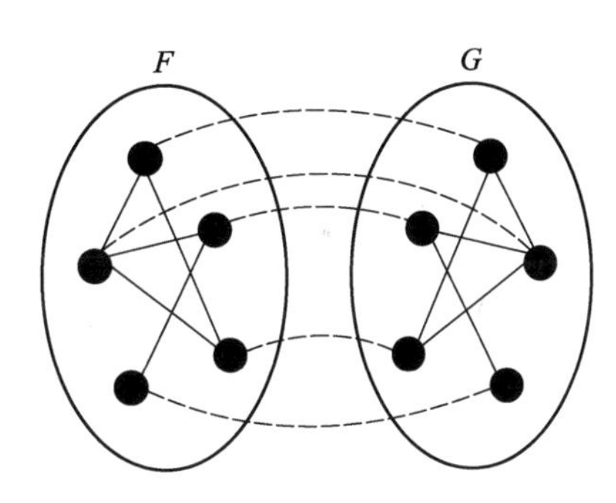

图 5-12　网络结盟问题示意

习　题

5-1　请计算图 5-13 所示的 N 个节点排成一行组成的最近邻网络中,从左边数起的第 i 个节点的介数。

5-2　考虑如图 5-14 所示的由 N 个节点组成的一个无向树,其中左边和右边的圆圈部分包围的节点数分别为 N_1 和 N_2。连接这两个部分的唯一的一条

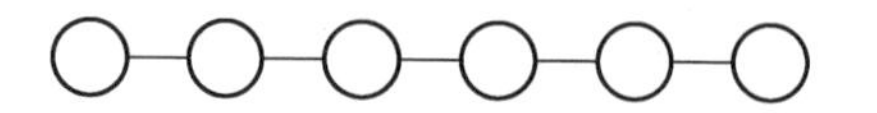

图 5-13　排成一行的最近邻网络

边是节点 1 和节点 2 之间的连边。请证明,节点 1 和节点 2 的接近中心数 CC_1 和 CC_2 满足:

$$\frac{1}{CC_1}+\frac{N_1}{N}=\frac{1}{CC_2}+\frac{N_2}{N}.$$

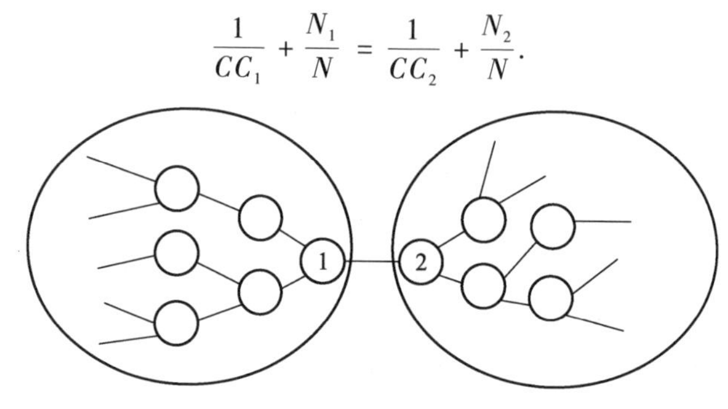

图 5-14　一个无向树

5-3　本章介绍了 PageRank 算法和复杂网络上的随机行走之间的类比关系。请证明:

(1) 在一个给定网络上随机行走 k 步后位于节点 i 的概率等于应用基本 PageRank 校正规则 k 步后所得到的节点 i 的 PR 值。

(2) 在一个给定网络上基于修正的随机行走规则行走 k 步后位于节点 i 的概率等于应用 PageRank 校正规则 k 步后所得的节点 i 的 PR 值。

5-4　请通过图 5-15 所示的简单网络,说明在使用 PageRank 算法计算节点 PR 值时有如下结果:

(1) 增加一条指向该节点的边会使该节点的 PR 值增加,去除一条指向该节点的边会使该节点的 PR 值下降;

(2) 增加一条指出去的边有可能使该节点的 PR 值下降,去除一条指出去的边有可能使该节点的 PR 值增加。

具体地说,当没有从节点 3 指向节点 1 的有向边时,3 个节点的 PR 值记为 $PR_i(i=1,2,3)$,在添加了从节点 3 指向节点 1 的有向边时,3 个节点的 PR 值记为 $\overline{PR_i}(i=1,2,3)$。

对于给定的标度常数 $s\in(0,1)$,请证明:

$$PR_3=\frac{1+s+s^2}{3(1+s)},\quad \overline{PR_3}=\frac{1+s+s^2}{3(1+s+s^2/2)},$$

从而有 $\overline{PR_3}<PR_3$。类似地,请证明 $\overline{PR_1}>PR_1$。

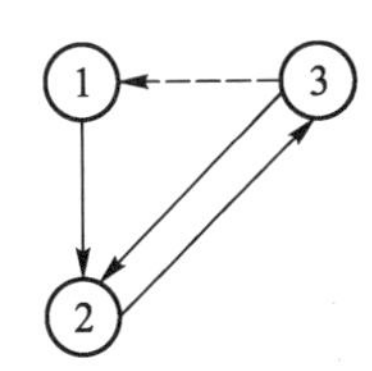

图 5-15　包含 3 个节点的有向网络

5-5　请证明,对于 PageRank 算法,入度和出度分别为 k_{in} 和 k_{out} 的节点的 PR 值的平均值和出度无关,即有

$$\langle PR(k_{in},k_{out})\rangle = \frac{1-\alpha}{N} + \frac{\alpha}{N}\frac{k_{in}}{\langle k_{in}\rangle}.$$

5-6　考虑图 5-16 所示的一个简单网络,请分别按照表 5-4 中给出的 10 种基于节点局部信息的相似性指标,计算节点 A 和 B 的相似性。

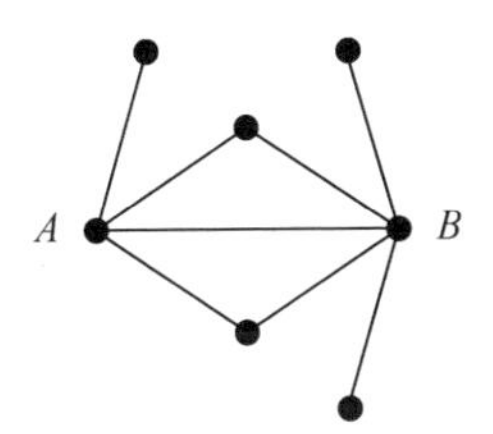

图 5-16　计算节点相似性的一个例子

参考文献

[1]　FREEMAN L C. A set of measures of centrality based on betweenness [J]. Sociometry, 1977, 40(1): 35-41.

[2]　MARK NEWMAN. Networks [M]. Cambridge: Cambridge University Press, 2010.

[3]　KRACKHARDT D. Assessing the political landscape: Structure, cognition, and power in organizations [J]. Admin. Sci. Quart., 1990, 35: 342-369.

[4]　KITSAK M, GALLOS L K, HAVLIN S, et al. Identifying influential spreaders in complex networks [J]. Nature Physics, 2010, 6(11): 888-893.

[5]　CARMI S, HAVLIN S, KIRKPATRICK S, et al. A model of Internet topology using k-shell decomposition [J]. Proc. Natl. Acad. Sci. USA, 2007, 104 (27): 11150-11154.

[6]　KLEINBERG J. Authoritative sources in a hyperlinked environment [J], IBM

Research Report, 1997, no. RJ10076; Journal of the ACM, 1999, 46(5): 604-632.

[7] PAGE L, BRIN S, MOTWANI R, WINOGRAD T. The PageRank citation ranking: Bringing order to the Web [J]. Tech. Report, Stanford Digital Library Technologies Project, 1998.

[8] BATTELLE J. The Search [M]. New York: Portfolio, 2005.

[9] GOLUB G H, VAN LOAN C E. Matrix Computation [M]. Baltimore: The Johns Hopkins University Press, 1996.

[10] GHOSHAL G, BARABÁSI A-L. Ranking stability and super-stable nodes in complex networks [J]. Nature, 2011, 2(394): 1-7.

[11] LÜ L, ZHANG Y-C, YEUNG CH, ZHOU T. Leaders in social networks, the delicious case [J]. PLoS ONE, 2011, 6(6): e21202.

[12] 吕琳媛.复杂网络链路预测 [J],电子科技大学学报,2010,39(5): 651-661.

[13] LÜ L, ZHOU T. Link prediction in complex networks: A survey [J]. Physica A, 2011, 390(6): 1150-1170.

[14] HANELY J A, MCNEIL B J. The meaning and use of the area under a receiver operating characteristic (ROC) curve [J]. Radiology, 1982, 143(1): 29-36.

[15] HERLOCKER J L, KONSTANN J A, TERVEEN K, et al. Evaluating collaborative filtering recommender systems [J]. ACM Trans. Inf. Syst., 2004, 22(1): 5-53.

[16] LIU Z, ZHANG Q-M, LÜ L , ZHOU T. Link prediction in complex networks: A local naive Bayes model [J]. Euro. Phys. Lett., 2011, 96(4): 48007.

[17] ZHOU T, LÜ L, ZHANG Y C. Predicting missing links via local information [J]. Euro. Phys. J. B, 2009, 71(4): 623-630.

[18] LIU W, LÜ L. Link prediction based on local random walk [J]. Euro. Phys. Lett., 2010, 89(5): 58007.

[19] KIM M, LESKOVEC J. The network completion problem: Inferring missing nodes and edges in networks [C]. SIAM International Conference on Data Mining (SDM), Mesa, April 28-30,2011, 47-58.

[20] KOLLIAS G, MOHAMMADI S, GRAMA A. Network similarity decomposition (NSD): A fast and scalable approach to network alignment [J]. IEEE

Trans. Knowledge and Data Engineering, 2012, to appear.

[21] SINGH R, XU J, BERGER B. Global alignment of multiple protein interaction networks with application to functional orthology detection [J]. Proc. Natl. Acad. Sci. USA, 2008, 105(35): 12763-12768.

第 6 章　随机网络模型

本章要点

- 常见的规则网络模型:全耦合、最近邻和星形网络
- 随机图模型及其基本拓扑性质;随机图的相变与涌现
- 具有任意给定度分布的广义随机图模型——配置模型
- 基于随机重连的零模型及其在度相关性和模体分析中的应用

6.1 引言

要理解网络结构与网络行为之间的关系并进而考虑改善网络的行为,就需要对实际网络的结构特征有很好的了解,并在此基础上建立合适的网络拓扑模型。对于任一给定的实际系统都存在无数个模型:从最简单的一句话描述到最复杂的考虑到实际系统的所有细节的模型。系统建模既受限于我们对实际系统的了解也取决于建模的目的。

20世纪中叶以来,网络系统的科学研究日益受到重视。但是,直至20世纪末,关于网络结构的假设基本上是两个极端:完全规则的结构或者完全随机的拓扑。例如,在20世纪的非线性动力学研究中,绝大多数网络动态系统模型均假设网络具有规则而且固定的拓扑结构,把重点放在由节点的非线性动力学行为所产生的复杂性,如**斑图**(Pattern)的涌现和**时空混沌**(Spatio-temporal chaos)的产生等。典型的例子包括**耦合映象格子**(Coupled map lattice, CML)[1]和**细胞神经/非线性网络**(Cellular neural/Nonlinear network, CNN)[2]。采用简单的规则结构的主要好处是使人们可以集中精力研究节点的复杂动力学行为对整个网络复杂性的影响,并且规则的网络结构也便于用集成电路实现。而20世纪50年代末由两位匈牙利数学家Erdös和Rényi建立的**随机图理论**(Random graph theory)被公认为是在数学上开创了复杂网络拓扑结构的系统性研究[3,4],并且至今仍然在网络分析中起着重要作用。令人惊讶的是这两位数学家在当时就有如下富有洞察力的预见[4]:

> “从相同观点研究更为复杂的结构,即研究这些网络的演化机理,这看起来是值得去做的。因为这不仅在纯数学上是有趣的,而且图的演化可以视为某些通信网演化的相当简单的模型。当然,如果人们想要描述真实情形,那么就应该用更为实际的假设取代所有连接都是等概率的假设。”

本章将在介绍几个典型的规则网络之后,重点介绍以下几种典型的随机网络模型:

(1) 具有给定平均度的随机图模型。模型中任意两点之间具有相同连边概率,即为Erdös和Rényi研究的ER随机图。本章将介绍ER随机图的密度、度分布、聚类系数和平均距离等基本拓扑性质，并以巨片的涌现介绍随机图演化的相变理论，通过与实际网络的比较揭示 ER 随机图模型的优点和不足。

（2）具有给定度分布的广义随机图。随机图的度分布为均匀的泊松分布，而许多实际网络的度分布都具有较为明显的非均匀特征。本章介绍目前最为典型的可以生成具有任意给定的度分布的广义随机图模型——配置模型。

（3）具有给定度相关特性的基于随机重连的零模型。通过随机重连，可以生成与任一给定的网络具有给定阶次度相关特性的随机网络，称为零模型。ER 随机图和配置模型则分别可以视为 0 阶和 1 阶零模型。从这个角度看，本章介绍的随机网络模型都可以视为实际网络的零模型，其研究意义在于：一方面，对于这些随机网络的许多性质可以做较为严格的理论分析；另一方面，我们可以通过与适当的零模型做比较来分析实际网络的设计和演化特征。

链接

有四个参数我就能拟合一头大象！

普林斯顿高等研究院的理论物理学家弗里曼·戴森（Freeman Dyson）2004 年在《Nature》上发表了一篇纪念文章[①]，标题为“与费米的一次会面——一位直觉物理学家是如何把一个团队从无用的研究中拯救出来的”。那是在 1953 年，戴森当时任教于康奈尔大学，他和他的研究生们花费了大量精力来计算介子-质子散射，得出的结果与诺贝尔奖得主、著名物理学家费米的实验结果符合得很好。他就很高兴地带着自己的计算结果去见费米。可是费米却对他说：“在理论物理中有两种做计算的方式。第一种，也是我喜欢的方式是，对于你正在计算的过程具有清晰的物理图景；另一种是具有精确的、自相容的数学形式。你两种都不具有。”费米又问他：“你在计算中用了多少任意参数？”戴森回答道：“四个。”费米于是说：“我记得我的朋友约翰·冯·诺依曼（Johnny von Neumann）过去常常说，有四个参数我就能拟合一头大象，有五个参数我就能让象鼻子摆动。”后来物理学的发展的确证明戴森当年做的是无用功。

这个故事对于复杂网络建模也是很有启发的：参数多的模型未必是好模型，通过多个自由参数的试凑，得到与实际网络的采样数据具有相近的一些拓扑性质（例如度分布等）的模型也未必是好模型。

---

① DYSON F. A meeting with Enrico Fermi—how one intuitive physicist rescued a team from fruitless research. *Nature*, 2004, 427: 297.

6.2　从规则网络说起

6.2.1　常见规则网络

图 6-1 显示了三种常见的规则网络:全局耦合网络(Globally coupled network)、最近邻耦合网络(Nearest-neighbor coupled network)和星形耦合网络(Star coupled network)。

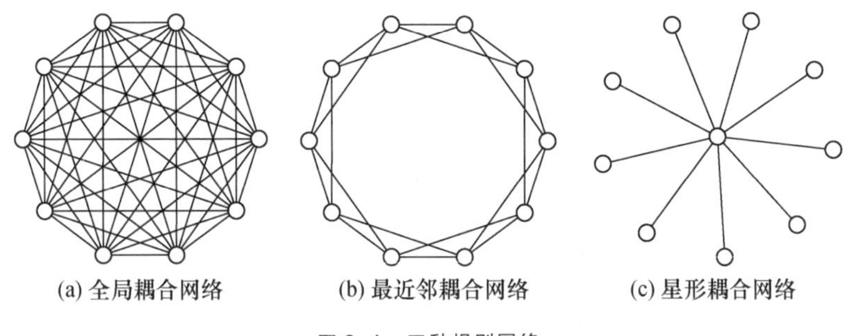

图 6-1　三种规则网络

1. 全局耦合网络

如果一个网络中的任意两个节点之间都有边直接相连,那么就称该网络为一个**全局耦合网络**,简称**全耦合网络**(图 6-1(a))。

规模不大的组织内部成员一般都相互认识,因此,如果我们定义两个相互认识的人之间有一条边,那么这些成员就构成了一个全耦合网络。例如,如果你是学生,那么你所在班级的所有同学就构成一个全耦合网络。但是,当一个组织规模大到一定程度之后,要使得所有成员之间都相互认识就变得极为困难甚至不可能了。例如,如果你在一所大学学习或工作,显然一般说来你不可能与这所大学的每一个人都相互认识。对于技术网络也存在同样的问题:如果一个通信网络中只有 5 个节点,那么在每两个节点之间都通过光纤等介质直接相连还是可以实现的;而对于今天的互联网,如果想要在任意两个路由器之间都直接物理相连就无异于天方夜谭了。

这些例子说明,要想构建和维护一个大规模的全耦合网络的成本是极其高昂的。例如,你即使每天其他什么事都不干,只在校园里面去认识人,那么要与校园里数以万计的人中的每一个都认识和交流，你所需花的时间也是难以想象的。这也反映了全耦合网络作为实际网络模型的局限性：大型实际网络一般都是稀疏的，它们的边的数目一般至多是 $O(N)$ 而不是 $O(N^2)$。

另一方面，尽管从全局看大规模实际网络具有稀疏性，但是，网络中可能会存在不少稠密的甚至是全耦合的子图。为了让读者有一个直观的感觉，图 6-2 给出了微博网站 Twitter 上 168 个用户之间的稠密的关注关系。

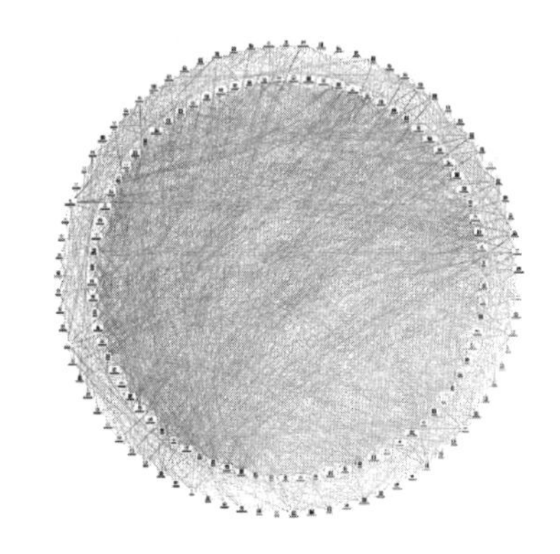

图 6-2　Twitter 上挑选的 168 个用户之间的关注关系

图片来源：http://www.sysomos.com/insidetwitter/politics/#graphs

2. 最近邻耦合网络

如果在一个网络中，每一个节点只和它周围的邻居节点相连，那么就称该网络为**最近邻耦合网络**。这是一个得到大量研究的稀疏的规则网络模型。

常见的一种具有周期边界条件的最近邻耦合网络包含围成一个环的 N 个节点，其中每个节点都与它左右各 $K/2$ 个邻居点相连，这里 K 是一个偶数(图 6-1(b))。例如，在做体育游戏或者跳舞等集体运动时，所有人手牵手排成一个长队或者围成一圈，从而形成一个最近邻耦合网络，其中的边定义为两个人之间有直接的接触(图 6-3(a))。传感器网络和机器人网络等许多技术网络中的节点也具有最近邻耦合的特征(图 6-3(b))：只有当两个节点之间的距离在传感器可以感知的范围内时，这两个节点之间才可以直接通信。这类网络的一个重要特征就是网络的拓扑结构是由节点之间的相对位置决定的，随着节点位置的变化网络拓扑结构也可能发生切换。

3. 星形耦合网络

这是另外一个常见的规则网络，它有一个中心点，其余的 $N-1$ 个点都只与这个中心点连接，而它们彼此之间不连接(图 6-1(c))。这个模型也可推广到具有多个中心的情形。

如果一个实验室的个人电脑都连接到一个公共的服务器上，那么就形成了

(a) 社会网络

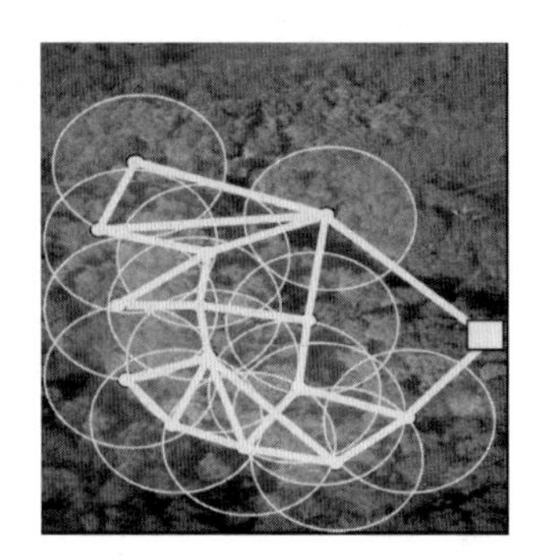

(b) 技术网络

图 6-3　最近邻耦合网络的例子

以该服务器为中心的一个星形网络。在社会网络中，我们也会看到一个团体中以一个人或者少数几个人为中心的例子。

6.2.2　基本拓扑性质

1. 全耦合网络

N 个节点构成的全耦合网络中有 $N(N-1)/2$ 条边。在具有相同节点数的所有网络中，全耦合网络具有最多的边数、最大的聚类系数 $C_{gc}=1$ 和最小的平均路径长度 $L_{gc}=1$。

2. 最近邻耦合网络

聚类系数：我们采用基于网络中三角形数量的聚类系数的定义来计算图 6-1(b)所示的最近邻耦合网络的聚类系数。假设 N 充分大，K 是一个与 N 无关的常数并且 $K \ll N$。首先注意这样一个事实：网络中任意一个三角形都可以看做是从一个节点出发，先沿着同一个方向(不妨取为顺时针方向)走两条边，然后再沿着反方向(逆时针方向)走一条边而形成的。由于反方向的边的最大的跨度为 $K/2$，从一点出发的三角形的数量就等于从 $K/2$ 个节点中选取 2 个节点的组合数，即为

$$\binom{K/2}{2}=\frac{1}{4}K\left(\frac{1}{2}K-1\right), \tag{6-1}$$

另一方面，网络中以任意一个节点为中心的连通三元组的数目为

$$\binom{K}{2}=\frac{1}{2}K(K-1), \tag{6-2}$$

于是，最近邻耦合网络的聚类系数为

$$C_{nc}=\frac{3\times(\text{网络中三角形的数目})}{\text{网络中连通三元组的数目}}$$

$$= \frac{3 \times N \times \binom{K/2}{2}}{N \times \binom{K}{2}}$$

$$= \frac{3 \times N \times \frac{1}{4}K\left(\frac{1}{2}K - 1\right)}{N \times \frac{1}{2}K(K - 1)}$$

$$= \frac{3(K - 2)}{4(K - 1)}. \tag{6-3}$$

平均路径长度:网络中一个节点能在一步到达的最远的节点与该节点的格子间距为 $K/2$。两个格子间距为 m 的节点之间的距离为$\lceil 2m/K \rceil$,即不小于 $2m/K$ 的最小整数。该网络的平均路径长度为

$$L_{nc} \approx \frac{1}{(N/2)} \sum_{m=1}^{N/2} \lceil 2m/K \rceil \approx \frac{N}{2K}. \tag{6-4}$$

对固定的 K 值,当 $N \to \infty$ 时,$L_{nc} \to \infty$。这可以从一个侧面帮助解释为什么在这样一个局部耦合的网络中很难实现需要全局协调的动态过程(如同步化过程)。

3. 星形网络

聚类系数:

$$C_{star} = 0. \tag{6-5}$$

这是因为中心节点的 $N-1$ 个邻居节点之间互不相连,从而中心节点的聚类系数为0。其他每一个节点只有一个邻居节点,在此情形,规定节点的聚类系数也为0。

平均路径长度:

$$L_{star} = 2 - \frac{2(N - 1)}{N(N - 1)} \to 2 \quad (N \to \infty). \tag{6-6}$$

6.3 随机图

6.3.1 模型描述

与完全规则网络相对应的是完全随机网络,最为经典的模型是 Erdös 和

Rényi 于 20 世纪 50 年代末开始研究的现在称为 ER 随机图的模型。该模型既易于描述又可通过解析方法研究。在 20 世纪的后 40 年中,ER 随机图理论一直是研究复杂网络拓扑的基本理论。关于随机图理论的较为全面的数学论述可参考 Bollobás 的著作[5]。

ER 随机图具有两种形式的定义。

1. 具有固定边数的 ER 随机图 $G(N,M)$

假设有大量的纽扣($N>>1$)散落在地上,每次在随机选取的一对纽扣之间系上一根线。重复 M 次后就得到一个包含 N 个点、M 条边的 ER 随机图。通常我们希望构造的是没有重边和自环的简单图,因此,每次在选择节点对时应该选择两个不同的并且是没有边连接的节点对。这样形成的随机图记为 $G(N,M)$。

算法 6-1　ER 随机图 $G(N,M)$ 构造算法。

(1) 初始化:给定 N 个节点和待添加的边数 M。

(2) 随机连边:

① 随机选取一对没有边相连的不同的节点,并在这对节点之间添加一条边。

② 重复步骤①,直至在 M 对不同的节点对之间各添加了一条边。

从另一个等价的角度看,该模型是从所有的具有 N 个节点和 M 条边的简单图中完全随机地选取出来的。正是由于随机性的存在,尽管给定了网络中的节点数 N 和边数 M,如果在计算机上重复做两次实验,生成的网络一般也是不同的。因此,严格说来,随机图模型并不是指随机生成的单个网络,而是指**一簇网络**(An ensemble of networks)。$G(N,M)$ 的严格定义是所有图 G 上的一个概率分布 $P(G)$:记具有 N 个节点和 M 条边的简单图的数目为 Ω,那么对于任一这样的简单图有 $P(G)=1/\Omega$,而对于任一其他图有 $P(G)=0$。

在讨论随机图的性质时,通常是指这一簇网络的平均性质。例如,$G(N,M)$ 的直径是指该簇网络直径的平均值,即有

$$\langle D\rangle = \sum_{G} P(G)D(G) = \frac{1}{\Omega}\sum_{G} D(G), \tag{6-7}$$

其中 $D(G)$ 为图 G 的直径。采用这种"平均化"定义的合理性在于:许多网络模型的度量值的分布都具有显著的尖峰特征,当网络规模变大时越来越聚集在这簇网络的平均值附近。因此,当网络规模趋于无穷时,绝大部分的度量值都会与均值非常接近。对于涉及随机图的实验,或者更一般地,涉及随机性的实验,应该考虑多次重复实验,然后再取平均。

Erdös 等数学家们同时证明了，当网络规模趋于无穷大时，随机图的许多平均性质都可以精确地解析计算。不过，已有的关于随机图的绝大部分理论工作都是针对下面介绍的另一个稍有不同的随机图模型而展开的。

2. 具有固定连边概率的 ER 随机图 $G(N,p)$

在模型 $G(N,p)$ 中不固定总的边数，而是把 N 个节点中任意两个不同的节点之间有一条边的概率固定为 p。构造算法见算法 6-2。

算法 6-2　ER 随机图 $G(N,p)$ 构造算法。

(1) 初始化：给定 N 个节点以及连边概率 $p\in[0,1]$。

(2) 随机连边：

① 选择一对没有边相连的不同的节点。

② 生成一个随机数 $r\in(0,1)$。

③ 如果 $r<p$，那么在这对节点之间添加一条边；否则就不添加边。

④ 重复步骤①～③，直至所有的节点对都被选择过一次。

算法 6-2 生成的随机图具有如下几种情形：

(1) 如果 $p=0$，那么 $G(N,p)$ 只有一种可能：N 个孤立节点，边数 $M=0$。

(2) 如果 $p=1$，那么 $G(N,p)$ 也只有一种可能：N 个节点组成的全耦合网络，边数 $M=\frac{1}{2}N(N-1)$。

(3) 如果 $p\in(0,1)$，那么从理论上说，N 个节点生成具有任一给定的边数 $M\in\left[0,\frac{1}{2}N(N-1)\right]$ 的网络都是有可能的。

图 6-4 给出了在相同参数 $N=10$ 和 $p=1/6$ 情形所生成的随机图的 3 个实例。一般而言，不同边数的网络出现的概率是不一样的。但是，后面将说明，对于固定的概率 p，当网络规模 N 充分大时，每次运行算法 6-2 所得到的边数都会比较接近！

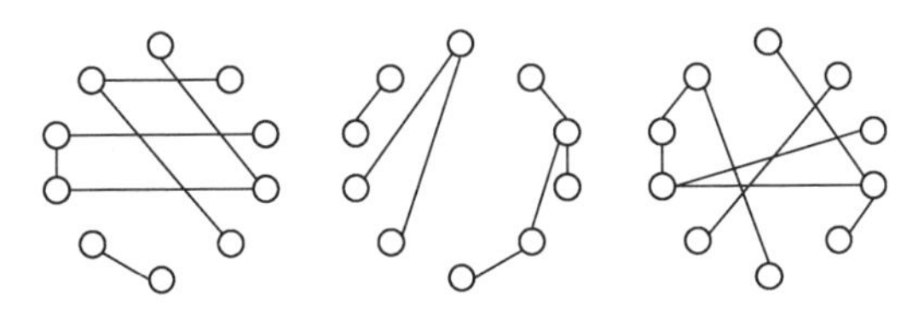

图 6-4　$N=10$ 和 $p=1/6$ 情形所生成的随机图的 3 个实例

6.3.2　拓扑性质

1. 边数分布

给定网络节点数 N 和连边概率 p，生成的随机图恰好具有 M 条边的概率为标准的二项分布：

$$P(M)=\binom{\binom{N}{2}}{M}p^{M}(1-p)^{\binom{N}{2}-M},\tag{6-8}$$

其中，

$\binom{\binom{N}{2}}{M}$ 表示具有 N 个节点和 M 条边的简单图的数量；

$p^{M}(1-p)^{\binom{N}{2}-M}$ 表示有 M 对节点之间添加了边，$\binom{N}{2}-M$ 对节点之间没有添加边。

边数分布的平均值：

$$\langle M\rangle=\sum_{M=0}^{\binom{N}{2}}MP(M)=\binom{N}{2}p=pN(N-1)/2.\tag{6-9}$$

这一结果其实是自然的：N 个节点可以组合成 $N(N-1)/2$ 个节点对，而每个节点对之间存在边的概率都为 p。

边数分布的方差：

$$\sigma_M^2=\langle M^2\rangle-\langle M\rangle^2=p(1-p)\frac{N(N-1)}{2}.\tag{6-10}$$

方差 σ_M^2 刻画了实际生成的模型的边数围绕均值 $\langle M\rangle$ 的波动大小。进一步地，为了消除由于网络参数不同而导致边数的均值不同所带来的影响，可以用统计学中的变异系数来刻画所生成的网络边数偏离均值 $\langle M\rangle$ 的程度。

边数分布的变异系数：

$$\frac{\sigma_M}{\langle M\rangle}=\sqrt{\frac{1-p}{p}\frac{2}{N(N-1)}}\approx\frac{1}{N}.\tag{6-11}$$

可以看到，对于任意给定的连边概率 $p\in[0,1]$，当网络规模增大时，边数分布也变得越来越窄，也就越能确信仿真生成的模型中的边数越接近均值 $\langle M\rangle=pN(N-1)/2$。

随机图的稀疏性：如果连边概率 p 与 $1/N$ 同阶，即 $p=O(1/N)$，那么有

$$\langle M\rangle=pN(N-1)/2\sim O(N),\tag{6-12}$$

这意味着当网络规模充分大时所得到的 ER 随机图为稀疏网络。

2. 度分布

网络中任一给定节点恰好与其他 k 个节点有边相连的概率为 $p^k(1-p)^{N-1-k}$。由于共有 $\binom{N-1}{k}$ 种选取这 k 个其他节点的方式,因此网络中任一给定节点的度为 k 的概率同样服从二项分布:

$$P(k)=\binom{N-1}{k}p^k(1-p)^{N-1-k}. \tag{6-13}$$

度分布的均值:

$$\langle k\rangle = p(N-1). \tag{6-14}$$

这一结果也是自然的:网络中任一节点与其他 $N-1$ 个节点中的每个节点有边相连的概率都为 p。

度分布的方差:

$$\sigma_k^2 = p(1-p)(N-1). \tag{6-15}$$

度分布的变异系数:

$$\frac{\sigma_k}{\langle k\rangle}=\sqrt{\frac{1-p}{p}\frac{1}{(N-1)}}\approx\sqrt{\frac{1}{N-1}}. \tag{6-16}$$

同样可以看到,对于任意给定的连边概率 $p\in[0,1]$,当网络规模增大时,度分布也变得越来越窄,也就越能确信仿真生成的模型中各节点的度越接近均值 $\langle k\rangle = p(N-1)$。

泊松分布:当 N 很大且 p 很小时,有

$$\binom{N-1}{k}$$

$$=\frac{[(N-1)(N-1-1)(N-1-2)\cdots(N-1-k+1)]\times(N-1-k)!}{k!(N-1-k)!}$$

$$\approx\frac{(N-1)^k}{k!},$$

$$\ln[(1-p)^{N-1-k}]=(N-1-k)\ln\left(1-\frac{\langle k\rangle}{N-1}\right)\approx-(N-1-k)\frac{\langle k\rangle}{N-1}$$

$$\approx-\langle k\rangle,$$

从而有

$$(1-p)^{N-1-k}=e^{-\langle k\rangle},$$

于是二项分布可近似为泊松分布,即有

$$p_k=\binom{N-1}{k}p^k(1-p)^{N-1-k}\approx\frac{\langle k\rangle^k}{k!}e^{-\langle k\rangle}. \tag{6-17}$$

在固定平均度 $\langle k\rangle$ 的情形,当 N 很大时,$p=\langle k\rangle/(N-1)$ 变得非常小。因此,ER

随机图也称为泊松随机图。图 6-5 中的黑点对应的是均值$\langle k\rangle=15$的 ER 随机图的度分布，实线对应的是式(6-17)中最后一个近似等式所表示的泊松分布。

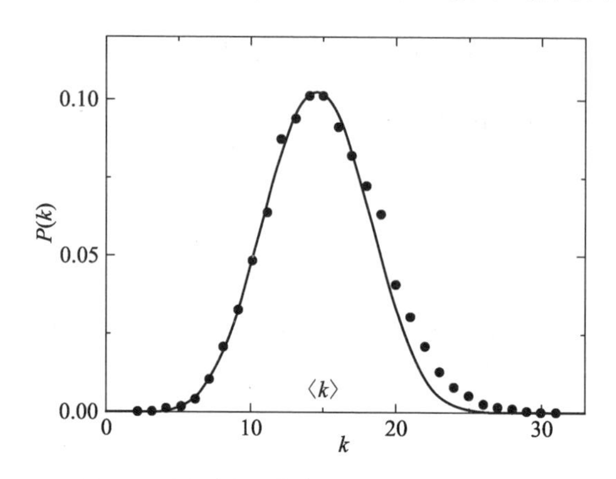

图 6-5　ER 随机图的度分布与泊松分布的比较

3. 聚类系数与平均路径长度

网络中任一节点的聚类系数定义为该节点的任意两个邻居节点之间有边相连的概率。对于 ER 随机图$G(N,p)$而言，两个节点之间不论是否具有共同的邻居节点，其连接概率均为p。因此，ER 随机图的聚类系数为

$$C=p=\langle k\rangle/(N-1). \qquad (6-18)$$

直观上，由于 ER 随机图的聚类系数很小，意味着网络中的三角形数量相对很少。对于 ER 随机图中随机选取的一个点，网络中大约有$\langle k\rangle$个其他的点与该点之间的距离为 1；大约有$\langle k\rangle^2$个其他节点与该点之间的距离为 2；以此类推，由于网络总的节点数为N，设D_{ER}是 ER 随机图的直径，大体上应该有$N\sim\langle k\rangle^{D_{ER}}$。因此，网络的直径和平均路径长度满足

$$L_{ER}\leqslant D_{ER}\sim\ln N/\ln\langle k\rangle. \qquad (6-19)$$

这种平均路径长度为网络规模的对数增长函数的特性就是典型的小世界特征。因为$\ln N$的值随N增长得很慢，这就使得即使是规模很大的网络也可以具有很小的平均路径长度和直径。

如果把上述分析用于社会网络，假设每个人平均有 100 个朋友。基于 ER 随机图模型，粗略地说，你有 100 个朋友与你的距离为 1，这 100 个朋友又各自有 100 个新朋友，所以你的朋友的朋友的数量大体为100^2，以此类推(图 6-6)。全球人口不超过 100 亿，这就意味着 5 步之内你就可以和全世界的任一个人建立联系。从这个角度看，你对小世界现象也许就不觉得奇怪了。俗语“一传十、十传百”说的也是类似的意思。

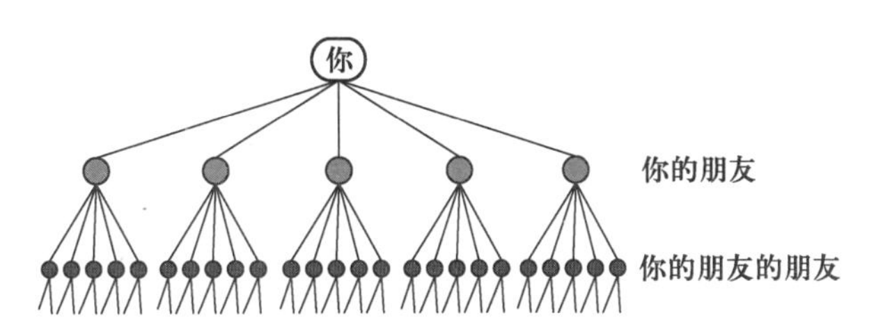

图 6-6 朋友数的指数增长

在真实的社会网络中,由于存在明显的聚类效应,你的朋友们之间互相为朋友的可能性也比较高(图 6-7)。因此,与你的 100 个朋友相连的 10 000 条边不会全部连接到 10 000 个新人。例如,你的朋友 A 和朋友 B 可能有除了你之外的公共朋友,他们两人之间也很可能互为朋友。这意味着与你距离为 3 的人数一般要比 100^3 少很多。这也正是为什么很多人对小世界现象觉得惊讶的原因:从每个人的局部视野来看,社会网络是高度聚类的,似乎不太可能在短短几步之内就与全世界所有人都能建立起联系。

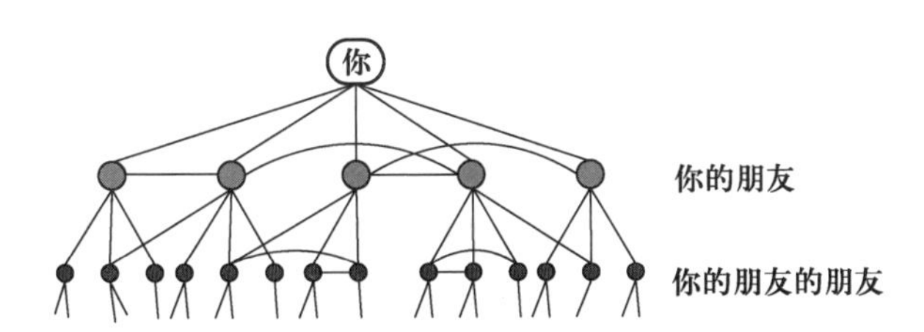

图 6-7 实际社会网络中朋友数的增长

实证研究表明,尽管 ER 随机图在很多方面并不能很好地刻画实际网络,某种程度上的随机性仍然被认为是实际网络中小世界现象产生的基本机理:当 s 值较小时,与某个给定节点的距离为 s 的节点数目大体上是随着 s 的增大而指数增长的,从而网络直径和平均路径长度大体上是网络规模的对数函数。对于 ER 随机图而言,从一个节点出发,平均而言,当 s 值较小时,大体有 $\langle k\rangle^s$ 个节点与该节点的距离为 s,而当 $\langle k\rangle^s$ 与网络规模相当时这种近似就不成立了,因为与一个节点距离为 s 的节点数不可能超过网络节点数。

6.3.3 巨片的涌现与相变

1. 随机图的演化

ER 随机图的连通性具有两个极端情形:

(1) $p=0$ 对应于 N 个孤立节点:最大连通片只包含一个节点,与网络规模 N 无关。

（2）$p=1$ 对应于全耦合网络：最大连通片规模为 N，随着网络规模的增长而增长。一般而言，如果网络中的一个连通片的规模随着网络规模的增长而成比例增长，那么该连通片就是一个巨片，因为当网络规模充分大时，这个巨片会包含网络中相当比例的节点。

直观上看，随着连边概率 p 的增加，生成的随机图中的边数也在增加，网络的连通性也越来越好。图 6-8 给出了在不同的连接概率下生成的随机图的例子。粗略地说，如果 $N=100$，那么每次生成的随机图的边数大约为

$$\langle M \rangle = pN(N-1)/2 = 5000p,$$

因此，如果从 $p=0$ 开始，每次 p 值增加 0.01，那么每次仿真所得到的随机图的边数将大约增加 50 条。

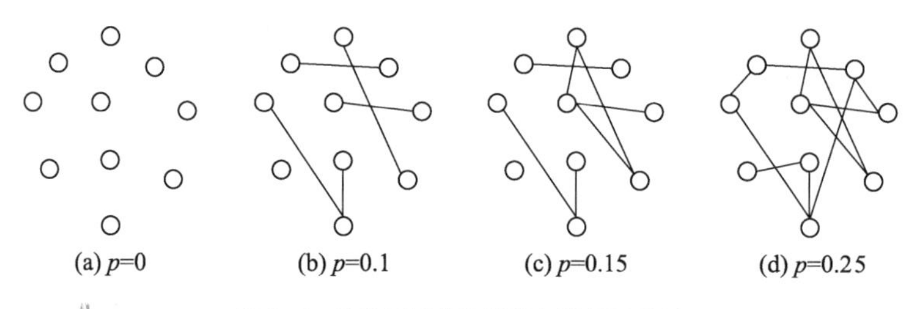

图 6-8　具有不同连接概率的随机图示例

现在的问题是：当连接概率 p 从 0 开始逐渐增加到 1 时，最大连通片的规模是如何具体变化的？特别地，当 p 多大时才会出现包含网络中一定比例节点的巨片（即最大的连通片，如图 6-9 所示）？

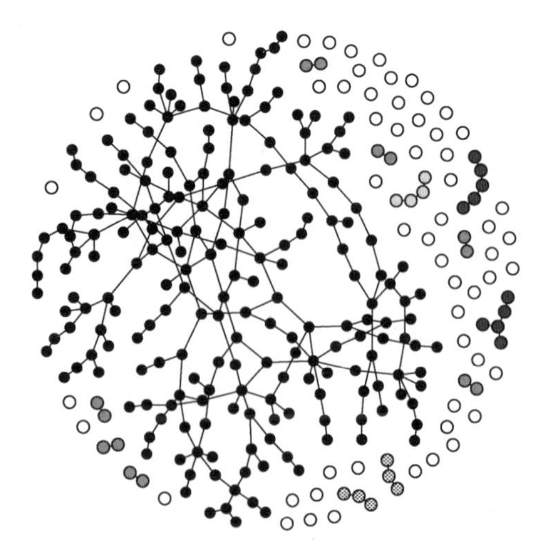

图 6-9　随机图中的巨片

2. 巨片的涌现

Erdös 和 Rényi 系统性地研究了当 $N\to\infty$ 时 ER 随机图的性质(包括巨片的出现)与概率 p 之间的关系。特别地,他们发现 ER 随机图具有如下的**涌现**或**相变**性质:ER 随机图的许多重要性质都是突然涌现的:对于任一给定的连边概率 p,要么几乎每一个 $G(N,p)$ 的实例都具有某个性质 Q,要么几乎每一个这样的图都不具有性质 Q。

这里,如果当 $N\to\infty$ 时产生一个具有性质 Q 的 ER 随机图的概率为 1,那么就称几乎每一个 ER 随机图都具有性质 Q。

当 $N\to\infty$ 时 ER 随机图的巨片的相对规模 $S\in[0,1]$ 定义为巨片中所包含的节点数占整个网络节点的比例,亦即为网络中一个随机选择的节点属于巨片的概率。$u=1-S$ 为不属于巨片的节点所占的比例,即一个随机选择的节点不属于巨片的概率。显然,存在如下两种可能:① 网络中不存在巨片,即 $S=0,u=1$;② 网络中存在巨片,即 $S>0,u<1$。

网络中一个随机选择的节点 i 如果不属于巨片,那么就说明它也没有通过其他任一节点与巨片相连,也即对于网络中的任一其他节点 j,必然有如下两种情形之一:

(1) 节点 i 与节点 j 之间没有边相连:此情形发生的概率为 $1-p$。

(2) 节点 i 与节点 j 之间有边相连,但是节点 j 不属于巨片:此情形发生的概率为 pu。

因此,节点 i 没有通过任一节点与巨片相连的概率为

$$u=(1-p+pu)^{N-1}=\left[1-\frac{\langle k\rangle}{N-1}(1-u)\right]^{N-1},$$

对上式两边取对数有

$$\begin{aligned}\ln u&=(N-1)\ln\left[1-\frac{\langle k\rangle}{N-1}(1-u)\right]\\&=-(N-1)\frac{\langle k\rangle}{N-1}(1-u)\\&=-\langle k\rangle(1-u),\end{aligned}$$

从而

$$u=e^{-\langle k\rangle(1-u)},$$

于是可以得到巨片中节点的比例 $S=1-u$ 满足

$$S=1-e^{-\langle k\rangle S}. \tag{6-20}$$

式(6-20)尽管看上去简单,却不存在简单的解析解。我们可以用图示的方法求得数值解,如图 6-10 所示。图 6-10(a)中绘制了平均度 $\langle k\rangle$ 取 0.5、1 和

1.5 三种情形的曲线 $y=1-e^{-\langle k\rangle S}$，图中斜的虚线为 $y=S$。当 $\langle k\rangle<1$ 时，曲线与直线只有一个交点在原点（$y=S=0$）；当 $\langle k\rangle>1$ 时，还有另一个交点：$\langle k\rangle=1.5$ 对应于交点 $y=S\approx 0.583$。基于这些交点，我们可以得到网络平均度 $\langle k\rangle$ 和巨片规模 S 的关系，如图 6-10(b)所示。

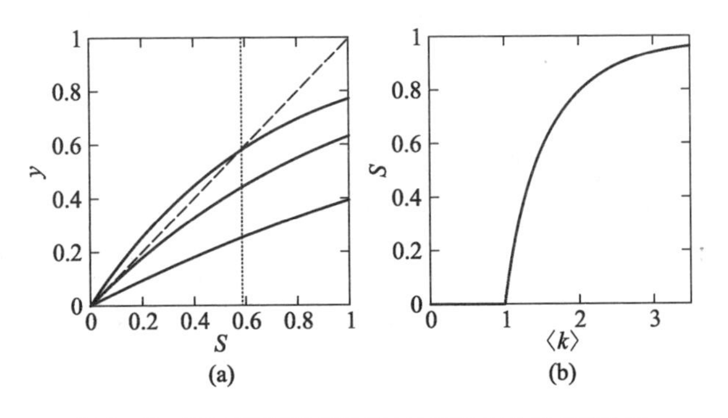

图 6-10　ER 随机图的平均度 $\langle k\rangle$ 和巨片规模 S 的关系

可以看到，在 $\langle k\rangle<1$ 时，$S=0$ 意味着不存在巨片；在 $\langle k\rangle>1$ 时，$S>0$ 意味着涌现巨片。临界点 $\langle k\rangle_c=1$ 也可通过下式得到：

$$\frac{\mathrm{d}}{\mathrm{d}S}(1-e^{-\langle k\rangle S})\bigg|_{S=0}=\langle k\rangle e^{-\langle k\rangle S}\big|_{S=0}=1. \tag{6-21}$$

由于 ER 随机图的平均度是 $\langle k\rangle=p(N-1)\approx pN$，从而产生巨片的连边概率 p 的临界值为

$$p_c=\langle k\rangle_c/(N-1)\approx 1/N. \tag{6-22}$$

即当 $p>p_c$ 时，几乎每一个随机图都包含巨片。

当连边概率 p 从 0 开始增大时，网络中初始阶段的 N 个孤立节点也开始形成一些小的连通片。也就是说，当 p 很小时，网络是由大量的碎片构成的。随着 p 的继续增加，一些小的连通片融合成为大的连通片。当 p 超过某个临界值 $p_c\sim 1/N$（对应于 $\langle k\rangle=1$）时，网络中会突然涌现出一个包含相当部分节点的连通的巨片。此时，借用物理学的术语，可以认为网络处于超临界状态（Supercritical state），而 $p<p_c$（对应于 $\langle k\rangle<1$）时的网络称处于亚临界状态（Subcritical state）。进一步地，可以推得，当 $p>\ln N/N$（对应于 $\langle k\rangle>\ln N$）时，ER 随机图几乎总是连通的。图 6-11 显示了 $N=100$ 时，ER 随机图的几种状态。

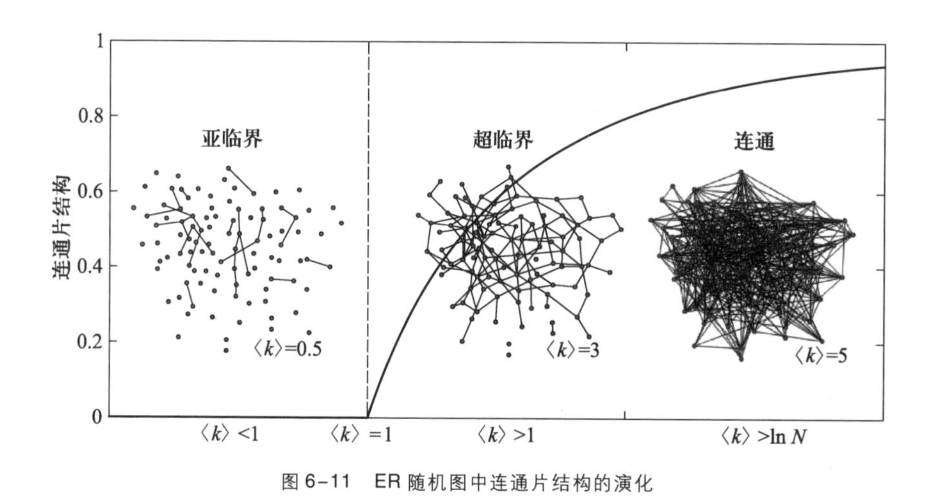

图 6-11 ER 随机图中连通片结构的演化

6.3.4 随机图与实际网络的比较

ER 随机图和许多实际网络相比具有如下一些共性特征:

(1) 稀疏性。实际网络往往是稀疏的,而当连边概率 p 与网络规模的倒数同阶($p\sim O(1/N)$)时,ER 随机图是一个边数与网络规模同阶的稀疏图,$M\sim O(N)$。

(2) 有巨片。实际网络往往存在巨片,当 $p>p_c\sim 1/N$ 时,ER 随机图具有一个包含网络中相当比例节点的巨片。

(3) 小世界。ER 随机图的平均距离大体上是网络规模的对数函数,$L\sim \ln N/\ln\langle k\rangle$,而实际网络往往也具有与相同规模和密度的 ER 随机图相近的平均距离(表 6-1)。

表 6-1 一些实际网络与随机图的聚类系数和平均距离的比较(取自文献[6])

网络	N	$\langle k\rangle$	L	L_{ER}	C	C_{ER}
WWW	153 127	35.21	3.1	3.35	0.1078	0.00023
Internet	3015 ~ 6209	3.52 ~ 4.11	3.7 ~ 3.76	6.36 ~ 6.18	0.18 ~ 0.3	0.001
电影演员	225 226	61	3.65	2.99	0.79	0.00027
LANL 科研合作	52 909	9.7	5.9	4.79	0.43	1.8×10^{-4}
MEDLINE 科研合作	1 520 251	18.1	4.6	4.91	0.066	1.1×10^{-5}

续表

网络	N	$\langle k\rangle$	L	L_{ER}	C	C_{ER}
SPIRES 科研合作	56 627	173	4.0	2.12	0.726	0.003
NCSTRL 科研合作	11 994	3.59	9.7	7.34	0.496	3×10^{-4}
数学科研合作	70 975	3.9	9.5	8.2	0.59	5.4×10^{-5}
神经科学科研合作	209 293	11.5	6	5.01	0.76	5.5×10^{-5}
大肠杆菌酶作用图	282	7.35	2.9	3.04	0.32	0.026
大肠杆菌反应图	315	28.3	2.62	1.98	0.59	0.09
Ythan 河口食物链	134	8.7	2.43	2.26	0.22	0.06
Silwood 公园食物链	154	4.75	3.40	3.23	0.15	0.03
同时出现单词	460 902	70.13	2.67	3.03	0.437	0.0001
同义词	22 311	13.48	4.5	3.84	0.7	0.0006
电力网	4 941	2.67	18.7	12.4	0.08	0.005
线粒虫	282	14	2.65	2.25	0.28	0.05

但是,ER 随机图也具有一些与实际网络显著不同的特征:

(1) 聚类特性的差异。对于固定的网络密度,当 $N\to\infty$ 时,ER 随机图的聚类系数 $C_{ER}=\langle k\rangle/(N-1)\to 0$,意味着 ER 随机图没有聚类特性。例如,假设全世界 70 亿人组成的社会网络近似具有 ER 随机图结构,那么即使平均每人有 1 000 个朋友,网络的聚类系数也会非常小($C\approx 10^{-7}$)。实际网络却往往具有明显的聚类特性,它们的聚类系数比相同规模的 *ER* 随机图的聚类系数高得多(可以差几个数量级,见表 6-1)。

(2) 度分布的差异。ER 随机图的度分布近似服从均匀的泊松分布,意味着网络中节点的度基本都集中在平均度$\langle k\rangle$附近。另一方面,实际网络的度分布往往具有较为明显的非均匀特征:网络中会存在少量度相对很大的节点,从而意味着网络度分布与均匀的泊松分布有显著偏离。

6.4 广义随机图

6.4.1 配置模型

ER 随机图中给定的是网络节点数 N 和边数 M(或任意两个节点之间的连接概率 p),这等价于完全随机地生成具有给定网络节点数 N 和平均度$\langle k\rangle$的图。边数或者平均度可以看做是网络的零阶特性,它对单个节点的特性没有任何限制。度分布是网络的重要的一阶特性,它给出了网络中节点的度的分布情况。从这个角度看,作为零阶近似模型,ER 随机图与实际网络在度分布上具有重要区别也就可以理解了。

人们可以从多个角度对 ER 随机图进行扩展以使其更接近实际网络。其中一个自然的推广就是具有任意给定度分布、但在其他方面完全随机的**广义随机图**(Generalized random graph)。到目前为止研究最多的广义随机图模型是**配置模型**(Configuration model)[7,8]。在配置模型中事先给定的是网络的度序列$\{d_1, d_2, \dots, d_N\}$,其中非负整数 d_i 为节点 i 的度。显然,度序列并不能完全任意给定,否则有可能无法生成符合度序列的简单图。两个显而易见的必要条件是:

(1) 由于网络中所有节点的度值之和等于网络中所有边数之和的两倍,$\sum_{i=1}^{N} d_i$ 必须为偶数并且有

$$\sum_{i=1}^{k} d_i \leqslant N(N-1); \tag{6-23}$$

(2) $d_i \leqslant N-1, i=1,2,\dots,N$,等号只有当一个节点与其他所有的节点都相连时才能成立。

在上述条件的基础上少许加以推广,就可得到如下的充要条件:

定理 6-1 一个非负整数序列$\{d_1, d_2, \dots, d_N\}$是某个简单图的度序列的充要条件为

(1) $\sum_{i=1}^{N} d_i$ 为偶数;

(2) 对于每个整数 $k, 1 \leqslant k \leqslant N$,均有

$$\sum_{i=1}^{k} d_i \leqslant k(k-1) + \sum_{j=k+1}^{N} \min(k, d_j). \tag{6-24}$$

上述定理最早是由 Erdös 和 Gallai 在 1960 年提出并加以证明的。此后，人们对于该定理给出了多种非构造性的和构造性的证明[9]。充分性的证明较为复杂，但必要性是很容易解释的（参见图 6-12）：对于前 k 个节点，式（6-24）左端 $\sum_{i=1}^{k} d_i$ 为这 k 个节点的度值之和，右端第一项 $k(k-1)$ 为这 k 个节点之间的连边对它们的度的最大可能的贡献，第二项 $\sum_{j=k+1}^{N} \min(k, d_j)$ 为这 k 个节点与其余节点之间的连边对这 k 个节点的度值的最大可能的贡献。因为每个其余节点至多有 k 条边与前 k 个节点中的每一个都相连，所以每个其余节点的最大贡献不超过 k。

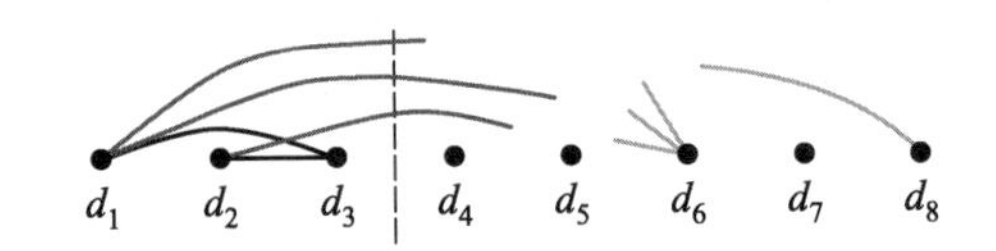

图 6-12　公式（6-24）的几何说明

例如，验证整数序列{6,6,5,4,4,2,1}是否为某个简单图的度序列的步骤如下：

① $\sum_{i=1}^{7} d_i = 28$ 为偶数；

② $k=1$ 时，式（6-24）显然成立；$k=2$ 时，式（6-24）不再成立，因为

$$\sum_{i=1}^{k} d_i = 6 + 6 = 12,$$

$$k(k-1) + \sum_{j=k+1}^{N} \min(k, d_j) = 2 \times 1 + (2+2+2+2+1) = 11.$$

所以，整数序列{6,6,5,4,4,2,1}不可能为某个简单图的度序列。

另一种给定度序列的等价方法是给定网络中度为 k 的节点的数目 $n(k)$，$k = 0, 1, 2, \ldots, k_{\max}$。网络的节点数 N 和边数 M 满足

$$\sum_{k=0}^{k_{\max}} n(k) = N, \quad \sum_{k=1}^{k_{\max}} (k \times n(k)) = 2M. \tag{6-25}$$

生成具有给定度序列的广义随机图的配置模型见算法 6-3（图 6-13）。

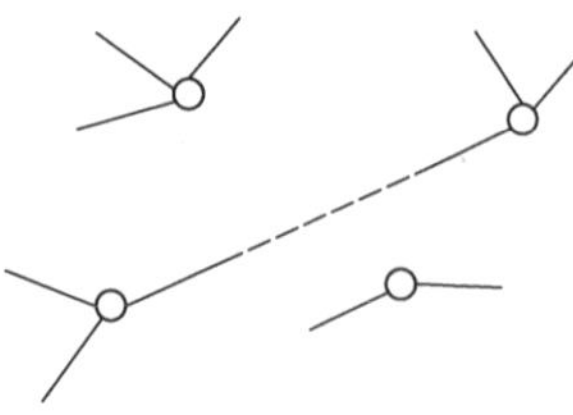

图 6-13　配置模型生成示意图

算法 6-3 配置模型构造算法。

(1) 初始化:根据给定度序列确定 N 个节点的度值。

(2) 引出线头:从度为 k_i 的节点 i 引出 k_i 个线头。共有 $\sum_{i=1}^{N} k_i = 2M$ 个线头,M 为网络的边数。

(3) 随机配对:完全随机地选取一对线头,把它们连在一起,形成一条边;再在剩余的线头中完全随机地选取另一对线头连成一条边;以此进行下去,直至用完所有的线头。

关于配置模型算法的几点说明:

(1) 度序列应满足的条件。由于任一无向网络中所有节点的度之和 $\sum_i k_i$ 必然为偶数,因此,给定的度序列也必须满足这一条件。

(2) 生成具有给定度分布的网络。我们可以首先基于该度分布生成一组度序列,然后再利用上述配置模型算法。

(3) 等概率随机配对。配置模型算法中的任意两个线头之间相连的可能性都是一样的。正是基于这一特性,我们可以从理论上分析配置模型的一些性质。

(4) 生成模型的不唯一性。由于配置模型算法中的随机配对,对于给定的度序列,重复两次实验得到的具有相同度序列的模型在其他方面可能有很大区别。事实上,$2M$ 个线头两两配对组成 M 条边,共有 $M(2M-1)$ 种可能的配置方案,采用上述生成算法得到其中每一种配置方案的可能性都是一样的。当然,不同的配置方案并不一定对应于不同的网络。例如,图 6-14 中所示的包含 3 个节点的配置方案都是相同的。其中,每个节点旁边的两个字母对应于从该节点引出的两个线头。

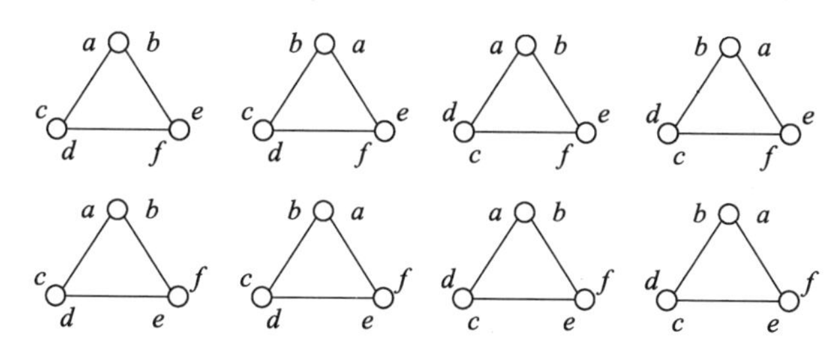

图 6-14 包含 3 个节点的相同的配置方案

(5) 有可能产生自环和重边。我们当然可以在算法中的配对步骤不允许自环和重边,但是这样的话,线头之间的配对就不再是完全随机的了,从而使得难以对该模型做理论分析。此外,这样做还有可能最终无法生成一个具有给定度序列的网络,例如,如果到最后一步时发现剩下的仅有的两个线头都是属于同一个节点或者分属于两个已经有边相连的节点的话,那么要么产生自环或重边,要么无法生成满足要求的网络。

我们可以给出配置模型的一种等价的生成算法,如图 6-15 所示。把每个度为 k 的节点视为一个包含 k 个小节点的超级节点,如图 6-15(b)所示。然后把所有的小节点完全随机地两两相连,但不允许同一超级节点内部的小节点相互连接并且每个小节点只能配对一次。如果两个超级节点之间至少有一对小节点相互连接,那么就在对应的两个节点之间添加一条边,如图 6-15(c)所示。其中节点 A 和节点 B 之间产生了重边。不过,如果网络规模充分大,那么采用配置模型构造算法产生的自环和重边的数量是非常少的。

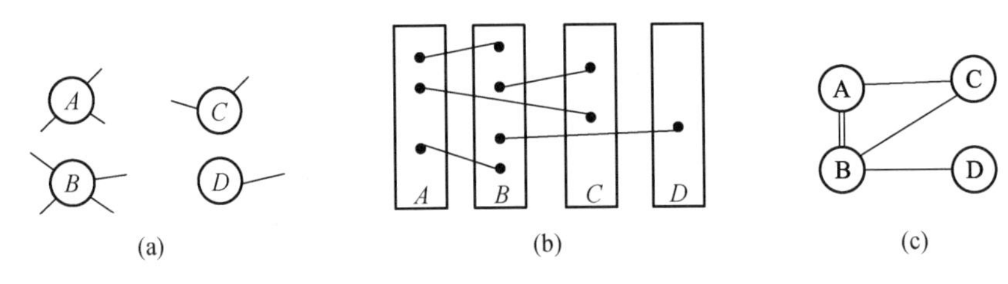

图 6-15　配置模型的一种构造算法

6.4.2　配置模型的理论分析

1. 余平均度

配置模型的一个好处是可以基于该模型从理论上研究一些网络问题。我们知道,网络节点的平均度 $\langle k\rangle$ 表示的是网络中随机选取的一个节点的度的平均值,即

$$\langle k\rangle = \frac{1}{N}\sum_{i=1}^{N} k_i, \tag{6-26}$$

其中,k_i 是节点 i 的度值。在朋友关系网络中,k_i 就是个体 i 拥有的朋友数,$\langle k\rangle$ 表示的就是每个人拥有的朋友的平均数。现在我们把朋友关系再向外推一层,考虑每个个体的朋友的朋友数及其平均值,这就是余平均度的概念。具体地说,假设节点 i 的 k_i 个邻居节点的度为 $k_{i_j}, j=1,2,\dots,k_i$,节点 i 的余平均度 $\langle k_{nn}\rangle_i$ 为

$$\langle k_{nn}\rangle_i = \frac{1}{k_i}\sum_{j=1}^{k_i} k_{i_j}, \tag{6-27}$$

一个给定网络的余平均度定义为网络中每个节点的余平均度的平均值,记为 $\langle k_n\rangle$,即

$$\langle k_n \rangle = \frac{1}{N}\sum_{i=1}^{N}\langle k_{nn}\rangle_i = \frac{1}{N}\sum_{i=1}^{N}\left(\frac{1}{k_i}\sum_{j=1}^{k_i} k_{i_j}\right). \tag{6-28}$$

它反映了网络中随机选取的一个节点的邻居节点的平均度。

下面先通过图 6-16 所示的一个简单网络检查一下网络的平均度$\langle k \rangle$和余平均度$\langle k_n \rangle$之间的关系。我们有

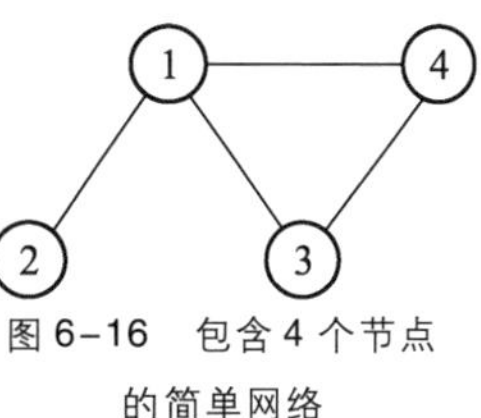

图 6-16 包含 4 个节点的简单网络

$$\langle k \rangle = \frac{1}{4}\sum_{i=1}^{4} k_i = \frac{1}{4}(3+1+2+2) = 2,$$

$$\begin{aligned}\langle k_n \rangle &= \frac{1}{4}\sum_{i=1}^{4}\langle k_{nn}\rangle_i \\ &= \frac{1}{4}\left(\frac{1+2+2}{3}+\frac{3}{1}+\frac{3+2}{2}+\frac{3+2}{2}\right) \\ &= 2+\frac{5}{12} \\ &> \langle k \rangle.\end{aligned}$$

尽管可以构造出$\langle k_n \rangle < \langle k \rangle$的网络例子,但对于实际网络的验证表明,$\langle k_n \rangle > \langle k \rangle$这一结果是具有一般性的:实际网络中节点的邻居节点的平均度往往大于网络节点的平均度! 正如第 4 章以 Facebook 网络为例所揭示的那样(图 4-5),你的朋友比你拥有更多的朋友[10]。如果仔细想一下,应该能理解这个结果的合理性:网络节点的平均度只是把网络中每一个节点的度加起来再除以网络节点数。而在计算网络节点的邻居节点的平均度时,度越大的节点的度往往被重复统计的次数也越高,正是这种对度大节点的偏好使得邻居节点的平均度往往要大于节点的平均度。

下面基于配置模型对上述推论给出理论分析。

2. 余度分布

我们知道,网络节点的平均度与度分布之间有如下关系:

$$\langle k \rangle = \sum_{k=0}^{\infty} kP(k), \tag{6-29}$$

其中,$P(k)$是网络中度为 k 的节点所占的比例。类似地,余平均度也可以通过第 4.2 节定义的余度分布来计算:

$$\langle k_n \rangle = \sum_{k=0}^{\infty} kP_n(k) = \sum_{k=0}^{\infty} kq_k, \tag{6-30}$$

其中,余度分布 $P_n(k) \equiv q_k$ 定义为网络中随机选取的一个节点的随机选取的一个邻居节点的度为 k 的概率。

现在我们计算配置模型的余度分布。要从一个随机选择的节点及另一个线头产生一条边，我们是从其他 $2M-1$ 个线头中完全随机地任选一个，然后把这两个线头连在一起形成一条边。由于每个度为 k 的节点都有 k 个线头，因此从一个给定节点沿着一条边到达一个邻居节点的度为 k 的概率为 $k/(2M-1) \approx k/(2M)$。而网络中度为 k 的节点总数为 Np_k，因此一个随机选择的节点与网络中任一度为 k 的节点有边相连的概率为

$$P_n(k) = Np_k \times \frac{k}{2M-1} = \frac{Nkp_k}{2M} = \frac{kp_k}{\langle k \rangle}. \tag{6-31}$$

其中利用了 $2M = N\langle k \rangle$。

式(6-31)意味着，在给定网络平均度的情形下，从网络中一个随机选择的节点出发，沿着一条边到达一个度为 k 的邻居节点的概率与 kp_k 而不是与 p_k 成正比。也就是说，到达的可能是比一个典型节点的度更高的节点。

基于式(6-31)，配置模型中随机选取的一个节点的邻居节点的平均度为

$$\langle k_n \rangle = \sum_{k=0}^{\infty} kP_n(k) = \sum_{k=0}^{\infty} k\frac{kp_k}{\langle k \rangle} = \frac{\langle k^2 \rangle}{\langle k \rangle}, \tag{6-32}$$

这一结论与第 4.2 节对于度不相关网络得到的结论(4-14)是一致的。于是有

$$\langle k_n \rangle - \langle k \rangle = \frac{\langle k^2 \rangle - \langle k \rangle^2}{\langle k \rangle} = \frac{\sigma^2}{\langle k \rangle} \geqslant 0, \tag{6-33}$$

其中，网络度分布的方差 σ^2 总是非负的。事实上，除非网络中每个节点都有相同的度，否则方差 σ^2 是严格为正的，此时平均度 $\langle k \rangle$ 当然也大于零。因而有

$$\langle k_n \rangle > \langle k \rangle. \tag{6-34}$$

尽管式(6-34)是基于配置模型推导出来的，但是这一结论对于许多实际网络仍然是成立的。这再次验证了合理的简化模型的好处：它一方面使得我们可以进行较好的理论分析，另一方面所得到的结论具有鲁棒性，可以在一定程度上定性地应用于许多实际网络。

6.5　随机重连与零模型

6.5.1　零模型

从应用的角度看，随机网络模型的价值在于它们可以起到参照系的作用。事实上，我们在介绍网络的小世界特征和聚类效应时，已经隐含着把 ER 随机图

作为参照系了。例如,1998 年 Watts 和 Strogatz 计算了美国西部电力网络的平均路径长度为 18.7,与具有相同节点数和相同边数(4941 个节点,6594 条边)的 ER 随机图的平均路径长度 12.4 相当,这说明小世界特性是具有这类规模和密度(或平均度)的网络的通有特征。另一方面,该电力网络的聚类系数为 0.080,你也许会觉得这个聚类系数并不大,但是相应的 ER 随机图的聚类系数只有 0.005。也就是说,电力网络的聚类系数是相应的 ER 随机图的聚类系数的 16 倍,从而说明聚类效应并不是具有这类规模和密度(或平均度)的网络的通有特征;或者说,电力网络的聚类特征并不是因为它具有这么多条边,而是有更深层次的自组织原理。

一般地,我们把与一个实际网络具有相同的节点数和相同的某些性质 A 的随机网络称为该实际网络的**随机化网络**(Randomized network)。这里的"某些性质 A"可以是平均度、度分布、聚类系数、同配系数等等,或者是它们的某种组合。从统计学的角度看,"具有性质 A 的网络 G 也具有某一性质 P"是一个**零假设**(Null hypothesis),而为了要验证这一零假设是否成立,就需要有与原网络 G 具有相同规模和相同性质 A 的随机化网络作为参照系,以判别性质 P 是否为这类随机化网络的典型特征。这类随机化网络模型在统计学上称为**零模型**(Null model)。

ER 随机图可以视为阶数最低的零模型。有时我们需要具有更多约束条件的零模型。按照约束条件从少到多,可以定义如下不同阶次的零模型:

(1) 0 阶零模型:即与原网络具有相同节点数 N 和边数 M 的随机化网络。

(2) 1 阶零模型:即与原网络具有相同节点数 N 和度分布 $P(k)$ 的随机化网络。通常的做法是每个节点的度值都保持不变(即度序列保持不变)。

(3) 2 阶零模型:即与原网络具有相同节点数 N 和二阶度相关特性(即联合度分布)$P(k,k')$ 的随机化网络。有时也考虑与原网络具有相同同配系数的随机化网络。

(4) 3 阶零模型:即与原网络具有相同节点数 N 和三阶度相关特性(即联合边度分布)$P(k_1,k_2,k_3)$ 的随机化网络。考虑到 3 个节点构成的连通三元组包括图 6-17 所示的两种情形,因此三阶度相关特性 $P(k_1,k_2,k_3)$ 是由 $P_{\wedge}(k_1,k_2,k_3)$ 和 $P_{\Delta}(k_1,k_2,k_3)$ 共同组成的。

以此类推,我们还可以定义更高阶的零模型[11]。图 6-18 给出的是一个包含 4 个节点的简单网络及其 0 阶至 3 阶度相关性质,该网络拓扑可由其 3 阶度相关性质完全表征。显然,对于任一给定网络 G 和任意两个自然数 $d_1<d_2$,具有与网络 G 相同的 d_2 阶分布的模型集合一定是与网络 G 具有相同的 d_1 阶分布的模型集合的子集,而网络 G 的 d 阶零模型的性质就取为与网络 G 具有相同的 d 阶

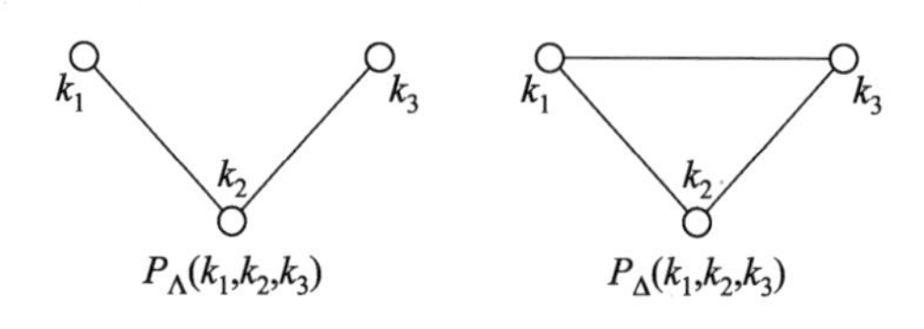

图 6-17　连通三元组的两种情形

分布的模型集合的性质的平均。随着 d 的增大，d 阶零模型将越来越接近给定网络 G，如图 6-19 所示。

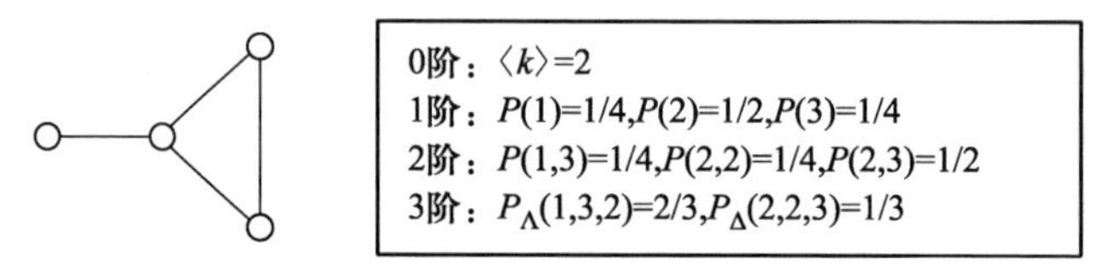

图 6-18　一个简单网络及其 0 阶至 3 阶度相关性质

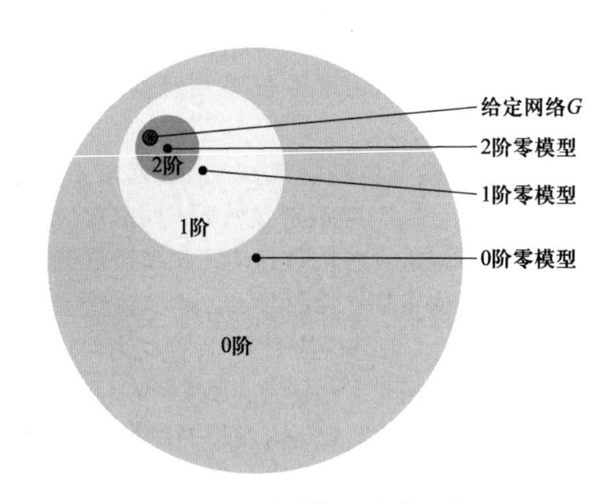

图 6-19　各阶模型之间的关系

6.5.2　随机重连

假设我们已经有了某个实际网络的拓扑数据，其中包含节点之间是如何连接的完全信息（当然也就包含了度序列信息）。如果要生成一个与这个网络具有相同度序列的随机网络模型，应该如何做？

你当然可以立即给出一个答案：采用上节介绍的配置模型算法。但是，有没有其他也许更为合理的做法呢？注意到配置模型算法是“无中生有”地构造出一个具有给定度序列但在其他方面则是随机的网络模型，并且如果严格要求不允许有重边或者自环的话，那么就很有可能最终无法形成一个严格具有给定度序列的网络。现在我们已经有了一个具有给定度序列的实际的网络数据，只不过这个网络在其他方面一般不会是完全随机的。这时，就可以考虑在原始网络数据的基础上，保持每个节点的度不变，但是使得连边的位置尽可能地随机化，以得到一个具有给定度序列的随机网络，这就是下面介绍的**随机重连算法**(Random rewiring algorithm)[12-14]。

(1) 生成0阶零模型的随机重连算法。每次随机去除原网络中的一条边 k_1k_2，再随机选择网络中两个不相连的节点 k_3 和 k_4，并在它们之间添加一条连边 k_3k_4(图6-20(a))。重复此过程充分多次。

(2) 生成1阶零模型的随机重连算法。每次随机选择原网络中的两条边，记为 k_1k_2 和 k_3k_4。如果 k_1、k_2、k_3 和 k_4 这4个节点之间只有这两条边，那么就去除这两条边，并将节点 k_1 与 k_4 相连、节点 k_2 与 k_3 相连，从而得到两条新边 k_1k_4 和 k_2k_3。注意到这4个节点的度值均保持不变，故网络的度序列仍保持不变(图6-20(b))。重复此过程充分多次。

(3) 生成2阶零模型的随机重连算法。对应于保持联合度分布不变。每一步采取与1阶零模型相同的步骤，只是多了一个限制，即要求节点 k_2 与 k_4 具有相同的度值(图6-20(c))。显然，由于这一限制，使得重连的可能性也减小了。重复此过程充分多次。

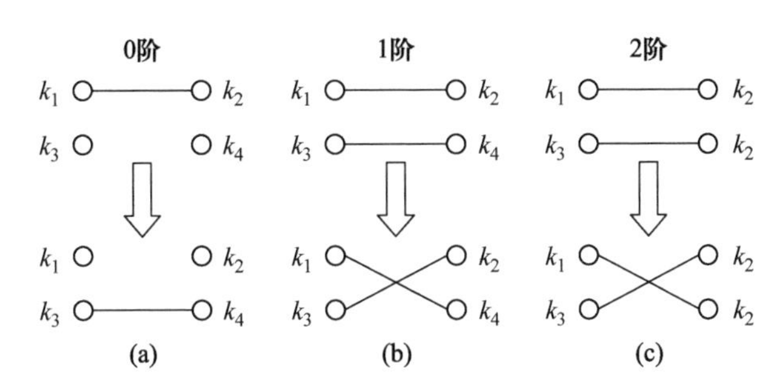

图6-20 生成0阶、1阶和2阶零模型的随机重连过程

随着零模型阶次的增加，约束条件进一步加强，重连的可能性会不断减小，生成网络的随机化程度也逐渐降低。

上述随机重连算法可以推广到有向网络的情形。例如，可以通过保持每个节点的入度和出度不变的随机重连而生成1阶零模型。在此情形，图6-20(b)中的随机选取的两条无向边变为两条有向边 $k_1 \rightarrow k_2$ 和 $k_3 \rightarrow k_4$。

Maslov博士在个人主页上提供了用随机重连方式生成无向和有向的1阶零

模型的 Matlab 程序①。Mahadevan 博士在个人主页上提供了可以生成 0 阶、1 阶、2 阶和 3 阶零模型的软件 Orbis②。图 6-21 显示的是根据路由器层 Internet 拓扑生成器——HOT[15]生成一个包含 939 个节点和 988 条边的网络,及根据 Orbis 软件生成的 0 阶至 3 阶零模型。通过肉眼就可以看出,0 阶和 1 阶零模型与 HOT 网络明显不同,2 阶零模型已经具有与 HOT 网络相似的结构,3 阶零模型则非常接近 HOT 网络了。

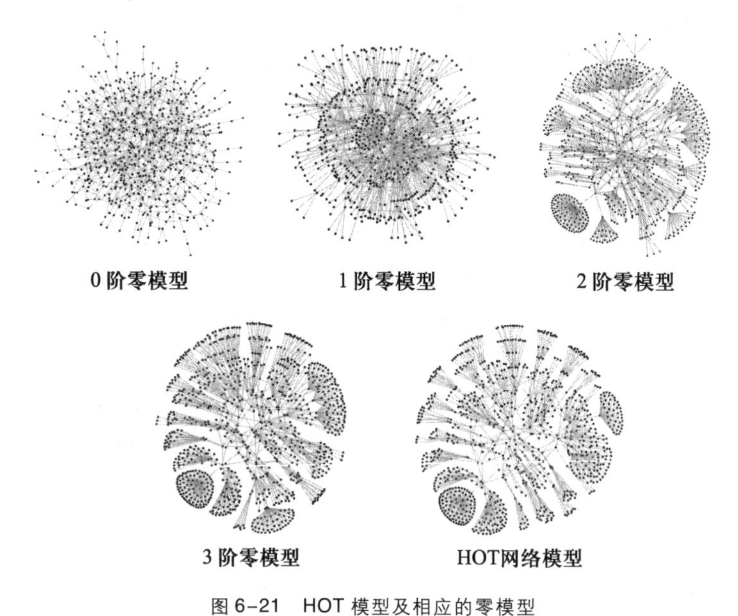

图 6-21　HOT 模型及相应的零模型

6.6　基于零模型的拓扑性质分析

6.6.1　比较判据

第 4 章在介绍网络的社团结构分析时曾阐述过,基于模块度的社团检测算法的基本想法就是把待研究的网络与具有相同度序列的一阶零模型做比较,以

① http://www.cmth.bnl.gov/~maslov/matlab.htm

② http://www.sysnet.ucsd.edu/~pmahadevan/topo_research/topo.html

判断划分的社团结构是否最优。一般而言,基于零模型研究网络特征时需要明确两点:

(1) 确定零模型。根据所要研究的特征,确定合适的保持低阶特征不变的零模型。例如,如果要研究的是度相关性(属于二阶特征),那么就可以选择保持度分布或度序列(一阶特征)不变的1阶零模型。第4章介绍的基于模块度分析网络社团结构的方法就是通过把实际网络与相应的零模型做比较,以判定实际网络是否具有明显的社团结构,其中取的也是保持度序列不变的一阶零模型。

(2) 确定比较方法。把实际网络的特征与相应零模型的特征做恰当比较。具体地说,假设某种拓扑特征(例如,某个子图)在一个实际网络中出现的次数为$N(j)$,在相应的随机化网络中出现次数的平均值为$\langle N_r(j)\rangle$,那么可以计算如下比值:

$$R(j) = \frac{N(j)}{\langle N_r(j)\rangle}. \tag{6-35}$$

如果$R(j)>1$(或$R(j)<1$),那么就意味着实际网络的设计或者演化过程促进(或抑制)了该拓扑特征的出现。

如果要进一步刻画某个拓扑模式在实际网络中出现的频率与相应随机化网络中出现的频率的差异是否显著(即统计重要性),那么可以采用统计学中的Z检验方法。具体地说,拓扑特征j的统计重要性可用如下的Z值来刻画:

$$Z_j \triangleq Z(j) = \frac{N(j) - \langle N_r(j)\rangle}{\sigma_r(j)}, \tag{6-36}$$

其中$\sigma_r(j)$为随机化网络中拓扑特征j的出现次数$N_r(j)$的标准差。Z值的绝对值越大就表示差异越显著。

通常的做法是在平面上绘制出比值R和Z值的图形,称为**相关性剖面**(Correlation profile)。为了便于比较不同规模的网络,通常对Z值做归一化处理,得到**重要性剖面**(Significance profile, SP):

$$SP_j = \frac{Z_j}{\left(\sum Z_i^2\right)^{1/2}}. \tag{6-37}$$

以下通过几个具体例子加以说明。

6.6.2 度相关性分析

网络的2阶度分布特性(即度相关性)可以通过联合概率分布$P(k_1,k_2)$来刻画。但是,对于大规模网络而言,直接计算联合概率或者条件概率都是较为复杂的。我们在第4.2节介绍的更为简洁的方法是,通过计算度为k的邻居节点的平均度$\langle k_{nn}\rangle(k)$和同配系数来判别网络的同配性质。现在介绍基于零模型比较的度相关性分析方法[11]。

网络的联合概率分布可以表示为(见式(4-2))

$$P(k_1,k_2) = m(k_1,k_2)\mu(k_1,k_2)/(2M), \tag{6-38}$$

其中 $m(k_1,k_2)$ 是度为 k_1 的节点和度为 k_2 的节点之间的连边数。如果 $k_1=k_2$,那么 $\mu(k_1,k_2)=2$;否则 $\mu(k_1,k_2)=1$。

我们可以通过比较一个实际网络的 $m(k_1,k_2)$ 及其相应的1阶零模型所对应的均值 $\langle m_r(k_1,k_2)\rangle$ 来分析实际网络的度相关性。具体地说,可以计算并绘制如下的相关性剖面:

$$R(k_1,k_2) = \frac{m(k_1,k_2)}{\langle m_r(k_1,k_2)\rangle}, \quad Z(k_1,k_2) = \frac{m(k_1,k_2) - \langle m_r(k_1,k_2)\rangle}{\sigma_r(k_1,k_2)}.$$

图6-22显示的是双对数坐标下的互联网拓扑的相关性剖面,基于2000年1月2日的互联网自治层拓扑数据,包含6 474个节点和12 572条边。该图反映了互联网拓扑演化的如下特征:

- 小度节点($3 \geqslant k_1, k_2 \geqslant 1$)之间的连边受到很强抑制,$R$ 值和 Z 值趋于最小;
- 中度节点($100 > k_1, k_2 \geqslant 10$)之间的连边也受到抑制,$R$ 值和 Z 值都比较小;
- 小度节点($3 \geqslant k_1 \geqslant 1$)与中度节点($100 > k_2 \geqslant 10$)之间的连边数量显著增强,$R$ 值和 Z 值都趋于最大;
- 度最大的5个节点($k_1, k_2 > 300$)中的任意两个节点之间都有一条边。在典型的1阶随机化网络中也具有这一特征,因此,R 值接近1而 Z 值接近0。

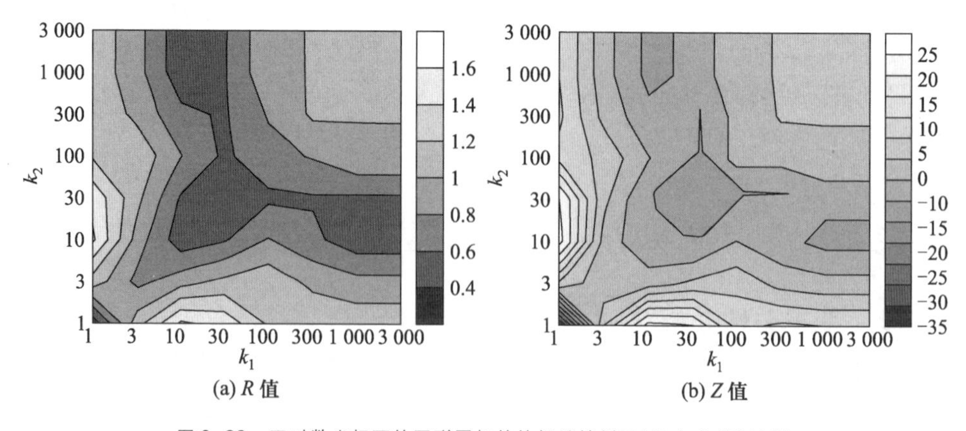

(a) R 值　(b) Z 值

图6-22 双对数坐标下的互联网拓扑的相关性剖面(取自文献[11])

6.6.3 模体分析

零模型的另一个典型应用是网络的模块化分析。实际网络的高聚类性表明网络在局部可能包含各种由高度连接的节点组构成的子图,这是出现单个功能模块的一个前提。然而,在实际网络中,并非所有的子图都具有相同的重要性。为了理解这一点,我们考虑一个完全规则的方格子,它的子图包含很多正方形而不是三角形(图 6-23)。这些正方形子图反映了方格子的基本结构特征,但是在具有明显随机性连接的复杂网络中难以找到这种明显的有序特征。

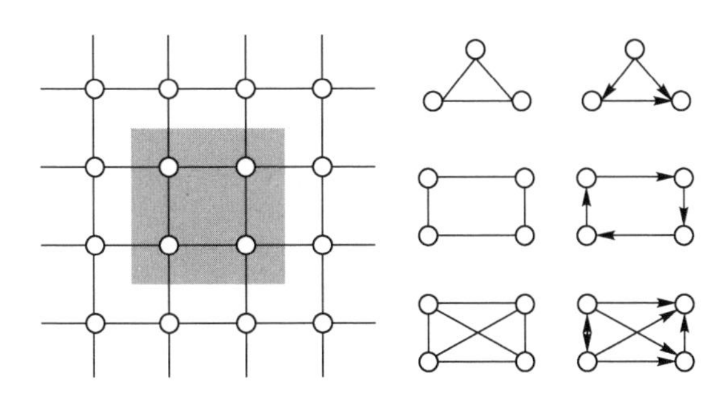

图 6-23 子图和模体

实际网络可能包含各种各样的子图,其中一些子图所占的比例明显高于相应的零模型中这些子图所占的比例,这些子图称为**模体**(Motif),辨识出模体有助于识别网络的典型的局部连接模式[16-19]。例如,三角形模体(在有向网络中称为前馈环)出现在转录水平调控和神经网络中,而 4 节点反馈环往往是电子线路而不是生物系统中的特征模体。图 6-24 显示的是食物链网络中常见的两种模体[17]:三营养食物链(Tri-trophic food chain)表示的是猎食者(Predator)吃消费者(Consumer)、消费者吃资源(Resource)的关系(图 6-24(a)),杂食链(Omnivory chain)表示的是猎食者同时食用消费者和资源的关系(图 6-24(b))。这些不同的模体组合成为更大的生态网络(图 6-24(c))。整个网络的稳定性与其基本模块的稳定性之间的关系仍然是一个值得关注的重要课题。

为了判断实际网络中的一个子图 j 是否为模体,可以比较该子图在实际网络中出现的次数 $N(j)$ 与在相应的随机化网络中出现次数的平均值 $\langle N_r(j)\rangle$,一般要求

$$R(j) = \frac{N(j)}{\langle N_r(j)\rangle} > 1.1. \tag{6-39}$$

此外,在具体操作时可进一步要求[18]:① 该子图在与该实际网络对应的随机化网络中出现的次数大于它在实际网络中出现次数的概率是很小的,通常要求这个概率小于某个阈值 P(如 $P=0.01$);② 该子图在实际网络中出现的次数 $N(j)$ 不小于某个下限 U(如 $U=4$)。

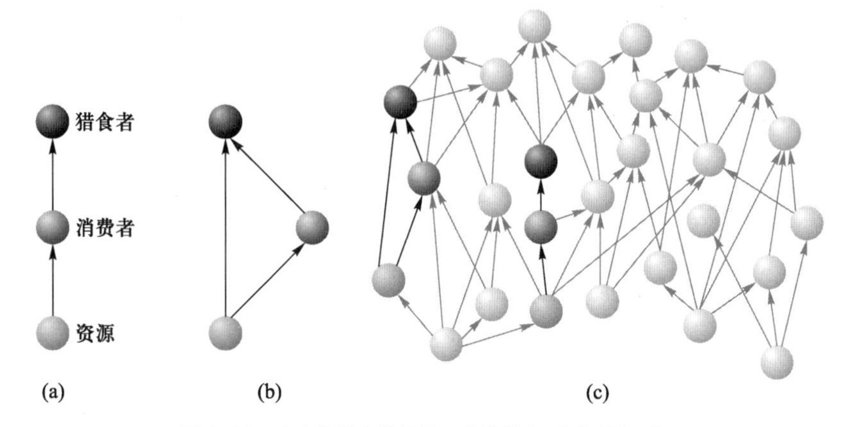

图 6-24　生态网络中常见的两种模体(取自文献[17])

以色列魏兹曼科学研究所 Uri Alon 实验室的主页上提供了相应的模体检测软件①。图 6-25 是一个简单的网络模体检测示意图:图 6-25(a)是由 16 个节点构成的有向网络,它包含一个三角形模体;图 6-25(b)是与该网络对应的 4 个随机化网络样本。需要指出的是,从排列组合来看,不同子图的数目是子图中节点数目的指数函数。例如,以有向子图为例,3 个节点的子图共有 13 个,而 4 个节点的子图则有 199 个。因此,研究大的子图时就需要考虑避免出现计算上的组合爆炸现象。一种方法是直接从网络拓扑辨识出高度连接的节点组或模块,并

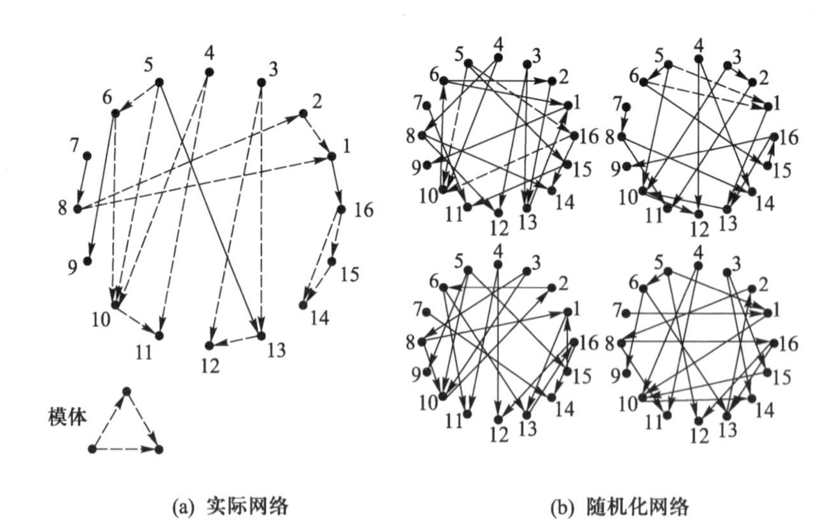

图 6-25　网络模体检测示意图

① http://www.weizmann.ac.il/mcb/UriAlon/

且把这些拓扑单元与它们可能的功能作用联系起来。

网络中每个子图 j 的统计重要性可通过重要性剖面来刻画[20]。图 6-26 给出了取自不同领域的 19 个有向网络中包含的所有可能的 13 个**三元组重要性剖面**(Triad significance profile, TSP),它们反映了这 13 个三元组在网络中的相对重要性。这样就可以根据 TSP 对网络进行分类,具有相似 TSP 的网络组成一个网络**超家族**(Superfamily)。从图 6-26 可以清楚地看出,19 个不同领域的实际网络组成了 4 个网络超家族。

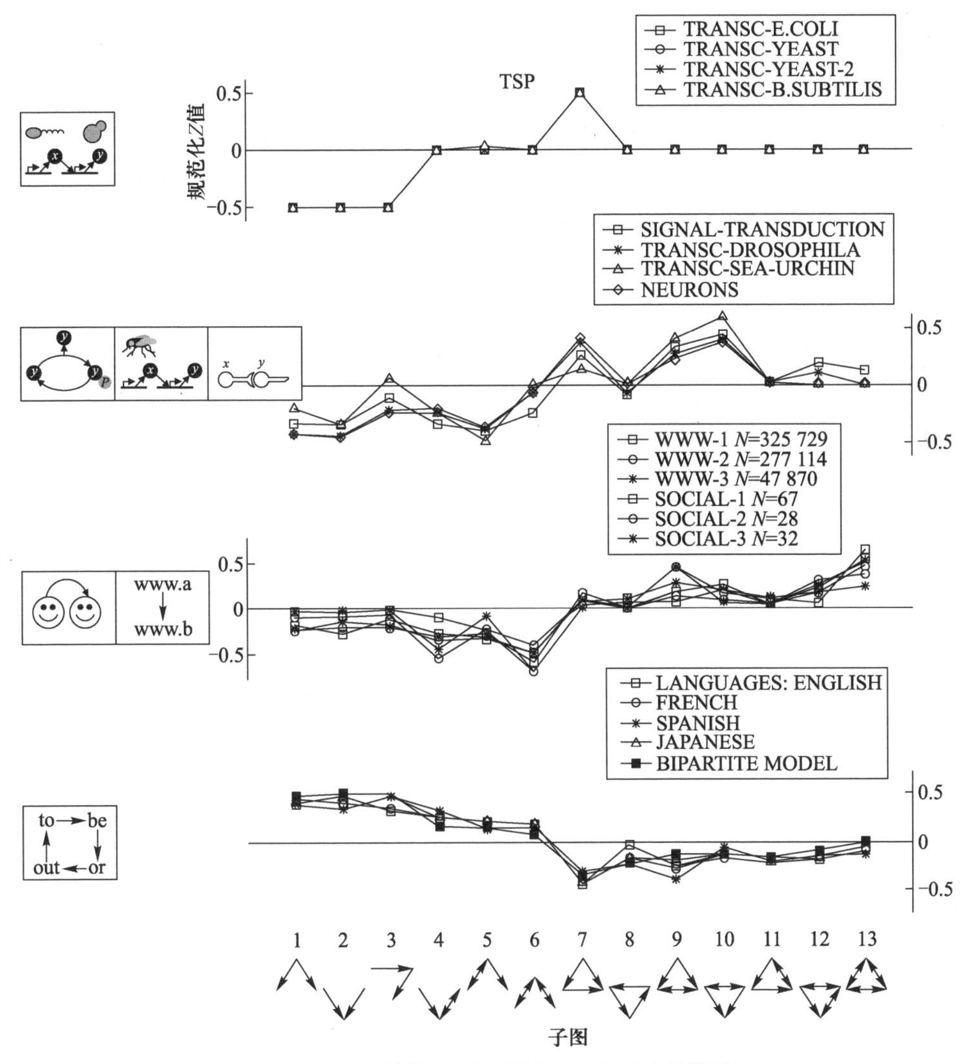

图 6-26 不同网络的三元组重要性剖面(取自文献[20])

6.6.4　同配性质分析

第 6.6.2 节基于零模型分析了无向网络的度相关性，现在再进一步基于零模型分析有向网络的度相关性。图 6-26 显示的 WWW 的 3 个样本数据和 3 个有向的社会网络数据都属于同一个超家族，通过与零模型的比较可以揭示出这些属于同一超家族的有向网络之间具有不同的同配性质[21]。

无向网络的度同配性质反映了度值相近的节点之间互相连接的倾向性，它可以用如下的同配系数（即 Pearson 相关系数）来表征（参见第 4 章）：

$$r = \frac{\mathrm{cov}(k_i, k_j)}{Var(k_i, k_j)}. \tag{6-40}$$

如第 4 章所述，$r>0$ 对应于同配，$r<0$ 对应于异配。一般而言，同配系数的大小是与网络规模和密度相关的。因此，一种更为合理的评价是把一个实际网络的同配系数与相应的零模型的同配系数做比较以判断网络的同配或异配程度。下面针对一般的有向网络加以说明。

在有向网络情形，边的方向有可能对网络的同配性质产生重要影响。一个有向网络的同配性可以有如下 4 种度量：$r(out,in)$，$r(in,out)$，$r(out,out)$ 和 $r(in,in)$。其中，$r(out,in)$ 量化的是高出度的节点有边指向高入度的节点的倾向性程度，其余三种的定义类似。图 6-27 给出了 4 种度相关性示意图，其中虚线表示与相关性度量无关的边。

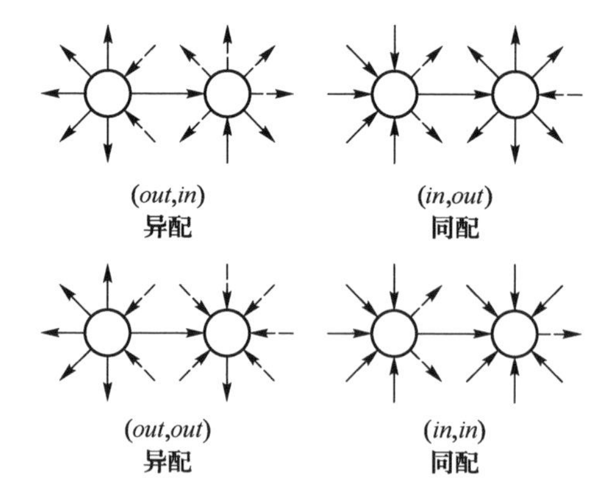

图 6-27　有向网络的 4 种度相关性（取自文献[21]）

我们用 $\alpha,\beta\in\{in,out\}$ 标记出度或者入度类型，并把有向边 i 的源节点和目标节点的 α 度和 β 度分别记为 j_i^{α} 和 k_i^{β}。有向网络的一组同配系数可以用如下的 Pearson 相关系数刻画：

$$r(\alpha,\beta)=\frac{M^{-1}\sum_i(j_i^{\alpha}-\langle j^{\alpha}\rangle)(k_i^{\beta}-\langle k^{\beta}\rangle)}{\sqrt{M^{-1}\sum_i(j_i^{\alpha}-\langle j^{\alpha}\rangle)^2}\sqrt{M^{-1}\sum_i(k_i^{\beta}-\langle k^{\beta}\rangle)^2}},\qquad(6-41)$$

其中 M 为网络边数,$\langle\cdot\rangle$为均值。这里规定每种情形下,边都是从 α 标度的节点指向 β 标度的节点。

每个相关性 $r(\alpha,\beta)$的统计重要性可通过 Z 值来刻画:

$$Z(\alpha,\beta)=\frac{r(\alpha,\beta)-\langle r_r(\alpha,\beta)\rangle}{\sigma_r(\alpha,\beta)},\qquad(6-42)$$

其中$\langle r_r(\alpha,\beta)\rangle$和 $\sigma_r(\alpha,\beta)$分别为一阶零模型的同配系数的均值和标准差。通常网络规模越大 Z 值也越大,但我们可以对 Z 值作归一化处理以消除网络规模的影响,得到如下定义的**同配重要性剖面**(Assortativity significance profile,ASP):

$$ASP(\alpha,\beta)=\frac{Z(\alpha,\beta)}{\left(\sum_{\alpha,\beta}Z(\alpha,\beta)^2\right)^{1/2}}.\qquad(6-43)$$

$ASP(\alpha,\beta)>0$ 表明实际网络比具有相同度序列的零模型更为同配,此时称网络是 **Z 同配的**;$ASP(\alpha,\beta)<0$ 则表明实际网络比相应的零模型更为异配,此时称网络是 **Z 异配的**。

我们选取图 6-26 中显示的属于同一超家族的 3 个有向网络 WWW-1,Social-1 和 Social-3,列于表 6-2。图 6-28 表明这 3 个网络具有不同的同配性质,图中的星号对应于 $|Z(\alpha,\beta)|<2$。

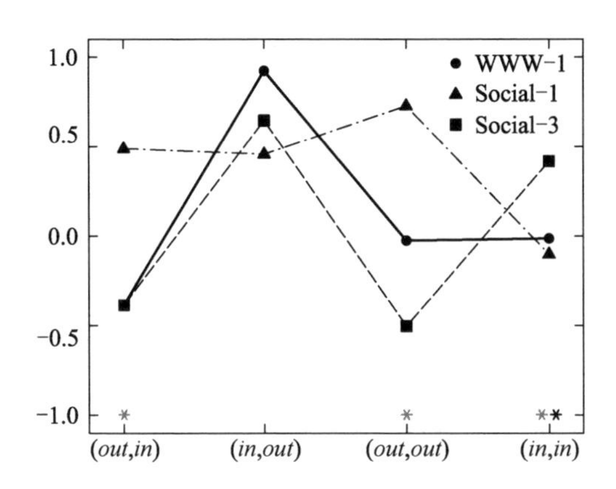

图 6-28 属于同一超家族的 3 个有向网络的不同的同配性质

表 6-2　属于同一超家族的 3 个有向网络

WWW-1	Social-1	Social-3
$(out,in)Z$ 异配	$(out,in)Z$ 同配	$(out,in)Z$ 异配
$(in,out)Z$ 同配	$(in,out)Z$ 同配	$(in,out)Z$ 同配
(out,out)无明显倾向	$(out,out)Z$ 同配	(out,out)异配
(in,in)无明显倾向	$(in,in)Z$ 异配	(in,in)同配

习　题

6-1　考虑 ER 随机图 $G(N,p)$，其中给定 $N=2\ 000$ 和 $p=0.003$。请计算度值 $k>2\langle k\rangle$ 的节点数量的期望值。

6-2　构造一个二分的随机图如下：假设集合 X 和 Y 中分别有 N_X 和 N_Y 个节点，并且对于集合 X 中的任一节点，它和集合 Y 中任一节点之间有边相连的概率均为 p。如果要使得集合 Y 中任一节点都以概率 1 与集合 X 中的至少一个节点有边相连，请给出参数 N_X、N_Y 和 p 应满足的关系式。

6-3　请证明包含 N 个节点的配置模型的聚类系数为

$$C=\frac{\langle k\rangle}{N}\left[\frac{\langle k^2\rangle-\langle k\rangle}{\langle k\rangle^2}\right]^2.$$

6-4　本章介绍的配置模型是具有给定度序列 $n(k)\ (k=1,2,\ \ldots,k_{\max})$ 的随机图模型，这里 $n(k)$ 是度为 k 的节点的数目。现在请考虑把配置模型生成算法 6-3 推广到度相关性的情形，即给出生成一个具有给定 $m(k_1,k_2)$ 的随机网络模型的算法，这里 $m(k_1,k_2)$ 是度为 k_1 的节点和度为 k_2 的节点之间的连边数，$k_1,k_2=1,2,\ \ldots,k_{\max}$。

6-5　图 6-29 显示的是包含 16 个节点的具有相同度序列的 4 个网络，A、B、C 及 D 这 4 个节点的度都为 3，其余节点的度都为 1。

(1) 请分别判断这 4 个网络的同配性质。

(2) 请分别比较每一个网络的平均度 $\langle k\rangle$ 和余平均度 $\langle k_n\rangle$。

(3) 请比较 4 个网络的余平均度 $\langle k_n\rangle$，并结合这几个网络的同配性质加以说明。

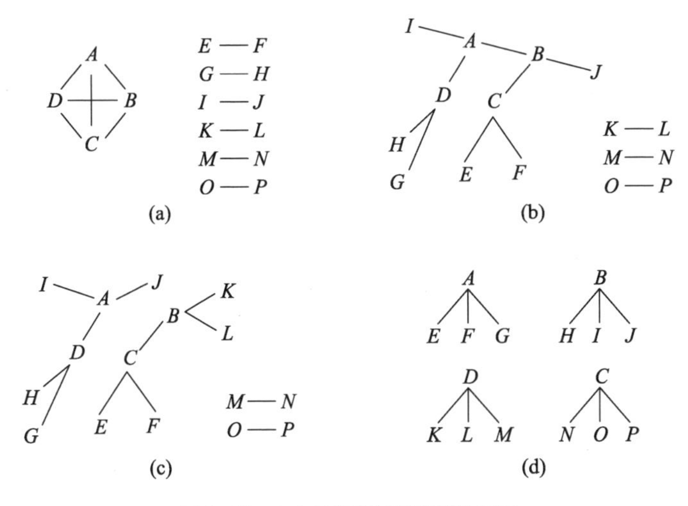

图 6-29　4 个具有相同度序列的网络

参考文献

[1] KANEKO K. Coupled Map Lattices [M]. Singapore: World Scientific, 1992.

[2] CHUA L O. CNN: A Paradigm for Complexity [M]. Singapore: World Scientific, 1998.

[3] ERDÖS P, RÉNYI A. On random graphs [J]. Publ. Math. Debrecen, 1959, 6: 290–297.

[4] ERDÖS P, RÉNYI A. On the evolution of random graphs [J]. Publ. Math. Inst. Hung. Acad. Sci., 1960, 5, 17–60.

[5] BOLLOBÁS B. Random Graphs [M]. New York: Academic Press, 2nd ed., 2001.

[6] ALBERT R, BARABÁSI A-L. Statistical mechanics of complex networks [J]. Rev. Modern Physics, 2002, 74(1): 47–97.

[7] MOLLOY M, REED B. A critical point for random graphs with a given degree sequence [J]. Random structures and algorithms, 1995, 6: 161–179.

[8] NEWMAN M E J, STROGATZ S H, WATTS D J. Random graphs with arbitrary degree distributions and their applications [J]. Phys. Rev. E, 2001, 64(2): 026118(1–17).

[9] TRIPATHI A, VENUGOPALAN S, West D B. A short constructive proof of the Erdos-Gallai characterization of graphic lists [J]. Discrete Mathematics, 2010,

310(4):843-844.

[10] FELD S. Why your friends have more friends than you do [J]. The Amer. J. Sociology,1991,96(6):1464-1477.

[11] MAHADEVAN P,KRIOUKOV D,FALL K,et al. Systematic topology analysis and generation using degree coorelations [C]. Proc. the ACM SIGCOMM Conference,Pisa,2006,135-146.

[12] MASLOV S, SNEPPEN K. Specificity and stability in topology of protein networks [J]. Science,2002,296 (5569):910-913.

[13] MASLOV S,SNEPPEN K,ZALIZNYAK A. Detection of topological patterns in complex networks:Correlation profile of the Internet [J]. Physica A,2004, 333:529-540.

[14] MAHADEVAN P,HUBBLE C,KRIOUKOV D,et al. Orbis:Rescaling degree correlations to generate annotated Internet topologies [C]. Proc. the ACM SIGCOMM Conference,Kyoto,2007,325-336.

[15] L. LI,D. ALDERSON,W. WILLINGER,et al. A first-principles approach to understanding the Internet router-level topology [C]. Proc. the ACM SIGCOMM Conference,Oregon,2004,3-14.

[16] RAVASZ E,SOMERA A L,MONGRU D A,et al. Hierarchical organization of modularity in metabolic networks [J]. Science, 2002, 297 (5586): 1551-1555.

[17] BASCOMPTE J. Disentangling the web of life [J]. Science, 2009, 325 (5939):416-419.

[18] MILO R, SHEN-ORR S S, ITZKOVITZ S, et al. Network motifs: simple building blocks of complex networks [J]. Science, 2002, 298 (5594): 824-827.

[19] ALON U. Network motifs: theory and experimental approaches [J]. Nature Review Genetics,2007,8(6):450-461.

[20] MILO R, ITZKOVITZ S, KASHTAN N, et al. Superfamilies of evolved and designed networks [J]. Science,2004,303(5663):1538-1542.

[21] FOSTER J G,FOSTER D V,GRASSBERGER P,et al. Edge direction and the structure of networks [J]. Proc. Natl. Acad. Sci. USA,2010,107(24): 10815-10820.

第 7 章　小世界网络模型

本章要点

- WS 小世界网络模型构建、仿真分析与实验验证
- WS 和 NW 小世界网络模型的拓扑性质及其理论分析
- Kleinberg 小世界网络模型、仿真与理论分析和实验验证
- 层次树结构社会网络模型及其仿真与实验验证

7.1 引言

揭示不同网络之间的共性特征是网络科学的一个核心主题。20 世纪末网络科学的两个标志性工作——WS 小世界网络研究[1]和 BA 无标度网络研究[2]之间也具有一些共性的特征：

（1）师生合作完成并发表在最顶级期刊。WS 小世界网络的工作 1998 年 6 月在《Nature》上发表[1]，作者是美国 Cornell 大学的博士生 Watts 及其导师、非线性动力学专家 Strogatz 教授；BA 无标度网络的工作于 1999 年 10 月发表在《Science》上[2]，由美国 Notre Dame 大学物理系的 Barabási 教授及其博士生 Albert 合作完成。

（2）迅速成为网络科学文献中的 Hub 节点。两篇文章在发表之后的较短时间内就得到了大量的引用。据 Google Scholar 统计，截至 2012 年 1 月 1 日，WS 小世界网络的文章已被引用 14 791 次，BA 无标度网络的文章已被引用 12 472 次。

（3）建模、仿真和实际验证的文章结构：两篇文章均是针对实际网络的一些特征建立模型并基于实际数据加以验证。Watts 和 Strogatz 针对的是实际网络具有的小世界和聚类特征，Barabási 和 Albert 针对的是实际网络的幂律度分布特征。甚至于两篇文章使用的部分实际网络的数据都是相同的。两篇文章对模型的分析主要是基于仿真，而非严格的理论（后一篇文章使用了近似的平均场理论分析）。

（4）勇于迎接挑战。Watts 在于 2003 年出版的《Six Degrees》一书中回忆到[3]：当他和 Strogatz 于 1996 年决定开始从事小世界网络研究时，他们对于社会网络研究和图论都知之甚少。但是，他们仍然决定尝试一个学期，如果没有进展就再回到 Watts 原先的关于蟋蟀同步的博士论文选题。Watts 说到："最坏的可能就是延期一个学期毕业。但是，如果研究这一课题让我觉得快乐，为什么不去尝试一下呢？" Barabási 在于 2002 年出版的《Linked》一书中回忆到[4]：当他在 1998 年利用一次邀请 Albert 吃午饭的机会告诉她自己关于网络研究的梦想时，Albert 已经在《Nature》上发表过封面文章，而自己关于网络的唯一一篇文章却被 4 个期刊退稿并至今仍搁置在抽屉里。他提醒 Albert，如果和他一起从事网络研究，Albert 过去那么成功的研究就有可能突然中止。但是，他也告诉 Albert："有时我们需要做好冒风险的准备。在我看来，网络研究值得一试。"

在上述两项开创性工作之后,人们对存在于不同领域的大量实际网络的拓扑特征进行了广泛的实证性研究。在此基础上,从不同角度出发提出了各种各样的网络拓扑结构模型。

本章将围绕小世界网络模型展开,主要内容分为两个部分:

(1) 如何构建既具有较大的聚类特性又具有较短的平均距离的小世界网络模型?我们将介绍通过在规则网络上对连边进行少许随机重连而得到的 WS 小世界网络模型,以及随后由 Newman 和 Watts 提出的在规则网络上随机添加少许连边而得到的 NW 小世界网络模型[5]。我们也将介绍如何分析这两个模型的聚类系数、平均距离和度分布等性质。

(2) 什么样的小世界网络才能实现有效搜索?即使你知道你与世界上随机选取的一个人之间的距离也许并不大,但这并不意味着你就一定能轻易地找到连接你们两人的较短路径。网络的可搜索性是与网络结构关联在一起的。20 世纪末 Kleinberg 关于小世界网络可搜索性的研究是网络科学的另一个重要突破[6,7]。

7.2 小世界网络模型

7.2.1 WS 小世界模型

第 6 章已经介绍过,如图 7-1(a)所示的完全规则的最近邻耦合网络具有较高的聚类特性,但并不具有较短的平均距离。假设每个节点与固定的 $K>2$ 个最近邻的节点相连,那么规则的环状最近邻网络的聚类系数和平均路径长度分别为

$$C_{nc}=\frac{3(K-2)}{4(K-1)}\geqslant\frac{3}{8},\tag{7-1}$$

$$L_{nc}\approx\frac{N}{2K}\rightarrow\infty,\quad N\rightarrow\infty.\tag{7-2}$$

另一方面,完全随机的 ER 随机图虽然具有小的平均路径长度却没有高聚类特性。与规则的最近邻网络具有相同节点数和边数的 ER 随机图(图 7-1(b))的聚类系数和平均路径长度分别为

$$C_{ER}=\frac{K}{N-1}\rightarrow 0,\quad N\rightarrow\infty,\tag{7-3}$$

$$L_{ER} \sim \frac{\ln N}{\ln K}. \tag{7-4}$$

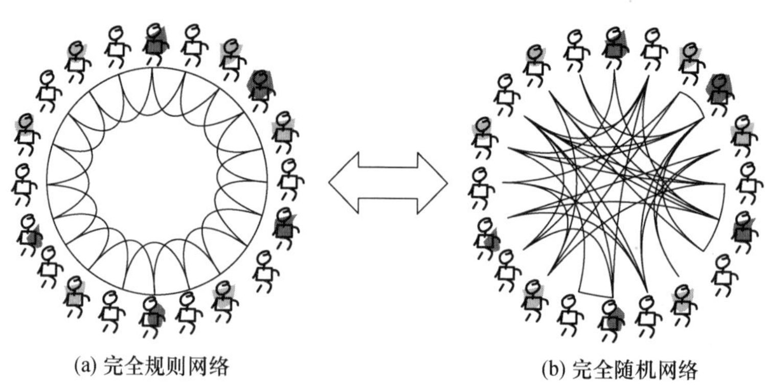

图 7-1　完全规则网络和完全随机网络之间的可能联系

因此,规则的最近邻网络和 ER 随机图都不能再现许多实际网络同时具有的明显聚类和小世界特征。从直观上看,毕竟大部分实际网络既不是完全规则的也不是完全随机的:在现实生活中,人们通常认识他们的邻居和同事,但也有可能有一些朋友远在异国他乡;WWW 上的网页也绝不是像 ER 随机图那样完全随机地连接在一起的。

Watts 和 Strogtz 发现:作为从完全规则网络向完全随机网络的过渡,只要在规则网络中引入少许的随机性就可以产生具有小世界特征的网络模型,现在常称为 WS 小世界模型(图 7-2),具体构造算法见算法 7-1。

算法 7-1　WS 小世界模型构造算法。

(1) 从规则图开始:给定一个含有 N 个点的环状最近邻耦合网络,其中每个节点都与它左右相邻的各 $K/2$ 个节点相连,K 是偶数。

(2) 随机化重连:以概率 p 随机地重新连接网络中原有的每条边,即把每条边的一个端点保持不变,另一个端点改取为网络中随机选择的一个节点。其中规定不得有重边和自环。

在上述模型中,$p=0$ 对应于完全规则网络,$p=1$ 对应于完全随机网络,通过调节参数 p 的值就可以实现从规则网络到随机网络的过渡。在具体算法实现时,可以把网络中所有节点编号为 $1,2,\ldots,N$。对于每一个节点 i,顺时针选取与节点 i 相连的 $K/2$ 条边中的每一条边,边的一个端点仍然固定为节点 i,以概率 p 随机选取网络中的任一节点作为该条边的另一端点。因此,严格地说,即使在

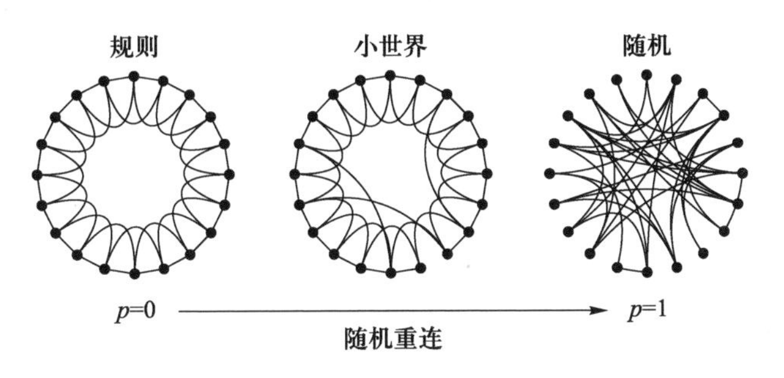

图 7-2 WS 小世界网络模型

$p=1$ 的情形,通过这种算法实现得到的 WS 小世界模型与包含相同节点数和边数的 ER 随机图还是有所区别的:在 WS 小世界模型中每个节点的度至少为 $K/2$,而在 ER 随机图中对单个节点的度的最小值没有任何限制。如果要保证 $p=1$ 时 WS 模型等同于 ER 随机图,那么在 WS 模型的生成算法中就要对选取的每一条边的两个端点都完全随机地重新配置。

7.2.2 仿真分析

由算法 7-1 得到的 WS 模型的聚类系数 $C(p)$ 和平均路径长度 $L(p)$ 都可看做是重连概率 p 的函数。图 7-3 显示了在给定参数 $N=1\ 000, K=10$ 下,网络的聚类系数和平均路径长度随重连概率 p 的变化关系。

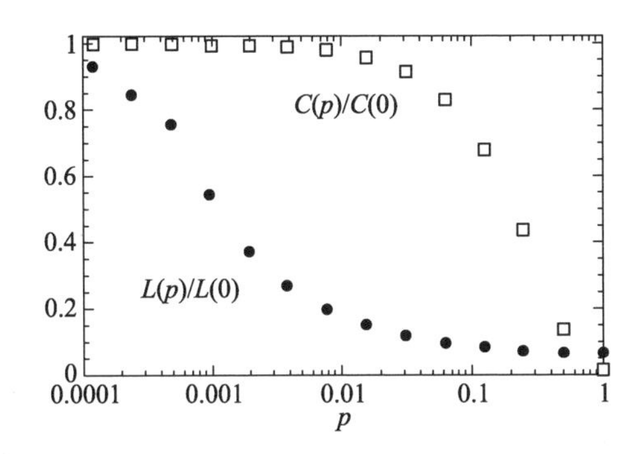

图 7-3 WS 模型的聚类系数和平均路径长度随重连概率 p 的变化关系(取自文献[1])

图 7-3 的一些科学的处理方法值得学习:

(1) 归一化处理:图中并没有直接画出 $C(p)$ 和 $L(p)$,而是对这两个量做了归一化处理,即为 $C(p)/C(0)$ 和 $L(p)/L(0)$,从而使得两个量的最大值均为 1(当 $p=0$ 时达到)。一般而言,要把不同的量的变化趋势绘制在同一张图中,应该尽可能使得这些量具有统一的尺度。否则的话,如果一个量的取值范围很大而另一个量的取值范围相对很小,那么就难以看出取值范围小的量的变化趋势了。

(2) 对数化坐标:图中横坐标取的是对数坐标。这是因为这里重点关注的是 p 较小时的聚类系数和平均路径长度的变化情形。采用对数坐标的好处就在于可以在横轴上把较小 p 值的刻度拉宽而压缩较大 p 值的区间。可以看到,从 0.0001 到 0.1 的刻度长度是从 0.1 到 1 的刻度长度的 3 倍。

(3) 平均化处理:考虑到随机性,图中的数据是 20 次平均的结果。一般而言,在做含有随机性的实验时,应尽可能考虑做多次实验然后取平均,从而保证所得到的结果的合理性。

从图 7-3 可以看出,当 p 从零开始增大时,随机重连后的网络的聚类系数下降缓慢但平均路径长度却下降很快,即当 $p(0<p\ll 1)$ 较小时,

$$C(p) \sim C(0), \quad L(p) \ll L(0). \tag{7-5}$$

这意味着,当重连概率 p 较小时,网络既具有较短的平均路径长度又具有较高的聚类系数。

7.2.3　实际验证

Watts 和 Strogatz 在仿真分析之后计算了 3 个实际网络的平均路径长度 L_{actual} 和聚类系数 C_{actual},并与相应的具有相同节点数和平均度的随机图的平均路径长度 L_{random} 和聚类系数 C_{random} 相比较(表 7-1)。这 3 个网络分别是:

- 电影演员合作网络:$N=225\ 226$,$\langle k\rangle=61$;
- 美国西部电力网络:$N=4\ 941$,$\langle k\rangle=2.67$;
- 线粒虫神经网络:$N=282$,$\langle k\rangle=14$。

这 3 个实际网络具有如下共同特征:L_{actual} 稍大于 L_{random},但是 C_{actual} 远大于 C_{random}!

表 7-1　小世界网络的 3 个实例

网络	L_{actual}	L_{random}	C_{actual}	C_{random}
电影演员合作网络	3.65	2.99	0.79	0.000 27
美国西部电力网络	18.7	12.4	0.080	0.005
线粒虫神经网络	2.65	2.25	0.28	0.05

7.2.4　动力学分析

研究网络模型的一个重要动机是希望了解网络拓扑与网络行为之间的关系。从这个角度看,Watts 和 Strogatz 在构建了模型并做了仿真和实验分析之后,

接着研究小世界网络上的动力学行为是很自然的。在当时,两位作者以动力学为切入点还有一个原因:Strogatz 是一位非线性动力学专家,并且他起初给 Watts 的博士论文研究课题就是网络上的同步动力学行为。

Watts 和 Strogatz 通过仿真研究了 WS 小世界模型上的病毒传播动力学。初始时刻网络中仅有单个个体感染病毒,然后在各时刻每个感染个体以概率 r 感染健康的邻居节点。图 7-4(a)显示的是病毒感染一半人口的临界传染概率 r_{half} 与 WS 模型的重连概率 p 的关系。可以看出,当重连概率 p 从零增大时,r_{half} 快速下降。如果固定 $r=1$,那么只要网络是连通的,病毒就总能感染网络中的所有节点。从图 7-4(b)可以看出,病毒扩散至整个网络(即所有节点都被感染)所需时间 $T(p)$ 与平均距离长度 $L(p)$ 随着 WS 模型重连概率 p 的变化趋势几乎一致,从而表明病毒在小世界网络中传播更快。

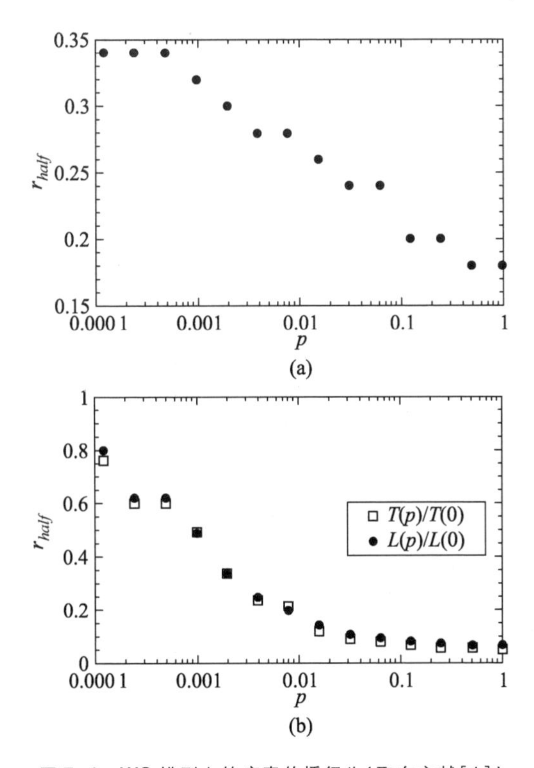

图 7-4 WS 模型上的病毒传播行为(取自文献[1])

从第 7.2.1 节到第 7.2.4 节,我们是按照 Watts 和 Strogatz 文章[1]的思路来介绍的。这篇文章体现了网络科学研究的一种范式:

(1) 建立模型(图 7-2):通过对规则网络的随机重连提出了 WS 小世界网络模型。

(2) 仿真分析(图7-3):通过仿真揭示了当重连概率较小时可以得到既具有较短的平均路径长度又具有较高的聚类系数的小世界网络。

(3) 实际验证(表7-1):验证了3个实际网络的平均路径长度和聚类系数。

(4) 影响分析(图7-4):通过仿真说明小世界特征对于网络动力学(疾病传播等)的影响。

在WS模型提出之后,人们自然希望进一步对该模型的性质做理论分析。不久之后,Newman和Watts提出了另一个在理论分析方面相对容易处理的小世界模型,现在称为NW小世界模型[5]。

7.2.5　NW小世界模型

NW模型是通过用"随机化加边"取代WS模型构造中的"随机化重连"而得到的(图7-5)。注意到在WS模型中,边的数目固定为$NK/2$,但是以概率p对这些边进行随机重连,这意味着随机重连得到的**长程边**(Shortcuts)数目的均值为$NKp/2$。在NW模型中,原来的$NK/2$条边保持不变,而是在此基础上再随机添加一些边,为便于比较,这些添加的长程边数目的均值同样取为$NKp/2$。**NW模型的**具体构造算法见算法7-2。

算法7-2　NW小世界模型构造算法。

(1) 从规则图开始:给定一个含有N个节点的环状最近邻耦合网络,其中每个节点都与它左右相邻的各$K/2$个节点相连,K是偶数。

(2) 随机化加边:以概率p在随机选取的$NK/2$对节点之间添加边,其中规定不得有重边和自环。

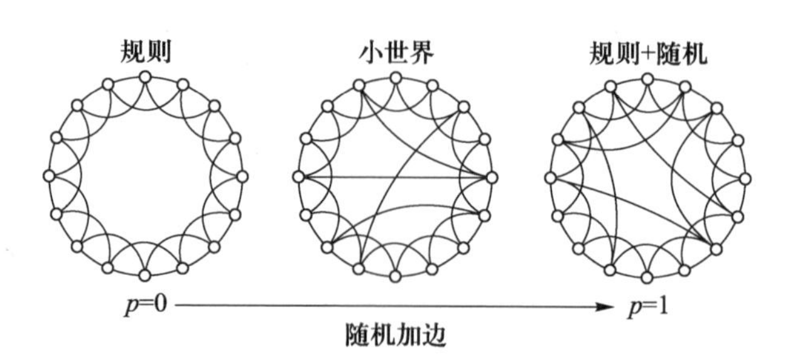

图7-5　NW小世界网络模型

在$p=0$时,WS模型和NW模型都对应于原来的最近邻耦合网络;在$p=1$时,WS模型相当于随机图,而NW模型则相当于在规则最近邻耦合网络的基础上再叠加一个一定边数的随机图。当 p 足够小而 N 足够大时，可以认为 NW 小世界模型与 WS 小世界模型是等价的。

小世界网络模型反映了朋友关系网络的一种特性，即你的大部分朋友都是和你住在同一条街上的邻居或在同一单位工作的同事。另一方面，也有些人有一些住得较远、甚至是远在异国他乡的朋友，这种情形对应于 WS 小世界模型中通过重新连线或在 NW 小世界模型中通过加入连线产生的远程连接。

7.3 拓扑性质分析

本节主要从理论上分析小世界模型的 3 个拓扑性质：聚类系数、平均路径长度和度分布[8,9]。

7.3.1 聚类系数

1. WS 小世界网络

网络的聚类系数 C 定义为网络中所有节点的聚类系数的平均值：

$$C = \frac{1}{N}\sum_{i=1}^{N} C_i, \tag{7-6}$$

其中，网络中一个度为 k_i 的节点 i 的聚类系数 C_i 定义为

$$C_i = \frac{E_i}{k_i(k_i - 1)/2}, \tag{7-7}$$

这里 E_i 和 $k_i(k_i-1)/2$ 分别为节点 i 的 k_i 个邻居节点之间实际存在的边数和可能存在的最大边数。考虑到 WS 模型中的随机性，我们下面通过式(7-7)的分子和分母的均值来估计聚类系数的均值。分母 $k_i(k_i-1)/2$ 的均值显然为 $K(K-1)/2$。下面计算 E_i 的均值。

在重连概率 $p=0$ 时，每个节点有 K 个邻居节点，可以推得这 K 个邻居节点之间的边数为 $M_0=3K(K-2)/8$。假设在 $p=0$ 时，节点 i 的两个邻居节点 j 和 k 之间有边相连，那么当 $p>0$ 时，这 3 个节点之间的 3 条边保持不变的概率为 $(1-p)^3$。此外，即使节点 i 和 j 之间原来存在的边在重连时被移除了，也有可能以节点 j 为端点的另一条边在重连时恰好选择节点 i 作为另一端点，从而在节点 i 和 j 之间又补回一条边。这一可能性发生的概率为 $1/(N-1)$。因此，节点 j 和 k 仍然是节点 i 的邻居节点并且仍然互为邻居的概率应该为 $(1-p)^3+O(1/N)$，从而

重连后一个节点的邻居节点之间的连边的平均数为 $M_0(1-p)^3+O(1/N)$。

基于上述估计,我们给出 WS 模型的聚类系数的估计值如下:

$$\begin{aligned}\tilde{C}_{WS}(p) &\triangleq \frac{M_0(1-p)^3+O(1/N)}{K(K-1)/2}\\ &= \frac{3K(K-2)/8}{K(K-1)/2}(1-p)^3+O(1/N)\\ &= \frac{3(K-2)}{4(K-1)}(1-p)^3+O(1/N)\\ &= C_{nc}(1-p)^3+O(1/N).\end{aligned} \tag{7-8}$$

图 7-6 画出了 $N=1\ 000, K=4$ 时,WS 小世界网络的聚类系数 $C_{WS}(p)$ 和估计值 $\tilde{C}_{WS}(p)$(忽略 $O(1/N)$),可见两者吻合得相当好。可以看出,$\tilde{C}_{WS}(p)$ 是重连概率 p 的单调递减函数,这意味着随着随机性的增强,网络的聚类效应减弱。

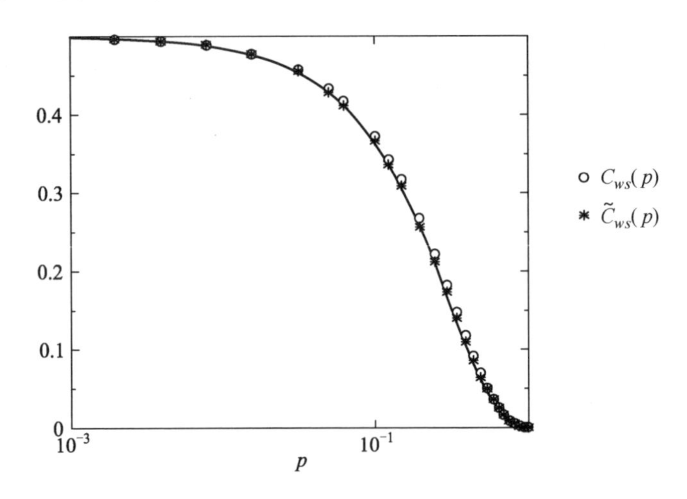

图 7-6　WS 小世界模型的聚类系数与估计值的比较

2. NW 小世界网络

第 3 章还介绍过可以用网络中三角形的相对数量来刻画网络的聚类特性:

$$C=\frac{\text{网络中三角形的数目}}{(\text{网络中连通三元组的数目})/3}. \tag{7-9}$$

现在基于这一定义来计算 NW 小世界网络模型的聚类系数。$p=0$ 时,最近邻耦合网络中的三角形数量为 $\frac{1}{4}NK\left(\frac{1}{2}K-1\right)$。$p>0$ 时,这些三角形在 NW 模型中仍然保留,现在我们需要计算在添加了长程边之后新增加的三角形的数量。网络中长程边的平均数为 $\frac{1}{2}NKp$,这些边可以在 $\frac{1}{2}N(N-1)$ 个点对之间添加,从

而每一对节点之间有长程边相连的概率为

$$\frac{\frac{1}{2}NKp}{\frac{1}{2}N(N-1)}=\frac{Kp}{N-1}\approx\frac{Kp}{N}. \tag{7-10}$$

包含一条长程边的三角形数量近似为一个与 N 无关的常数:

$$N\times\frac{Kp}{N}=Kp. \tag{7-11}$$

当网络规模 N 趋于无穷时,这一常数与最近邻耦合网络的三角形数量 $O(N)$ 相比是可以忽略不计的。同样,包含两条或三条长程边的三角形数量也可以忽略不计。因此,对于 $0\leqslant p\ll 1$, NW 模型中的三角形的数量近似为 $\frac{1}{4}NK\left(\frac{1}{2}K-1\right)$。

现在计算连通三元组的数量。最近邻耦合网络中的连通三元组数量为 $\frac{1}{2}NK(K-1)$。每条长程边都可以与 N 条边的两个端点之一形成连通三元组。因此包含一条长程边的连通三元组的平均数量为

$$\frac{1}{2}NKp\times K\times 2=NK^2p. \tag{7-12}$$

如果一个节点与 $m>1$ 条长程边相连,那么从中任选两条长程边就构成一个连通三元组,共有$\frac{1}{2}m(m-1)$种可能。平均一个节点与 Kp 条长程边相连,因此网络中以一个节点为中心的包含两条长程边的连通三元组数量的均值为

$$N\times\frac{1}{2}Kp(Kp-1)\approx\frac{1}{2}NK^2p^2. \tag{7-13}$$

综上所述,NW 模型中总的连通三元组的数量的均值为

$$\frac{1}{2}NK(K-1)+NK^2p+\frac{1}{2}NK^2p^2. \tag{7-14}$$

基于公式(7-9),当 $0\leqslant p\ll 1$ 时,NW 小世界网络模型的聚类系数的估计值为

$$\begin{aligned}\widetilde{C}_{NW}(p)&=\frac{3\times\frac{1}{4}NK\left(\frac{1}{2}K-1\right)}{\frac{1}{2}NK(K-1)+NK^2p+\frac{1}{2}NK^2p^2}\\&=\frac{3(K-2)}{4(K-1)+4Kp(p+2)}.\end{aligned} \tag{7-15}$$

7.3.2 平均路径长度

关于 NW 或 WS 小世界模型的平均路径的理论分析至今仍然是很困难的事情,人们还没有得到这两个模型的平均路径长度 L 的精确解析表达式。已有研究表明,小世界模型的平均路径长度应该具有如下形式:

$$L = \frac{N}{K} f(NKp), \tag{7-16}$$

其中 $f(u)$ 为一与模型参数无关的**普适标度函数**(Universal scaling function)。目前还没有 $f(u)$ 的精确显式表达式,Newman 等人基于平均场方法对于 NW 模型给出了如下的近似表达式[5]:

$$f(x) = \frac{2}{\sqrt{x^2 + 4x}} \operatorname{artanh} \sqrt{\frac{x}{x+4}}. \tag{7-17}$$

可以通过大量的仿真来验证公式(7-16)和(7-17)的合理性。为此,把式(7-16)改写为

$$\frac{KL}{N} = f(NKp). \tag{7-18}$$

对于不同的网络参数 N、K 和 p,可以利用广度优先搜索计算出平均路径长度 L,然后验证 KL/N 和 NKp 之间是否近似服从某种固定的函数关系。图 7-7 给出了 $K=2$ 和 $K=10$ 情形的关系曲线,N 的取值从 128 到 32 768,p 的取值从 1×10^{-6} 到 3×10^{-2}。图中每一个点都是具有相同参数的 1 000 个网络的平均值。

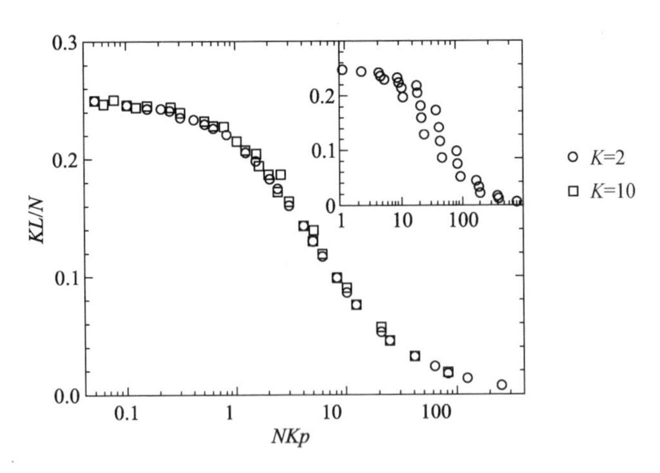

图 7-7　NW 小世界模型的普适标度函数验证

我们可以基于公式(7-16)和(7-17)推得平均路径长度是网络规模的对数增长函数。基于函数关系式

$$\operatorname{artanh} u = \frac{1}{2}\ln\frac{1+u}{1-u}, \tag{7-19}$$

式(7-17)可以写为

$$f(x) \simeq \frac{1}{\sqrt{x^2+4x}}\ln\frac{\sqrt{1+4/x}+1}{\sqrt{1+4/x}-1} \simeq \frac{\ln x}{x}, \quad x >> 1. \tag{7-20}$$

把上式代入式(7-16),可得

$$L = \frac{\ln(NKp)}{K^2 p}, \quad NKp >> 1. \tag{7-21}$$

注意到 NKp 是网络中随机添加的长程边数目的均值的 2 倍。式(7-21)意味着:只要网络中随机添加的边的绝对数量足够大(但是占整个网络边数的比例仍然可以相当小),平均路径长度就可视为网络规模的对数增长函数。

7.3.3 度分布

1. WS 小世界网络

WS 模型在重连概率 $p=0$ 时,每个节点的度都为 K(偶数),亦即每个节点都与 K 条边相连;在 $p>0$ 时,基于 WS 模型的随机重连规则的实现算法,每个节点仍然至少与顺时针方向的 $K/2$ 条原有的边相连,亦即每个节点的度至少为 $K/2$。为此,不妨记节点 i 的度为 $k_i = s_i + K/2$,$s_i \geqslant 0$ 为整数。

进一步地,s_i 可分为两部分:$s_i = s_i^1 + s_i^2$,s_i^1 表示在原有的与节点 i 相连的逆时针方向的$K/2$ 条边中仍然保持不变的边的数目,其中每条边保持不变的概率为 $1-p$;s_i^2 表示通过随机重连机制连接到节点 i 上的长程边,每条这样的边的概率为 p/N。我们有

$$P_1(s_i^1) = \binom{K/2}{s_i^1}(1-p)^{s_i^1}p^{K/2-s_i^1}, \tag{7-22}$$

$$P_2(s_i^2) \simeq \frac{(pK/2)^{s_i^2}}{(s_i^2)!}e^{-pK/2}, \quad \text{当 } N \text{ 充分大时}. \tag{7-23}$$

对于任一度为 $k \geqslant K/2$ 的节点,$s_i^1 \in [0, \min(k-K/2, K/2)]$。因此,当 $k \geqslant K/2$时

$$P(k) = \sum_{n=0}^{\min(k-K/2,K/2)}\binom{K/2}{n}(1-p)^n p^{K/2-n}\frac{(pK/2)^{k-(K/2)-n}}{(k-(K/2)-n)!}e^{-pK/2}; \tag{7-24}$$

而当 $k<K/2$ 时,$P(k)=0$。

图 7-8 画出了当 $N=1\ 000$,$K=6$ 时,在不同的重连概率下 WS 模型的度分布。可以看出,随着 p 值的增大,分布也变得更宽。

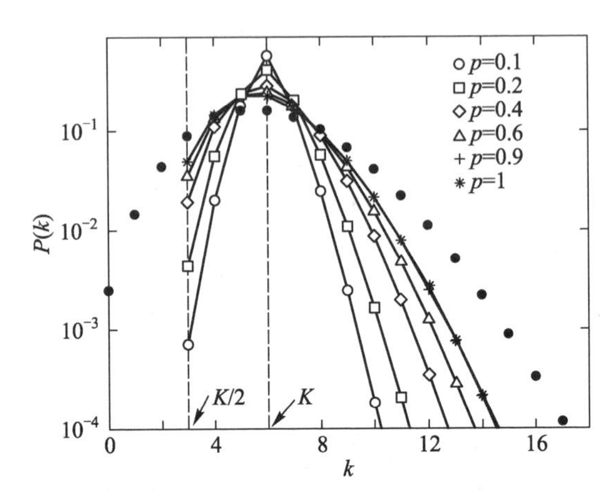

图 7-8　WS 小世界模型的度分布

2. NW 小世界网络

在基于"随机加边"机制的 NW 模型中，由于原有的规则最近邻网络中的所有边保持不变，每个节点的度至少为 K。当 $k<K$ 时，$P(k)=0$。当 $k\geqslant K$ 时，一个节点的度为 k 就意味着有 $k-K$ 条长程边与该节点相连。由式(7-10)可知，每一对节点之间有边相连的概率为 $Kp/(N-1)$。因此，一个随机选取的节点的度为 k 的概率为

$$P(k)=\binom{N-1}{k-K}\left[\frac{Kp}{N-1}\right]^{k-K}\left[1-\frac{Kp}{N-1}\right]^{N-1-k+K}. \tag{7-25}$$

NW 模型中长程边的平均数为 $\frac{1}{2}NKp$，涉及的端点数为 NKp。因此，平均而言，网络中与每个节点相连的长程边的数量为 Kp，即 $\langle k-K\rangle=Kp$。由第 6 章式(6-17)可知，当网络中节点数 N 充分大时，二项分布(7-25)可近似写为如下泊松分布：

$$P(k)=\frac{(Kp)^{k-K}}{(k-K)!}\mathrm{e}^{-Kp}. \tag{7-26}$$

上式为近似等式，当 $N\to\infty$ 时精确成立。

对于式(7-26)也可以有另外一种简洁的解释：考虑到连边的随机性，当 N 充分大时，一个节点具有 s 条长程边的概率服从均值为 Kp 的泊松分布：

$$P(s)=e^{-Kp}\frac{(Kp)^s}{s!}. \tag{7-27}$$

注意到具有 s 条长程边的节点的度值为 $k=s+K$，把 $s=k-K$ 代入上式，即可得到式(7-26)。

7.4 Kleinberg模型与可搜索性

7.4.1 Kleinberg模型

Watts和Strogatz构建的小世界网络模型在很大程度上是受到了Milgram的小世界实验的启发。事实上,Milgram的实验不仅揭示了社会网络的小世界特性,而且还在一定程度上验证了社会网络的可搜索特性:尽管连接两个人的路径的数目可能很大,而且不同路径的长度的差异也可能很大,人们还是有可能用简单的**分散式算法**(Decentralized algorithm)找到连接自己与某个陌生人之间的较短路径。

在Milgram的小世界实验中,人们搜索目标对象时使用的算法很简单:即当前信件的持有者基于局部信息以最有可能到达目标人的方式来传信。也就是说,当前信件的持有者将信传给他的一个朋友,并且他认为这个朋友在自己所认识的人当中是最接近目标对象的。这种**贪婪算法**(Greedy algorithm)原理非常简单,没有什么特别的性质。因此,在Milgram的实验中,一定数量的信在较短步数内成功到达目标这一事实表明,社会网络结构本身一定有其特殊的性质。

显然,一个可搜索的网络应该具有小世界特性以保证两点间的较短的路径长度的存在性。然而,一般而言,网络的小世界特性并不一定意味着网络是可以快速搜索的。在一个大规模的网络中,连接两个节点之间的路径可能有很多条。能否找到任意两个节点之间的较短甚至最短的路径,依赖于搜索问题的定义、节点所提供的网络结构信息、节点所使用的搜索算法和整个网络的拓扑结构。

为了重点分析网络结构的影响,基于Milgram的传信实验,我们可给出如下叙述:

(1) 问题描述:随机选择网络中两个节点s和t,考虑怎样在最少的步数内将信从源节点s传递至目标节点t。

(2) 局部信息:信的当前持有者只知道目标节点在网格上的位置以及所有节点之间的局部连接路径。

(3) 贪婪搜索:每个节点都采用分散式的贪婪算法,即信的当前持有者只是基于局部信息将信传给在网格距离上最接近目标节点的邻居节点。

现在的问题是:什么样的小世界网络是可搜索的,即什么样的小世界网络上任意两个节点之间具有较短的平均传递步数?是否存在具有最短的平均传递步数的最优网络结构?

为了更好地模拟现实世界的社会网络，我们把网络模型从前面介绍的一维环状推广到二维网格上，即假设 N 个节点是分布在一个如图 7-9 所示的二维网格上。网络中两个节点 u 和 v 之间的网格距离 $d(u,v)$ 定义为两节点之间的网格步数。设节点 u 的坐标为 (i,j)，节点 v 的坐标为 (k,l)，则有

$$d(u,v) = d((i,j),(k,l)) = |k-i| + |l-j|. \tag{7-28}$$

假设网络中每个节点通过边连接所有与该节点的网格距离不超过某个常数 $p \geqslant 1$ 的邻居节点，这样就得到一个二维网格上的规则最近邻网络，在此基础上再随机添加一些长程边就得到二维网格上的 NW 小世界模型。Kleinberg 对二维 NW 小世界模型做了如下修改[7]：

(1) 假设每条边都是有向边。这对底层的规则网格没有影响，因为规则网格上的两个节点要么互为邻居，要么互相都不是邻居。

(2) 假设长程连接并不是完全随机地添加到原先的规则网格中。从每个节点都有 q 条有向的长程连接指向网络中的其他 q 个节点。节点 u 有边指向节点 v 的概率 Π_{uv} 与这两个节点之间的网格距离的幂函数 $[d(u,v)]^{-\alpha}$ 成正比，这里 $\alpha \geqslant 0$ 是一个参数。

二维网格上的 Kleinberg 模型构造算法见算法 7-3。

算法 7-3　二维 Kleinberg 模型构造算法。

(1) 从规则网格开始：给定一个含有 $N = \bar{N} \times \bar{N}$ 个点的最近邻耦合网络，它们分布在一个二维网格上，使得每一行和每一列都恰好有 $\bar{N}$ 个节点。每个节点都通过有向边指向所有与该节点的网格距离不超过 $p \geqslant 1$ 的节点。

(2) 随机化加边：对于每个节点，添加从该节点指向网络中的其他 q 个节点的 q 条有向边，其中节点 u 有添加边指向节点 v 的概率 Π_{uv} 为

$$\Pi_{uv} = \frac{[d(u,v)]^{-\alpha}}{\sum\limits_{v} [d(u,v)]^{-\alpha}}. \tag{7-29}$$

图 7-9 示意的是 $p=1, q=2$ 情形的一个 Kleinberg 二维网格模型，图中从一个节点指出去的 4 条短程连接和 2 条长程连接。这里，为叙述简便，我们把底层规则网格上的已有连接称为短程连接或局部连接，而把随机化添加的连接称为长程连接（尽管有时添加的连接的长度未必很长）。

固定整数 p 和 q 的值。当 $\alpha = 0$ 时，意味着长程连接的每个终点是完全随机选取的。此时 Kleinberg 模型可以视为一种有向化的 NW 小世界模型。这种完全随机添加的长程连接尽管可以使网络成为一个小世界，却在网络搜索时难以有

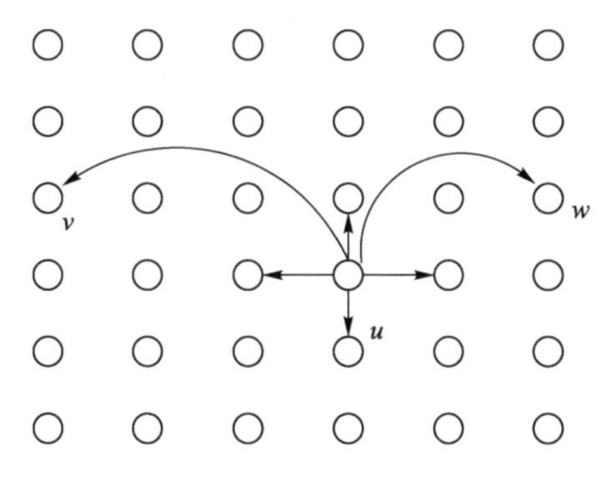

图 7-9 Kleinberg 二维网格模型

效利用,因为很有可能这些添加的长程连接所指向的节点并不比规则格子原有的短程连接所指向的节点在网格距离上更靠近目标节点,特别是在当前节点距离目标节点已经不太远的时候。随着参数 α 值的增加,两个在网格距离上相隔较远的节点之间有长程连接的概率越来越小。当 α 值很大时,添加的边几乎都成为了短程连接。也就是说,没有足够多的长程连接使得网络成为小世界。例如,假设 $d(u,v)=2, d(u,w)=20$,那么

$$\frac{\Pi_{uv}}{\Pi_{uw}} = \left[\frac{d(u,w)}{d(u,v)}\right]^{\alpha} = 10^{\alpha}, \tag{7-30}$$

这意味着如果 $\alpha=10$,节点 u 有边指向节点 v 的概率将是 u 有边指向节点 w 的概率的 10^{10} 倍!

上述直观分析表明,以规则网络为基础添加连边时,过分地随机(对应于很小的 α 值)和过分地规则(对应于很大的 α 值)都不利于网络上的搜索(图 7-10)。因此,一个自然的问题是:是否存在规则性和随机性之间的最佳折中(即理想的 α 值),使得生成的网络既是小世界又便于快速分散式搜索?

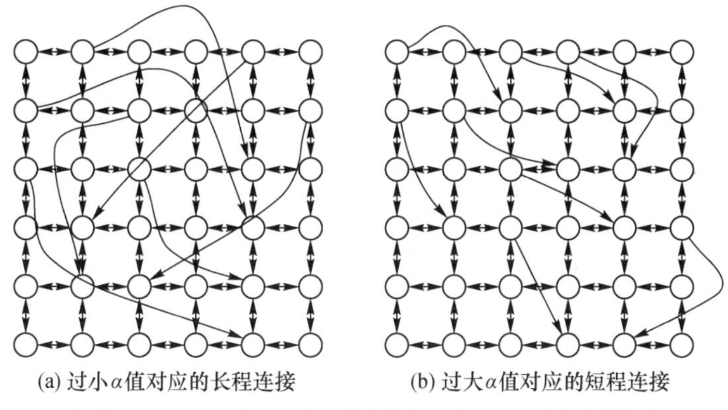

图 7-10 过小α 值对应的长程连接和过大α 值对应的短程连接

7.4.2　最优网络结构

Kleinberg 对包含 20 000×20 000 个节点的网络做了仿真实验,得到了网络中两点之间所需的平均传递步数的对数 $\ln T$ 和参数 α 之间的关系,如图 7-11 所示。图中每个点都是 1 000 次实验的平均值。可以看到,图中明显存在一个参数 α 的最优值。

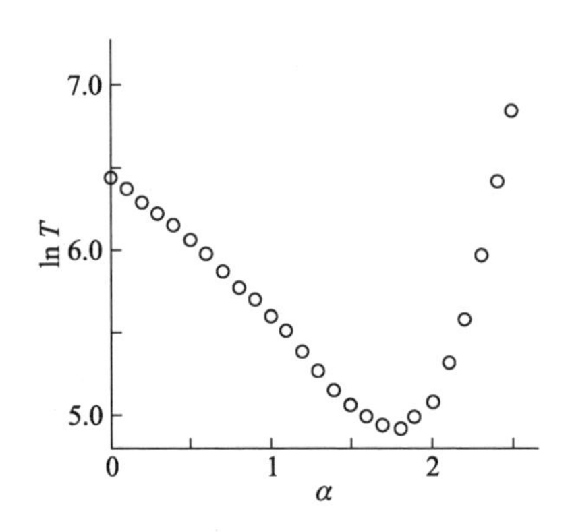

图 7-11　平均传递步数的对数 ln T 和网络模型参数 α 之间的关系(取自文献[6])

Kleinberg 进一步从理论上严格证明了,当 $N\to\infty$ 时 $\alpha=2$ 是唯一的最优值[7]。

定理 7-1(Kleinberg 定理)　考虑二维 Kleinberg 网格模型上的搜索问题,假设每个节点采用的都是基于局部信息的分散式算法。我们有:

(1) 对于 $0\leqslant\alpha<2$,存在一个与 p、q、α 相关但与 N 无关的常数 c_α,使得对于任意的分散式算法,平均传递步数都有一个下界 $c_\alpha N^{(2-\alpha)/3}$。

(2) 当 $\alpha=2$ 时,当前信的持有节点只需把信件传递给一个在网格距离上最接近目标节点的邻居节点,这种分散式算法的平均传递步数有一个上界 $c_2(\log N)^2$,其中 c_2 是一个与 N 无关的常数。

(3) 对于 $\alpha>2$,存在一个与 p、q、α 相关但与 N 无关的常数 c_α,使得对于任意的分散式算法,平均传递步数都有一个下界 $c_\alpha N^{(\alpha-2)/(\alpha-1)}$。

Kleinberg 定理的说明如下:当 $\alpha=2$ 时,分散式算法所需的平均传递步数至多是 $\log N$ 的多项式函数;而当 $\alpha\neq2$ 时,分散式算法所需的传递步数 T 至少是 N 的多项式函数,即

$$T\geqslant cN^{\beta} \tag{7-31}$$

其中 c 是与 N 无关的常数,并且

$$\beta=\begin{cases}(2-\alpha)/3, & 0\leqslant\alpha<2,\\(\alpha-2)/(\alpha-1), & \alpha>2.\end{cases} \tag{7-32}$$

如图 7-12 所示。

Kleinberg 定理的直观解释如下：假设地球是平的，并且地球上的人均匀分布在这个平面的网格点上。由于平面上面积的增长与半径的平方成正比，与一个节点 u 的网格距离不超过 d 的节点数与 d^2 成正比，而 $\alpha=2$ 意味着节点 u 有长程连接指向另一个节点 v 的概率与 $[d(u,v)]^{-2}$ 成正比，这两个因素恰好相互抵消。对于二维的 Kleinberg 网格模型，指数 $\alpha=2$ 的最优性表现在：当且仅当 $\alpha=2$ 时，一个节点的长程连接分布在所有的距离尺度上是均匀分布的。

具体地说，对于任意一个给定的节点 u，可以将网格中其他节点归于集合 A_0，$A_1, A_2, \ldots, A_J$ 中（下一节将说明 $J \leqslant \log N$），其中集合 A_j 包含了所有与节点 u 的网格距离在区间 $[2^j, 2^{j+1})$ 内的节点。在 $\alpha=2$ 时，节点 u 的每个添加的长程连接的另一端点落在任一集合 A_j 中的概率几乎是相等的，如图 7-13 所示。当 $\alpha<2$ 时，添加的连接的另一端点偏向于那些网格距离比较大的集合；当 $\alpha>2$ 时，添加的连接的另一端点偏向于那些网格距离比较小的集合。

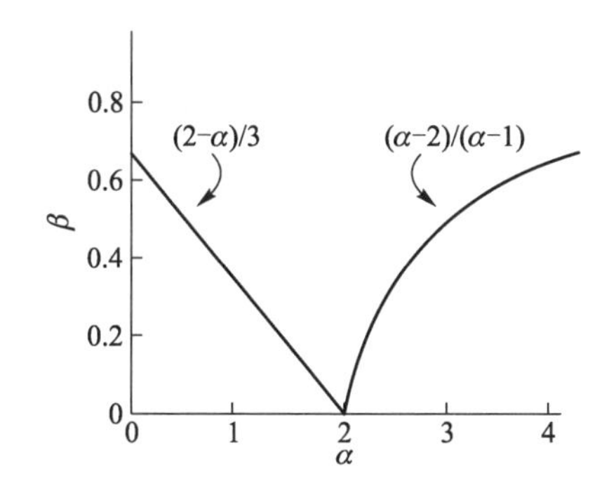

图 7-12 平均传递步数 T 的下界（7-31）中的指数 β 与参数 α 的关系（取自文献[7]）

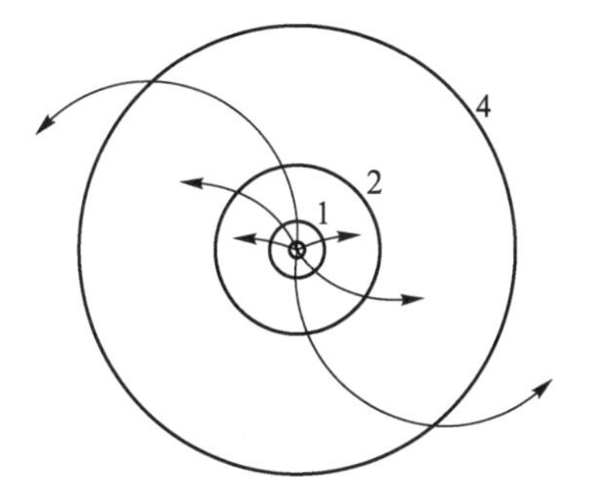

图 7-13 $\alpha=2$ 时不同距离尺度的长程连接示意

形象地说，假设你在上海工作，那么如下 3 个数值大体相等：你在单位里的朋友数、你在上海市的朋友数减去你在单位的朋友数、你在中国的朋友数减去你在上海市的朋友数（图 7-14）。在这样一个网络中不仅具有很长的连接，而且也具有各种中间长度的连接。这样的网络结构使得人们在搜索时可以有条理地有效利用各种长度的连接，从而快速缩短与目标者之间的距离。图 7-15 选自 Milgram 于 1967 年发表的关于小世界实验的论文[10]。可以看到这个例子中距离的缩短速度是非均匀的，大体上后一个节点离目标的距离是前一个节点离目标的距离的一半。

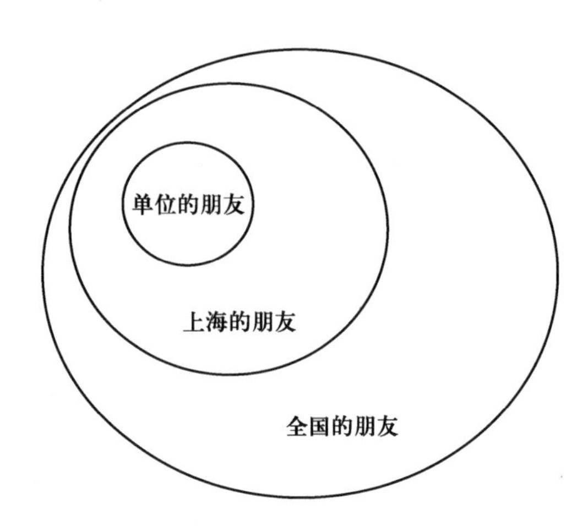

图 7-14　不同距离尺度的朋友数示意

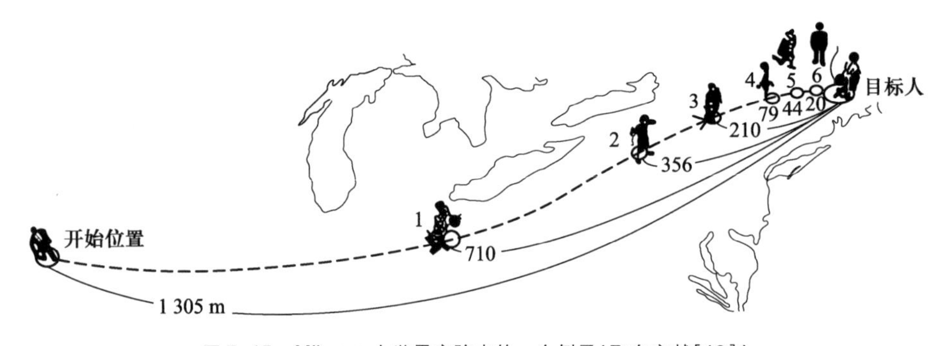

图 7-15　Milgram 小世界实验中的一个例子(取自文献[10])

7.4.3　Kleinberg 模型的理论分析

在理论上,Kleinberg 定理对于 n 维($n\geqslant 1$)的 Kleinberg 模型都是成立的:$\alpha=n$ 对应于唯一可搜索的最佳网络结构。详尽的理论分析可参见文献[7]。这里我们以一维环状格子上的 Kleinberg 模型为例尽可能简洁明了地阐述推导的思想[11],见算法 7-4。

一维环状格子上两点之间的格子距离定义如下:一个节点与环上地理位置最近的左右两个节点的格子距离定义为 1,它与次近的左右两个节点的格子距离定义为 2,以此类推。图 7-16 显示的是 $K=2,q=1$ 和 $\alpha=1$ 所对应的一维 Kleinberg 模型。图 7-17 显示的是以节点 a 为源节点、节点 i 为目标节点时,基于贪婪搜索得到的路径 $a\to d\to e\to f\to h\to i$。由于网络节点缺乏对全局结构信息的了解,贪婪算法得到的路径长度大于最短路径 $a\to b\to h\to i$ 的长度也是很自然的。

我们需要证明的是,$\alpha=1$ 时基于局部信息的贪婪搜索所需的平均搜索步数仍然是相当短的。

算法 7-4 一维 Kleinberg 有向小世界模型构造算法。

(1) 从规则网格开始:给定一个含有 N 个点的环状最近邻耦合网络,其中每个节点都有边指向与它左右相邻的各 $K/2$ 个节点,K 是偶数。

(2) 随机化加边:对于每个节点,添加从该节点指向网络中的其他 q 个节点的 q 条有向边,其中节点 u 有添加边指向节点 v 的概率 Π_{uv} 与这两个节点之间的格子距离成正比,即有

$$\Pi_{uv}=\frac{[d(u,v)]^{-\alpha}}{\sum_{v}[d(u,v)]^{-\alpha}}. \tag{7-33}$$

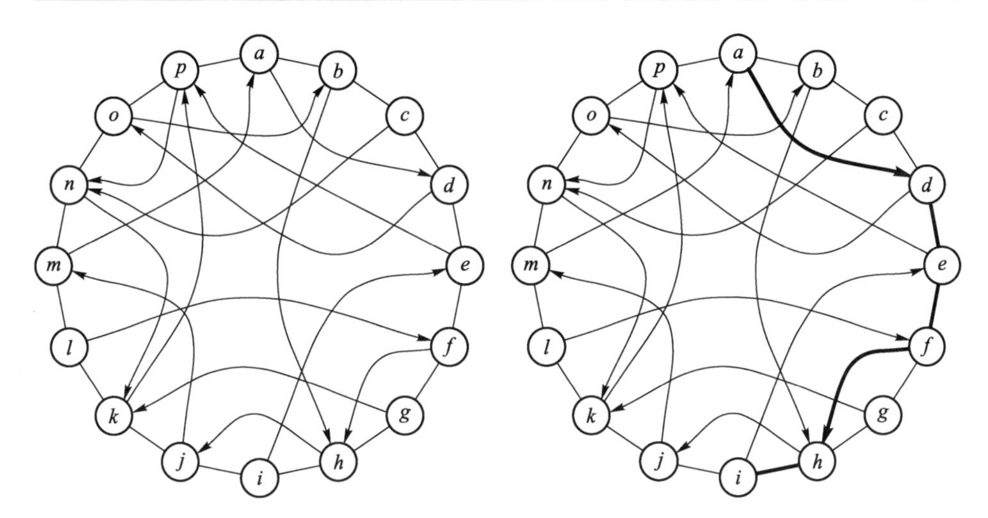

图 7-16 一维 Kleinberg 模型(取自文献[11])

图 7-17 从源节点 a 到目标节点 i 基于贪婪搜索所得到的路径(取自文献[11])

对于网络中随机选取的源节点 s 和目标节点 t,我们要估计基于局部信息的贪婪算法所需的搜索步数 X 的期望值 $E(X)$。特别地,我们将说明:

(1) 当 $\alpha=1$ 时,期望搜索步数上界与网络规模的对数的平方成正比,即存在常数 c,使得

$$E(X)\leqslant c(\log N)^{2}; \tag{7-34}$$

(2) 当 $\alpha\neq1$ 时,期望搜索步数的下界与网络规模的幂函数成正比,即存在与 α 有关的常数 C_{α} 和 $c_{\alpha}>0$,使得

$$E(X) \geqslant C_\alpha N^{c_\alpha}. \tag{7-35}$$

推导过程分为 4 个步骤：前 3 个步骤分析 $\alpha=1$ 的情形，最后分析 $\alpha \neq 1$ 的情形。

(1) 步骤 1：长程连接概率的下界估计

在 Kleinberg 模型中，节点 u 有长程连接指向节点 v 的概率为

$$\Pi_{uv} = \frac{[d(u,v)]^{-1}}{\sum_v [d(u,v)]^{-1}} = \frac{[d(u,v)]^{-1}}{Z}. \tag{7-36}$$

下面估计归一化常数 $Z = \sum_v [d(u,v)]^{-1}$。当网络规模 N 为奇数时，对于任一正整数 $d \in [1,(N-1)/2]$，恰好有两个节点与节点 u 的格子距离为 d；当 N 为偶数时，对于任一正整数 $d \in [1,(N/2)-1]$，恰好有两个节点与节点 u 的格子距离为 d，另外还有一个在节点 u 的正对面的节点与节点 u 的格子距离为 $N/2$。因此，归一化常数 Z 可以表示为

$$Z = \begin{cases} 2\left(1+\dfrac{1}{2}+\cdots+\dfrac{1}{(N-1)/2}\right), & N \text{ 为奇数}, \\ 2\left(1+\dfrac{1}{2}+\cdots+\dfrac{1}{(N/2)-1}\right)+\dfrac{1}{(N/2)}, & N \text{ 为偶数}. \end{cases} \tag{7-37}$$

于是有

$$Z \leqslant 2\left(1+\frac{1}{2}+\cdots+\frac{1}{(N/2)}\right). \tag{7-38}$$

注意到定积分的几何意义(图 7-18)，我们有

$$\frac{1}{2}+\cdots+\frac{1}{(N/2)} \leqslant \int_1^{\frac{N}{2}} \frac{1}{x}\mathrm{d}x = \ln\frac{N}{2}, \tag{7-39}$$

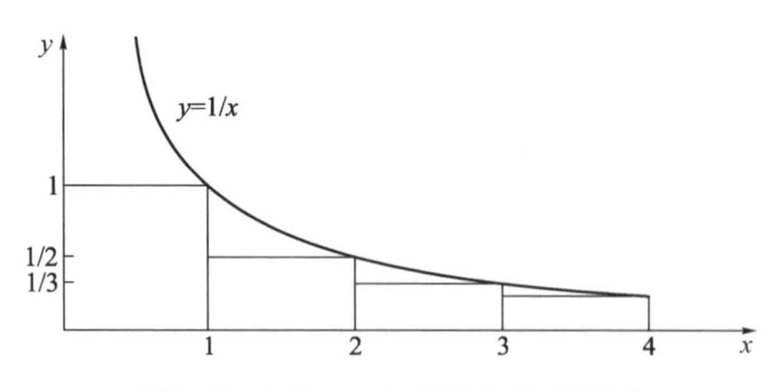

图 7-18　曲线 $y=1/x$ 下方面积的近似估计

从而可知

$$Z \leqslant 2\left(1+\ln\frac{N}{2}\right) \leqslant 2\left(1+\log\frac{N}{2}\right) = 2\log N. \tag{7-40}$$

于是，节点 u 有长程连接指向节点 v 的概率满足

$$\Pi_{uv} = \frac{1}{Z}d(u,v)^{-1} \geqslant \frac{1}{2\log N}d(u,v)^{-1}. \tag{7-41}$$

(2) 步骤 2:节点分类

对于目标节点 t,可以将网络中的其他节点归于集合 $A_0,A_1,A_2,\dots,A_J$ 中,其中集合 A_j 包含了所有与节点 t 的格子距离在区间$[2^j,2^{j+1})$内的节点。如果当前信件的持有节点属于集合 A_j,那么就称该节点处于搜索的第 j 阶段(图 7-19)。

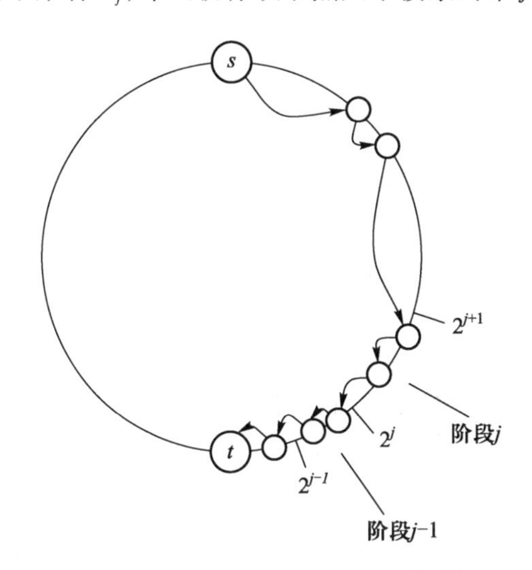

图 7-19 阶段 j 包含了距目标节点的距离 $d\in[2^j,2^{j+1})$ 的所有节点

注意到网络中任一节点与目标节点的格子距离都不会超过 $N/2$,因此集合个数 J 的取值满足 $2^J\leqslant N/2$,从而有

$$J \leqslant \log\frac{N}{2} = \log N - 1 \leqslant \lfloor \log N \rfloor, \tag{7-42}$$

其中$\lfloor \log N \rfloor$表示的是不超过 $\log N$ 的最大整数。

记 X_j 为第 j 阶段搜索所需步数($0\leqslant j\leqslant J$),那么整个搜索过程所需步数为

$$X = X_0 + X_1 + X_2 + \cdots + X_J, \tag{7-43}$$

从而有

$$E(X) = 1 + E(X_1) + E(X_2) + \cdots + E(X_J). \tag{7-44}$$

(3) 步骤 3:每一阶段搜索所需的平均步数的上界估计

假设当前信件的持有者 u 处于阶段 j,即节点 u 与目标节点 t 之间的格子距离为 $d(u,t)\in[2^j,2^{j+1})$。记 $d\equiv d(u,t)$,一旦信被传到与目标节点 t 的格子距离不超过$\frac{1}{2}d$ 的节点,阶段 j 就结束了。在这种情况下,节点 u 将是阶段 j 的最后一个信件持有者(图 7-20)。

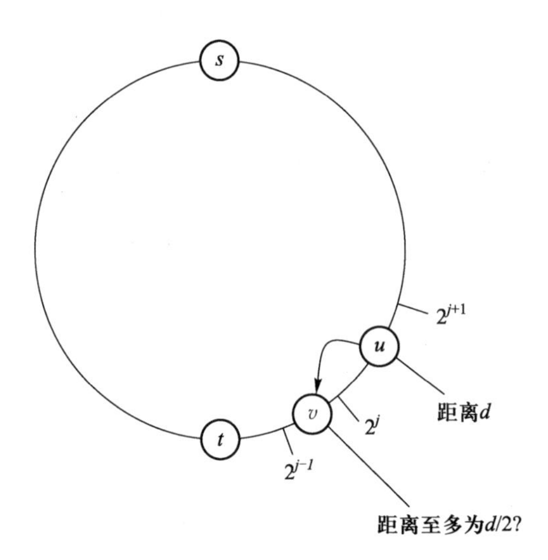

图 7-20　当前信件持有者 u 处于阶段 j 的示意图

下面用 I 表示与目标节点 t 的格子距离不超过 $d/2$ 的节点的集合。现在估计节点 u 有长程连接指向集合 I 的概率。由于集合 I 中有 $d+1$ 个节点，其中包括目标节点 t 本身，且节点 t 的两侧各分布着 $d/2$ 个节点，集合 I 中的节点与节点 u 的最大格子距离为 $3d/2$（图 7-21）。因此，节点 u 有长程连接指向集合 I 中的节点 v 的概率 Π_{uv} 满足以下不等式：

$$\begin{aligned}\Pi_{uv} &\geqslant \frac{1}{2\log N}d(u,v)^{-1}\\ &\geqslant \frac{1}{2\log N}\frac{1}{3d/2}\\ &= \frac{1}{3d\log N}.\end{aligned} \tag{7-45}$$

由于集合 I 中有 $d+1$ 个节点，节点 u 有长程连接指向集合 I 中一个节点的概率 Π_{uI} 满足

$$\begin{aligned}\Pi_{uI} &\geqslant (d+1)\frac{1}{3d\log N}\\ &\geqslant \frac{1}{3\log N}.\end{aligned} \tag{7-46}$$

于是阶段 j 进行一步之后结束的概率至少为 $(3\log N)^{-1}$。这意味着阶段 j 至少进行 i 步的概率不超过 $(1-(3\log N)^{-1})^{i-1}$，即有

$$P(i \leqslant X_j < i+1) \leqslant \left(1-\frac{1}{3\log N}\right)^{i-1}. \tag{7-47}$$

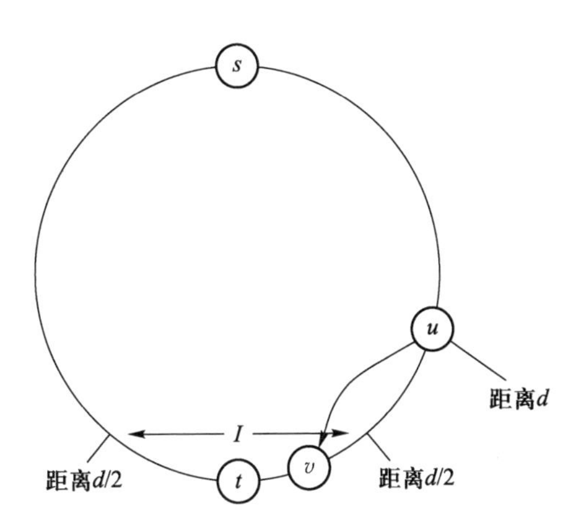

图 7-21 集合 I 中的节点的示意图

阶段 $j(0\leqslant j\leqslant J)$ 的搜索步数的期望值为

$$\begin{aligned}E(X_j) &= P(1\leqslant X_j<2)+P(2\leqslant X_j<3)+P(3\leqslant X_j<4)+\cdots\\&\leqslant \sum_{i=1}^{+\infty}\left(1-\frac{1}{3\log N}\right)^{i-1}\\&= 3\log N.\end{aligned} \tag{7-48}$$

于是得到如下结论：

$$\begin{aligned}E(X) &= 1+E(X_1)+E(X_2)+\cdots+E(X_J)\\&\leqslant 1+J\cdot 3\log N\\&\leqslant 1+3(\log N)^2.\end{aligned} \tag{7-49}$$

(4) 步骤 4：$\alpha\neq 1$ 情形分析

当 α 值很大时，添加的真正长程连接的数量极少，从而不足以使网络成为小世界。事实上，只要 $\alpha>1$，那么由于长度较长的长程连接数量较少，使得在采用分散式搜索从一个随机选择的源节点走到另一个随机选择的目标节点的过程中，能够利用到真正的跨度很大的长程连接从而缩短搜索步数的可能性较小，也就是说，平均搜索步数仍然会是相当大的。

我们再来看 $0\leqslant\alpha<1$ 的情形。$\alpha=0$ 时对应于 NW 小世界模型。记 H 为与目标节点 t 的格子距离小于$\sqrt{N}$的节点的集合。随机选取的源节点 s 不在集合 H 中的概率很大。由于长程连接是完全随机的，任一节点 u 有长程连接指向集合 H 中的节点的概率 Π_{uK} 等于集合 H 中节点数除以网络规模 N：

$$\Pi_{uK}=\frac{2\sqrt{N}+1}{N}<\frac{2}{\sqrt{N}}. \tag{7-50}$$

因此,任一分散式搜索策略平均至少需要$\sqrt{N}/2$步才能找到一个有长程连接指向H中的节点(图 7-22)。另一方面,只要没有找到指向H的长程连接,那么就不可能在$\sqrt{N}$步以内到达目标(这里假设$K=2$),因为至少要花这么多步沿着局部连接一步步走到目标节点。从而可以得知任一分散式搜索所需的平均步数至少与$\sqrt{N}$成正比。

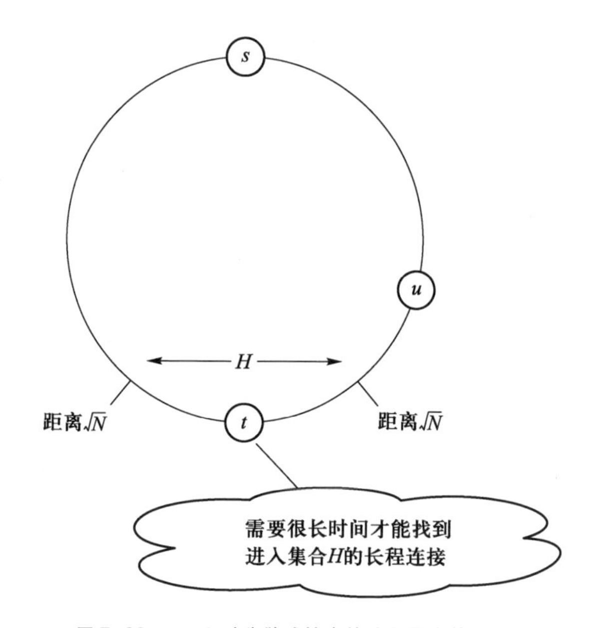

图 7-22　$\alpha=0$ 时分散式搜索策略所需步数示意图

$0<\alpha<1$,上述推理仍然定性成立,只是集合H的宽度与α值相关。

7.4.4　在线网络实验验证

Kleinberg 关于小世界网络的可搜索性的理论分析无疑是极富创新性的工作。接下来我们要问:基于 Kleinberg 模型得到的结论在多大程度上符合实际?

在 Kleinberg 模型中有两个基本假设:

(1) 两个节点之间存在长程连接的概率是由它们之间的网格距离(对应于现实世界的地理距离)决定的。这种只依赖于地理距离建立的长程连接与实际情形的差异有多大?或者说,在网络搜索中地理因素起着多大的作用?

(2) 所有节点在空间上是均匀分布的。但是在现实世界中,节点的分布往往是高度非均匀的:有些区域节点集中,有些区域则节点稀疏。这种非均匀的节点分布对搜索又会带来什么样的影响?

Liben-Nowell 等人基于在线网站 Livejournal 进行了一次网络搜索实验[12]。该网站在 2004 年 2 月共有 1 312 454 个博客用户，每个用户在博客上均提供了有关自己和自己的网络好友的详细信息，其中共有 495 836 个用户在美国本土。于是可以按照他们的地理信息将其分布在经纬网格上经纬线相交的格点上，从而建立一个二维有向网络模型。这些用户之间共有 359 440 对朋友关系，即平均每人有 8 个朋友。实验者在该网络上选取了部分用户，要求他们用贪婪算法将信息传给指定的目标用户，且只要将信息传至目标对象所在的城市就算完成了任务，而并不要求一定将信息传至目标对象本人。实验发现：

(1) 网络具有可搜索性：约 13% 的搜索在 5 步以内就完成了任务。

(2) 最优搜索指数 $\alpha\approx1$，而不是二维 Kleinberg 模型所预测的 $\alpha=2$。

首先看一下地理因素在该实验中的作用。记 $\delta=d(u,v)$，$P(\delta)$ 表示所有具有长程连接的节点对中相距为 δ 的节点对所占的比例。从图 7-23(a)可以看出：

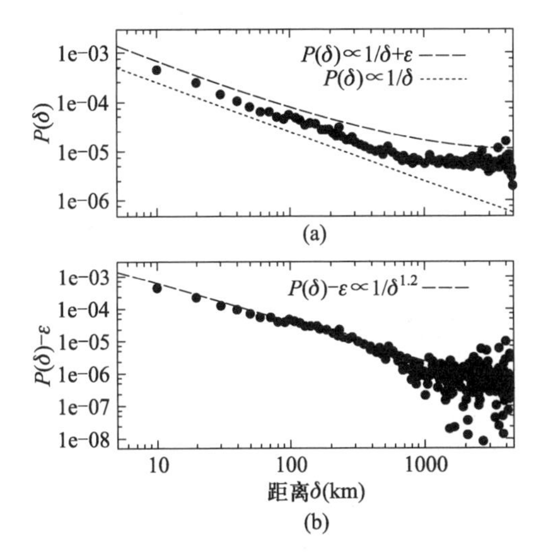

图 7-23 不同距离情况下节点对所占比例图(取自文献[12])

(1) 当 δ 不超过 1 000 km 时，随着 δ 的增加，$P(\delta)$ 呈线性递减趋势。这表明在这段距离范围内，地理因素在两个人是否为朋友的概率上占据主导地位：距离越近，概率越大。

(2) 当 δ 大于 1 000 km 时，随着 δ 的增加，$\delta-P(\delta)$ 曲线开始波动，最后趋近于一个常数 ε(这里 $\varepsilon\cong5.0\times10^{-6}$)。这表明当 δ 超过 1 000 km 时，非地理因素在朋友关系方面逐步占据主导地位。

可以计算出，在该实验网络中平均每个节点大约有 495 836 $\varepsilon\cong2.5$ 个基于非地理因素的朋友，从而有大约 5.5 个基于地理因素的朋友。这表明，从整体上来说，地理因素对朋友关系建立的影响比较大。为了进一步考察地理因素在网络搜索中的作用，可以有意识地将非地理因素去掉，从而得到图 7-23(b)。此时，$P(\delta)-\varepsilon$ 近似为 δ 的线性递减函数，这表明节点 u 与节点 v 之间有长程连接的概率与 $d(u,v)^{-1.2}$ 成正比，即与它们之间的地理距离近似成反比。

现在再来考察节点分布的非均匀性的影响。从图 7-24 可以看出，该实验中的人口分布是非常不均匀的。为此，实验者提出了一个综合考虑节点距离与节点密度的模型——"基于秩(Rank-based)"的模型。这里，节点 v 关于节点 u 的秩是指在地理位置上比节点 v 更靠近节点 u 的节点的数目，记为 $rank_u(v)$。在二维 Kleinberg 模型的基础上，生成基于秩的模型的算法见算法 7-5。

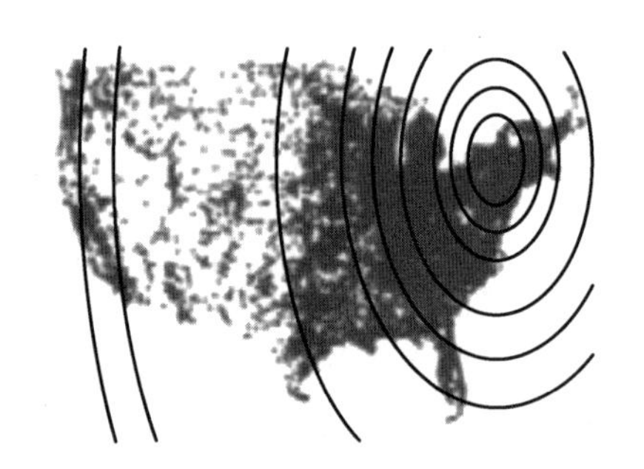

图 7-24 Livejournal 网络实验中的人口分布情况(取自文献[12])

算法 7-5 基于秩的二维经纬网格模型。

(1) 构建规则经纬网格：N 个点分布在一个二维网格上，每个节点都与其 4 个方向(东、西、南、北)的最近的 4 个邻居节点之间有短程连接。

(2) 基于秩的随机化加边：每个节点 u 添加一条长程连接，它指向节点 v 的概率为

$$P[u \to v] \sim \frac{1}{rank_u(v)}. \tag{7-51}$$

在人口分布均匀的情况下，有 $rank_u(v) \cong d(u,v)^2$。而在 Livejournal 实验中发现 $rank_u(v)$ 与 $d(u,v)$ 之间近似呈线性关系。若设 $rank_u(v)=c \cdot d(u,v)^{\alpha}$，则 Livejournal 实验中当 α 取值为 0.8 时为最佳搜索，即有 $P[u\to v] \propto d(u,v)^{-0.8}$。这与基于二维 Kleinberg 模型所预测的最优搜索指数 $\alpha=2$ 是不同的。

上述实证研究表明：

(1) 从可搜索性的角度看，在 Kleinberg 理论模型中仅考虑地理因素对长程连接的影响是合理的；也就是说，在这样的理论模型下是可以找到较短路径的。

(2) 从最优性的角度看,基于秩的模型可能更加符合实际。

7.5 层次树结构网络模型与可搜索性

7.5.1 模型描述

Watts 等人提出了另一个基于层次树的社会结构的模型,从另一角度解释了社会网络的可搜索性[13]。他们认为,个体根据职业、地理位置、兴趣等聚集成一些比较小的群,这些群又根据它们共同的特性聚集成规模更大的群。这样一层一层向上聚集,最高的一层代表整个网络,从而产生一个树状的层次结构。例如,当研究某大学的所有研究生构成的网络时,某个实验室中的个体首先属于这个实验室,然后又属于某个系,其后再属于某个学院,最后都属于这个大学。

在一个层次树状结构中,定义节点 i 和 j 最低的共同上级所在的层数为它们之间的距离 x_{ij};当节点 i 和 j 在同一个群中时,$x_{ij}=1$。节点 i 和 j 向上找到的共同祖先的层数越高,它们之间的距离就越大,如图 7-25(a)所示(其中 l 为层数,b 为分叉率,g 为群体大小)。个体(用点表示)首先聚集成群(用椭圆表示),然后小的群再聚集成更大的群,这样一直继续下去就形成了一个层次树结构。

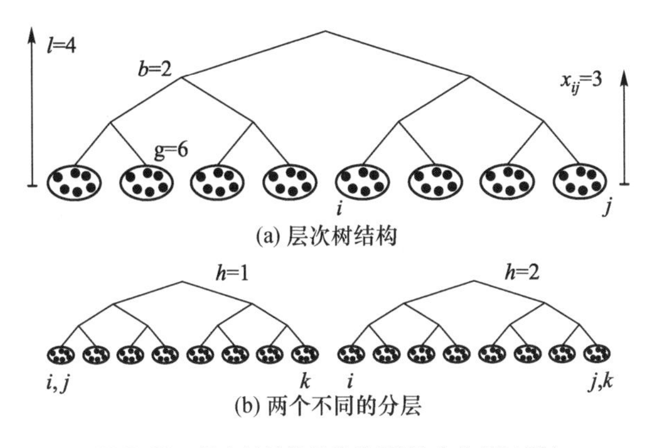

图 7-25 层次树结构网络模型(取自文献[13])

这样的一个层次树结构仅仅是为了度量社会距离而构造的,并不表示真实网络。实际上,处在不同群中的两个个体也有可能是熟人关系。这里假定两个节点的距离越大,他们之间互相认识的概率越小,并且这个概率是呈指数下降的，也就是说，处在不同群中的两个节点 i 和 j 之间有一条边的概率与 $e^{-\alpha x_{ij}}$ 成正比，这里 α 称为相似指数。当 α 很大时，人们只认识与自己很类似的个体；也就是说，人们只和自己所处的最下一层的群里的个体有连接。此时，网络就成为一个充满着小的孤立集团的世界。当 $\alpha=0$ 时，即每个节点以相同的概率与处在不同社会距离尺度的节点相连，就产生了一个均匀随机图。

个体聚集成群的标准通常不止一种，一个完整的网络通常有多种分层的标准 $h=1,2,\dots,H$（图 7-25(b)）。Kleinberg 的网格模型仅仅是根据地理坐标将个体定位，而实际的社会网络中，人们会根据各种各样的标准来判断两人之间的距离。地理位置固然是重要的依据，但职业、国籍、受教育程度、兴趣爱好等依据也是很重要的。换句话说，在将整个世界分成更小的也更特定的群体的时候，通常同时存在多重标准。这样，每个节点的特性就由一个 H 维的坐标向量 $\boldsymbol{v}_i$ 来表示，v_i^h 表示节点 i 在第 h 个层次树结构中的位置。

如果在一种分类标准下两个人之间的距离很小，那么即使在其他分类标准下两人的距离很远，他们仍然被认为在绝对意义上离得很近。因此，节点 i 和 j 的社会距离定义为 $y_{ij}=\min_h x_{ij}^h, h=1,2,\dots,H$。也就是说，社会距离强调的是相似性而非差异性。需要注意的是，社会距离的定义并不满足通常意义下的距离定义，因为它不遵循三角不等式。例如，个体 i 和 j 在 h_1 的分层标准下距离很近，个体 j 和 k 在 h_2 的分层标准下距离很近，但是个体 i 和 k 可能在这两个分层标准下距离都很远。例如在图 7-25(b)中，i 和 j 在第一个分层标准下处在同一个分组中，因此两者的社会距离 $y_{ij}=1$；类似地，$y_{jk}=1$。但是个体 i 和 k 在两个分层标准下的距离都是 4，因此它们的社会距离 $y_{ik}=4$，所以 $y_{ik}=4>y_{ij}+y_{jk}=2$，不满足三角不等式。

假设人们是基于局部信息和贪婪算法向邻居传递消息。当前节点 i 所知道的信息为自己的坐标向量 $\boldsymbol{v}_i$，节点 i 在网络中所有邻居 j 的坐标向量 $\boldsymbol{v}_j$ 以及目标节点 t 的坐标向量 $\boldsymbol{v}_t$，而不知道所有其他节点的信息。现在的问题是：在什么条件下网络可以实现快速搜索？也就是说，在什么条件下可以找到随机选择的源节点 s 和目标节点 t 之间的较短的传递步数？Watts 等考虑了消息前传有一个损耗率 $p\approx 0.25$，即每一步消息终止的概率为 0.25。网络实现快速搜索的判据是，消息最终到达目标节点的概率 q 不低于设定值 $r=0.05$，即

$$q=\langle(1-p)^L\rangle \geqslant r, \tag{7-52}$$

最大平均传递步数 $\langle L\rangle$ 可以近似地由一个与网络规模 N 无关的常数估计：

$$\langle L\rangle \leqslant \ln r/\ln(1-p) \approx 10.4. \tag{7-53}$$

仿真得到不同网络规模下可以实现快速搜索的参数范围，如图 7-26(a)所示。可以看出，对应于很大范围变化的模型参数(α,H)，简单的贪婪算法都可以

实现快速搜索,并且参数(α,H)所处的范围在社会学上也是合理的。因此,Watts 等人认为社会网络在很大程度上是可以实现快速搜索的,而 Kleinberg 网格模型只有在特定的条件下才能实现快速搜索。图 7-26(b)显示的是基于图 7-26(a)中 $N=102\ 400$ 网络的数据,当 $\alpha=0$ 和 $\alpha=2$ 时,消息传递的完成率 $q(H)$。图中水平直线代表阈值 $r=0.05$,空心点代表网络是可以实现快速搜索的($q\geqslant r$),实心点则相反。

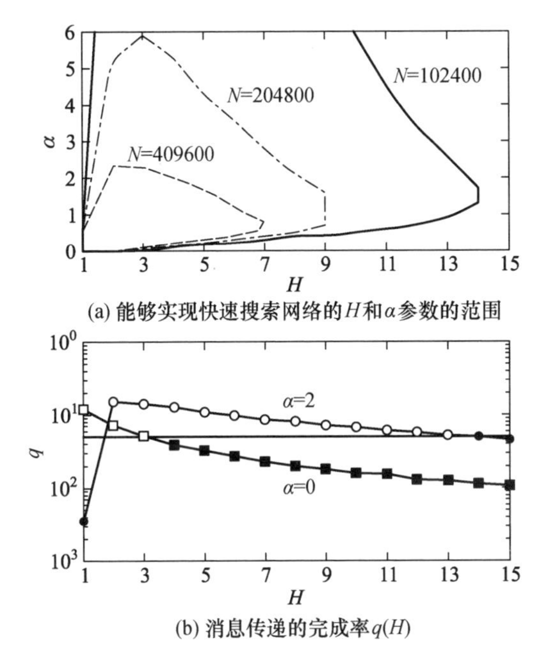

(a) 能够实现快速搜索网络的H和α参数的范围

(b) 消息传递的完成率$q(H)$

图 7-26 实现快速搜索网络的参数范围(取自文献[13])

Watts 等人通过以下两点证实了他们的结论[13]:

(1) 几乎所有能够实现快速搜索的网络参数都满足 $\alpha>0$ 和 $H>1$。$\alpha>0$ 和人们往往优先与相类似的个体有连接是一致的,而 $H>1$ 表示人们在判断与别人的相似性时通常不止采用一种标准。另外,当 $H=2$ 或者 3 时,可以得到最大的 α,这也和小世界实验中人们通常使用两到三方面的关系来传递信息的事实一致。

(2) 当 $\alpha>0$ 时,$H=2$ 对应的传递步数要比 $H=1$ 情形大大降低,但随着 H 的进一步增加,传递步数反而逐渐增加,因此网络的快速搜索范围中的 H 有一个上界。产生这一现象的原因是:在固定平均度的情况下,H 越大就意味着在每个维度上联系越少。如果不考虑 α 值网络就成为一个随机图,而搜索算法就成了随机游走。因此,有效的分散式搜索算法应该是在绝对的灵活性和适当的限制之间的平衡。

给定参数 $N=10^8$，$p=0.25$，$\alpha=1$ 和 $b=10$，计算出平均传递步数 $\langle L\rangle\approx6.7$，而 Milgram 小世界实验中 $\langle L\rangle\approx6.5$，如图 7-27 所示，其中条形图为 Milgram 小世界实验的数据，点线图为 Watts 等人的实验数据。这表明基于层次化的网络模型在一定程度上体现了社会网络的特征。

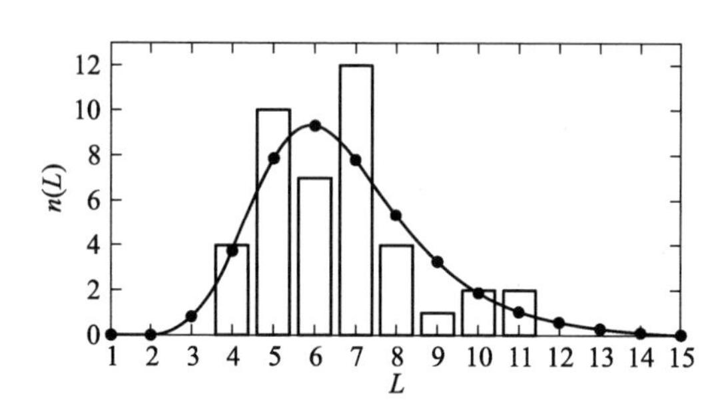

图 7-27　长度为 L 的消息传递链条数对比（取自文献[13]）

7.5.2　E-mail 网络验证

Adamic 等人基于一个 E-mail 网络验证了上述模型的一些结论[14]。他们分析了 HP 实验室 3 个月内的 E-mail 日志，并做了一些预处理。首先，假定如果两个人给对方发送的 E-mail 次数都在 6 次以上，则他们之间就有一条边相连。这主要是为了保证两个有边相连的个体之间确实是已经建立了交往关系。其次，为避免垃圾邮件或者并非基于朋友关系的群发邮件，去除了那些一次发送给 10 个地址以上的邮件。最终得到的网络模型的节点数为 430，如图 7-28 所示。图中的浅灰色连线表示 E-mail 通信，粗黑色线表示实验室的组织层次。网络的平均度为 12.9，即网络中每个个体平均有 13 个熟人，度的中值为 10。网络的平均最短路径为 3.1，最短路径的中值为 3。网络的度分布如图 7-29 所示，它是度分布的半对数坐标图，以显示分布尾巴的指数分布特征。

在随后的搜索实验中，Adamic 等人考虑了节点的三种不同的属性：节点的度、节点在实验室的组织层次图中的位置以及节点的物理位置。节点只能利用局部信息来传递消息，即只能将消息传递给自己直接的 E-mail 联系人。为了避免消息多次传递给同一个人，每一个参加者在收到 E-mail 消息的时候都要求将自己的名字加在上面。他们考虑了三种相应的搜索策略，即每一步消息的持有者分别将消息传给：① 度最大的熟人；② 在实验室的组织层次中离目标人最近的熟人；③ 地理位置上离目标人最近的熟人。

最大度搜索策略的基本出发点是：邻居的熟人越多，则他（她）认识目标人的

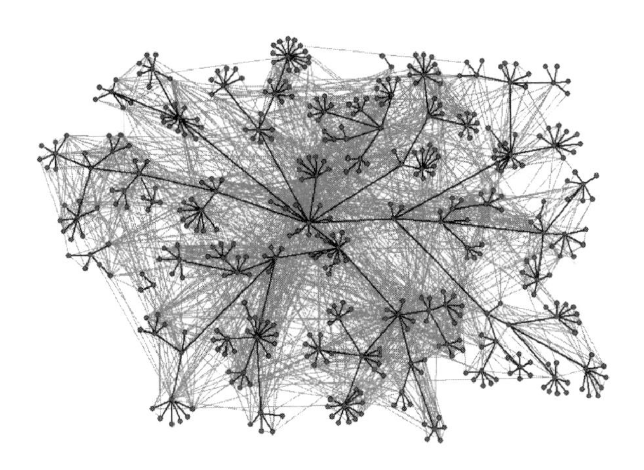

图 7-28 HP 实验室的 E-mail 网络

图片来源:http://www-personal.umich.edu/~ladamic/img/hplabsemailhierarchy.jpg

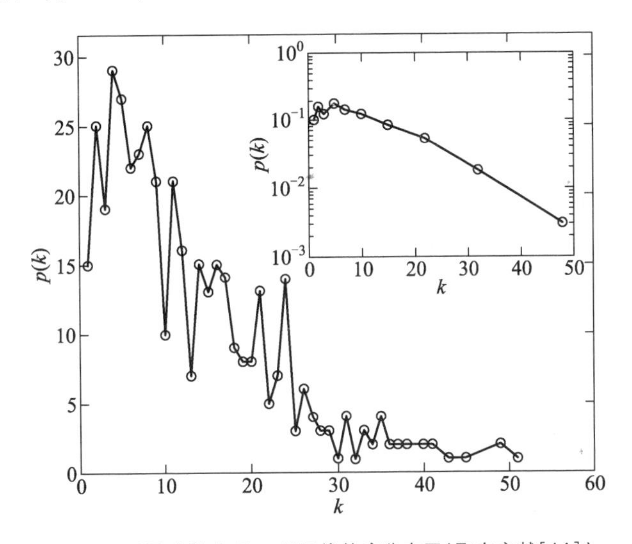

图 7-29 HP 实验室 E-mail 网络的度分布图(取自文献[14])

概率就越大。研究表明,最大度搜索策略在幂律指数 γ 趋近于 2 的非均匀幂律分布网络中是比较有效的。原始的 E-mail 网络的度分布是服从幂律分布的,当引入了一个双向阈值(两个人给对方发送的 E-mail 次数都在 6 次以上)来确定连边之后,过滤后的网络并不服从幂律分布,而是近似服从指数分布。研究表明,最大度搜索策略在指数网络中不能实现快速搜索。实验的结果也证明了这一点:从一个随机选择的源节点寻找到一个随机选择的目标节点的步数的中值为 16,远大于实际最短路径的中值 3;而步数的平均值更大,高达 43。

在应用第二个策略时,让实验者每一步将消息传递给 HP 实验室组织层次图中与目标人最近的熟人。每个个体对于实验室的组织层次都有着充分的认识，但是在传递消息的时候，对象只能是每个个体直接的熟人。图 7-30 标记了消息链上每个节点与目标节点之间的层次距离（图中方框里的数字）。由于不同部门的两人之间也有可能是认识的，因此信息不需要一直传递到组织层次的顶端（最高层领导）。层次距离的计算方法如下：每个部门中个体间的层次距离为 1，与他们的经理的层次距离也为 1，个体与他们邻居的邻居的层次距离为 2，以此类推。

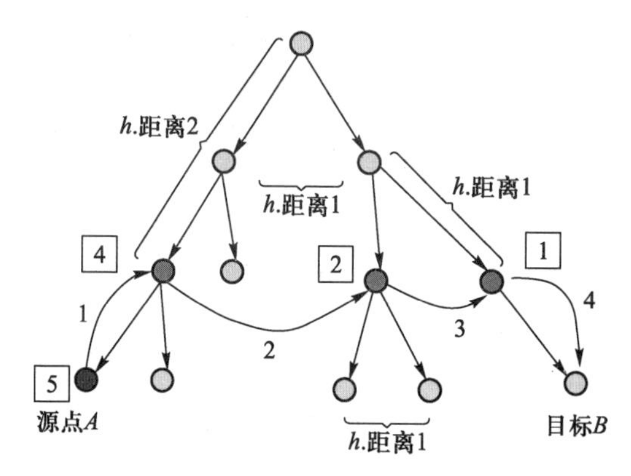

图 7-30　根据目标节点在组织层次图中的位置进行搜索的消息链的一个例子（取自文献[14]）

通过对实验室组织层次的统计发现，在组织层次中距离越近的个体之间 E-mail 联系的可能性越大。层次距离与个体之间有边的概率的关系如图 7-31 所示，对应于 Watts 等提出的基于层次化的模型中的相似指数 $a=0.94$。这个搜索策略的实验结果相当好：搜索步数的中值为 4、平均值为 5，与最短路径长度的中值 3 相近。这个结果表明，人们是有可能在合理的步数内寻找到目标的。

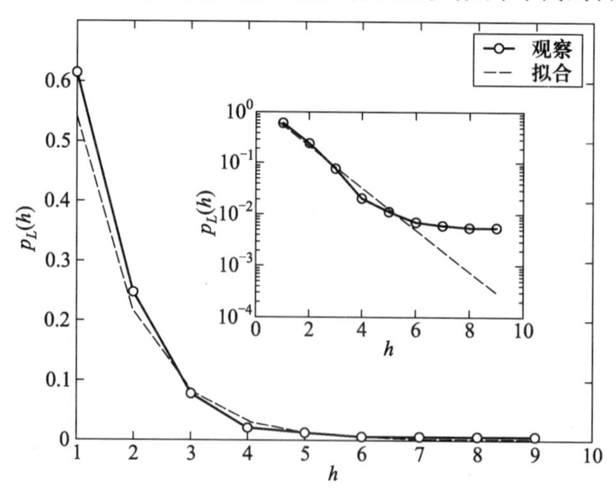

图 7-31　两个个体之间通过 E-mail 连接的概率与他们层次距离的关系（取自文献[14]）

第三个策略利用了目标人地理位置信息，把实验者按照所在的楼和楼层进行归类。统计发现，4 000 封 E-mail 中超过 87% 都是在同一个楼层中的个体之间联系的。图 7-32 把 HP 实验室人员之间的 E-mail 通信映射到近似的物理位置上，其中每个方块表示一个楼层。连线的颜色也是基于联系人之间的物理距离而标注的：黑色表示距离近的联系，浅色表示距离远的联系。图 7-33 显示的是节点之间有连接的概率与他们之间地理距离 r 的关系，图中统计的是相隔特定距离的人数。可以看出，两个节点之间有连接的概率与 $1/r$ 成正比，这与 Kleinberg 二维网格模型中的最优关系 $1/r^2$ 不同。这表明实际网络中的短程连接的数量小于 Kleinberg 模型所预测的数量，因此某个节点虽然在距离上与目标节点比较近，但还是需要相当的步数才能寻找到目标节点。实验结果也说明，虽然通过地理位置可以寻找到大多数节点，但相比较第二个策略，第三个策略搜索步数较大：搜索步数的中值为 6，平均值为 12。

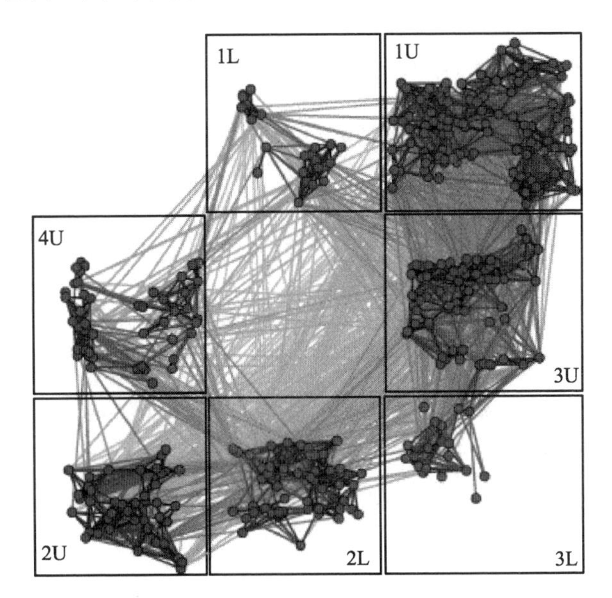

图 7-32　HP 实验室 E-mail 通信的物理空间表示（取自文献[14]）

表 7-2 总结了利用 3 种不同的策略所得的结果：利用目标节点信息的两个搜索策略的效率胜过了仅仅利用邻居的度的搜索策略；而利用目标对象的职业位置的搜索策略优于利用目标对象的地理位置的搜索策略。

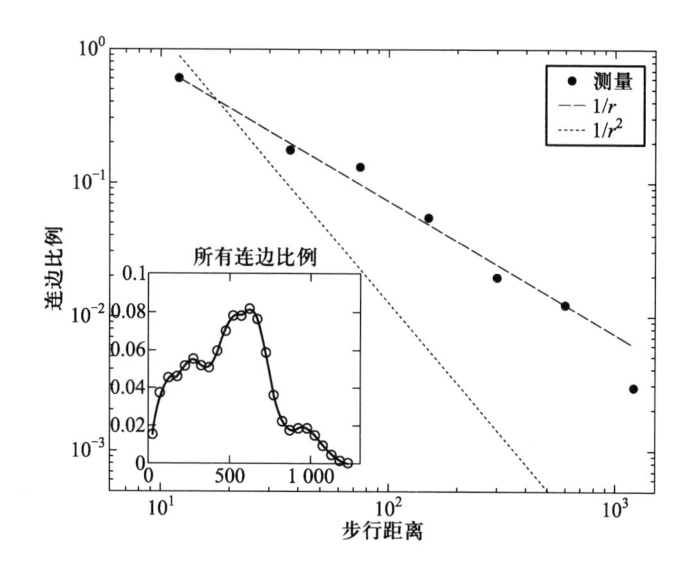

图 7-33　个体之间的连接概率与他们所在房间距离的关系(取自文献[14])

表 7-2　不同的搜索策略得到的搜索步数

策略	搜索步数中值	搜索步数均值
最大度	16	43.2
组织层次	4	5.0
地理位置	6	11.7

关于网络可搜索性还有许多其他的研究。例如,Boguñá 等人用基于隐式距离的度量空间解释了几种实际网络的结构特征,并说明在大型网络中这种潜在的度量结构可以作为路由选择过程的向导,从而使得在节点基于局部信息的前提下也能实现有效信息传递[15]。

习　题

7-1　WS 小世界模型构造算法中的随机化过程有可能破坏网络的连通性:如果原来与一个节点相连的 K 条边在随机重连后都不再与该节点相连,并且也没有其他边通过随机重连与该节点相连,那么该节点就成为一个孤立节点。请证明 WS 小世界模型中任一节点成为孤立节点的概率为 $(pe^{-p})^K$。

7-2　第 7.4.3 节针对一维环状格子上的 Kleinberg 模型给出了 Kleinberg 定理的证明的主要步骤。请仿照第 7.4.3 节并参考文献[7]给出针对二维

Kleinberg 网格模型的 Kleinberg 定理的证明。

参考文献

[1] WATTS D J, STROGATZ S H. Collective dynamics of 'small-world' networks [J]. Nature, 1998, 393(6684): 440–442.

[2] BARABÁSI A-L, ALBERT R. Emergence of scaling in random networks [J]. Science, 1999, 286(5439): 509–512.

[3] WATTS D J. Six Degrees: The Science of a Connected Age [M]. New York: W. W. Norton & Company, 2003.

[4] BARABÁSI A-L. Linked: How Everything Is Connected to Everything Else and What it Means for Business, Science, and Everyday Life [M]. New York: Plume Books, 2002.

[5] NEWMAN M E J, WATTS D J. Renormalization group analysis of the small-world network model [J]. Phys. Lett. A, 1999, 263: 341–346.

[6] KLEINBERG J. Navigation in a small world [J]. Nature, 2000, 406 (6798): 845.

[7] KLEINBERG J. The small-world phenomenon: An algorithmic perspective [J]. Proc. the 32nd Annual ACM Symposium on Theory of Computing, 2000, 163–170.

[8] BARRAT A, WEIGT M. On the properties of small world networks [J]. Eur. Phys. J. B, 2000, 13: 547–560.

[9] NEWMAN M E J, MOORE C, WATTS D J. Mean field solution of the small-world network model [J]. Phys. Rev. Lett., 2000, 84(14): 3201–3204.

[10] MILGRAM S. The small world problem [J]. Psychology Today, May 1967, 60–67.

[11] EASLEY D, KLEINBERG J. Networks, Crowds, and Markets: Reasoning About a Highly Connected World [M]. Cambridge: Cambridge University Press, 2010.

[12] LIBEN-NOWELL D, NOVAK J, KUMAR R, RAGHAVAN P, TOMKINS A. Geographic routing in social networks [J]. Proc. Natl. Acad. of Sci. USA, 2005, 102(33): 11623–11628.

[13] WATTS D J, DODDS P S, NEWMAN M E J. Identity and search in social networks [J]. Science, 2002, 296(5571): 1302–1305.

[14] ADAMIC L A, ADAR E. How to search a social network [J]. Social Networks,2005,27(3):187-203.

[15] BOGUÑÁ M,KRIOUKOV D,CLAFFY K C. Navigability of complex networks [J]. Nature Physics,2009,5(1):74-80.

第 8 章　无标度网络模型

本章要点

- BA 无标度网络模型及其度分布的平均场分析
- Price 有向无标度网络模型及其入度分布的主方程分析
- BA 模型的推广:适应度模型和局域世界演化模型
- 无标度网络的鲁棒性和脆弱性分析

8.1　引言

ER 随机图和 WS 小世界模型的一个共同特征就是网络的度分布可近似用泊松分布来表示,该分布在度平均值$\langle k\rangle$处有一峰值,然后呈指数快速衰减。因此,这类网络也称为**均匀网络或指数网络**(Exponential network)。20 世纪末网络科学研究上的另一重大发现就是包括 Internet、WWW、科研合作网络以及蛋白质交互网络等众多不同领域的网络的度分布都可以用适当的幂律形式来较好地描述。由于这类网络的节点的度没有明显的特征长度,故称为**无标度网络**(Scale free network)。

本章将介绍如下内容:

(1) BA 无标度网络模型:Barabási 和 Albert 于 1999 年提出,现在称为 BA 无标度网络模型。它使得无标度网络成为网络科学研究中的一个重要课题[1,2]。本章对 BA 模型的介绍也体现了复杂网络模型研究的一种范式:

① 明确建模目的:即希望所建立的模型能刻画实际网络的哪些特征。BA 模型着眼于刻画实际网络的幂律度分布特性。

② 构建简单模型:能解决问题的最简单的模型就是最好的模型。BA 模型就是基于增长和优先连接这两个简洁的机制而建立的一个具有幂律度分布的模型。

③ 做出合理分析:恰当的仿真分析可以说明所构建的模型是否具有期望的特征并且可以帮助揭示参数变化所造成的影响;在此基础上最好能够给出适当的理论分析。仿真和近似的平均场理论分析均表明 BA 模型的度分布服从幂指数为 3 的幂律分布。

(2) 更为经典和一般的 Price 模型:本章接着介绍一个在 20 世纪 60 年代末就提出的有向无标度网络模型——Price 模型,并通过主方程分析表明 Price 模型具有幂律入度分布、并且幂指数可在$(2,\infty)$范围内调整。BA 模型可以视为无向化的 Price 模型的一个特例。本章还给出了 Price 模型和 BA 模型的计算机实现算法,并在此基础上导出了“富者更富”现象的节点复制机理,即新加入节点倾向于模仿(复制)网络中已有节点的行为。

(3) 基本无标度网络模型的推广:BA 模型的简洁性也为人们在此基础上做各种各样的扩展提供了充分的可能。本章选介了其中两个代表性模型:适应度模型和局域世界演化模型。

（4）无标度网络的鲁棒性和脆弱性：无标度网络的一个重要特征就是这类网络的连通性对于随机故障具有很高的鲁棒性而对于恶意攻击具有很高的脆弱性。越来越多的研究表明，"鲁棒，但又脆弱（Robust，yet fragile）"是复杂系统的基本特征之一。本章简要介绍了基于仿真的网络鲁棒性分析。

• **链接**

无标度网络的发现：为什么是BA而不是WS？

当Watts和Strogatz于1998年6月在《Nature》上发表关于小世界网络模型的标志性论文时，Barabási小组也开始以WWW为例研究复杂网络的结构。他们发现，WWW的入度和出度分布可以用幂律分布来较好地描述，与ER随机图和WS小世界模型所服从的泊松分布具有明显的偏离。Barabási小组的这一发现于1999年9月发表在《Nature》上。此后，为进一步验证幂律度分布的普适性，Barabási向Watts发送邮件索要了电力网络和线粒虫神经网络的数据，并且发现所有这些网络的度分布均可以用幂律分布来描述。1999年10月，Barabási和Albert在《Science》上发表了复杂网络领域的另一篇标志性文章，基于幂律分布产生的增长和优先连接机制建立了BA无标度网络模型。

Watts在2003年出版的《Six Degrees》一书中，在回忆这段经历时深表后悔：

"当我在1999年4月的一个周末收到Barabási索要网络数据的邮件时，我还不知道他们想要干什么。""我们没有检查！我们深信非正态的度分布是不相关的，因此我们从来没有想到要看一看到底哪些网络服从正态度分布，哪些网络则不服从正态度分布。数据在我们手中几乎有两年的时间，而我们只需半个小时就可以做完检查。但是，我们却从来没有想过去做。"

8.2 BA无标度网络模型

8.2.1 模型描述

知道一个网络具有幂律度分布固然是有意义的,但更为重要的是揭示幂律分布的产生机理。Barabási 和 Albert 指出,ER 随机图和 WS 小世界模型忽略了实际网络的两个重要特性:

(1) 增长(Growth)特性:即网络的规模是不断扩大的。例如每个月都会有大量的新的科研文章发表,WWW 上则每天都有大量新的网页产生。而 ER 随机图和 WS 小世界模型中网络节点数是固定的。

(2) 优先连接(Preferential attachment)特性:即新的节点更倾向于与那些具有较高连接度的 hub 节点相连接。这种现象也称为"**富者更富**(Rich get richer)"或"**马太效应**(Matthew effect)"。例如,新发表的文章更倾向于引用一些已被广泛引用的重要文献,新的个人主页上的超文本链接更有可能指向有影响的站点。而在 ER 随机图中,两个节点之间是否有边相连是完全随机确定的,在 WS 小世界模型中,长程边的端点也是完全随机确定的。

基于上述增长和优先连接特性,Barabási 和 Albert 提出了 BA 无标度网络模型,见算法 8-1。

算法 8-1 BA 无标度网络模型构造算法。

(1) **增长**:从一个具有 m_0 个节点的连通网络开始,每次引入一个新的节点并且连到 m 个已存在的节点上,这里 $m \leq m_0$。

(2) **优先连接**:一个新节点与一个已经存在的节点 i 相连接的概率 Π_i 与节点 i 的度 k_i 之间满足如下关系:

$$\Pi_i = \frac{k_i}{\sum_j k_j}. \tag{8-1}$$

在经过 t 步后，BA 算法产生一个包含 $N=t+m_0$ 个节点和 $mt+M_0$ 条边的网络，其中 M_0 是初始时刻 $t=0$ 的 m_0 个节点之间存在的边数 $\left(0<M_0\leqslant\frac{1}{2}m_0(m_0-1)\right)$。图 8-1 显示了参数为 $m_0=M_0=3$、$m=2$ 的 BA 网络的演化过程。已有节点用实心圆点表示，实心圆点的相对大小对应于节点度的相对大小。每次新增加的一个节点用空心圆点表示，它按优先连接机制与网络中已有的两个节点相连。

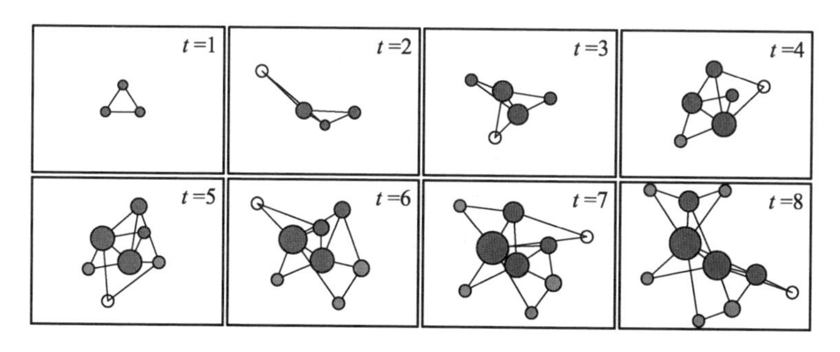

图 8-1 BA 模型的演化(取自文献[2])

8.2.2 幂律度分布

BA 模型是否确实是具有幂律度分布的无标度网络？网络的度分布与模型参数有何关系？我们可以通过仿真和理论分析来研究这些问题。

1. 仿真分析

(1) BA 模型具有幂律度分布且与参数 m 无关。图 8-2 显示的是双对数坐标下，包含 $N=t+m_0=300\ 000$ 个节点的 BA 网络的度分布 $P(k)$，并分别考虑 4 个不同的 m 值。图中的虚线对应的是斜率为 -2.9 的直线，而四种情形的度分布都可以用幂指数 $\gamma_{BA}=2.9\pm0.1$ 的幂律分布来表示。

(2) BA 模型具有幂律度分布且与网络规模 N 无关。图 8-3 显示的是固定 $m=m_0=5$ 时 BA 模型的度分布 $P(k)$，网络规模分别为：$N=100\ 000$、$150\ 000$ 及 $200\ 000$。

对于图 8-2 和图 8-3 中的内插图，我们在稍后的理论分析中再做解释。

2. 平均场理论分析

对 BA 模型的度分布的理论分析可以有多种方法，包括**主方程方法**(Master equation method)、**率方程方法**(Rate equation method)和更为简洁的近似方法——**平均场理论**(Mean-field theory)。在复杂网络分析中，这几种方法得到的渐近结果往往都是相同的。

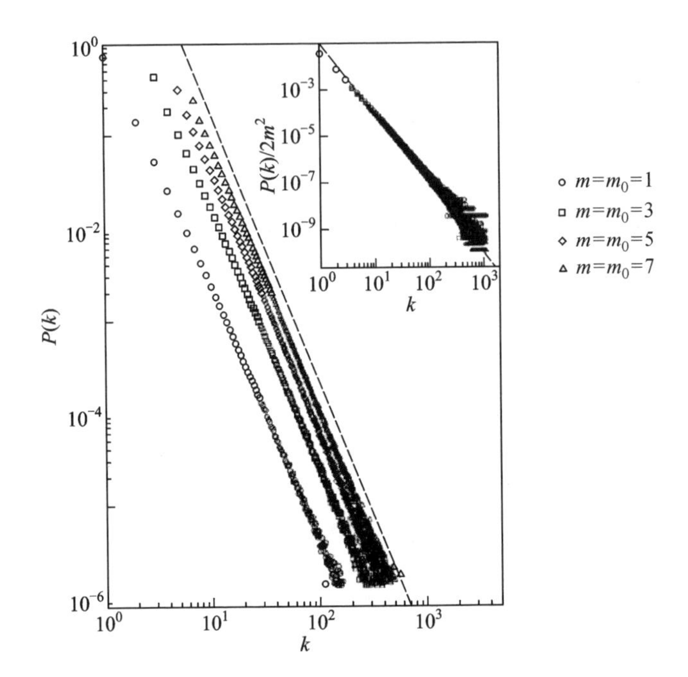

图 8-2　不同 m 值情形的 BA 模型的幂律度分布(取自文献[3])

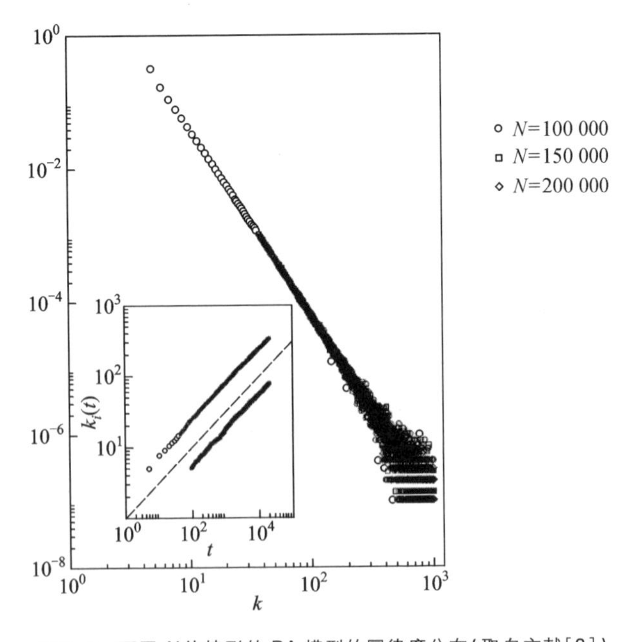

图 8-3　不同 N 值情形的 BA 模型的幂律度分布(取自文献[3])

假设初始网络有 m_0 个节点,并记时刻 t 节点 i 的度为 $k_i(t)$。对充分大的 t,可忽略初始网络中的 M_0 条边并有 $m_0+t\approx t$。当一个新节点加入到系统中来时,节点 i 的度改变(即增加 1)的概率为

$$m\prod_i = \frac{mk_i(t)}{\sum_{j=1}^{m_0+t} k_j(t)} \approx \frac{mk_i(t)}{2mt} = \frac{k_i(t)}{2t}, \tag{8-2}$$

现在用平均场理论对 BA 模型的度分布做近似分析[3],为此需要给出如下的连续化假设:① 时间 t 不再是离散的,而是连续的;② 节点的度值也不再是整数,而是可以为任意实数。在这两个假设下,概率公式(8-2)可以解释为节点 i 的度的变化率,从而可以把网络演化近似转化为单个节点演化的平均场方程:

$$\frac{\partial k_i(t)}{\partial t} = \frac{k_i(t)}{2t}. \tag{8-3}$$

假设节点 i 是在时刻 t_i 加入网络的,那么微分方程(8-3)的初始条件为 $k(t_i)=m$。于是求得

$$k_i(t) = m\left(\frac{t}{t_i}\right)^{1/2}. \tag{8-4}$$

尽管上式是在连续化假设下基于平均场的思想推导出来的,但是与仿真结果还是非常符合的:图 8-3 的内插图显示的就是双对数坐标下,在 $t_1=5$ 和 $t_2=10$ 时刻添加到网络中的两个节点的度随时间的演化,图中虚线的斜率为 0.5。

假设当时间 $t\to\infty$ 时,度分布 $P(k(t))$ 收敛于稳态度分布 $P(k)$。由概率定义有

$$P(k) = \frac{\partial P(k_i(t) < k)}{\partial k}. \tag{8-5}$$

基于式(8-4)可以得到

$$P(k_i(t) < k) = P\left(t_i > \frac{m^2 t}{k^2}\right). \tag{8-6}$$

假设是以相等的时间间隔添加节点的,那么 t_i 的概率密度为

$$P(t_i) = \frac{1}{m_0 + t}, \tag{8-7}$$

从而有

$$P\left(t_i > \frac{m^2 t}{k^2}\right) = 1 - P\left(t_i \leqslant \frac{m^2 t}{k^2}\right) = 1 - \frac{m^2 t}{k^2(m_0+t)}. \tag{8-8}$$

将式(8-8)代入式(8-5),可得

$$P(k) = \frac{\partial P(k_i(t) < k)}{\partial k} = 2m^2 \frac{t}{m_0+t}\frac{1}{k^3} = 2m^2 k^{-3}, \tag{8-9}$$

即

$$\frac{P(k)}{2m^2} = \frac{t}{m_0 + t}\frac{1}{k^3} \approx k^{-3}. \tag{8-10}$$

上式表明，$P(k)/(2m^2)$ 与参数 m 取值无关，总是近似为 k^{-3}。这一基于近似分析推出的结论也是与仿真结果相一致的：图 8-2 中的内插图的纵坐标显示的是 4 个不同的 m 值情形的 $P(k)/(2m^2)$，虚线对应的是斜率为 -3 的直线。

平均场分析毕竟是一种近似分析方法，得到的度分布的幂指数是正确的，但是度分布的系数并不准确。下面我们将针对更为一般的模型基于主方程方法给出度分布的精确计算。

BA 网络平均路径长度和聚类系数的推导由于涉及较深的数学知识，这里只给出有关结果。BA 网络的平均路径长度比网络规模的对数还要小；具体地说，当 $m \geqslant 2$ 时有[4]

$$L \sim \frac{\ln N}{\ln \ln N}. \tag{8-11}$$

另一方面，当网络规模充分大时，BA 网络并不具有明显的聚类特征；具体地说，BA 网络的聚类系数满足[5]

$$C \sim \frac{(\ln t)^2}{t}. \tag{8-12}$$

8.3　Price 模型

8.3.1　模型描述

Barabási 小组最早是从一个 Internet 时代典型的有向网络——WWW 着手研究复杂网络的无标度特征的。在 WWW 上，页面 A 有链接指向页面 B 并不意味着页面 B 有链接指向页面 A。BA 模型的有向化还是很直接的：只需把每一条边改为从新节点指向已有节点就可以了。也就是说，每次新加入一个节点都是通过 m 条有向边指向网络中已有的 m 个节点。不过 BA 模型的度分布是幂指数固定为 3 的幂律分布，而许多实际的无标度网络的度分布的幂指数都是在 2 与 3 之间的。因此，我们希望能有一个幂指数可以在一定范围内调整的无标度网络模型。而这种模型居然在 BA 模型提出之前的 30 年就已经存在了。

早在 20 世纪六七十年代，Price 就针对另一个典型的有向网络——论文引用网络的入度分布服从幂律,提出了增长和**累积优势**(Cumulative advantage)机制,并且建立了相应的网络模型[6,7]。下面将会看到,BA 模型可以视为 Price 模型的特例。在科学发展史上,同一个科学发现,以不同的形式、在不同的时间和地点被不同的科学家重新发现的例子屡见不鲜。有两个重要的原因:一是由于交流不够广泛,使得不少学术成果难以为更多的研究人员所了解。例如,即使在现在的互联网时代,我们也一般不会去查看用自己所不懂的语言发表的文献。二是由于认识不够深入,开始以为是不同的东西,逐渐才能揭示出共同的本质。网络分析中经常用到的平均场理论的"多次重复发明"就是一例[8]。朗道于 1937 年通过引入序参量的概念提出了连续相变的平均场理论;后来人们陆续发现,在朗道之前,1873 年范德瓦耳斯提出的气液状态方程、1907 年外斯关于顺磁铁磁相变的分子场理论、1934 年布喇格和威廉姆斯关于合金的有序-无序相变理论等都是平均场理论。在朗道之后,重复发现的步伐仍未停止,超导的金兹堡-朗道理论、超流的格罗斯-皮达耶夫斯基理论、液晶的朗道-德让理论,甚至 1957 年的巴丁-库柏-施里弗超导微观理论等一大套关于连续相变的理论都可归属为平均场理论,都是选用了不同序参量的平均场近似[8]。

Price 针对论文引用网络的增长和累积优势机制可叙述如下:

(1) 增长机制。文章的数量是不断增长的;新发表的文章会引用以前发表的一些文章作为参考文献。

(2) 累积优势机制。以前发表的一篇文章被一篇新发表的文章引用的概率与该篇文章已经被引用的次数成正比。可见,累积优势事实上就是优先连接。

要在上述机制的基础上生成网络模型还需要解决如下问题:

(1) 确定参考文献数量。在实际的论文引用网络中,不同文章的参考文献的数量一般会有差异,而且与该文章所属的领域、发表的时间等因素都是相关的。例如,在过去几十年间,在许多领域中,参考文献的平均数量都具有增长趋势。为简化起见,假设每一篇文章的参考文献均为常数 c。

(2) 修正累积优势机制。除非极少数特例①,每一篇文章刚发表时被引用次数都为零。这样按照上述累积优势机制所有文章都没有他引了。避免这一问题的简单办法就是假设一篇已有文章被一篇新文章引用的概率与该篇文章已经被引用的次数再加上一个正常数 a 成正比,从而任意一篇文章都有被引用的可能。

(3) 确定初始网络状态。为了生成网络模型,还要给定初始时刻的网络,也就是模型一开始有多少节点和边。我们可以简单假设初始时有 m_0 篇引用次数为零的文章。当网络规模趋于无穷大时,网络性质与初始状态假设无关。

---

① 例如,很多期刊会不时出版专辑(special issue),有些同期专辑的文章之间会相互引用。

Price 网络模型算法见算法 8-2。

算法 8-2　Price 有向网络模型构造算法。

（1）增长：从一个具有 m_0 个孤立节点的网络开始，每次引入一个新的节点并且通过 m 条有向边指向 m 个已存在的节点上，这里 $m \leqslant m_0$。

（2）累积优势：一个新节点有边指向一个已经存在的入度为 k_i^{in} 的节点 i 的概率 Π_i 满足如下关系（其中 a 为一给定正常数）：

$$\Pi_i = \frac{k_i^{in} + a}{\sum_j (k_j^{in} + a)}. \tag{8-13}$$

8.3.2　幂指数可调的入度分布

因为每一条边都只可能是从相对新的节点指向相对老的节点，Price 模型产生的一定是没有闭合环的**非循环网络**（Acyclic network）。下面我们基于主方程方法计算该模型的入度分布。

记 $p_{k^{in}}(N)$ 为网络包含 N 个节点时的入度分布，即网络中入度为 k^{in} 的节点所占的比例。考虑一个新加入的节点，它通过一条有向边指向一个已经存在的入度为 k_i^{in} 的节点 i 的概率（8-13）可以写为

$$\Pi_i = \frac{k_i^{in} + a}{\sum_j (k_j^{in} + a)} = \frac{k_i^{in} + a}{N(\langle k^{in} \rangle + a)} = \frac{k_i^{in} + a}{N(m + a)}.$$

由于一个新节点总共要指向 m 个其他已经存在的节点，并且网络中入度为 k^{in} 的节点数为 $Np_{k^{in}}(N)$，因此一个新加入节点指向网络中所有入度为 k^{in} 的节点的有向边的数量的期望值为

$$m \times Np_{k^{in}}(N) \times \Pi_i = \frac{k^{in} + a}{m + a} mp_{k^{in}}(N).$$

在添加了一个节点和 m 条边之后，网络中可能有一些原来入度为 $k^{in} - 1$（假设 $k^{in} > 0$）的节点由于新增了指向自己的边而新增为入度为 k^{in} 的节点，这些节点的数量的期望值为

$$\frac{k^{in} - 1 + a}{m + a} mp_{k^{in}-1}(N). \tag{8-14}$$

另一方面，网络中也有可能有一些原来入度为 k^{in} 的节点由于新增了指向自己的边而变成了入度为 $k^{in} + 1$ 的节点，这些节点的数量的期望值为

$$\frac{k^{in}+a}{m+a}mp_{k^{in}}(N). \tag{8-15}$$

加入一个新的节点后,网络中的节点总数为 $N+1$,其中入度为 k^{in} 的节点总数为

$$(N+1)p_{k^{in}}(N+1). \tag{8-16}$$

综合式(8-14)—(8-16),当 $k^{in}>0$ 时,入度分布演化满足如下方程:

$$(N+1)p_{k^{in}}(N+1) = Np_{k^{in}}(N) + \frac{k^{in}-1+a}{m+a}mp_{k^{in}-1}(N) - \frac{k^{in}+a}{m+a}mp_{k^{in}}(N). \tag{8-17}$$

在物理学中,这种概率随时间的演化方程称为**主方程**(Master equation)。在 $k^{in}=0$ 的情形,注意到两个事实:首先,不可能有入度更低的节点增加为入度为零的边;其次,每次新加入一个节点都会增加一个入度为零的节点。我们有

$$(N+1)p_0(N+1) = Np_0(N) + 1 - \frac{a}{m+a}mp_0(N). \tag{8-18}$$

现在假设当节点个数 $N\to\infty$ 时,存在稳态入度分布 $p_{k^{in}}$:

$$\lim_{N\to\infty} p_{k^{in}}(N) \triangleq p_{k^{in}}. \tag{8-19}$$

在式(8-17)和(8-18)两端令 $N\to\infty$,可以得到

$$p_{k^{in}} = \frac{m}{m+a}[(k^{in}-1+a)p_{k^{in}-1} - (k^{in}+a)p_{k^{in}}], \quad k^{in}>0, \tag{8-20}$$

$$p_0 = 1 - \frac{k^{in}+a}{m+a}mp_0. \tag{8-21}$$

从而有

$$p_0 = \frac{1+a/m}{a+1+a/m}, \quad p_{k^{in}} = \frac{k^{in}+a-1}{k^{in}+a+1+a/m}p_{k^{in}-1}. \tag{8-22}$$

于是可以求得

$$p_{k^{in}} = \frac{(k^{in}+a-1)(k^{in}+a-2)\cdots a}{(k^{in}+a+1+a/m)(a+2+a/m)}\frac{1+a/m}{a+1+a/m}, \quad k^{in}>0. \tag{8-23}$$

基于特殊函数——Γ 函数和 B 函数的如下性质:

$$\frac{\Gamma(x+n)}{\Gamma(x)} = (x+n-1)(x+n-2)\cdots x, \quad B(x,y) = \frac{\Gamma(x)\Gamma(y)}{\Gamma(x+y)} \approx x^{-y}\Gamma(y),$$

式(8-23)可表示为

$$\begin{aligned} p_{k^{in}} &= (1+a/m)\frac{\Gamma(k^{in}+a)\Gamma(a+1+a/m)}{\Gamma(a)\Gamma(k^{in}+a+2+a/m)} \\ &= \frac{B(k^{in}+a,2+a/m)}{B(a,1+a/m)} \end{aligned} \tag{8-24}$$

$$\sim (k^{in}+a)^{-\gamma}.$$

其中幂指数

$$\gamma = 2+\frac{a}{m}. \tag{8-25}$$

当 $k^{in} >> a$ 时有

$$p_{k^{in}} \sim (k^{in})^{-\gamma}, \tag{8-26}$$

这表明 Price 网络模型的入度分布近似服从幂指数 $\gamma=2+a/m$ 的幂律分布。如果 $a/m\leqslant 1$，那么幂指数 $\gamma\in(2,3]$，这意味着 Price 网络模型是一个非均匀的异质网络。随着 a/m 值的增加，Price 网络模型的入度分布的均匀性也不断增加。因此，Price 网络模型实际上是一个幂指数可调的幂律入度分布的网络模型。

8.3.3　幂指数可调的无向无标度网络

如果把 Price 模型中的每一条有向边都视为无向边，那么这样构成的无向网络中的节点 i 的度 k_i 与 Price 模型中的节点 i 的出度 m 和入度 k_i^{in} 之间具有如下关系：$k_i=k_i^{in}+m$。因此，基于 Price 模型的入度分布(8-24)和(8-25)，对应的无向网络的度分布为

$$p_k \sim (k-m+a)^{-\gamma}, \quad \gamma = 2+\frac{a}{m}. \tag{8-27}$$

这样就得到了幂指数在$(2,\infty)$范围内可调的具有幂律度分布的无向网络。在近年的许多研究网络异质性程度对于网络行为的影响时经常会应用这一模型。当 $\gamma\to 2$ 时该模型类似于一个多中心网络，所有新加入节点都只与初始的 m_0 个节点连接。随着 γ 的增加，从图 8-4 可以观察到网络的累积度分布逐渐变得均匀。图中 WS 表示的是重连概率 $p_{WS}=1$ 时的 WS 小世界网络。

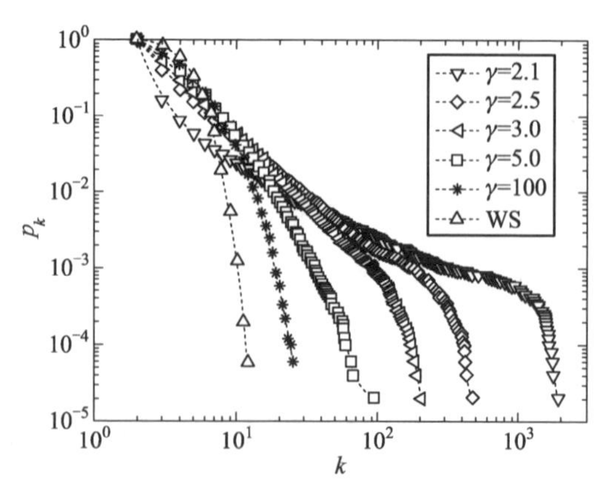

图 8-4　双对数坐标下幂指数可调的幂律网络的累积度分布

BA 模型可以视为 Price 模型在取 $m=a$ 时的特例：此时，由于 $k_i=k_i^{in}+m$，Price 模型构造算法中的优先连接概率公式(8-13)即为 BA 模型构造算法中的公式(8-1)。因此，如果把 Price 模型中的每条有向边都视为无向边，那么 Price 模型即为 BA 模型。

在 Price 模型的入度分布 (8-24)中，令 $m=a,k_i^{in}=k_i-m$，即可得到 BA 模型的度分布为

$$p_k=\frac{B(k,3)}{B(m,2)}, \tag{8-28}$$

其中

$$B(k,3)=\frac{\Gamma(k)\Gamma(3)}{\Gamma(k+3)}=\frac{\Gamma(3)}{k(k+1)(k+2)}, \tag{8-29}$$

$$B(m,2)=\frac{\Gamma(2)}{m(m+1)}. \tag{8-30}$$

于是可得 BA 模型的度分布的精确表达式如下：

$$p_k=\frac{2m(m+1)}{k(k+1)(k+2)}, \tag{8-31}$$

从而有

$$p_k\sim 2m(m+1)k^{-3}\sim 2m^2k^{-3}. \tag{8-32}$$

该式即为基于近似的平均场理论得到的 BA 模型的度分布表达式(8-9)。

8.3.4 优先连接机制的计算机实现

在计算机上实现 Price 模型和 BA 模型的关键是优先连接机制的有效实现。在 Price 模型中，为了使得入度为零的文章也有被引用的可能，假设一篇已有文章被一篇新文章引用的概率与该篇已有文章已经被引用的次数再加上一个正常数 a 成正比。我们可以通过与第 5 章介绍的 Google 中使用的 PageRank 算法及其随机冲浪解释做类比，从而对 Price 模型中使用的优先连接机制给出更为适于计算机实现的等价解释。现在把 Price 优先连接概率公式重写为如下形式：

$$\begin{aligned}\Pi_i&=\frac{k_i^{in}+a}{N(m+a)}\\&=\frac{m}{m+a}\frac{k_i^{in}}{mN}+\left(1-\frac{m}{m+a}\right)\frac{1}{N}\\&=\frac{m}{m+a}\frac{k_i^{in}}{\sum_j k_j^{in}}+\left(1-\frac{m}{m+a}\right)\frac{1}{N},\end{aligned} \tag{8-33}$$

记

$$p = \frac{m}{m+a}, \tag{8-34}$$

式(8-33)可以写为

$$\Pi_i = p\frac{k_i^{in}}{\sum_j k_j^{in}} + (1-p)\frac{1}{N}. \tag{8-35}$$

基于式(8-35),Price 模型中按照优先连接机制选取一个已有节点可等价描述如下：

(1) 以概率 $1-p$ 按照完全随机方式选取一个已有节点。此时,每个节点被选中的概率均为 $1/N$。

(2) 以概率 p 按照优先连接方式选取一个已有节点。此时,选择节点 i 的概率 $\bar{\Pi}_i$ 与该节点的入度 k_i^{in} 成正比：

$$\bar{\Pi}_i = \frac{k_i^{in}}{\sum_j k_j^{in}}. \tag{8-36}$$

现在的问题是如何根据优先连接概率公式(8-36)选择节点。一种直接的做法是首先计算如下值：

$$I_0 = 0, \quad I_i = I_{i-1} + \frac{k_i^{in}}{\sum_j k_j^{in}}(i=1,2,\ldots,N-1), \quad I_N = 1, \tag{8-37}$$

其中 N 为已有节点总数。然后生成一个完全随机数 $\bar{r}\in(0,1)$,如果 $\bar{r}\in(I_{i-1}, I_i)$,那么就选取节点 i。这种做法的问题是,每添加一个新节点都需要重新计算 I_i,从而使得随着网络规模的增大算法的效率越来越低。

可以通过建立一个数组 *Array* 来有效实现按照优先连接概率公式(8-36)选取节点。数组 *Array* 中依次存放每个新加入节点所指向的所有邻居节点的编号,也就是网络中已有的每一条边所指向的节点的编号。这样,按照概率 $\bar{\Pi}_i$ 选取一个节点就等价于在数组 *Array* 中随机选取一个元素。例如,图 8-5 显示的是假设当前步已有的网络是一个包含 5 个节点的有向网络及其对应的数组 *Array*。

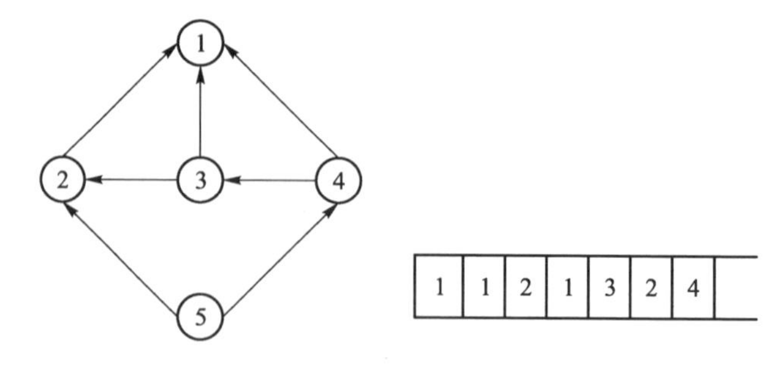

图 8-5　包含 5 个节点的有向网络及其对应的数组 *Array*

假设要生成一个包含 N 个节点的 Price 网络模型。考虑到当 N 充分大时，网络的统计性质可以视为与初始网络的结构无关。我们假设 Price 模型构造中的初始网络不再是 m_0 个孤立节点，而是构成一个强连通网络。Price 模型的计算机实现算法见算法 8-3。

算法 8-3　Price 模型的计算机实现算法。

(1) 给定一个具有 m_0 个节点的初始强连通网络。把每一条边所指向的节点的编号添加到数组 *Array* 中。

(2) 给定参数 $p \in [0,1]$。对于 $t=1,2,\dots,N-m_0$，执行如下操作：

① 生成一个完全随机数 $r \in [0,1)$；

② 如果 $r<p$，那么就完全随机地在数组 *Array* 中选择一个元素；

③ 如果 $r \geqslant p$，那么就完全随机地选择一个节点；

④ 执行步骤①－③ m 次后（避免重复选取节点），添加从新加入节点指向选定的 m 个节点的 m 条有向边，并把这 m 个节点的编号添加到数组 *Array* 中。

在 Price 网络模型中取 $m=a$ 对应于在算法 8-3 中取 $p=0.5$，把这一参数下生成的网络模型中所有的有向边都置为无向边，即得到 BA 无标度网络模型。

8.3.5　节点复制模型

在算法 8-3 中，由于数组 *Array* 是由网络中每个节点所指向的邻居节点的编号组成的，因此完全随机地在数组 *Array* 中选取一个元素等价于如下操作：完全随机地选择一个已有节点，然后再完全随机地选择该节点所指向的一个邻居节点。

也就是说，在一定程度上（由参数 p 决定），新加入节点倾向于模仿（复制）网络中已有节点的行为。这种**节点复制**（Vertex copying）模式导致“富者更富”：某个节点如果已经受到很多关注，那么今后就更有可能受到更多的关注。我们可以把参数 p 视为复制概率：p 值越大，意味着新加入的节点越倾向于复制已有节点的行为，从而导致更为显著的富者更富。我们可以进一步从 Price 模型的入度分布来验证。

注意到

$$p=\frac{m}{m+a}=\frac{1}{1+a/m},\quad \frac{a}{m}=\frac{1}{p}-1, \tag{8-38}$$

Price 模型的入度分布(8-26)可以改写为

$$p_{k^{in}} \sim (k^{in})^{-(2+a/m)} = (k^{in})^{-(1+1/p)}. \tag{8-39}$$

因此,p 值越大,意味着入度分布的幂指数 $\gamma = 1 + 1/p$ 越小,网络的异质性越强。

在论文引用网络中,节点复制意味着你在写文章时阅读了一篇文章,然后从这篇文章的参考文献中挑选一些作为你的文章的参考文献。在 WWW 上,节点复制意味着你在设计主页时,会从一些权威网页上挑选一些链接复制到你的主页上。在生物学中,节点复制也自然导致富者更富:一种变异越常见,就越有可能被再次复制,从而就变得更为常见。节点复制模型构造算法见算法 8-4。

算法 8-4 节点复制模型构造算法。

(1) 增长:从一个具有 m_0 个孤立节点的网络开始,每次引入一个新的节点并且通过 m 条有向边指向 m 个已存在的节点上,这里 $m \leqslant m_0$。

(2) 节点复制:给定一个参数 $p \in [0,1]$,按照如下方式选择已有节点,并添加从新节点指向该已有节点的有向边:

① 生成一个随机数 $r \in [0,1)$;

② 如果 $r < p$,那么完全随机地选择一个节点,然后再完全随机地选择该节点所指向的一个邻居节点;

③ 如果 $r \geqslant p$,那么完全随机地选择一个节点;

④ 重复①-③ m 次,并避免重复选择节点。

- **链接**

网络度分布理论:数学还是物理?

有一个关于数学家和物理学家的经典笑话:一位物理教授在进行一项实验,他总结出一个经验方程,似乎与实验数据吻合,于是请同校的一位数学教授看一看这个方程。一周后他们碰头,数学教授说这个方程不成立。可那时物理教授已经用他的方程预言出进一步的实验结果,而且效果颇佳,所以他请数学教授再审查一下这个方程。又是一周过去,他们再次碰头。数学教授告诉物理教授说这个方程是可以成立的,“但仅仅对于正实数的简单情形成立。”

本书介绍的关于网络模型度分布的推导的两种方法——平均场理论和主方程方法，以及本书没有介绍的率方程方法都是源自统计物理学。这既是一件自然的事情也与当时模型研究人员的物理学背景有关。Albert 和 Barabási 于 2002 年 1 月发表的第一篇关于复杂网络的长篇综述题目即为"复杂网络的统计力学"。然而，利用这几种统计物理方法推导网络度分布时都需要一些假设，其中有一些在数学家看来是不能视为假设的假设：例如，当时间 t 或网络规模 N 趋于无穷时，稳态度分布的存在性。物理学家和工程学家建立一个方程后通常就会直接研究这个方程的解的性质，而数学家首先要判断该方程是否有解。当然，不同的思考模式都是有价值的。利用统计物理方法得到的近似结论往往与大量仿真的结果相一致，从而至少对于仿真结果提供了某种程度的合理解释。

如果要从数学上严格分析 Price 和 BA 网络模型的一些性质，例如稳定度分布的存在性等，那么就会发现模型本身是存在"瑕疵"的：我们要求每个新加入的节点指向的是网络中 m 个互不相同的已有节点，在 $m>1$ 的情形，严格说来，避免重复选取节点意味着我们已经并不完全是严格按照模型中阐述的优先连接机制来选取节点了。从应用的角度看，这种差别是可以忽略不计的。然而，从数学的角度看，首先要对模型给出严格定义。这方面的典型工作是数学家 Bollobás 通过对 BA 模型的修改而提出的线性化弦图模型（Linearized chord diagram，LCD）[9]。他们用随机图论方法严格分析了该模型的直径、稳健性和脆弱性，特别是网络稳态度分布的存在性等。但是，LCD 模型的意义目前看来主要还是局限在数学上，毕竟它与 BA 模型相比显得过于繁杂，反而物理意义不那么清晰了。

关于度分布理论的详细介绍推荐史定华教授的著作《网络度分布理论》[10]。

8.4 无标度网络模型的推广

BA 模型把实际复杂网络的无标度特性归结为增长和优先连接这两个非常简单明了的机制，这很好地体现了科学研究中的从复杂现象提取简单本质的特点。当然，这也不可避免地使得 BA 模型和真实网络相比存在一些明显的限制。在 BA 模型提出之后，人们做了各种各样的扩展，如考虑非线性优先连接概率、节点的老化和死亡、边的随机重连和去除等等。例如，Albert 和 Barabási 提出了一种增广的（Extended）BA 模型，简称为 EBA 模型[11]。在该模型中的每一步以概率 p 添加一个新节点和 m 条新边，而以概率 q 随机重连网络中已有的 m 条边。这样得到的 EBA 模型具有幂律度分布，并且幂指数 γ 可以通过对参数 p、q 和 m 的选取而取值为区间(2,3)上的实数。

本节着重介绍 BA 模型的两种推广：一种是考虑到节点之间具有不同的竞争能力的适应度模型，另一种是基于局域世界优先连接的网络模型。

8.4.1　适应度模型

在 BA 模型的增长过程中，节点的度也在发生变化，并且满足如下幂律关系（见式(8-4)）：

$$k_i(t) = m\left(\frac{t}{t_i}\right)^{1/2}, \tag{8-40}$$

其中 $k_i(t)$ 为第 i 个节点在时刻 t 的度，t_i 是第 i 个节点加入到网络中的时刻。我们有

$$\frac{k_i(t)}{k_j(t)} = \left(\frac{t_j}{t_i}\right)^{1/2}, \tag{8-41}$$

这意味着

$$k_i(t) > k_j(t), \quad t_i < t_j. \tag{8-42}$$

上式表明，在 BA 模型中，越老的节点具有越高的度；换句话说，后来者不可能居上。然而，在许多实际网络中，节点的度及其增长速度并非只与该节点的年龄有关，还与节点的内在属性相关。下面是几个例子。

（1）社会网络：一些人天生具有较强的交友能力，他们即使是新加入某一个群体（例如刚到某个工作单位），也可以在较短时间内在新群体中结识不少朋友。

（2）WWW：数量庞大的网站之间在内容和质量上的差异也非常大。许多网站（如不少个人网站）开通数年所获得的链接也不多，而一些网站通过好的内容和市场推广可以在较短时间内获得大量的链接，甚至打败一些同行的老的网站。

（3）论文引用网络：尽管每个月都有大量文章发表，但文章之间在质量上的差距非常大。大部分文章即使发表很久也没有多少引用，而一些高质量的科研论文在较短时间内就可以获得大量的引用。

上述三个例子都是与节点的内在性质相关的，如个人的交友能力、WWW 网站的内容和科研论文的质量等。Bianconi 和 Barabási 把这一内在性质称为节点的**适应度**（Fitness），并据此在 BA 模型的基础上提出了**适应度模型**（Fitness model）[12]。模型构造算法见算法 8-5。

算法 8-5 适应度模型构造算法。

(1) 增长:从一个具有 m_0 个节点的连通网络开始,每次引入一个新的节点并且连到 m 个已存在的节点上,这里 $m \leq m_0$。

(2) 优先连接:一个新节点与一个已经存在的节点 i 相连接的概率 Π_i 与节点 i 的度 k_i 和适应度 η_i 之间满足如下关系:

$$\Pi_i = \frac{\eta_i k_i}{\sum_j \eta_j k_j}. \tag{8-43}$$

可以看出,适应度模型与 BA 无标度模型的区别在于,适应度模型中的优先连接概率与节点的度和适应度之积成正比,而不是仅与节点的度成正比。在适应度模型中假设每个节点在诞生时就有一个固定的适应度。一般地,可假设节点的适应度分布为 $\rho(\eta)$,即每个节点的适应度的取值位于区间 $[\eta, \eta + \mathrm{d}\eta]$ 的概率为 $\rho(\eta)\mathrm{d}\eta$。尽管从形式上看,适应度模型和 BA 模型的优先连接概率公式相差不大,但对于适应度模型的理论分析却要困难得多。仿真和近似理论分析表明,取决于适应度分布,适应度模型可能具有如下几类不同的特征:

(1) 无标度特征。如果网络中每个节点都取相同的适应度 $\eta \neq 0$,那么适应度模型即退化为具有无标度特征的 BA 模型。该模型呈现出"**先到者赢**(First-mover-wins)"的特征;也就是说,只有在初始几步加入网络的一些节点才有可能具有相对较高的度。但是,注意到任一时刻网络中连边的总数为 mt,而任一节点的度为 $k_i(t) = m(t/t_i)^{1/2}$,我们有

$$\frac{k_i(t)}{mt} = \left(\frac{1}{t_i t}\right)^{1/2} \to 0, \quad t \to \infty. \tag{8-44}$$

这意味着网络中任一节点(包括度最大的节点)的连边数占整个网络中的连边数的比例总是趋于零的。网络中并不存在这样一个划分:一个或几个节点始终占据绝对统治地位,而其他节点的度值都相对很小。实际上 $P(k) \sim k^{-3}$ 体现出的是层次化的度值分布特征,中间并不存在大的真空地带。

假设网络中的节点的适应度并不完全相同。如果一个年轻的节点具有较高的适应度,那么相比于那些年老但适应度较低的节点,该节点就有可能在随后的网络演化过程中获取更多的边。此时,有可能产生如下两种行为之一:

(2) 适者更富(Fit-gets-richer)特征。此时,随着时间的演化,网络中适应度较高的节点具有更高的连接度。但是与 BA 模型的无标度特征类似,每一个节点(包括适应度最高的节点)的连边数占整个网络的连边数的比例仍然是趋于零的。节点的度分布仍然呈现出层次化特征,适应度最高的节点也并不能占据完

全的统治地位(图 8-6(a),图中箭头是从新加入节点指向已有节点)。

(3) 赢者通吃(Winner-takes-all)特征。此时,随着时间的演化,随着新节点的不断加入,适应度最高的一个或几个节点就会获得占整个网络连接数的一定比例的连接数而其他每个节点的连接数占整个网络的连接数的比例仍然趋于零,从而呈现出一种所谓的"赢者通吃"的现象,类似于市场中的寡头垄断(图 8-6(b))。

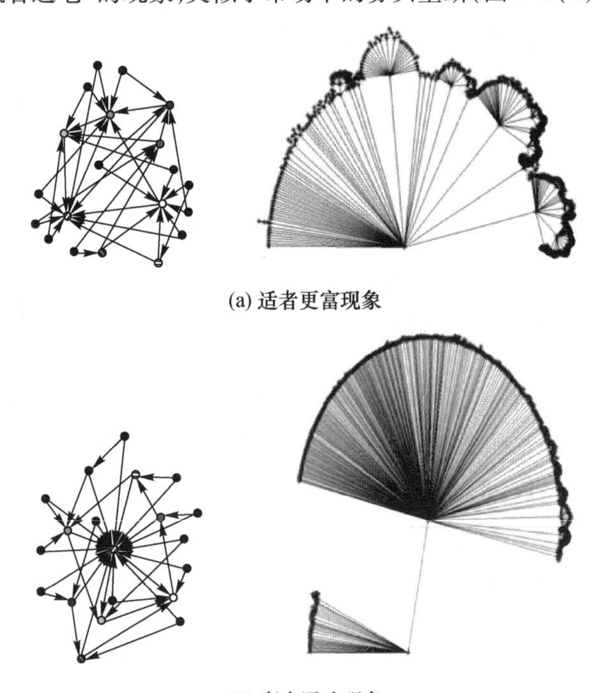

(a) 适者更富现象

(b) 赢者通吃现象

图 8-6 适应度模型的适者更富和赢者通吃现象

● **链接**

物理乃万物之理?

——赢者通吃和玻色-爱因斯坦凝聚

适应度模型是由 Barabási 及其博士生 Bianconi 提出的,但是文章的题目却有点奇怪:复杂网络中的玻色-爱因斯坦凝聚(Bose-Einstein condensation,BEC)。许多非物理专业的读者初看到这个题目也许会觉得一头雾水:爱因斯坦是一位大物理学家,但是玻色-爱因斯坦凝聚是什么意思?它怎么会与复杂网络牵扯上关系?

气体中的原子运动速度的快慢对应于能量的高低,如果我们持续不断给气体降温,那么原子的运动速度就会不断减慢,降到绝对零度时,所有的原子都会停下来。然而绝对零度是无法达到的。玻色和爱因斯坦在20世纪20年代给出预测:存在绝对零度以上的某个临界温度,低于该临界温度时,绝大部分粒子将集聚到能量最低的同一量子态,这就是BEC。但是,直到1995年,随着技术的进步,几位物理学家才得以给出BEC的实验验证,并因此而获得2001年诺贝尔奖。

Bianconi发现,在适应度模型和玻色气体之间存在很好的对应关系:网络中的每个具有适应度的节点对应于玻色气体中的一个能量级:节点的适应度越高,其对应的能量级就越低。网络中的连边对应于气体中的粒子。在网络中添加新的节点就如同在玻色气体中添加新的能量级;在网络中添加新的连边就如同在玻色气体中添加新的粒子。建立了这种对应关系之后,适应度模型中的赢者通吃现象就如同玻色气体中的BEC:适应度最高的节点吸引了几乎所有的连接,而其他所有节点几乎一无所获。这就如同几乎所有的粒子都凝聚到最低的能量级,而其他能量级几乎一无所获!

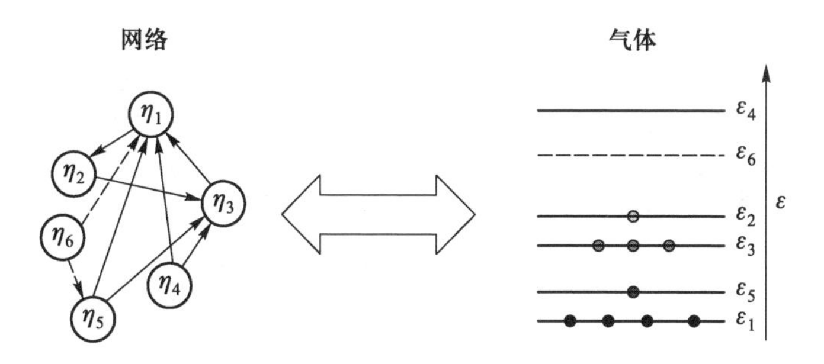

- **链接**

谁是下一个Google或Facebook?——演化网络的不可预测性

美国总统奥巴马在2011年国情咨文演讲时曾自豪地说到:美国是一个拥有Google和Facebook的国家。据Alexa的网站流量统计,Google和Facebook分别是2010年全球排名第一和第二的网站。

从适应度模型的角度解释,Google 和 Facebook 的成功既有必然性又有偶然性。所谓必然性是指:随着网络的演化,无论是无标度、适者更富还是赢者通吃,都会产生一些所谓的超级节点,而 Google 和 Facebook 恰好就都是非常典型的具有较高适应度从而在诞生之后的很短时间内就可以超越许多同行而成为行业龙头的例子。所谓偶然性是指:对于适应度模型而言,由于连边节点是按照概率公式选取的,那些在初始阶段被幸运地多次选中的节点就会基于滚雪球效应而越滚越大。这也同时意味着,即使给定所有的包括适应度分布在内的网络参数,如果你重复做多次试验,每次试验得到的网络中的超级节点的编号次序很有可能是不相同的!

因此,如果时光可以倒流、历史可以重演,我们不知道 Google 和 Facebook 是否还能占据全球网站前两位的位置。类似地,我们也不知道哈里·波特是否还会风靡全球,也不知道"给力"一词是否还会在中国如此流行。但是,我们相信,今后一定还会有与 Google 和 Facebook 一样成功的企业产生;明年的世界和中国一定还会流行其他的东西,因为人类的创造力和想象力是不会枯竭的。

如果网络科学的历史也重新演化,那么其中的 Hub 节点又会发生怎样的变化呢?

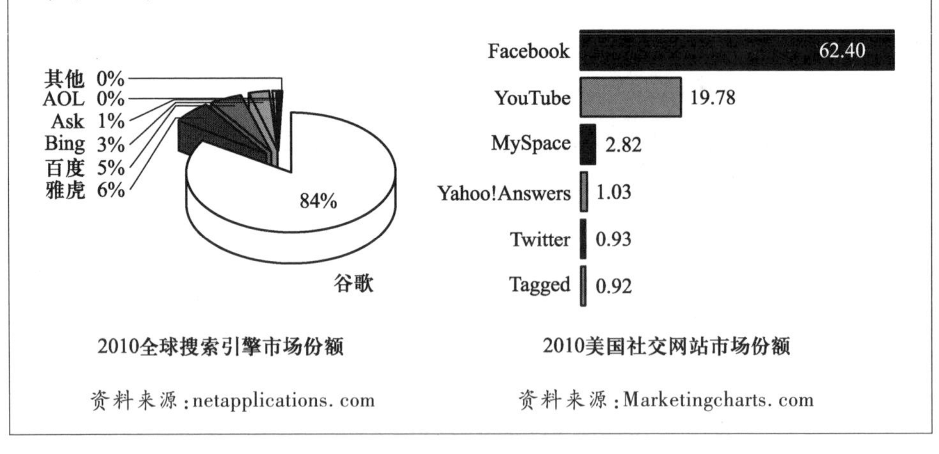

资料来源:netapplications. com　　资料来源:Marketingcharts. com

8.4.2 局域世界演化网络模型

局域世界演化网络模型(Local-world evolving network model)是由中国学者提出的一个有代表性的模型。李翔等人在对世界贸易网(World trade web)的研究中发现,全局的优先连接机制并不适用于那些只与少数(小于 20 个)国家有贸易往来关系的国家[13,14]。在贸易网中,每个节点代表一个国家,如果两个国家之间有贸易关系,那么相应两个节点之间就存在连边。研究表明,许多国家都致力于加强与各自区域经济合作组织内部的国家之间的经济合作和贸易关系。这些组织包括欧盟(EU)、东盟(ASEAN)和北美自由贸易区(NAFTA)等等。在世界贸易网中,优先连接机制主要存在于某些区域经济体中。类似地,在 Internet 中,计算机网络是基于域-路由器的结构来组织管理的,其中一台主机通常只与同一域内的其他主机相连,而路由器则代表它内部域的主机与其他路由器相连。这里,优先连接机制不是对整个网络,而是在每个节点各自的局域世界(Local-World)中有效。在人们的社团组织中,每一个人实际上也生活在各自的局域世界里,所有这些都说明在诸多实际的复杂网络中存在着局域世界。

局域世界演化模型就是在 BA 模型的基础上基于上述考虑而设计的。模型的构造算法见算法 8-6。

算法 8-6　局域世界演化模型构造算法。

(1) 增长:网络初始时有 m_0 个节点和 e_0 条边。每次新加入一个节点和附带的 m 条边。

(2) 局域世界优先连接:随机地从网络已有的节点中选取 M 个节点($M \geqslant m$),作为新加入节点的局域世界(LW)。新加入的节点根据优先连接概率 $\Pi_{Local}(k_i)$ 来选择与局域世界中的 m 个节点相连,其中 LW 由新选的 M 个节点组成:

$$\Pi_{Local}(k_i) = \Pi'_{i \in LW} \frac{k_i}{\sum_{j \, Local} k_j} \equiv \frac{M}{m_0 + t} \frac{k_i}{\sum_{j \, Local} k_j}. \tag{8-45}$$

在每一时刻,新加入的节点从局域世界中按照优先连接原则选取 m 个节点来连接,而不是像 BA 无标度模型那样从整个网络中来选择。构造一个节点的局域世界的法则根据实际的局域连接而不同,上述模型中只考虑了随机选择的简单情形。

显而易见,在 t 时刻,$m \leqslant M \leqslant m_0 + t$。因此,上述局域世界演化网络模型有两个特殊情形:$M = m$ 和 $M = t + m_0$。

1. 特殊情形 A:$M = m$

这时,新加入的节点与其局域世界中所有的节点相连接,这意味着在网络增长过程中,优先连接原则实际上已经不发挥作用了。这等价于 BA 无标度网络模型中只保留增长机制而没有优先连接时的特例。此时,第 i 个节点的度的变化率为

$$\frac{\partial k_i}{\partial t} = \frac{m}{m_0 + t}, \tag{8-46}$$

网络度分布服从指数分布

$$P(k) \sim e^{-\frac{k}{m}}. \tag{8-47}$$

2. 特殊情形 B：$M = t + m_0$

在这种特殊情形，每个节点的局域世界其实就是整个网络。因此，局域世界模型此时完全等价于 BA 无标度网络模型。

图 8-7 给出了局域世界演化网络模型与其特殊情形 A 在对数坐标系下的度分布对比图示。插入图是在对数-线性坐标系下的度分布对比图示。图 8-8 是局域世界演化网络模型与其特殊情形 B 在对数坐标系下的度分布对比图示。网络的节点数均为 $N = 10\ 000$。可以看出，当 $M \approx m$ 时的网络度分布曲线与情形 A

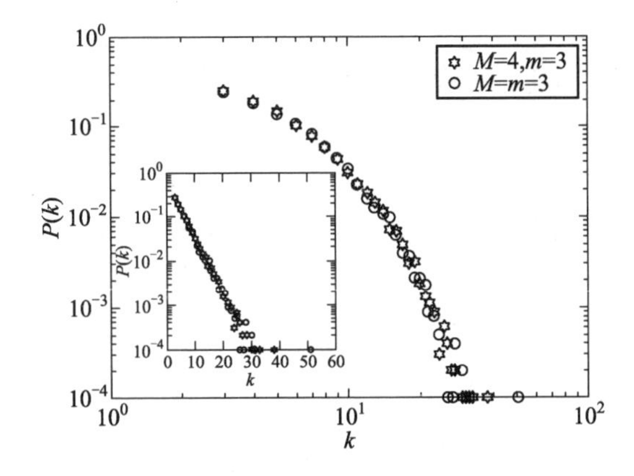

图 8-7　局域世界演化网络模型与其特殊情形 A 的度分布对比

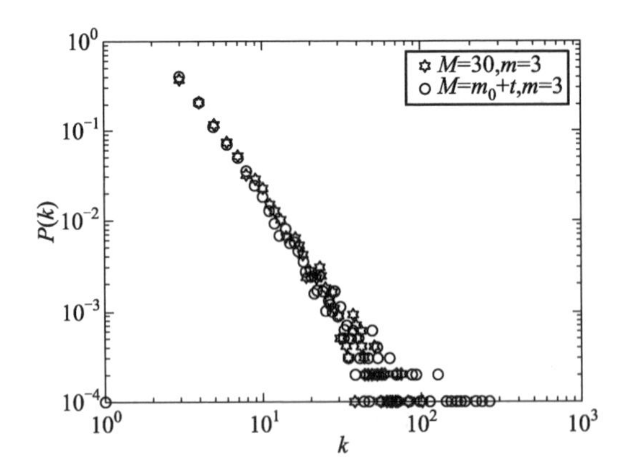

图 8-8　局域世界演化网络模型与其特殊情形 B 的度分布对比

的度分布曲线非常接近而呈指数分布。而 $M \approx m_0 + t$ 时的网络度分布曲线则与情形 B 很相似,服从幂律分布。而当 $m < M < m_0 + t$ 时,局域世界模型的度分布会显现出在指数分布到幂律分布之间演化。例如,固定 $m = 3$,然后将局域世界的规模 M 从 4 增至 30 时,在对数坐标系中可以观察到网络的度分布从一条指数型的曲线渐渐地被“拉直绷紧”成为一条幂律型的直线(图 8-9)。这意味着局域世界规模 M 越大,相应的演化网络越不均匀。

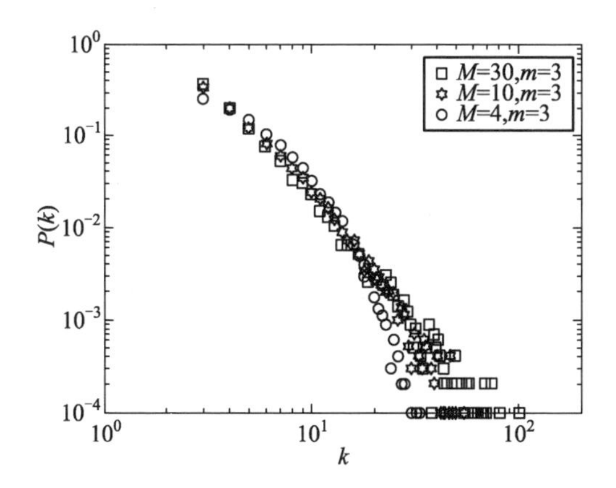

图 8-9 局域世界演化网络模型的度分布对比

8.5 鲁棒性与脆弱性

对于给定的一个网络,每次从该网络中移走一个节点,也就同时移走了与该节点相连的所有的边,从而有可能使得网络中其他节点之间的一些路径中断。如果在节点 i 和节点 j 之间有多条路径,中断其中的一些路径就可能会使这两个节点之间的距离 d_{ij} 增大,从而整个网络的平均路径长度 L 也会增大。如果节点 i 和 j 之间的所有路径都被中断,那么这两个节点之间就不再连通了(图 8-10)。如果在移走少量节点后网络中的绝大部分节点仍是连通的,那么就称该网络的连通性对节点故障具有鲁棒性。

以 Internet 为例。如今 Internet 已经发展成为一个规模巨大的网络,并在人类社会生活中起着越来越重要的作用。而 Internet 上每天都在发生各种各样的故障并经常受到黑客的攻击。在这种情况下,Internet 是否能保持它的功能无疑

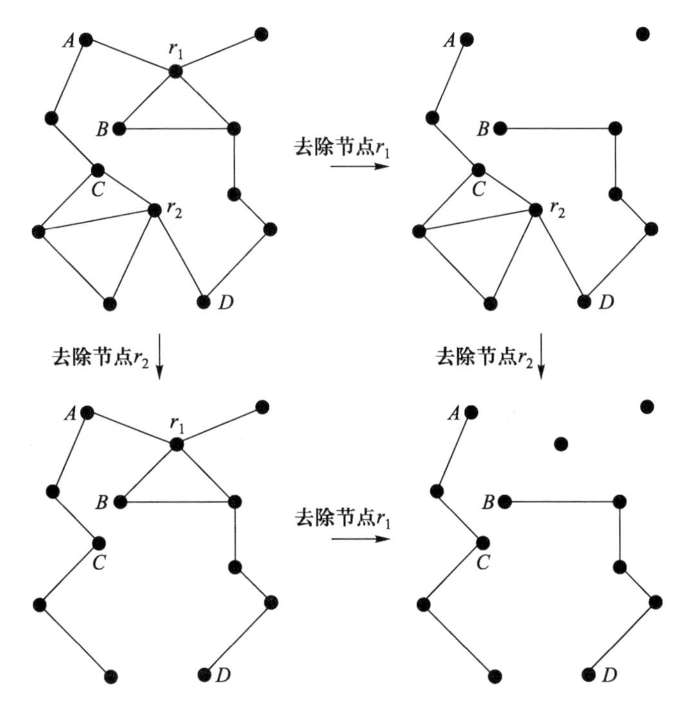

图 8-10　去除节点对网络连通性的影响示意图

是一个重要的课题。

另一方面，我们有时也希望通过移除一些节点而使得网络的连通性尽可能变差。一个典型的例子就是如何通过给部分人群接种疫苗而最大程度地预防传染病（如艾滋病）的扩散，由于接种了疫苗的个体既不会感染也不会传染，因此这些个体相当于网络中被移除的失效节点。

Internet 的阿喀琉斯之踵

2000 年 7 月 27 日出版的《Nature》的封面标题为"Internet 的阿喀琉斯之踵（Achilles' Heel of the Internet）"。Achilles 是古希腊传说中的一位杰出英雄，据说，Achilles 出生时，他的母亲为了造就他一副刀枪不入的钢铁之躯，便倒提着他的身体放到环绕地狱的冥河中去浸泡。果然，经过浸泡他的身体变得刀枪不入。但是，他的一只脚后跟却因为握在母亲手里没有浸泡到冥河之中，这只脚后跟与普通人的一样，成为了这位英雄的致命弱点。后来,在一次战斗中,Achilles被射中了这只脚后跟。这位战功赫赫、所向无敌的英雄最终死于自身的这一致命弱点。今天人们常常把一个系统的脆弱之处称为该系统的"阿喀琉斯之踵(Achilles' Heel)"。

2000年7月27日出版的《Nature》的封面

阿喀琉斯之踵的传说

Barabási小组比较了ER随机图和BA无标度网络的连通性对节点去除的鲁棒性[15]。考虑两类节点去除策略:一是随机故障策略,即完全随机地去除网络中的一部分节点;二是蓄意攻击策略,即从去除网络中度最高的节点开始,有意识地去除网络中一部分度最高的节点。假设去除的节点数占原始网络总节点数的比例为f,则可以用最大连通子图的相对大小S和平均路径长度l与f的关系来度量网络的鲁棒性。图8-11反映了ER随机图和BA无标度网络之间存在的显著差异。无标度网络对随机节点故障具有极高的鲁棒性:与随机图相比,最大连通子图的相对大小在相对高得多的f值时才下降到零而其平均路径长度的增长则要缓慢得多。无标度网络的这种对随机故障的高度鲁棒性来自于网络度分布的极端非均匀性:绝大多数节点的度都相对很小而只有少量节点的度相对很大。当f较小时,随机选取的节点都是度很小的节点,去除掉这些节点对整个网络的连通性不会产生大的影响。然而,正是这种非均匀性使得无标度网络对蓄意攻

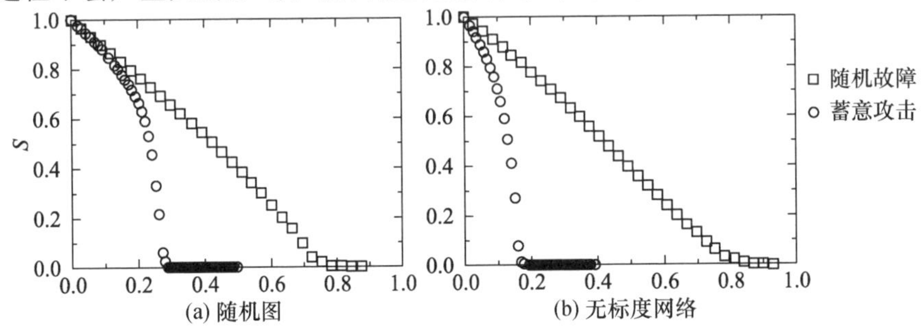

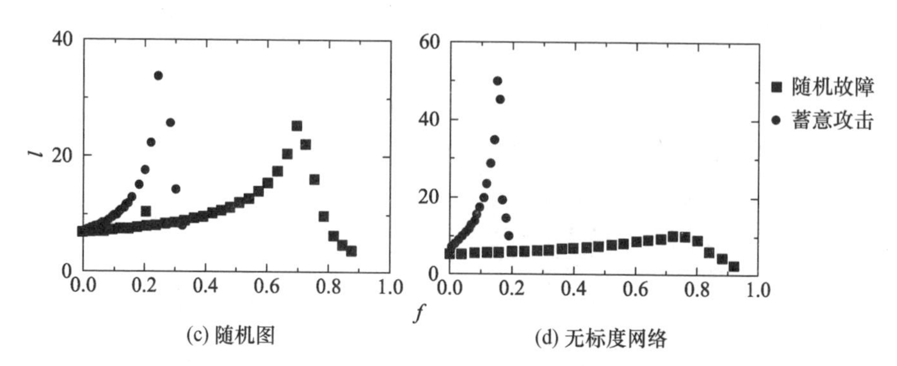

(c) 随机图　　(d) 无标度网络

图 8-11　ER 随机图和 BA 无标度网络的鲁棒性和脆弱性比较(取自文献[15])

击具有高度的脆弱性:只要有意识地去除网络中极少量度最大的节点就会对整个网络的连通性产生大的影响。

图 8-12 形象地比较了随机网络和无标度网络的鲁棒性:即使随机去除网络中的大量节点,无标度网络仍可保持基本的连通性;而随机去除同样多的节点则

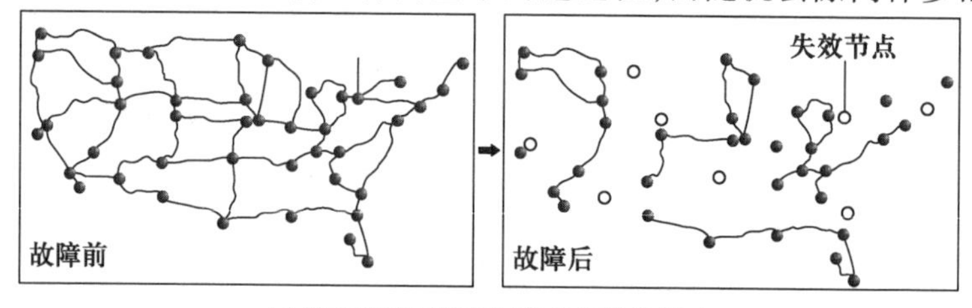

(a) 随机故障对随机网络连通性的影响

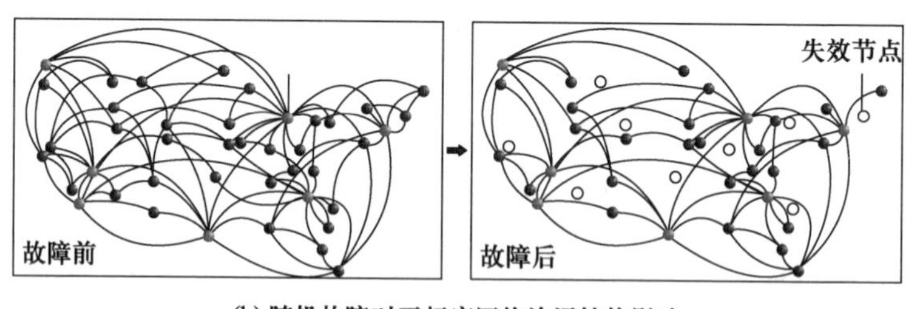

(b) 随机故障对无标度网络连通性的影响

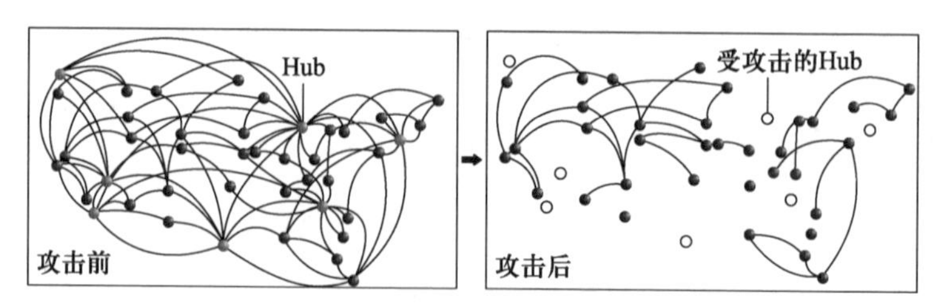

(c) 蓄意攻击对无标度网络连通性的影响

图 8-12　随机网络和无标度网络的鲁棒性比较

可使一个同样规模的随机网络分成多个孤立的子网;但蓄意去除少量度最高的节点就可破坏无标度网络的连通性。

Barabási 小组研究了两个实际网络对随机故障和蓄意攻击的鲁棒性[14]:一个是含有 6 000 个节点的自治层 Internet 结构图,另一个是含有 326 000 个网页的 WWW 子网。他们得到了与 BA 无标度网络相类似的结果,如图 8-13 所示。基于渗流理论和随机图理论对网络鲁棒性的理论分析也有很多的研究[16-19]。

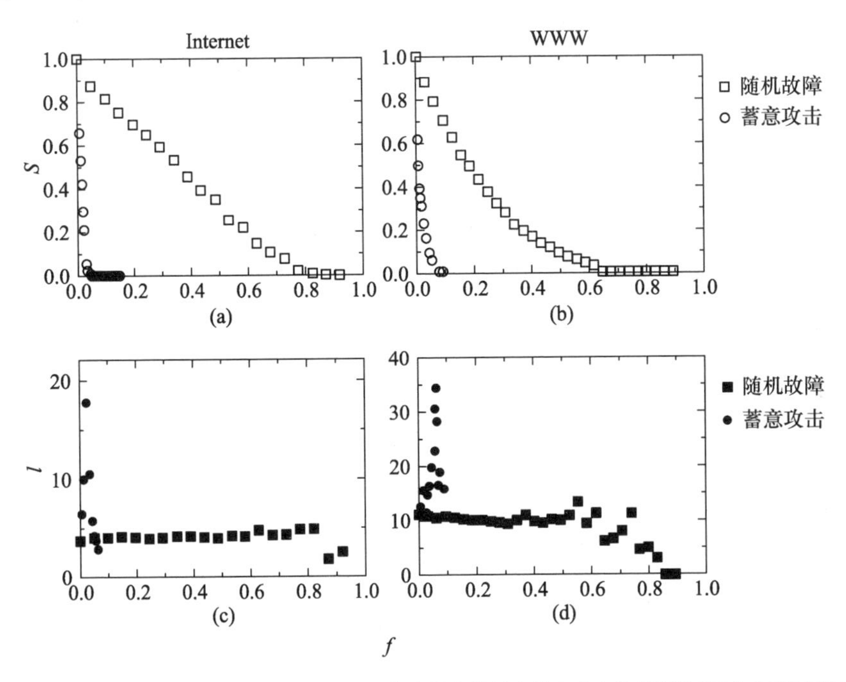

图 8-13　自治层 Internet 和 WWW 对随机故障的鲁棒性和蓄意攻击的脆弱性(取自文献[15])

第 6—8 章介绍了网络科学中的几个有代表性的网络拓扑模型。近年来,人们还提出了各种各样的其他拓扑模型。例如,基于矩阵 Kronecker 乘积构造的 Kronecker 图模型,希望能够同时刻画实际网络的静态和演化拓扑性质[20,21]。针对加权网络的拓扑建模也有很多的研究,其中有代表性的一类模型是 BBV 模型[22]及其变种。针对某类具体网络而构造具有针对性的拓扑模型也是很重要的,本书的英文姊妹篇就有专门一章介绍 Internet 拓扑建模[23]。

习　题

8-1　考虑在 BA 无标度网络模型中引入去除连边机制,即每次在添加一个节点

和 m 条连边后，就接着在网络中随机地去除 qm 条边，这里假设 $1>q\geqslant 0$。请基于平均场理论推导该网络模型的度分布。

8-2 假设把 Price 模型作为已经有 10 年历史的某个领域的论文引用网络模型。

(1) 请分别计算该领域第 1 篇文章和第 10 篇文章在本领域内被引用次数的期望值。

(2) 请估计还需要多长时间，第 10 篇文章被引用次数的期望值才能赶上当前第 1 篇文章被引用的次数。

(3) 假设在 Price 模型中 $m=20, a=5$。请比较发表时间最早的 10% 文章中每篇文章被引用的平均数与发表时间最新的 10% 文章中每篇文章被引用的平均数。

8-3 在 BA 无标度模型中，优先连接是由节点的度决定的；在适应度模型中，优先连接是由节点的度和适应度共同决定的。现在我们考虑优先连接是由节点的适应度决定的网络模型。网络演化规则如下：

(1) 增长：从一个空网络开始，每次引入一个新的节点并且连到一个已经存在的节点上。因此，在时刻 t 网络中恰好有 t 个节点。

(2) 优先连接：新加入节点与一个已经存在的节点 i 相连接的概率 Π_i 与节点 i 的适应度 η_i 成正比，即有

$$\Pi_i = \frac{\eta_i}{\sum_{j=1}^{t} \eta_j} = \frac{\eta_i}{t\langle \eta \rangle}$$

其中 $\langle \eta \rangle$ 为平均适应度。

针对上述演化网络模型考虑如下问题：

(1) 请推导节点 i 的度 $k_i(t)$ 随时间 t 的演化公式。

(2) 请推导具有给定适应度 η 的节点的度分布。

(3) 假设网络中一半节点的适应度为 2，另一半节点的适应度为 1；请推导充分长时间后所有节点的度分布。

参考文献

[1] BARABÁSI A-L, ALBERT R. Emergence of scaling in random networks [J]. Science, 1999, 286(5439): 509-512.

[2] BARABÁSI A-L. Scale-free networks: A decade and beyond [J]. Science, 2009, 325(5939): 412-413.

[3] BARABÁSI A-L, ALBERT R, JEONG H. Mean-field theory for scale-free random networks [J]. Physica A, 1999, 272: 173-187.

[4] COHEN R, HAVLIN, S. Scale-free networks are ultrasmall[J]. Phys. Rev. Lett., 2003, 90(5): 058701.

[5] FRONCZAK A, FRONCZAK P, HOLYST J A. Mean-field theory for clustering coefficients in Barabási-Albert networks [J]. Phys. Rev. E 2003, 68(4): 046126.

[6] PRICE D D S. Networks of scientific papers [J]. Science, 1965, 149 (3683): 510-515.

[7] PRICE D D S. A general theory of bibliometric and other cumulative advantage processes [J]. J. the American Society for Information Science, 1976, 27(5): 292-306.

[8] 于禄,郝柏林,陈晓松. 边缘奇迹:相变与临界现象 [M]. 北京:科学出版社,2005.

[9] BOLLOBÁS B, RIORDAN O. Mathematical results on scale-free random graphs [J]. In: Bornholdt S, Schuster H G (ed.) Handbook of Graphs and Networks: From the Genome to the Internet. Berlin: Wiley-VCH, 2003, 1-34.

[10] 史定华. 网络度分布理论 [M]. 北京:高等教育出版社,2011.

[11] ALBERT R, BARABÁSI A-L. Topology of evolving networks: Local events and universality[J]. Phys. Rev. E, 2000, 85(24): 5234-5237.

[12] BIANCONI G, BARABÁSI A-L. Bose-Einstein condensation in complex networks [J]. Phys. Rev. Lett., 2001, 86(24): 5632-5635.

[13] LI X, JIN Y Y, CHEN G. Complexity and synchronization of the World Trade Web [J]. Physica A, 2003, 328: 287-296.

[14] LI X, CHEN G. A local world evolving network model [J]. Physica A, 2003, 328: 274-286.

[15] ALBERT R, JEONG H, BARABÁSI A-L. Attack and error tolerance in complex networks [J]. Nature, 2000, 406(6794): 387-482.

[16] CALLWAY D S, NEWMAN M E J, STROGATZ S H, WATTS D J. Network robustness and fragility: Percolation on random graphs [J]. Phys. Rev. Lett., 2000, 85(25): 5468-5471.

[17] COHEN R, EREZ K, BEN-AVRAHAM D, HAVLIN S. Resilience of the internet to random breakdowns [J]. Phys. Rev. Lett., 2000, 85 (21): 4626-4628.

[18] COHEN R, EREZ K, Ben-AVRAHAM D, HAVLIN S. Breakdown of the internet under intentional attack [J]. Phys. Rev. Lett., 2001, 86(16): 3682

-3685.

[19] BOLLOBÁS B, RIODAN O. Robustness and vulnerability of scale-free random graphs [J]. Internet Math., 2003, 1: 1-35.

[20] LESKOVEC J, CHAKRABARTI D, KLEINBERG J, et al. Kronecker graphs: An approach to modeling networks [J]. J. Machine Learning Research, 2010, 11: 985-1042.

[21] SESHADHRI C, PINAR A, KOLDA T G. An in-depth analysis of stochastic Kronecker graphs [J]. 2011, arXiv: 1102. 5046v2.

[22] BARRAT A, BARTHELEMY M, VESPIGNANI A. Modeling the evolution of weighted networks [J]. Phys. Rev. E, 2004, 70(6): 066149.

[23] CHEN G, WANG X F, LI X. Introduction to Complex Networks: Models, Structures and Dynamics[M]. 北京:高等教育出版社, 2012.

第 9 章 网络传播

本章要点

- 几个经典的传染病模型:SI、SIS 和 SIR 模型
- 均匀网络和非均匀网络的传播临界值分析
- 几类免疫策略:随机免疫、目标免疫和熟人免疫
- 节点的传播影响力分析、网络结构对行为传播的影响

9.1 引言

网络上的传播行为在许多实际网络中都广泛存在,一些典型的例子如下。

(1) 社会网络中的疾病传播。回顾人类历史长河,每一次传染病(疟疾、天花、麻疹、鼠疫、伤寒等)的大流行都与人类文明进程密切相关。在过去的几十年间,人类社会日益网络化的同时,现代公共卫生体系不断完善,努力降低瘟疫的威胁;但另一方面,这种网络化进程也使得人员和物资流动日益频繁和便捷,从而极大地加快了传染病的扩散速度。图 9-1 显示的是 2003 年在我国香港感染非典型肺炎(SARS)的一个新加坡人如何把该病毒传染给新加坡的 172 个人。流行病学的研究已有较长的历史,提出了多种经典的流行病传播模型[1],并且取得了不少新进展[2,3]。

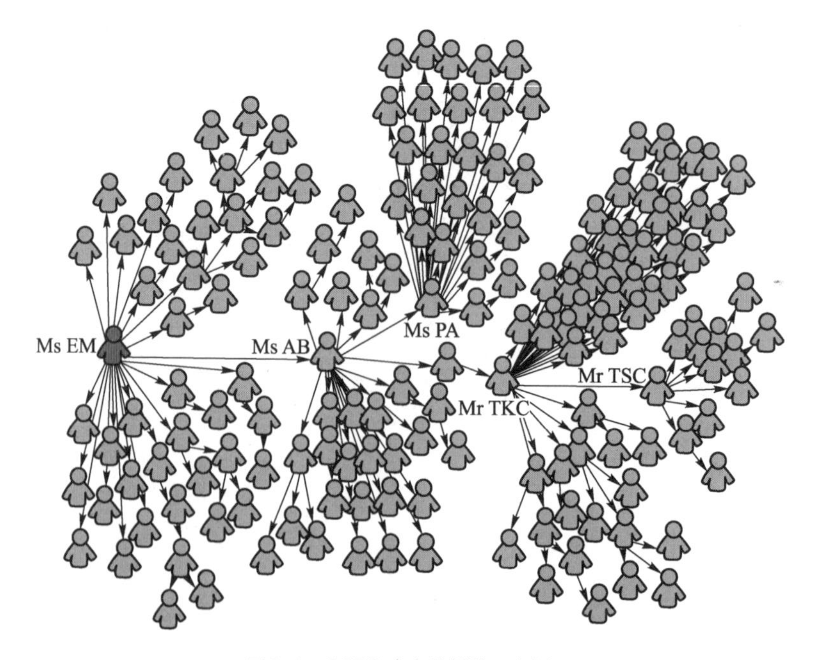

图 9-1　SARS 病毒传播的一个例子

图片来源:http://www.cdc.gov/mmwr/preview/mmwrhtml/mm5218a1.htm

(2) 通信网络中的病毒传播。与生物性病毒相比,计算机病毒借助 Internet

更轻易地跨越了国界而无孔不入地侵入到世界上每个角落。尽管绝大部分电脑上都安装了反病毒软件,各种各样的病毒仍会不时地使少则几万台多则数百万台电脑"中招"。

近年来,病毒也开始借助移动通信网络在手机等移动通信设备中传播[4,5]。图 9-2(a)显示的是一个已经感染病毒的手机能够把病毒传染给该手机的蓝牙(Bluetooth,BT)覆盖范围内的所有手机,它的传播是由手机用户的移动模式确定的。一个已经感染了多媒体消息(Multimedia message service,MMS)病毒的手机能够把病毒传染给该手机通讯录中的所有手机,从而导致与感染手机的物理位置无关的长程传播模式。图 9-2(b)是从一个随机选择的用户开始构造的包含

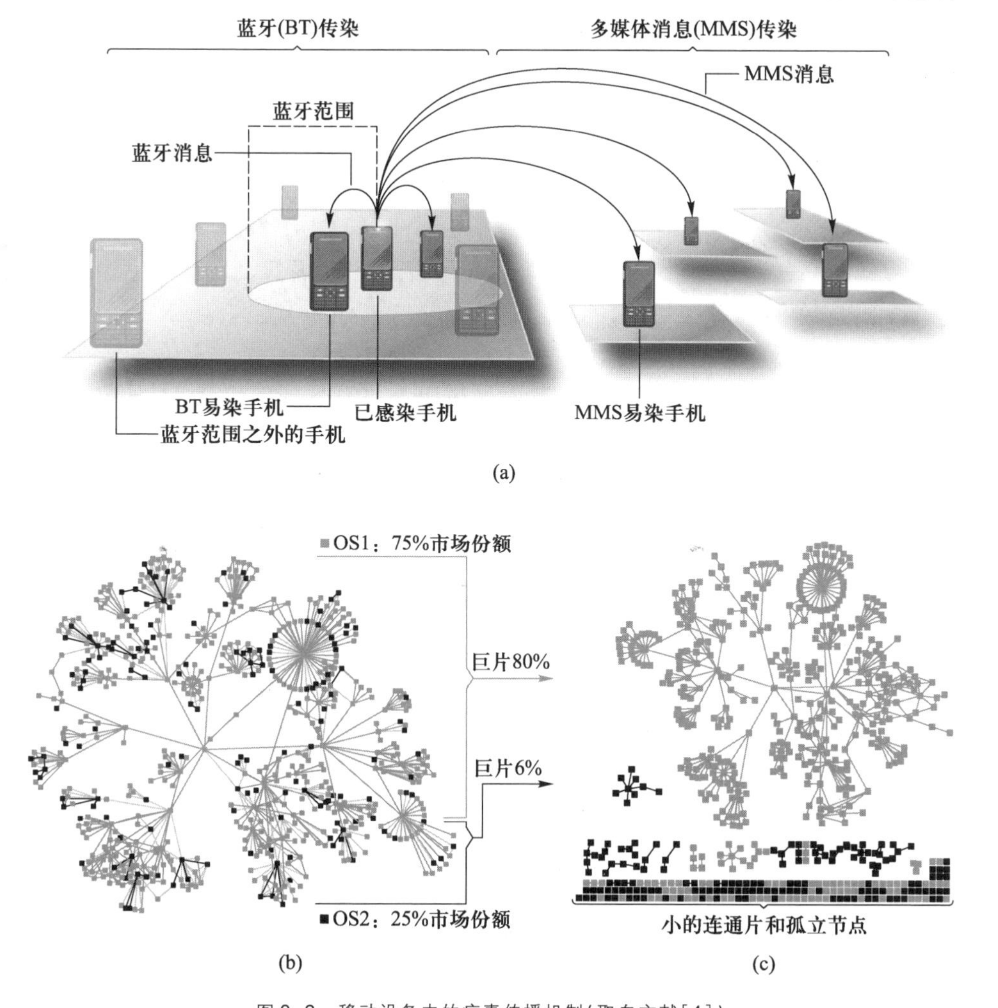

图 9-2 移动设备中的病毒传播机制(取自文献[4])

所有4层邻居的通话网络。节点的灰度表示设备所使用的操作系统(Operating system,OS),这里随机设定75%的节点使用OS1,25%的节点使用OS2。图9-2(c)显示的是一个感染MMS病毒的手机能够把病毒传染给该手机所在的连通巨片中的一部分用户。连通巨片的大小高度依赖于采用某一操作系统的移动设备的市场份额。当这种份额超过一定的临界值之后就有可能爆发大规模的手机病毒,如图9-3所示。图中的深色节点表示具有同一OS的易染手机,浅色节点表示其他的非易染手机。

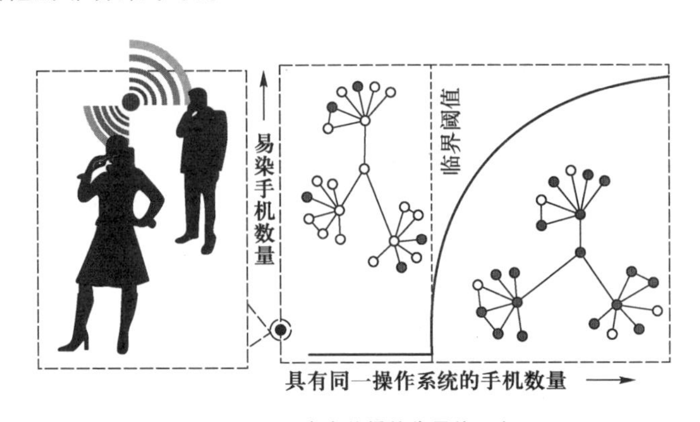

图9-3　手机病毒传播的临界值示意图

(3)社会网络中的信息传播。社会网络中不仅有疾病的传播,还有时尚、观点和流言等信息的传播。特别地,近年来各种在线社会网络迅速兴起和壮大,如在线社交网络Facebook和人人网等、在线聊天工具QQ和MSN等、微博网站Twitter和新浪微博等、各种在线论坛和社区等。这些在线社会网络上的信息传播行为既有一些共性的特征,也呈现出各自不同的特点。例如,由于微博极强的实时性特征,使得微博上信息的传播速度异常之快。图9-4显示的是新浪微博上的一条关于“过劳死”的微博的转发关系网络。更为复杂的是,信息还很有可能在现实社会网络、移动通信网络和各种在线社会网络组成的混合网络环境中传播。**舆论动力学**也称**观点动力学**(Opinion dynamics)对社会网络中的信息传播做了很多的研究,但是其中建立的模型在多大程度上能够推广用于各种具体网络和问题仍然是很大的挑战[6]。

(4)电力网络中的相继故障。在电力网络中,断路器故障、输电线路故障和电站发电单元故障常常导致大范围停电事故,也称为大规模**相继故障**(Cascading failure)[7]。这类故障一旦发生,往往具有极强的破坏力和影响力。例如,2003年8月由美国俄亥俄州克利夫兰市的3条超高压输电线路相继过载烧断,引起北美大停电事故使得数千万人一时陷入黑暗,经济损失估计高达数百亿美元。而且电力网络的故障还很有可能传播到通信网络等,并反过来又可能进一步引

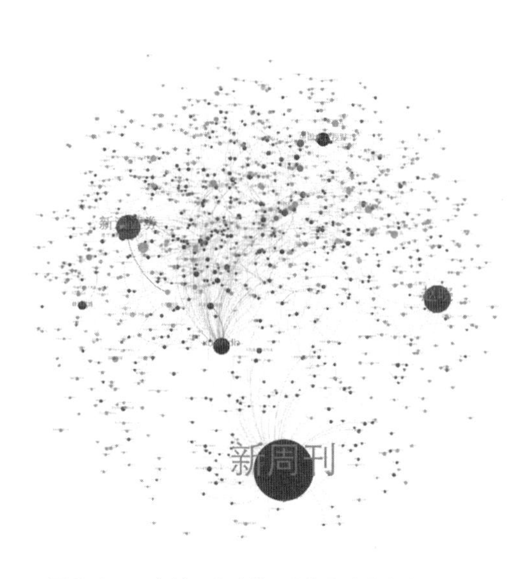

图 9-4 一条关于“过劳死”的微博的传播关系图

起更大规模的电力故障[8]。生物网络中的相继故障也是近年受到关注的一个课题[9]。

(5) 经济网络中的危机扩散。随着全球化进程的不断加快,各国之间的联系也愈发紧密,其负面效应之一就是局部的动荡有可能以更快的速度蔓延。1997 年泰国汇率制度的变动在极短时间内就引发了遍及东南亚的金融风暴,并在几个月时间内演变为亚洲金融危机。2007 年年初开始爆发的美国次贷危机也最终演变为全球金融危机。因此,如何预防局部动荡在经济和金融网络中的扩散显然是一个极为关键的问题[10,11]。

近年来,随着网络科学的兴起,人们开始关注网络结构对于传播行为的影响[12]。本章将重点介绍基于传染病模型的分析。一方面是由于这是目前为止研究相对较多的分析方法;另一方面是由于它在一定程度上也可推广用于分析社会、通信和经济等网络上的传播行为。当然,值得指出的是,针对不同类型网络的特点建立相应的传播模型是非常重要的,例如人们需要并且已经针对电力网络中的节点负荷和容量等特征建立了一些实用的相继故障模型。

9.2　经典的传染病模型

在典型的传染病模型中，种群(Population)内的 N 个个体的状态可分为如下几类：

(1) 易染状态 S(Susceptible)。一个个体在感染之前是处于易染状态的，即该个体有可能被邻居个体感染。

(2) 感染状态 I(Infected)。一个感染上某种病毒的个体就称为是处于感染状态，该个体还会以一定概率感染其邻居个体。

(3) 移除状态 R(Removed，Refractory 或 Recovered)。也称为免疫状态或恢复状态。当一个个体经历过一个完整的感染周期后，该个体就不再被感染，因此就可以不再考虑该个体。

在初始时刻，通常假设网络中一个或者少数几个个体处于感染状态，其余个体都处于易染状态。为简化起见，本章假设病毒的时间尺度远小于个体生命周期，从而不考虑个体的出生和自然死亡。经典模型的一个基本假设是**完全混合**(Fully mixed)：一个个体在单位时间里与网络中任一其他个体接触的机会都是均等的。下面介绍三种经典的传染病模型。

9.2.1　SI 模型

先考虑最简单的情形，假设一个个体一旦被感染就永远处于感染状态。记 $S(t)$ 和 $I(t)$ 分别为时刻 t 的易染人群数和感染人群数，显然有 $S(t)+I(t)\equiv N$。严格地说，这两个数都应该是期望值，因为即使给定两组完全相同的条件，由于随机性的存在，两组实验在任一时刻的感染人群数一般不会恰好相等。

假设一个易染个体在单位时间里与感染个体接触并被传染的概率为 β。由于易染个体的比例为 S/N，时刻 t 网络中总共有 $I(t)$ 个感染个体，所以易染个体的数目按照如下变化率减小：

$$\frac{\mathrm{d}S}{\mathrm{d}t}=-\beta\frac{SI}{N},\tag{9-1}$$

相应地，感染个体的数目按照如下变化率增加：

$$\frac{\mathrm{d}I}{\mathrm{d}t}=\beta\frac{SI}{N},\tag{9-2}$$

方程(9-1)和(9-2)即为完全混合假设下的 SI 模型的数学描述。记时刻 t 网络中易染人数的比例和感染人数的比例分别为

$$s(t)=S(t)/N,\quad i(t)=I(t)/N,$$

则有 $s(t)+i(t)\equiv 1$,并且有

$$\frac{\mathrm{d}s}{\mathrm{d}t}=-\beta si,\quad \frac{\mathrm{d}i}{\mathrm{d}t}=\beta si, \tag{9-3}$$

从而

$$\frac{\mathrm{d}i}{\mathrm{d}t}=\beta i(1-i). \tag{9-4}$$

上式也称为 Logistic **增长方程**(Logistic growth equation),对应的 S 型增长曲线如图 9-5 所示,其解为

$$i(t)=\frac{i_0\mathrm{e}^{\beta t}}{1-i_0+i_0\mathrm{e}^{\beta t}},\quad i_0=i(0). \tag{9-5}$$

初始阶段,绝大部分个体都为易染个体,任何一个感染个体都很容易就遇到易染个体并把病毒传染给后者,因此感染个体的数量随时间指数增长;但是,随着易染个体数量的减少,感染个体数量的增长也呈现饱和效应。图 9-5 显示的是 $\beta=0.75$, $i_0=0.05$ 情形感染个体的增长曲线。

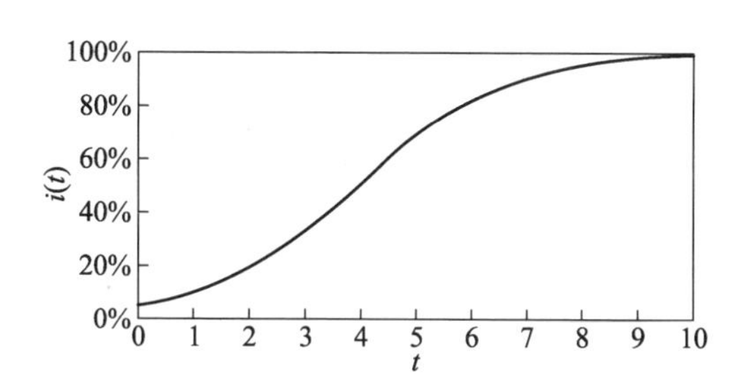

图 9-5 SI 模型的感染人数增长曲线

在现实世界中,感染个体一般不可能永远处于感染状态并永远传染别人。接下来介绍两种更为常见的模型。

9.2.2 SIR 模型

SIR 模型的第一阶段仍与 SI 模型一样,即假设一个感染个体在单位时间里会随机地感染 $\beta S/N$ 个易染个体。但是,在 SIR 模型的第二阶段,假设每一个感染个体以定常速率 γ 变为移除状态,即该个体恢复为具有免疫性的个体或者死亡,不再可能被感染和传染别的个体。于是,在任一时间区间 ΔT 内,一个感染个体变为移除状态的概率为 $\gamma\Delta T$。

记 $s(t)$、$i(t)$ 和 $r(t)$ 分别为时刻 t 的易染人群、感染人群和移除人群占整个人群的比例，则有 $s(t)+i(t)+r(t)\equiv 1$。SIR 模型的微分方程描述如下：

$$\frac{\mathrm{d}s}{\mathrm{d}t}=-\beta si$$
$$\frac{\mathrm{d}i}{\mathrm{d}t}=\beta si-\gamma i \tag{9-6}$$
$$\frac{\mathrm{d}r}{\mathrm{d}t}=\gamma i$$

由式(9-6)中的第一式和第三式，可得

$$\frac{1}{s}\frac{\mathrm{d}s}{\mathrm{d}t}=-\frac{\beta}{\gamma}\frac{\mathrm{d}r}{\mathrm{d}t},$$

两边积分，得到

$$s=s_0\mathrm{e}^{-\beta r/\gamma},\quad s_0=s(0). \tag{9-7}$$

把 $i=1-s-r$ 代入式(9-6)并利用式(9-7)，可得

$$\frac{\mathrm{d}r}{\mathrm{d}t}=\gamma(1-r-s_0\mathrm{e}^{-\beta r/\gamma}), \tag{9-8}$$

它的解可用如下积分表示

$$t=\frac{1}{\gamma}\int_0^r\frac{1}{1-x-s_0\mathrm{e}^{-\beta x/\gamma}}\mathrm{d}x. \tag{9-9}$$

虽然这一积分并不存在显示解，但是可以借助数值计算揭示 SIR 模型的解的演化特征。事实上，对于一组给定的参数值，我们可以通过令 $\mathrm{d}r/\mathrm{d}t=0$ 得到移除人数的稳态值如下：

$$r=1-s_0\mathrm{e}^{-\beta r/\gamma}. \tag{9-10}$$

对于大规模网络，通常假设在初始时刻只有一个或者少数几个个体感染且没有移除人群，从而有 $s_0\approx 1, i_0\approx 0, r_0=0$。记 $\lambda=\beta/\gamma$，于是有

$$r=1-\mathrm{e}^{-\lambda r}. \tag{9-11}$$

上式与第 6 章介绍的 ER 随机图的巨片规模和网络平均度之间的关系式(6-20)在形式上完全一致。$\lambda=1$ 是 SIR 模型的**传播临界值**：如果 $\lambda<1$，那么 $r=0$，意味着病毒无法传播；如果 $\lambda>1$，那么 $r>0$，并且随着 λ 值的增大，r 值也增大，意味着病毒在网络中扩散的范围也增大。参数 λ 的一个直观解释是：它表示一个感染个体在恢复之前平均能够感染的其他易染个体的数目，因此也常称为**基本再生数**(Basic reproduction number)，文献中常用 R_0 表示。

9.2.3 SIS 模型

SIS 模型与 SIR 模型的区别在于感染个体恢复之后的状态。在 SIR 模型中，

一个感染个体恢复之后处于移除状态；而在 SIS 模型中，每一个感染个体以定常速率 γ 再变为易染个体。记 $s(t)$ 和 $i(t)$ 分别为时刻 t 的易染人群和感染人群占整个人群的比例，则有 $s(t)+i(t)\equiv 1$。SIS 模型的微分方程描述如下：

$$\begin{aligned}\frac{\mathrm{d}s}{\mathrm{d}t} &= \gamma i - \beta s i \\ \frac{\mathrm{d}i}{\mathrm{d}t} &= \beta s i - \gamma i\end{aligned} \tag{9-12}$$

从而有

$$\frac{\mathrm{d}i}{\mathrm{d}t} = -\gamma i + \beta i(1-i). \tag{9-13}$$

对于大规模网络，假设初始时刻只有单个感染个体。那么可以推得

$$i(t) = \frac{i_0(\beta-\gamma)\mathrm{e}^{(\beta-\gamma)t}}{\beta-\gamma+\beta i_0\mathrm{e}^{(\beta-\gamma)t}}. \tag{9-14}$$

如果 $\lambda \triangleq \beta/\gamma > 1$，那么式(9-14)对应于 Logistic 增长曲线，其稳态值为 $i=(\beta-\gamma)/\beta=1-1/\lambda$，这一稳态值在传染病学中也称为**流行病状态**(Endemic disease state)。如果 $\lambda<1$，那么 $i(t)$ 指数下降趋于零，意味着病毒不能扩散。因此，$\lambda=1$ 是 SIS 模型的传播临界值，并且也是 SIS 模型的基本再生数。

以上介绍的经典的 SIR 模型和 SIS 模型所基于的完全混合假设意味着一个感染节点把病毒传染给任意一个易染节点的机会都是均等的。但是在现实世界中，一个个体通常只能和网络中很少一些节点是直接邻居。也就是说，一个感染个体通常只可能把病毒直接传染给那些与之直接接触的部分节点。因此，研究网络结构对于传播行为的影响自然就成为一个重要课题。以下仅分析 SIS 模型，对于 SIR 模型也可做类似分析[13]。

9.3 几类网络的传播临界值分析

9.3.1 均匀网络的传播临界值

如果一个易染节点的邻居节点中至少有一个感染节点，该节点被感染的概率假设为常数 β，而一个感染节点恢复到易染节点的概率假设为常数 γ。定义有效传播率 λ 如下：

$$\lambda = \frac{\beta}{\gamma}. \tag{9-15}$$

不失一般性,可假设 $\gamma=1$,因为这只影响疾病传播的时间尺度。

现在我们把时刻 t 感染个体密度改用记号 $\rho(t)$ 来表示。当时间 t 趋于无穷大时,感染个体的稳态密度记为 ρ。均匀网络(如 ER 随机图和 WS 小世界网络)的度分布在网络平均度 $\langle k\rangle$ 处有个尖峰,而当 $k \ll \langle k\rangle$ 和 $k \gg \langle k\rangle$ 时指数下降,因而我们假设均匀网络中每个节点的度 k_i 都近似等于 $\langle k\rangle$。基于平均场理论,当网络规模趋于无穷大时,通过忽略不同节点之间的度相关性,可以得到如下的反应方程[14]:

$$\frac{\partial\rho(t)}{\partial t}=-\rho(t)+\lambda\langle k\rangle\rho(t)[1-\rho(t)]. \tag{9-16}$$

上式的物理意义还是很清晰的:等号右边第一项考虑的是被感染个体以单位速率恢复为易染个体;等号右边第二项表示单个感染个体产生的新感染个体的平均密度,它与传播率 λ、节点的度(这里理想化假设等于网络的平均度 $\langle k\rangle$,因为网络是均匀的)以及与健康的易染节点相连的概率 $(1-\rho(t))$ 成比例。上式与完全混合假设下的 SIS 模型(9-13)的唯一区别就在于右端的第二项多了一个因子 $\langle k\rangle$(由于设定 $\gamma=1$,所以 $\lambda=\beta$)。由于关心的是 $\rho(t)\ll 1$ 时的传染情况,所以在方程(9-16)中忽略了其他的高阶校正项。

令方程(9-16)右端等于零,可以求得感染个体的稳态密度 ρ 如下:

$$\rho=\begin{cases}0, & \lambda<\lambda_c\\ \dfrac{\lambda-\lambda_c}{\lambda}, & \lambda\geqslant\lambda_c\end{cases} \tag{9-17}$$

其中,传播临界值为

$$\lambda_c=\frac{1}{\langle k\rangle}. \tag{9-18}$$

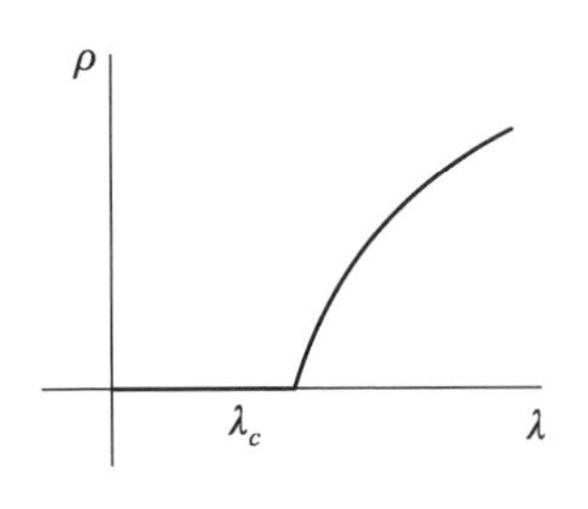

图 9-6　均匀网络的传播临界值

这说明,类似于经典的完全混合假设,在均匀网络中存在一个有限的正的传播临界值 λ_c(图 9-6):如果传播率 $\lambda<\lambda_c$,那么感染个体数呈指数衰减,无法扩散;如果传播率 $\lambda>\lambda_c$,感染个体能够将病毒传播扩散并使得整个网络感染个体总数最终稳定于某一平衡状态。

9.3.2　非均匀网络的传播临界值

1. 无限规模网络的平均场分析

在均匀网络中,我们假设每个节点的度都近似等于网络平均度 $\langle k\rangle$。现在考虑节点度具有明显区别的非均匀网络,此时需要对不同度值的节点作不同的处

理。定义相对密度$\rho_k(t)$为度为k的节点被感染的概率。与SIS模型对应的平均场方程为[14]

$$\frac{\partial \rho_k(t)}{\partial t} = -\rho_k(t) + \lambda k[1-\rho_k(t)]\Theta(\rho_k(t)). \tag{9-19}$$

这里同样考虑单位恢复速率并且忽略高阶项($\rho_k(t) \ll 1$)。等号右边第一项考虑的仍然是被感染个体以单位速率恢复为易染个体;右边第二项是考虑到一个度为k的节点是健康的易染节点的概率为$1-\rho_k(t)$,而一个健康节点被一个与之相连的感染节点传染的概率与传播率λ、节点度值k以及度为k的节点的感染邻居的密度(即为其通过任意一条边与一个被感染节点相连的概率)$\Theta(\rho_k(t))$成正比。记$\rho_k(t)$的稳态值为ρ_k。令方程(9-19)右端为零可得

$$\rho_k = \frac{k\lambda\Theta_k}{1+k\lambda\Theta_k}. \tag{9-20}$$

这表明节点的度越高,被感染的概率也越高。在计算Θ时须考虑到网络的非均匀性,对于度不相关网络(参见第4章介绍),由于任意一条给定的边连接到度为s的节点的概率为$P(s\mid k)=sP(s)/\langle k\rangle$,可以求得

$$\Theta = \sum_s P(s\mid k)\rho_s = \frac{1}{\langle k\rangle}\sum_s sP(s)\rho_s. \tag{9-21}$$

由方程(9-20)和(9-21)可以得到

$$\Theta = \frac{1}{\langle k\rangle}\sum_s sP(s)\frac{\lambda s\Theta}{1+\lambda s\Theta}. \tag{9-22}$$

方程(9-22)有一个平凡解$\Theta=0$。传播临界值λ_c必须满足的条件是:当$\lambda>\lambda_c$时可以得到Θ的一个非零解,这意味着需要满足如下条件:

$$\frac{\mathrm{d}}{\mathrm{d}\Theta}\left(\frac{1}{\langle k\rangle}\sum_s sP(s)\frac{\lambda s\Theta}{1+\lambda s\Theta}\right)\bigg|_{\Theta=0} \geqslant 1, \tag{9-23}$$

即有

$$\sum_s \frac{sP(s)\lambda s}{\langle k\rangle} = \frac{\langle k^2\rangle}{\langle k\rangle}\lambda \geqslant 1, \tag{9-24}$$

从而得到非均匀网络的传播临界值λ_c为

$$\lambda_c = \frac{\langle k\rangle}{\langle k^2\rangle}. \tag{9-25}$$

对于幂指数为$2<\gamma\leqslant 3$的具有幂律度分布的无标度网络,当网络规模$N\to\infty$时,$\langle k^2\rangle\to\infty$,从而$\lambda_c\to 0$,即传播临界值趋于零,而不是均匀网络所对应的一个有限正数。

图9-7比较了WS小世界网络和BA无标度网络上的SIS模型的ρ与λ之间的对应关系。BA无标度网络的传播率λ(图中实线)连续而平滑地过渡到零,

这表明在规模趋于无穷大的 BA 无标度网络中，只要传播率大于零，病毒就能传播并最终维持在一个平衡状态。当然，我们也可以看到，当 λ 较小时，无标度网络所对应的 ρ 值（即传播范围）也是很小的。

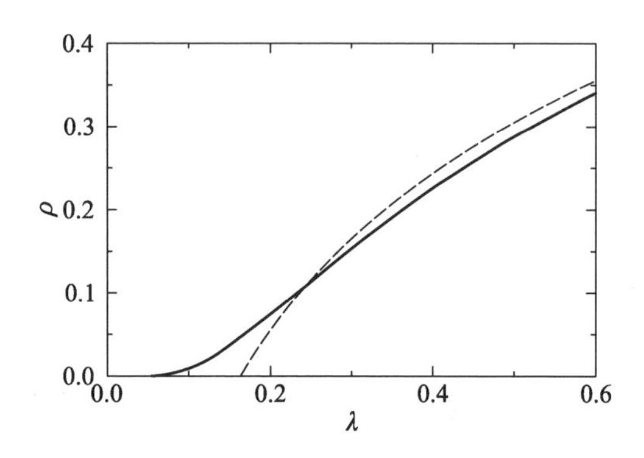

图 9-7　WS 小世界网络和 BA 无标度网络上 SIS 模型的 ρ 与 λ 的对应关系

2. 有限规模网络分析

对于有限规模的无标度网络，节点的最大度也是有限的，记为 k_c，它的大小与节点总数 N 有关。显然 k_c 限定了度值的波动范围，从而 $\langle k^2 \rangle$ 也是有界的。对于具有指数有界度分布 $P(k) \sim k^{-r}\exp(-k/k_c)$ 的网络，SIS 模型对应的非零临界值 $\lambda_c(k_c)$ 为[15]

$$\lambda_c(k_c) \sim \left(\frac{k_c}{m}\right)^{r-3}, \tag{9-26}$$

这里 m 为网络中的最小连接边数。

图 9-8 把具有相同平均度的有限规模无标度网络的临界值与相应的均匀网络的临界值作了比较。可以看出，对于 $r=2.5$ 的情况，即使取相对较小的 k_c，有限规模无标度网络中的临界值约为均匀网络中的 1/10。这说明有限规模无标度网络的临界值比均匀网络的临界值要小得多。

3. 淬火网络分析

在上述平均场理论分析中，假设给定网络是度不相关的，并且实际上是用平均邻接矩阵代替给定网络的邻接矩阵，即两个节点之间的连边的权值改用概率 $p_{ij}=k_ik_j/(2M)$ 来表示，这里 k_i 和 k_j 分别为给定网络中节点 i 和节点 j 的度。如果我们直接研究一个具有给定的邻接矩阵的网络（称为淬火网络，Quenched network）上的 SIS 模型，那么就会发现临界值趋于零与网络的无标度性质无关，而是由当网络规模趋于无穷时最大度值发散造成的[16]。以下简单介绍这一结果推导的基本思路。

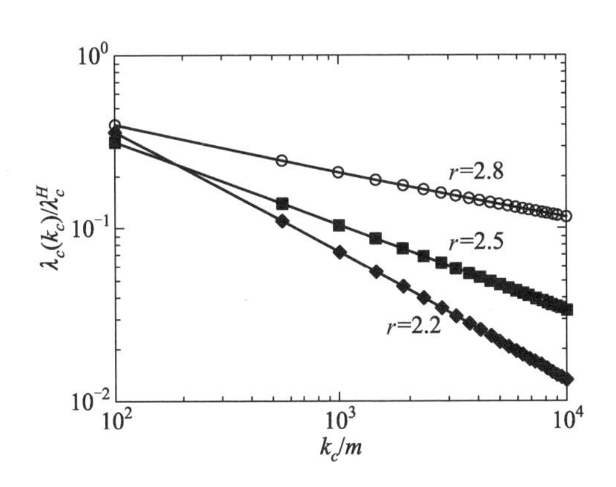

图 9-8 有限规模无标度网络和均匀网络的临界值的比值(取自文献[15])

对于任意给定网络上的 SIS 模型,传播临界值等于网络邻接矩阵的最大特征值(记为 Λ_N)的倒数,即有

$$\lambda_c = \Lambda_N^{-1}. \tag{9-27}$$

对于一类节点数 N 有限的幂律度分布网络,有

$$\Lambda_N = \begin{cases} c_1\sqrt{k_c}, & \sqrt{k_c} > \dfrac{\langle k^2\rangle}{\langle k\rangle}(\ln N)^2 \\ c_2\dfrac{\langle k^2\rangle}{\langle k\rangle}, & \dfrac{\langle k^2\rangle}{\langle k\rangle} > \sqrt{k_c}\ln N \end{cases} \tag{9-28}$$

其中,k_c 为节点度的最大值,c_1 和 c_2 是与网络规模无关的 1 阶常数。对于度不相关的幂律网络,有

$$k_c \sim \begin{cases} N^{1/2}, & \gamma \leqslant 3 \\ N^{1/(\gamma-1)}, & \gamma > 3 \end{cases} \tag{9-29}$$

如果 $\gamma>3$,那么 $\langle k^2\rangle/\langle k\rangle$ 是有限的,从而 Λ_N 由 k_c 确定;如果 $5/2<\gamma<3$,那么 $\langle k^2\rangle/\langle k\rangle \approx k_c^{3-\gamma} << \sqrt{k_c}$,从而 Λ_N 也是由 k_c 确定。只有当 $2<\gamma<5/2$ 时,Λ_N 由 $\langle k^2\rangle/\langle k\rangle$ 确定。因此,当网络规模充分大时,有

$$\lambda_c = \begin{cases} \dfrac{1}{\sqrt{k_c}}, & \gamma > 5/2 \\ \dfrac{\langle k\rangle}{\langle k^2\rangle}, & 2 < \gamma < 5/2 \end{cases} \tag{9-30}$$

由于对于任给的幂指数 γ,k_c 都是网络规模 N 的增长函数,从而得到如下结论:对于任意一个具有幂律度分布的不相关淬火网络,当网络规模趋于无穷时,SIS 模型的传播临界值趋于零。注意到这里并没有要求 $\gamma\leqslant 3$,因而这一结论是与网络的非均匀程度无关的。

9.4　复杂网络的免疫策略

选择合适的免疫策略对于传染病的预防和控制显然是极为重要的。下面介绍三种免疫策略：① 随机免疫（Random immunization），也称均匀免疫（Uniform immunization）；② 目标免疫（Targeted immunization），也称选择免疫（Selected immunization）；③ 熟人免疫（Acquaintance immunization）。

9.4.1　随机免疫

随机免疫方法是完全随机地选取网络中的一部分节点进行免疫，它可以用作检验其他有针对性设计的免疫方法的效果的基准。定义免疫节点密度为 g，从平均场的角度看，随机免疫相当于把传播率从 λ 缩减为 $\lambda(1-g)$。对于均匀网络，随机免疫对应的免疫密度临界值 g_c 为[17]

$$g_c = 1 - \frac{\lambda_c}{\lambda}, \tag{9-31}$$

对应的稳态感染密度 ρ_g 为

$$\begin{cases} \rho_g = 0, & g > g_c, \\ \rho_g = \dfrac{g_c - g}{1 - g}, & g \leqslant g_c. \end{cases} \tag{9-32}$$

另一方面，对于无标度网络，随机免疫的免疫密度临界值 g_c 为

$$g_c = 1 - \frac{\langle k \rangle}{\lambda \langle k^2 \rangle}. \tag{9-33}$$

当 $\langle k^2 \rangle \to \infty$ 时，免疫密度临界值 g_c 趋于1。这表明，如果对于大规模无标度网络采取随机免疫策略，需要对网络中几乎所有节点都实施免疫才能保证最终消灭病毒传染。

9.4.2　目标免疫

目标免疫就是希望通过有选择地对少量关键节点进行免疫以获得尽可能好的免疫效果。例如，根据无标度网络的度分布的非均匀特性，可以选取度大的部分节点进行免疫。而一旦这些节点被免疫，就意味着它们所连的边可以从网络中去除，使得病毒传播的可能的连接途径大大减少。对于BA无标度网络，目标

免疫对应的免疫密度临界值为[17]

$$g_c \sim e^{-\frac{2}{m\lambda}}. \tag{9-34}$$

上式表明,即使传播率 λ 在很大的范围内取不同的值,都可以得到很小的免疫密度临界值。因此,有选择地对无标度网络进行目标免疫,其临界值要比随机免疫情形小得多。

图 9-9 是 SIS 模型在 BA 无标度网络上的数值仿真结果,其中横坐标为免疫密度 g,纵坐标为 ρ_g/ρ_0,ρ_0 为网络未加免疫时的稳态感染密度,ρ_g 为对网络中比例为 g 的节点进行免疫后的稳态感染密度。可以看出随机免疫和目标免疫存在着明显的临界值差别。在随机免疫情形,随着免疫密度 g 的增大,最终被感染程度下降缓慢,在 $g=1$ 的时候才能使得被感染数为零;目标免疫情况下,$g_c \approx 0.16$,这意味着只要对少量度很大的节点进行免疫就有可能消除无标度网络中的病毒扩散。

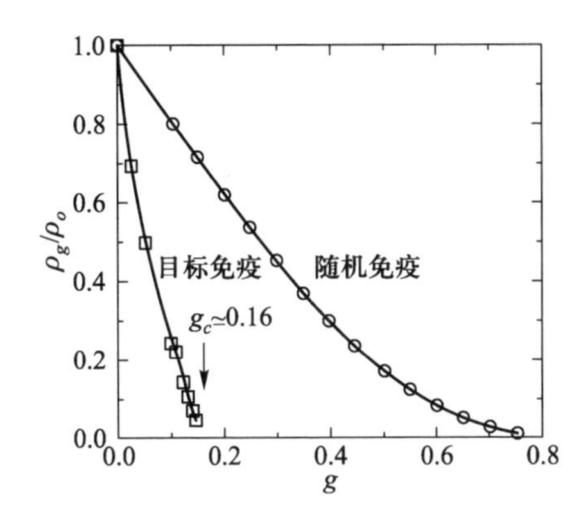

图 9-9　对 BA 无标度网络采取随机免疫和目标免疫的对比(取自文献[17])

以 Internet 为例,用户会不断安装、更新一些反病毒软件,但计算机病毒的生命期还是相当长,这可能与文件扫描和更新的过程是一种随机免疫过程有关。从用户的角度来说,这种措施非常有效。但从全局范围来看,由于 Internet 的无标度特性,即使随机选取的大量节点都被免疫,仍无法根除计算机病毒的传播。

9.4.3　熟人免疫

目标免疫需要了解网络的全局信息以找到控制病毒传播的 hub 节点。然而对于庞大复杂并且不断发展变化的人类社会和 Internet 来说,这是难以做到的。熟人免疫策略的基本思想是[17]:从 N 个节点中随机选出比例为 p 的节点,再从每一个被选出的节点中随机选择一个邻居节点进行免疫。这种策略只需要知道被随机选择出来的节点以及与它们直接相连的邻居节点，从而巧妙地回避了目标免疫中需要知道全局信息的问题。

由于在无标度网络中，度大的节点意味着有许多节点与之相连；若随机选取一个节点，再选择其邻居节点时，度大的节点比度小的节点被选中的概率大很多。因此，熟人免疫策略比随机免疫策略的效果好得多。注意到由于几个随机选择的节点有可能拥有一个共同的邻居节点，从而使得这个邻居节点有可能被几次选中作为免疫节点。假设被免疫节点占总节点数的比例为f，图9-10比较了幂指数在2到3.5之间变化时幂律度分布网络中的随机免疫、目标免疫和熟人免疫所对应的免疫临界值f_c。网络规模$N=10^6$。双熟人免疫表示随机选取被选节点的两个邻居节点进行免疫。可以看出目标免疫和熟人免疫的效果远好于随机免疫，而目标免疫的效果仅略好于熟人免疫。实心的圈和三角是同配网络(Assortative network)的对应结果，其中度大的节点倾向于和度大的节点相连。对熟人免疫策略还可进一步改进，以使其效率更加接近目标免疫策略[18]。

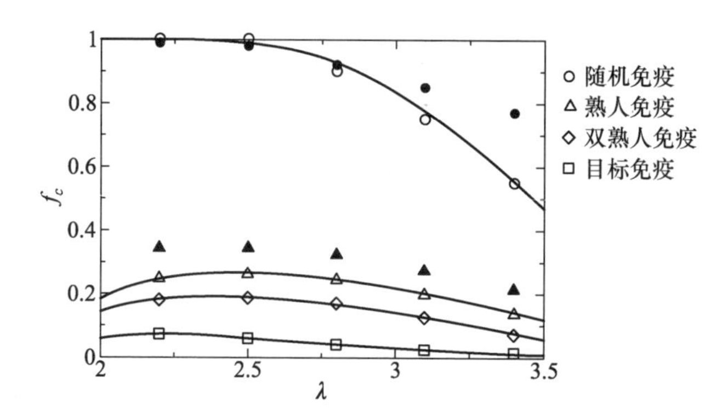

图9-10　无标度网络中免疫临界值随幂律指数的变化情况(取自文献[17])

9.5　节点传播影响力分析

无论是病毒的传播，还是观点或谣言等信息的传播，发现最具影响力的传播节点都是很重要的。现在我们介绍初始感染的源节点在网络中的位置对于病毒传播范围的影响。直观上看，在高度非均匀的网络中，度值大的hub节点的传播影响力应该相对较大，这也是目标免疫和熟人免疫策略的基本依据。在第5章中还介绍了节点重要性的其他几个指标，其中，节点的介数衡量的是通过该节点的最短路径的条数，因此介数高的节点似乎也应该对于病毒的扩散起着相对重要的作用。然而，Kitsak 等人在基于 SIR 和 SIS 模型以及实际网络数据研究最具影响力的传播源节点时发现，在单个传播源的情形，最具影响力的节点并非是那些度最大或者介数最大的节点，而是 k-壳值最大的节点[19]。图 9-11(a)显示的是一个简单网络的 k-壳分解(参见第 5 章)。

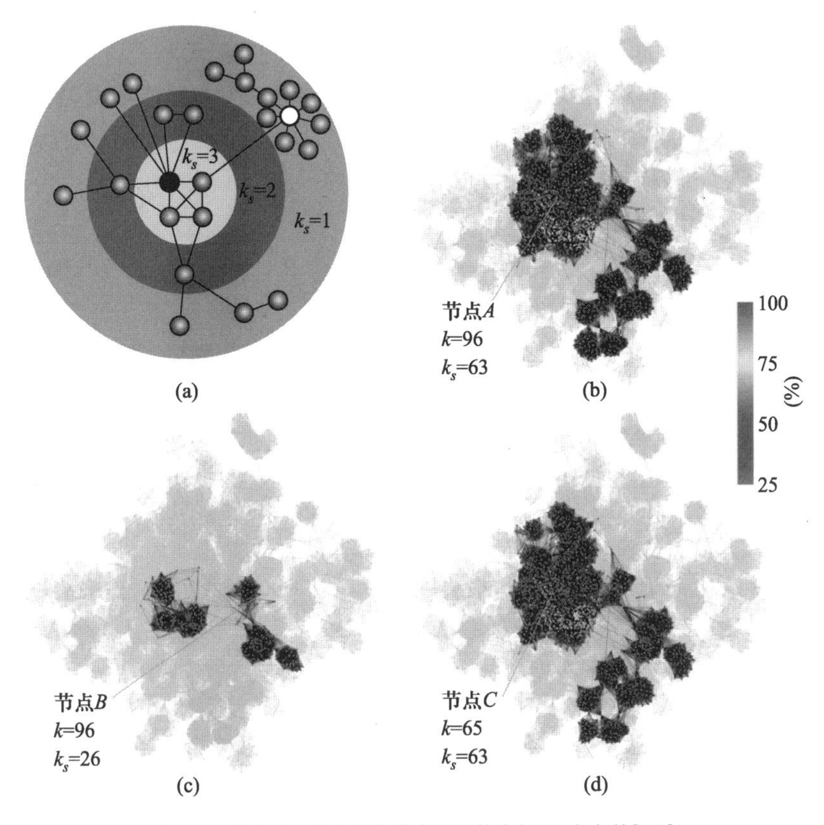

图 9-11 基于 k-壳分解的节点重要性分析(取自文献[19])

假设采用的是 SIR 模型并且易染个体被已感染的邻居个体感染的概率 β 相对较小。因为当感染概率 β 较大时，不管初始源节点处于什么位置，传播行为都会蔓延，从而难以反映不同源节点的影响力的差异。考虑 4 个不同的社会网络数据[19]：① LiveJournal 网站上 340 万用户之间的朋友关系网络；② 伦敦大学计算机系的电子邮件联系人网络；③ 瑞典一家医院的住院病人之间的相互接触网络(CNI)；④ imdb. com 中标注为成人的电影中的演员合作网络。

以住院病人接触网络(CNI)为例，图 9-11(b)—(d)显示的是分别以该网络中 3 个不同的节点作为源节点对整个网络的影响($\beta = 0.035$)。每个节点所对应的灰度表示该节点被感染的概率(图中只统计被感染概率大于 25% 的节点),每一情形都是 10 000 次不同仿真实现的平均。节点 A 和节点 B 具有相同的较大的度值 $k=96$,而节点 C 具有较小的度值 $k=65$;节点 A 和 C 具有相同的较大的 k-壳值 $k_s=63$,而节点 B 具有较小的 k-壳值 $k_s=26$。节点 A 和节点 C 具有相似的较强的传播能力,而节点 B 具有明显较弱的传播能力。这说明对于这个例子而言,k-壳是一个比度值更为合理的刻画节点重要性的指标:相同 k-壳值的节点具有相似的传播影响力,而具有相同度值的节点可以具有非常不同的传播影响力。

为了进一步给出量化比较,可以研究以具有给定的 k-壳值和度值(k_s,k)的节点 i 为源节点所最终感染的人群的平均规模 M_i。由于具有相同(k_s,k)的节点可能不止一个,所以需要对所有这些节点取平均,即有

$$M(k_s,k) = \sum_{i \in \gamma(k_s,k)} \frac{M_i}{N(k_s,k)}, \tag{9-35}$$

其中,$\gamma(k_s,k)$是具有(k_s,k)值的所有 $N(k_s,k)$个节点的集合。

基于不同社会网络的研究表明,$M(k_s,k)$具有如下特征:① 对于给定的度值 k,$M(k_s,k)$的分布较为广泛,特别是有一些度值较大的 hub 节点位于 k-壳分解的边缘(大 k,小 k_s),从而成为影响力较弱的传播者。② 对于给定的 k-壳值 k_s,$M(k_s,k)$基本上与节点度值无关,表明处于同一个 k_s 层的节点具有相似的传播影响力。③ 最有效的传播者位于 k-壳分解的最内层(具有最大 k_s),并基本上与节点度值无关。

以具有给定的 k-壳值和介数值(k_s,C_B)的节点为源节点所最终感染的人群的平均规模 $M(k_s,C_B)$也具有与 $M(k_s,k)$相似的特征,从而说明介数值也不是刻画单个节点的传播影响力的合适指标。

图 9-12 中的左边 4 个图显示的是 $M(k_s,k)$、右边 4 个图显示的是 $M(k_s,C_B)$。传播影响力大的节点都是那些具有较高 k-壳值 k_s 的节点,而与其相应的度值 k 或介数值 C_B 没有必然关系。只有基于网站 LiveJournal 的在线友谊网络在大的 k_s 和小的 k 值情形有例外,原因在于这是一个以在线游戏为目的人为封闭的虚拟情形,从而不同于其他数据库中的普通用户。

可以通过计算不精确函数(Imprecision function)进一步量化 k_s 指标在传播中的重要性。我们用 $\varepsilon_{k_s}(p)$来衡量前 pN 个具有最大 k_s 的节点的平均传播效果与网络中 pN 个最有效的节点的传播效果之间的区别(N 是网络中的节点个数,$0<p<1$)。对于给定的感染概率 β 和给定的比例 p,可以首先通过 M_i 来找出 N_p 个最有效的传播者,记为集合 Y_{eff}。类似地,我们找出 N_p 个 k_s 最高的节点,记为集合 Y_{ks}。用 k-壳方法识别节点重要性的不精确度定义为 $\varepsilon_{ks}(p) \equiv 1 - M_{ks}/M_{eff}$,其

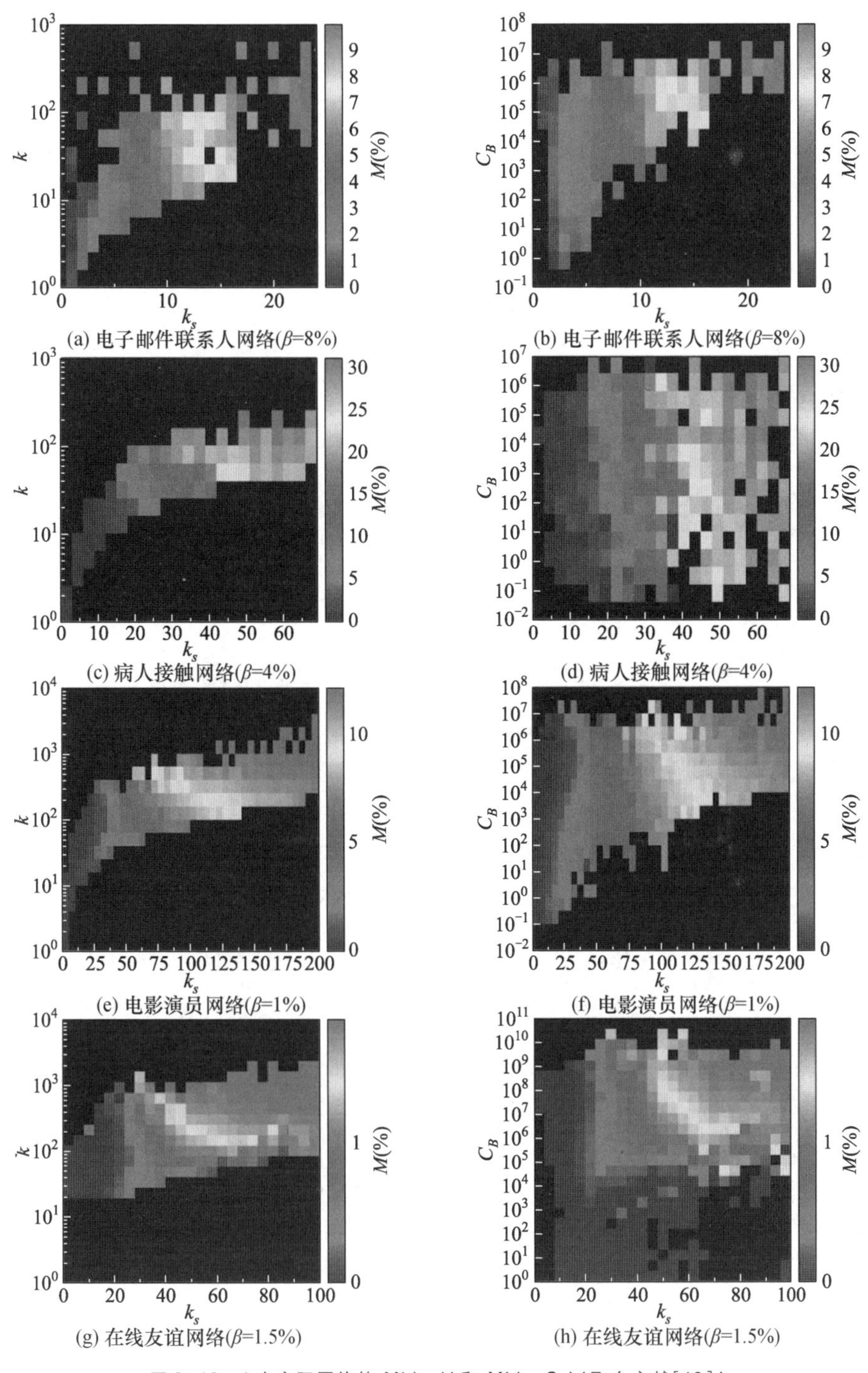

图 9-12 4 个实际网络的 $M(k_s, k)$ 和 $M(k_s, C_B)$（取自文献[19]）

中 M_{ks} 和 M_{eff} 分别是以 Y_{ks} 和 Y_{eff} 集合中的一个节点为源节点的平均感染比例。类似地，我们可以用 $\varepsilon_k(p)$ 和 $\varepsilon_{C_B}(p)$ 分别表示前 pN 个具有最大度值和最大介数值的节点的平均传播效果与网络中 pN 个最有效的节点的传播效果之间的区别。图 9-13(a)表明($\beta=4\%$)，基于 k_s 的预测节点传播效率的策略始终比基于 k 的方法更准确：当 $p=2\%$ 时两者差别不大；但当 $2\%<p<10\%$ 时 ε_{k_s} 大概仅为 ε_k 的一半。相比于另外两种策略，基于介数识别最有效传播者的策略是最不准确的，ε_{C_B} 超过 40%。

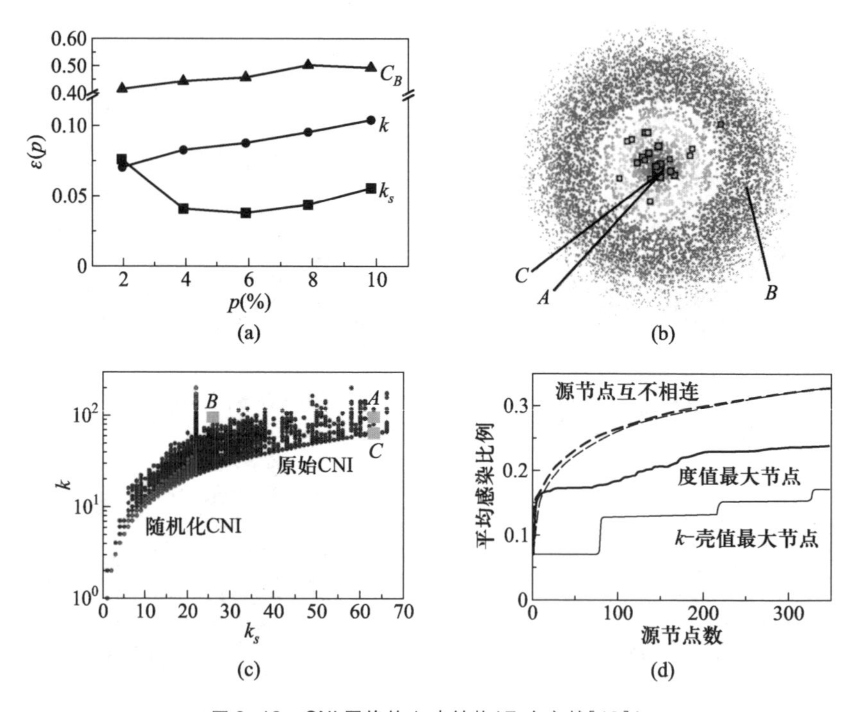

图 9-13　CNI 网络的 k-壳结构(取自文献[19])

图 9-13(b)基于 k-壳分解给出了 CNI 网络的同心圆表示，其中每个同心圆对应一个特定的 k_s 指标，这一指标是从内到外依次减小的。图中重点画出了具有最大度的 25 个住院病人。可以看到这些节点并不是集中在 k-壳分解的网络的中心，而是分散在不同的 k_s 层。例如，节点 A、B 和 C 就分别是图 9-11 中作为感染源的 3 个节点。图 9-13(c)显示了 CNI 网络中节点度值 k 与 k-壳值 k_s 的关系(深色符号)，以及保持度序列不变的随机化网络中二者之间的关系(浅色符号)。在随机化网络中，k 与 k_s 之间近似具有对应的线性关系 $k_s \propto k$，度大的 hub 节点也位于 k-壳分解的核心。

以上介绍的是单个传染源的相对位置的重要性，下面以 SIR 模型为例简单介绍存在多个传染源时病毒传播的程度。图 9-13(d)显示了在 CNI 网络中同时有 n 个 k 最大或 n 个 k_s 最大的节点成为传染源时病毒传播的程度。虽然具有最大 k_s 的节点是最具有影响力的单个传染源,在多传染源的情况下,最大度情形的传播范围要明显大于最高 k_s 情形的传播范围。这个结果是由于不同传染者的感染区域的重叠所造成的:具有大的 k_s 的节点倾向于相互之间紧密连接,而度大的 hub 节点可以更广泛地散布在整个网络中而未必相互连接。图 9-13(d)中与最高 k_s 节点对应的阶梯状性质说明在感染源处于同一 k_s 层时被感染的节点比例保持不变,而即使只包含一个其他层的节点也可以导致传播范围的明显增长。图 9-13(d)还说明,为了使传播范围尽可能大,初始源节点之间最好互不相连。

当然,k-壳是一个粗粒化的指标,在需要较为精细刻画节点重要性时有必要采用更为精细的指标。现在比较清楚的是,尽管度值和介数是很有用的重要性指标,但是在不少场合也未必是最合适的指标。例如,同样是基于 SIR 模型和单个传染源的情形,同时考虑两层邻居的局部中心性指标可能比度值和介数能够更好地刻画节点的传播影响力[20]。

9.6 行为传播的实证研究

人们通常认为网络平均距离比聚类系数对于网络上的传播的影响更大,即与具有较高聚类系数和较长平均距离的网络相比,具有较短平均距离和较低聚类系数的网络上的传播要更快和更广。然而,MIT 斯隆管理学院的 Centola 博士的在线社会网络实验研究表明,对于一些与社会强化(Social reinforcement)相关的行为传播而言,结论也许是相反的[21]。

Centola 博士在网上召集了 1 528 名志愿者,共做了 6 次独立实验。每次实验做法如下:用计算机算法生成两个网络模型:首先生成一个包含 N 个节点的最近邻规则网络,称为聚类格子网络(clustered-lattice network),其中每个节点都具有相同的度 k(图 9-14(a))。聚类格子网络具有较高的聚类系数和较大的平均距离。然后,通过随机重连方法生成一个具有相同节点数并且每个节点的度值也仍然保持不变的随机化网络,该网络具有较小的平均距离和较低的聚类系数(图 9-14(b))。

随机地把本次实验的 $2N$ 个志愿者分派到上面生成的两个网络的 $2N$ 个节点上。然后从这两个网络分别随机选取一个节点(志愿者)作为起点,向这两个节

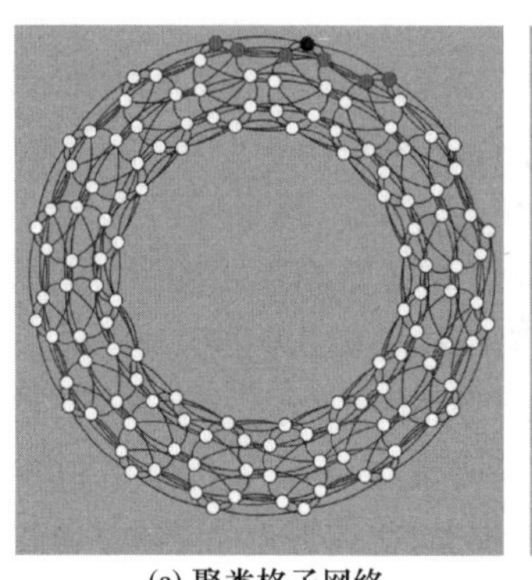

(a) 聚类格子网络

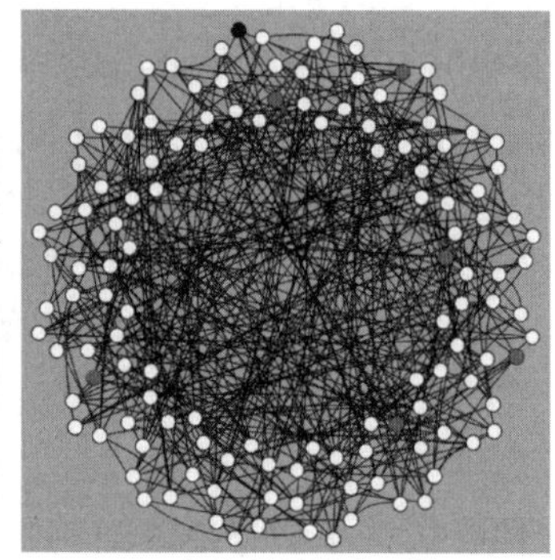

(b) 相应的随机化网络

图 9-14 聚类格子网络及其相应的随机化网络(取自文献[21])

点的邻居节点发出邮件,邀请他们到某个指定的健康论坛注册:如果某个人到该论坛注册完成,那么系统就自动地再给他(她)的邻居发邮件邀请他们也去论坛注册。整个过程中志愿者均使用匿名的个人在线信息以保证彼此之间互不相识。

图 9-15 显示了6次独立实验中论坛注册人数比例随时间的演化趋势,其中对应的网络参数取值为:(a) $N=128, k=6$;(b)—(d) $N=98, k=6$;(e)—(f) $N=144, k=8$。实心圆对应于聚类格子网络,三角形对应于随机化网络。实验结果表明,具有较高聚类和较长平均距离的规则网络的平均传播范围(53.77%)明显大于具有较低聚类和较短平均距离的随机网络的平均传播范围(38.26%);规则网络上行为传播的平均扩散速度也比随机网络上的速度要快约4倍。这说明,与社会网络中的病毒传播不同,较高聚类的规则网络中邻居之间的联系更为紧密,网络中一个用户往往会被他周围的邻居多次邀请,因此强化了他参加网上注册的意愿。而在较短平均距离的随机网络中,由于网络的低聚类特征,单个用户被邀请的次数较少,行为强化作用较弱,从而导致个体参加活动的意愿相对不高。

Vespignani 的一篇综述文章以传播模型为例介绍了复杂网络上的动力学过程[22]。值得注意的是,信息传播和疾病传播还是有明显区别的。例如,信息传播具有记忆性和社会强化作用,而疾病传播则没有这两种特征;对一条信息来说,传播的每条链接一般只用一次,而疾病传播可用多次[23]。此外,本章所介绍的病毒传播模型都是基于单个种群而言的。近年基于尺度大空间范围的流行疫情研究的一种代表性思路就是基于复合种群(Meta-population)模型。在这类模型中,一个节点通常代表一个人口稠密的城市(子种群),而节点之间的连边表示不同城市之间的交通连接,整个国家或者全球就可以映射为由许多子种群耦合在一

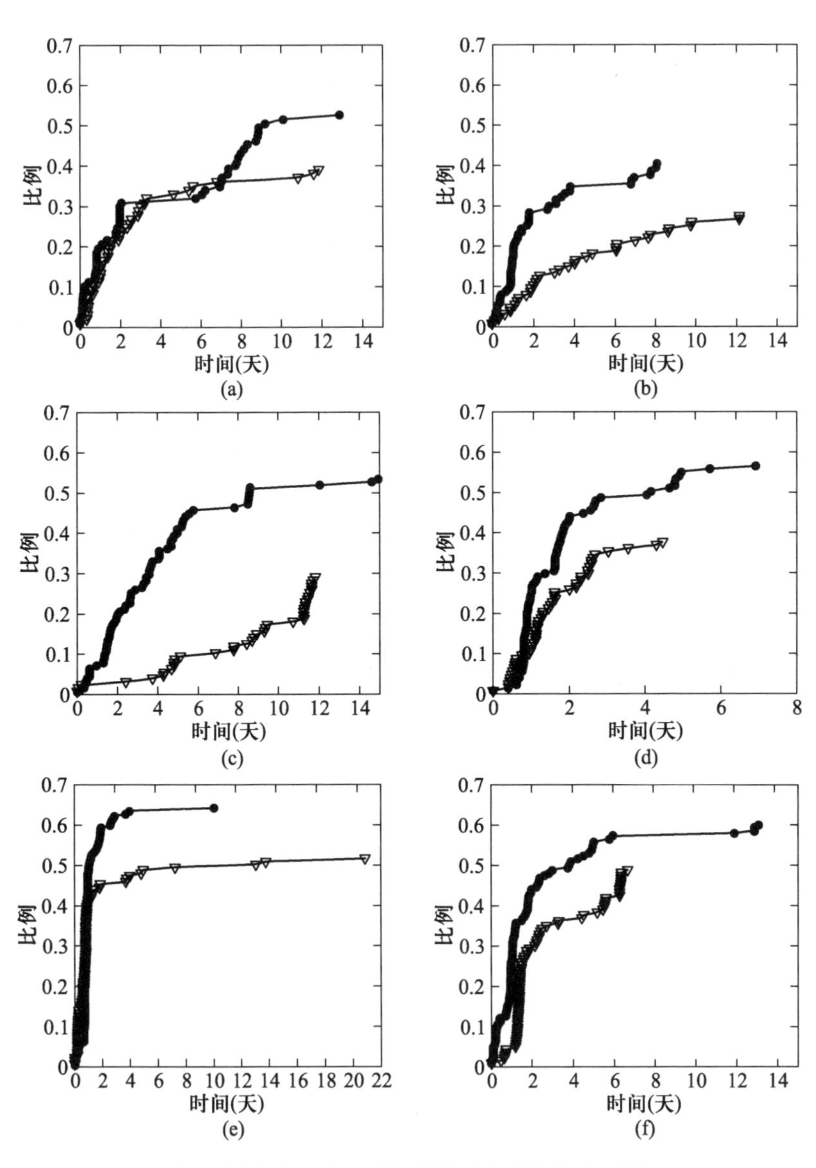

图 9-15 论坛注册人数比例随时间的演化趋势(取自文献[21])

起的复合种群[24-27]。介质(如蚊子)也有可能在疾病传播中起到重要作用[28]。

习 题

考虑图 9-16 所示的包含 16 个人的社会网络上的行为传播。假设初始时每

个人都采用行为 B,然后引入一个阈值为 $q=1/2$ 的新行为 A:如果一个原来采用行为 B 的节点的邻居节点中至少有一半节点采用行为 A,那么该节点就会从行为 B 切换到行为 A。

(1) 请找出网络中的 3 个节点,使得如果这 3 个节点在初始时改为采用行为 A,那么行为 A 就会传播到网络中的所有节点。这样的 3 个节点你能找到几组?

(2) 请把整个网络分为 3 个子图,使得每个节点只属于一个子图,并且每个子图的密度都大于 1/2。

(3) 如果网络中只有两个节点初始时采用行为 A,那么行为 A 是无法传播到整个网络的。请基于(2)给出合理解释。

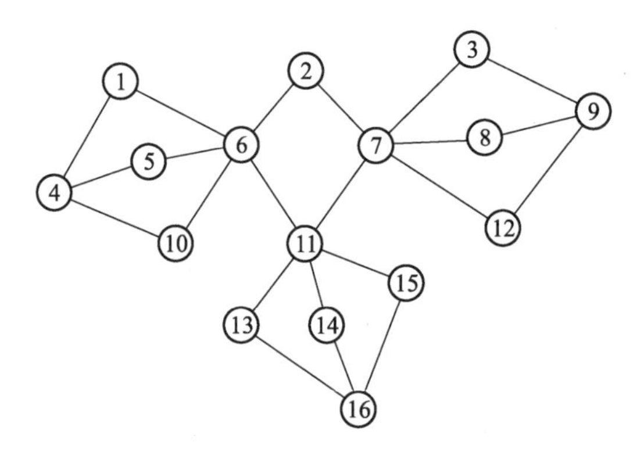

图 9-16　社会网络上的行为传播的例子

参考文献

[1] ANDERSON R M, MAY R M. Infectious diseases in humans [M]. Oxford: Oxford University Press, 1992.

[2] RILEY S. Large-scale spatial-transmission models of infectious disease [J]. Science, 2007, 316(5829): 1298-1301.

[3] GRASSLY N C, FRASER C. Mathematical models of infectious disease transmission [J]. Nature Reviews Microbiology, 2008, 6(6): 477-487.

[4] WANG P, GONZALEZ M C, HIDALGO C A, et al. Understanding the spreading patterns of mobile phone viruses [J]. Science, 2009, 324(5930): 1071-1076.

[5] HU H, MYERS S, COLIZZA V, et al. WiFi networks and malware epidemiology [J]. Proc. Natl. Acad. Sci. USA, 2009, 106(5): 1318

-1323.

[6] CASTELLANO C, FORTUNATO S, LORETO V. Statistical physics of social dynamics [J]. Rev. Mod. Phys., 2009, 81(2): 591-646.

[7] IEEE PES CAMS Task Force on Understanding, Prediction, Mitigation and Restoration of Cascading Failures. Initial review of methods for cascading failure analysis in electric power transmission systems [C]. IEEE Power Engineering Society General Meeting, PITTSBURGH, USA,2008, 1-8.

[8] BULDYREV S V, PARSHANI R, PAUL G, et al. Catastrophic cascade of failures in interdependent networks [J]. Nature, 2010, 464 (7291): 1025-1028.

[9] SMART A G, AMARAL L A N, OTTINO J M. Cascading failure and robustness in metabolic networks [J]. Proc. Natl. Acad. Sci. USA, 2008, 105 (36): 13223-13228.

[10] SCHWEITZER M H, FAGIOLO G, SORNETTE D, et al. Economic networks: The new challenges [J]. Science, 2009, 325(5939): 422-425.

[11] GARAS A, ARGYRAKIS P, ROZENBLAT C, et al. Worldwide spreading of economic crisis [J]. New J. Phys. 2010, 12: 113043.

[12] PASTOR-SATORRAS R, VESPINGNANI A. Epidemic spreading in scale-free networks [J]. Phys. Rev. Lett., 2001, 86(4): 3200-3203.

[13] MENDES J F F, DOROGOVTSEV S N, GOLTSEV A V. Critical phenomena in complex networks [J]. Rev. Mod. Phys., 2008, 80(4): 1275-1335.

[14] PASTOR-SATORRAS R, VESPIGNANI A. Epidemics and immunization in scale-free networks[M]//Bornholdt S, Schuster H G (eds.). Handbook of Graphs and Networks. Hoboden:WILEY-VCH, 2003.

[15] PASTOR-SATORRAS R, VESPIGNANI A. Epidemic dynamics in finite size scale-free networks [J]. Phys. Rev. E, 2002, 65: 035108.

[16] CASTELLANO C, PASTOR-SATORRAS R. Thresholds for epidemic spreading in networks [J]. Phys. Rev. Lett., 2010, 105(21): 218701.

[17] COHEN R, HAVLIN S, BEN-AVRAHAM D. Efficient immunization strategies for computer networks and populations [J]. Phys. Rev. Lett., 2003, 91(24): 247901.

[18] GALLOS L K, LILJEROS F, ARGYRAKIS P, et al. Improving immunization strategies [J]. Phys. Rev. E, 2007, 75(4): 045104.

[19] KITSAK M, GALLOS L K, HAVLIN S, et al. Identification of influential

spreaders in complex networks [J]. Nature Physics, 2010, 6 (11): 888-893.

[20] CHEN D, LÜ L, SHANG M-S, et al. Identifying influential nodes in complex networks [J]. Physica A, 2012, 391(4): 1777-1787.

[21] CENTOLA D. The spread of behavior in an online social network experiment [J]. Science, 2010, 329 (5996): 1194-1197.

[22] VESPIGNANI A. Modelling dynamical processes in complex socio-technical systems [J]. Nature Physics, 2012, 8(1): 32-39.

[23] LÜ L, CHEN D, ZHOU T. The small world yields the most effective information spreading [J]. New J. Physics, 2011, 13: 123005.

[24] COLIZZA V, BARRAT A, BARTHÈLEMY M, et al. The role of the airline transportation network in the prediction and predictability of global epidemic [J]. Proc. Natl. Acad. Sci. USA, 2006, 103(7): 2015-2020.

[25] COLIZZA V, VESPIGNANI A. Epidemic modeling in metapopulation systems with heterogeneous coupling pattern: Theory and simulations [J]. J. Theor. Biol., 2008, 251: 450-467.

[26] BALCAN D, VESPIGNANI A. Invasion threshold in structured populations with recurrent mobility patterns [J]. J. Theor. Biol., 2011, 293: 87-100.

[27] WANG L, LI X, ZHANG Y-Q, et al. Evolution of scaling emergence in large-scale spatial epidemic spreading [J]. PLoS ONE, 2011, 6 (7): e21197.

[28] SHI H, DUAN Z, CHEN G. An SIS model with infective medium on complex networks [J]. Physica A, 2008, 387(8-9): 2133-2144.

第 10 章　网络博弈

本章要点

- 合作演化的几个机制
- 经典的两人两策略博弈模型:囚徒困境、雪堆博弈和猎鹿博弈
- 规则网络、小世界网络和无标度网络上的演化博弈

10.1　引言

自从数学家 von Neumann 和经济学家 Morgenstern 的合著《博弈论与经济行为》问世以来[1]，人们把博弈方法用于分析经济竞争、军事冲突及物种演化等各种问题。博弈论(Game theory)为解释自私个体之间的交互行为提供了理论框架。特别地，博弈论还被用于理解个体合作行为和种群的进化，揭示底层自私个体之间的竞争和现实生活中广泛存在的合作行为之间看似矛盾实则统一的内在动因[2]。

博弈论模型中的个体(Individual)也称为参与者(Player)，它们可以在多个策略(Strategy)间进行选择。一个个体的行为会影响到其他个体，每个个体也能够从与其他个体的互动中获得一定的收益(Payoff)。博弈论研究理性个体的策略选择，即在他人选择既定的情况下，如何使自己利益最大化。博弈论中最核心的概念是纳什均衡(Nash equilibrium)[3]，它是指自私个体在相互作用过程中达到的一种均衡状态，在这种状态下没有个体可以通过单方面改变自己的策略而增加收益。纳什因为证明了它的存在性而获得 1994 年诺贝尔经济学奖。在博弈论研究中，通常使用一些生动有趣的博弈模型来描述个体之间的冲突竞争，比如囚徒困境博弈(Prisoner's dilemma，PD)等。

在复杂环境中个体没有足够的能力去选择最佳策略以最大化收益，此时个体通常会根据所掌握的局部信息采取启发式的方法，做出令其满意的决策。个体的这种选择过程表明它是有限理性的。演化博弈理论(Evolutionary game theory)着重研究有限理性的个体如何随着时间的推移在不断的重复博弈过程中通过自适应学习而优化收益。演化博弈理论将经典博弈论中的收益对应于进化论中的适应度(Fitness)：适应度越高的策略随着时间演化更有可能被保留下来，而适应度差的策略会逐渐被淘汰。这是自然选择思想在博弈论中的自然推广。最终，某种策略在种群(Population)中会达到一个均衡状态。此时，任意少量的变异策略的个体无法入侵整个种群，而长期来看整个种群没有发生改变。这种策略是纳什均衡的一个子集，称为演化稳定策略，它是由 Smith 和 Price 在研究动物之间争夺食物等有限资源时提出的[4]。

种群中存在两类个体：合作者和背叛者。合作(Cooperation，C)是指付出一定的代价使对手获益的行为；而背叛(Defection，D)是指不付出任何代价却可以从合作者处获益。按照生物进化论的优胜劣汰原则,低收益的合作行为会被高收益的背叛行为消灭。但是,从细胞的形成到人类社会的组织,在自然界中却广泛存在着合作行为。如果没有特殊的机制,则难以对此进行解释。因此,哈佛大学生物数学家 Nowak 认为,除了自然选择和遗传变异外,还应该存在第三条基本定律促使相互竞争的生物认识到合作的重要性——称为自然合作(Natural cooperation)[5]。他总结了5种促进合作产生的机制(如图10-1):亲缘选择(Kin selection)、直接互惠(Direct reciprocity)、间接互惠(Indirect reciprocity)、群体选择(Group selection)及网络互惠(Network reciprocity)。

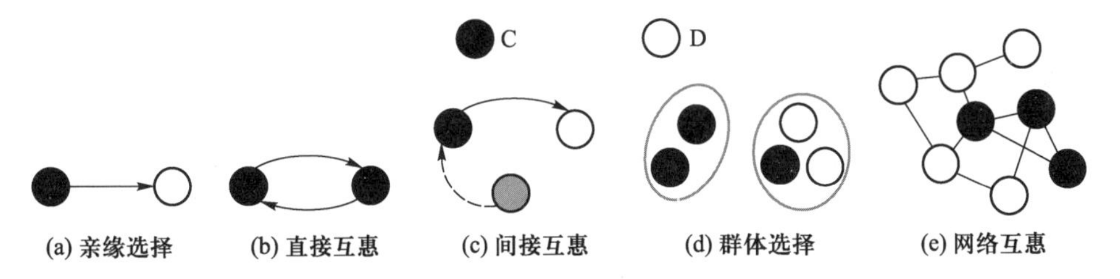

图10-1　5种演化合作的机制(取自文献[5])

生物学家研究发现,具有血缘关系的生物个体间常常存在合作行为,甚至会为对方做出牺牲。比如,当幼鸟受到攻击时,它们的父母会挺身而出,把猛禽引向自己。这种通过血缘关系维持的合作现象称为亲缘选择,生物学家认为这是由于亲人之间具有相似的基因,从有利于后代繁衍的角度出发,个体会做出牺牲自己的决定。进化生物学家 Hamilton 基于博弈论思想,提出可以用遗传相关度 r 描述生物之间基因的相似程度[6]:平均而言,个体及其父母、子女以及兄弟姐妹之间的 $r=50\%$,与祖父母、叔舅姑姨等的 $r=25\%$,以此类推。如果贡献者与接受者两者的遗传相关度 r 高于贡献者的成本 c 与接受者的收益 b 之比,即 $r>c/b$,那么自然选择有利于亲缘个体之间的合作行为。因此,很容易在具有血缘关系的生物种群中观察到合作行为。

另一方面,合作行为也经常出现在没有血缘关系的个体之间。在现实生活中,人们会乐于帮助那些曾经帮助过自己的人。这种“投桃报李”的行为在生物学中称为直接互惠。重复交互为合作涌现提供了可能。

直接互惠揭示了直接接触的个体之间合作涌现的内驱动力。然而,个体之间的联系有时是短暂和非对称的,合作行为也常常在素不相识的个体之间发生。“得道多助,失道寡助”,如果一个人乐善好施,经常帮助陌生人,他就会在社会中建立起良好的声誉,在他危难之际也会及时得到陌生人的帮助。这种发生在陌生人间的合作行为称为间接互惠[7]。

自然选择也会发生在群体之间,称为群体选择[8,9]。一个种群可以包含多个群体,群体内部是合作的,而群体之间是竞争的。

个体之间的联系所形成的网络结构对合作的涌现具有至关重要的影响,这被称为网络互惠。本章重点介绍近年来网络演化博弈方面的重要研究。

10.2　博弈模型

10.2.1　囚徒困境博弈

1. 基本模型介绍

考虑两个小偷(张三和李四)合伙作案,被捕后被隔离审讯。他们都知道,如果双方都坦白罪行,那么两人都会被判刑3年;而如果双方都拒绝坦白,那么两人都将会被判刑2年。但是,如果一方坦白,而另一方拒不认罪,则前者将被判刑1年,后者将被判刑5年。这样,我们就可以得到囚徒困境博弈的收益矩阵表示,如图10-2所示。其中C表示与同伴合作,即拒绝坦白;D表示背叛同伴,即坦白罪行。假设两个小偷不能相互交流,那么理性的小偷会如何做出抉择?

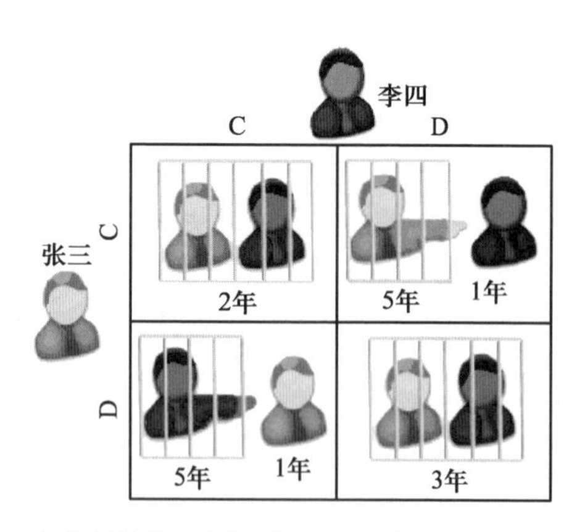

图10-2　囚徒困境博弈的收益矩阵(图片来源:investopedia.com)

在囚徒困境博弈中涉及两个人和两种策略,因此称其为两人两策略博弈,它包括如下策略组合:

(1) 双方都选择合作,记为(C,C)。每个人的收益记为R,即"对双方合作的奖励(Reward for mutual cooperation)"。

(2) 一方合作而另一方背叛,记为(C,D)或(D,C)。背叛者会获得"背叛的诱惑(Temptation to defect)" T,合作者得到"傻瓜的报酬(Sucker's payoff)" S。

(3) 双方都选择背叛,记为(D,D)。每个人的收益记为 P,即"对双方都背叛的惩罚(Punishment for mutual defection)"。

因此,两人两策略博弈收益矩阵的一般形式可以表示为

$$\begin{array}{c} \\ \text{C} \\ \text{D} \end{array}\begin{array}{c} \begin{array}{cc} \text{C} & \text{D} \end{array} \\ \begin{pmatrix} R & S \\ T & P \end{pmatrix} \end{array} \tag{10-1}$$

对于图 10-2 所示的例子,有 $R=-2, S=-5, T=-1, P=-3$。对于小偷来说,如果对手选择合作——拒绝认罪,则自己的最优反应是坦白——背叛对方;而如果对手选择认罪,背叛对手的收益也要高于坚持合作的收益。由此可见,不论对手采取哪种策略,选择背叛策略都是最佳的。因此,理性的个体最终会处于相互背叛的状态——(D,D)是囚徒困境博弈的纳什均衡状态。但是,此时的收益低于两人同时选择合作时的收益,在这种情况下理性个体将面临两难的困境。

囚徒困境模型可以用于解释从运动员服用兴奋剂到国家间的军备竞赛等许多现象。生物学中符合囚徒困境博弈的一个典型例子是吸血蝙蝠之间的反哺现象[10]:生活在哥斯达黎加的蝙蝠以吸食牛和马的血液为生,如果连续两天没有吸到血就会饿死。一只饱餐后的蝙蝠会把自己的食物反哺给那些濒临死亡的同伴,虽然它们之间不存在任何亲缘关系。吸血蝙蝠的这种反哺行为的内在机理是非常有趣的,因为反哺的蝙蝠没有从中得到收益,但这种行为维系了蝙蝠种群的繁衍。

2. 重复囚徒困境

如果两个个体仅进行一轮囚徒困境博弈,个体会选择背叛策略。然而,在现实生活中,两个个体之间经常进行重复的交互,并且经常不清楚这种博弈关系何时结束。此时,个体会乐于帮助那些曾经帮助过自己的个体。例如,吸到血的蝙蝠更倾向于反哺那些曾经帮助过它的同伴,这就是直接互惠。

20 世纪 70 年代后期,美国政治学家 Axelrod 发起了著名的"重复囚徒困境"计算机游戏竞赛,研究什么样的规则是最好的[11]。考虑到一个有效的策略不仅取决于其本身的特征,而且取决于交互的历史信息,Axelrod 设计了博弈收益矩阵(10-1)中的参数如下:$R=3, P=1, S=0, T=5$。

Axelrod 邀请来自数学、生物、经济、政治乃至心理领域的专家提交他们认为最好的规则参赛,每个规则与其他所有规则以及一个随机规则分别进行重复囚徒困境博弈,参加竞赛的规则可以利用博弈双方以往的历史信息,然后统计哪个

规则最终收益最高。Axelrod 共进行了两轮竞赛，第一次收集到 14 个规则，要求每个规则与其他规则进行 200 轮的游戏，统计每个规则的得分；第二次有 62 名参赛者，此次比赛重复博弈的步数是可变的：每一步博弈都会以一个固定的小概率结束，每对规则博弈的平均步数是 151 步。令人惊讶的是，两次竞赛的获胜者都是所有程序中最简单的规则——“针锋相对”（Tit-for-tat，TFT），也称为“一报还一报”或者“以牙还牙”规则。

TFT 以合作开始，然后模仿对手上一步的策略。图 10-3 显示了囚徒困境博弈中，根据双方前一轮的四种策略组合做出的反应。TFT 之所以能成为冠军主要得益于以下三点[11]：首先，TFT 是善良的，它不会首先背叛对手；其次，TFT 是可被激怒的，如果对手背叛自己，在下一轮它也会做出报复性反应；再次，TFT 的报复是适当的，如果背叛它的对手知错能改，重新与 TFT 合作，TFT 会原谅对手。与 TFT 相比，“两报还一报”（Tit-for-two-tat）——只有对手连续两次背叛后才采取报复策略——因为对对手太过宽容而得分低于 TFT；“对手背叛后永久报复”的完全不宽容的规则是所有善良规则中得分最低的。

前一轮			当前轮我的行为	
我的行为	对手行为	我的收益	TFT	WSLS
C	C	R	C	C
C	D	S	D	D
D	C	T	C	D
D	D	P	D	C

图 10-3　囚徒困境中 TFT 和 WSLS 规则的反应（取自文献[12]）

Axelrod 的畅销书《合作的进化》中列举了很多生活中的 TFT 例子，如第一次世界大战的战壕战中“自己活也让别人活”规则[11]。德国生物学家 Milinski 曾经通过棘鱼来验证 TFT 可以维系自私生物间的合作关系[13]。当棘鱼群受到大鱼威胁时，它们会派出 2～3 条棘鱼组成“侦察小队”试探大鱼的攻击程度。棘鱼的侦察过程是分阶段完成的，棘鱼每游近大鱼几厘米，就会观察其他侦察棘鱼是否照做。因此，每个侦察行动可以看做分阶段的重复囚徒困境博弈。

然而，如果两个 TFT 相互博弈，中间一次失误会导致合作与背叛行为交错发生（如图 10-4(a)所示）。因此，在噪声环境中，TFT 因为不能纠正对手的失误而丧失合作优势。为此，Nowak 提出了两个更有利的规则。一个是慷慨的 TFT 规则(Generous-tit-for-tat,GTFT)[14],考虑个体面对背叛行为时,仍以一定的概率 $q=\min\{1-(T-R)/(R-S),(R-P)/(T-P)\}$ 保持合作,这样可能挽救两者间的合作,GTFT 期望收益比 TFT 收益要高。

另一个规则是"赢存输变"(Win-stay, lost-shift, WSLS)[15],它来源于巴甫洛夫(Pavlov)的心理学思想,所以也称为巴甫洛夫规则。WSLS 要求个体设定一个心理阈值(比如在囚徒困境中把这个阈值设在 R 与 P 之间),如果一轮博弈的收益高于这个阈值,那么下一轮它将继续保持上一轮的策略不变;如果本轮收益低于这个阈值,那么它将取本轮策略的反策略。囚徒困境中 WSLS 规则的反应见图 10-3。WSLS 可以有效纠正错误:如果两个 WSLS 个体 x 和 y,它们初始都选择合作,某一轮个体 x 错误地选择了背叛,那么下一轮 x 因高收益会坚持背叛,而 y 则因为低收益会选择反策略——也选择背叛,这导致在接下来的一轮双方因相互背叛而获得低于心理预期的低收益,所以它们会选择反策略——恢复相互的合作友谊(如图 10-4(b)所示)。由此可见,WSLS 是一种确定性的纠错规则,而 GTFT 是一种随机纠错规则,所以 WSLS 比 TFT 和 GTFT 对待噪音干扰具有更好的鲁棒性。

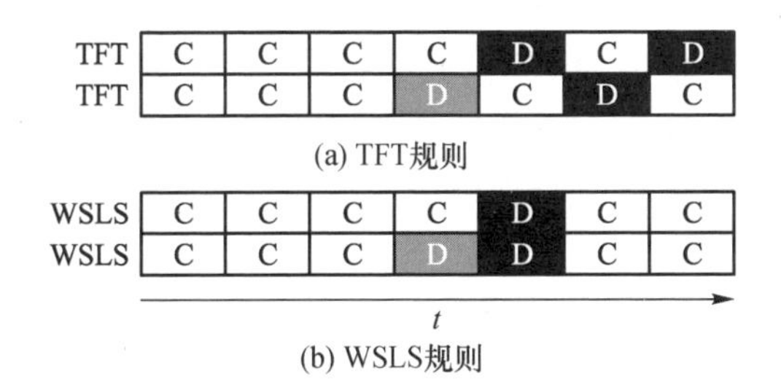

图 10-4 噪音环境下两个持 TFT 规则和 WSLS 规则的参与者随时间演化的反应(取自文献[12])

10.2.2 其他两人两策略博弈

囚徒困境博弈描述了两个理性个体之间的背叛占主导的情况。两人两策略博弈还存在其他情况。

1. 雪堆博弈(Snowdrift game, SG)

考虑在一个风雪交加的夜晚,两人开车相向而行,被同一个雪堆所阻。假设铲除这个雪堆使道路通畅需要的代价为 c,道路通畅带给每个人的好处为 b,$b>c$。如果两人一齐动手铲雪,各人的收益均为 $b-c/2$;如果只有一人铲雪,虽然两个人都可以回家,但是背叛者逃避了劳动,它的收益为 b,而合作者的收益为 $b-c$;如果两人都选择不铲雪,两人都无法及时回家,他们的收益都为 0。雪堆博弈的收益矩阵表示如下:

$$\begin{array}{cc} & \begin{array}{cc} \mathrm{C} & \mathrm{D} \end{array} \\ \begin{array}{c} \mathrm{C} \\ \mathrm{D} \end{array} & \begin{pmatrix} b-\dfrac{c}{2} & b-c \\ b & 0 \end{pmatrix} \end{array} \tag{10-2}$$

对于雪堆博弈来说,理性个体的最优选择是什么?如果对手选择背叛策略——待在车中,那么另一方的最佳策略是下车铲雪——按时回家的合作收益 $b-c$ 高于待在车中的背叛收益 0。所以,在雪堆博弈中个体的最佳策略取决于对手:如果对手选择合作,个体的最佳策略是背叛;反之,如果对手是背叛者,个体最好采取合作策略。因此,不同于囚徒困境博弈,雪堆博弈中存在两个纯纳什均衡:(C,D)和(D,C)。在存在多个纳什均衡的情况下,个体如何抉择是一个难题。可以根据一些线索(如历史信息)进行选择均衡,比如一个个体非常熟悉对手,知道对手很懒,那么他的最佳选择是下车铲雪。然而,如果两个个体没有线索可以利用,在不确定对手选择的情况下,个体也可以以概率 $1-r$ 选择铲雪,以概率 r 选择待在车中,$r=c/(2b-c)$ 称为双方合作时的损益比(Cost-to-benefit)。此时,对对手来说选择合作或者背叛的期望收益是相同的——这样对手无法通过改变策略来提高自己的收益。雪堆博弈在策略演化稳定时合作者的比例为 $1-r$。然而,此时个体采取演化稳定策略的平均收益低于同时选择合作时的收益,所以雪堆博弈仍体现了个体在合作与背叛之间抉择的两难困境。与囚徒困境问题相比,合作更容易在雪堆博弈中存在。

2. 鹰鸽博弈(Hawk-Dove game)

同种生物间常常存在食物、领地等资源的竞争。例如,牡鹿在争夺配偶时,会先比赛咆哮,然后会展开鹿角大赛以决定资源的分配权。然而,生物学家发现,虽然鹿角攻击可能会带来致命伤害,可是真正重伤的情况是极其少见的——因为常规战斗对双方有利,而严重的伤害则是不利的。Smith 提出的鹰鸽博弈中假设存在两种策略[2]:鹰策略(Hawk,H)和鸽策略(Dove,D)。鹰代表好战派,倾向于使战斗升级;鸽代表温和派,在对手使战斗升级时选择撤退。假设斗争中的胜利者收益为 b,失败者的损失为 c。当两个实力相当的好战派(H)相遇,他们获胜的概率为 1/2,那么他们的期望收益为 $(b-c)/2$。如果一个好战派(H)与一个温和派(D)相遇,那么前者的收益为 b 而后者的收益为 0。如果两个温和派(D)相遇,二者都不会有损失,最终一方会获胜,期望收益为 $b/2$。鹰鸽博弈的收益矩阵如下:

$$
\begin{array}{c} \\ \mathrm{D} \\ \mathrm{H} \end{array}
\begin{array}{c} \mathrm{D} \quad\quad \mathrm{H} \\ \begin{pmatrix} \frac{b}{2} & 0 \\ b & \frac{b-c}{2} \end{pmatrix} \end{array}
\tag{10-3}
$$

如果 $b<c$,一个种群中其他个体都是"鸽",那么你最好成为"鹰";反之亦然。这会促成种群中混合策略的形成,最终"鹰"的比例为 $r=b/c$。

3. 胆小鬼博弈(Chicken game)

我们在电影中看到过一种谁更勇敢的竞赛:两人分别驾车同时开向一个悬崖,先跳车逃生的一方即为失败者。后跳车的勇敢者将得到收益 b,而失败者因为保全了性命,我们假设其收益为 0。如果双方都坚持不跳双双车毁人亡,每人的代价为 $-c$;而如果双方在悬崖边同时跳车,则可以认为双方都是勇敢者,各得收益 $b/2$。胆小鬼博弈的收益矩阵如下:

$$
\begin{array}{c} \\ \text{跳} \\ \text{不跳} \end{array}
\begin{array}{c} \text{跳} \quad \text{不跳} \\ \begin{pmatrix} \frac{b}{2} & 0 \\ b & -c \end{pmatrix} \end{array}
\tag{10-4}
$$

容易发现,与雪堆博弈和鹰鸽博弈类似,你最好选择采取对手的反策略。在一个种群中,选择坚持不跳的概率为 $r=b/(b+2c)$。

在数学上,雪堆博弈、鹰鸽博弈和胆小鬼博弈都可以归结为如下的收益矩阵:

$$
\begin{array}{c} \\ \mathrm{C} \\ \mathrm{D} \end{array}
\begin{array}{c} \mathrm{C} \quad\quad \mathrm{D} \\ \begin{pmatrix} 1 & 1-r \\ 1+r & 0 \end{pmatrix} \end{array}
\tag{10-5}
$$

其中 r 为损益比。

4. 猎鹿博弈(Stag-hunting game,SH)

如果两个猎人打猎同时发现一头鹿和两只兔子,他们必须齐心合力才能抓到鹿,然后平分这头鹿每人收益为 5,这样兔子就抓不到了;每个猎人也可以毫不费力地各抓到一只兔子,获利 3,然而鹿就会跑掉;如果一个猎人抓兔子而另一个去抓鹿,则前者(背叛者)将收获一只兔子,后者(合作者)将一无所获。两个人的决策必须在同时做出。这样,两个人的最佳策略是齐心合力抓鹿(C,C),次优策略是各自抓兔子(D,D),这两种情况是猎鹿博弈的两个纯纳什均衡。同时,猎鹿博弈也存在一个混合纳什均衡:每个猎人以概率 3/5 去抓鹿,以 2/5 的概率去抓兔子,此时对手选择猎鹿或者兔子的期望收益相同。

10.2.3　两人两策略博弈分类

考虑在均匀混合种群中，每个个体可与种群中的其他所有个体进行博弈。每对个体按照收益矩阵(10-1)进行博弈。假设采用合作策略的个体比例为 x，选择成为背叛者的比例为 y，则种群中合作/背叛者的收益分别为

$$\begin{cases} P_{\mathrm{C}} = Rx + Sy \\ P_{\mathrm{D}} = Tx + Py \end{cases} \tag{10-6}$$

Taylor 和 Jonker 利用复制动力学(Replicator dynamics，也称为模仿者动态)描述演化过程中策略的动态变化[16]：种群中某个策略比例的变化速度与采用这个策略的个体比例及其收益成正比：

$$\begin{cases} \dfrac{\mathrm{d}x}{\mathrm{d}t} = x(P_{\mathrm{C}} - \phi) \\ \dfrac{\mathrm{d}y}{\mathrm{d}t} = y(P_{\mathrm{D}} - \phi) \end{cases} \tag{10-7}$$

其中 $\phi = xP_{\mathrm{C}} + yP_{\mathrm{D}}$ 是种群的平均收益。由于资源的有限性，系统所支撑的种群规模是有限的，为了实现整个种群的规模不随时间发生改变，在式(10-7)中需要减去 ϕ。因此，在演化博弈过程中，个体的适应度与采用各种策略的个体比例密切相关。根据公式(10-6)和(10-7)并结合 $x + y = 1$，可以得到合作者的复制动力学方程：

$$\frac{\mathrm{d}x}{\mathrm{d}t} = x(1 - x)[(R - S - T + P)x + S - P]. \tag{10-8}$$

这个非线性微分方程与收益矩阵参数密切相关。为了简化，通常在公式(10-1)表示的两人两策略收益矩阵中设定 $R = 1, P = 0$，T 和 S 是两个可变参数。根据动力学的不同特征，可以按以下 4 种情况分别进行讨论：

(1) 背叛占主导情形(D dominate C)：在 $T > R > P > S$ 情形，采取背叛策略的个体收益优于合作者的收益，根据图 10-5(a)显示的相平面图可知 $x = 0$ 是稳定的平衡点，因此稳定状态所有个体都会采取背叛策略，合作者会在种群中消亡。囚徒困境问题属于这一参数范围，(D，D)也是囚徒困境问题的一个演化稳定策略。进一步，囚徒困境问题通常要求 $T + S \leqslant 2R$，以保证重复博弈时双方合作的收益不低于交替采取合作/背叛策略时个体的收益。设定 $R = 1, P = 0$ 时，图10-6 中 $T > 1, S < 0$ 和 $T + S \leqslant 2$ 所围成的梯形是背叛占主导区域。

(2) 共生情形(C and D coexist)：当 $T > R > S > P$ 时，与情形(1)相比，把 S 与 P 互换位置，这样个体的最优反应是采取与对手相反的策略，合作与背叛策略呈现共生状态。随着种群演化，根据图 10-5(b)可知，个体采取合作策略的比例会趋近于 $x^* = (P - S)/(R - S - T + P)$，它是情形(2)的演化稳定策略，损益比 $r = 1 - x^*$。同样，在 $T + S \leqslant 2R$ 情况下，双方都合作时的收益优于合作/背叛策略交

替出现的情况，因此，合作/背叛共生区域对应于图 10-6 中 $0<S<1<T$ 和 $T+S\leq 2$ 所围成的三角形。雪堆博弈、鹰鸽博弈和胆小鬼博弈都属于这一类型，对应于 $S+T=2$ 的虚线。

（3）双稳态情形（C and D are bistable）：与情形（1）相比，如果将 T 和 R 互换，参数满足 $R>T>P>S$，此时参与者的最优策略是与对手一致：同时选择合作或者背叛策略。猎鹿博弈是体现这种情况的一个生动例子。然而，通过图 10-5(c)可以发现，两个纯纳什均衡 $x=0$ 和 $x=1$ 是猎鹿博弈的两个演化稳定策略；而混合纳什均衡 $x^*=(P-S)/(R-S-T+P)$ 是不稳定的，少量变异策略会使种群趋向于 $x=0$ 或者 1。由此可见，演化稳定策略只是纳什均衡的一个子集。而且，情形(3)稳态的收敛结果与初态 $x(0)$ 的取值有关。图 10-6 所示 $S<0<T<1$ 所围成的矩形属于双稳态区域。性别大战（Battle of the sexes）和协调博弈（Coordination game）也属于双稳态型博弈，基于性别大战博弈可以建立不同观点的演化模型[17]。

（4）合作占主导情形（C dominate D）：当 $T<R$ 且 $P<S$ 时，不论对手如何选择，合作策略都要优于背叛策略。此时，所有个体都会选择合作策略。$x=1$ 是演化稳定策略（如图 10-5(d)所示）。图 10-6 中的 $S>0$，$T<1$ 和 $T+S\leq 2$ 所围成的梯形对应于合作占主导区域。

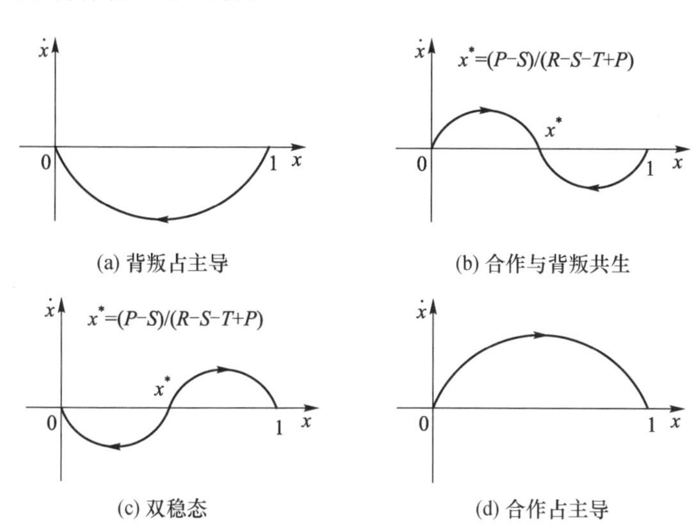

图 10-5 方程(10-8)的相平面图

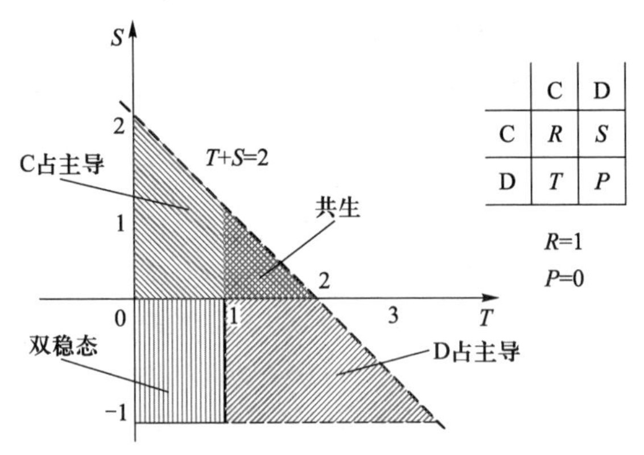

图 10-6　两人两策略博弈的各种演化动力学行为区域分布

10.3　规则网络上的演化博弈

种群的接触关系可以用网络描述——每个节点代表一个个体，节点间的边代表个体之间的相互作用关系，在每一轮中它们根据某个博弈模型进行交互作用，并采取统一的演化规则进行策略的更新。经典的演化博弈理论通常假设个体以均匀混合的方式联系，即任意两个个体之间接触的可能性都是一样的。然而，现实生活中个体之间接触并非是全耦合或者完全随机的。网络结构与演化博弈之间有密切的联系，这方面的研究也称为网络演化博弈（Networked evolutionary game）。博弈模型、网络结构和演化规则是网络演化博弈的 3 个要素[18]。以下主要围绕两人两策略博弈模型，介绍各种网络结构对博弈行为的影响。

10.3.1　规则网络上的囚徒困境博弈

Nowak 和 May 首先将空间结构引入囚徒困境[19]，研究了二维方格格子上的重复囚徒困境博弈，并考虑了如下定义的较为简单的收益矩阵：

$$\begin{array}{c} \\ \mathrm{C} \\ \mathrm{D} \end{array}\!\!\begin{array}{c} \begin{array}{cc} \mathrm{C} & \mathrm{D} \end{array} \\ \begin{pmatrix} R & S \\ T & P \end{pmatrix} \end{array} = \begin{array}{c} \\ \mathrm{C} \\ \mathrm{D} \end{array}\!\!\begin{array}{c} \begin{array}{cc} \mathrm{C} & \mathrm{D} \end{array} \\ \begin{pmatrix} 1 & 0 \\ b & 0 \end{pmatrix} \end{array} \tag{10-9}$$

其中唯一的可调参数 b 称为“背叛者的诱惑”，当 $b>1$ 时属于囚徒困境情况。

假设个体采用简单的最优规则进行策略演化：每个个体与直接连接的邻居

进行一轮博弈后，在下一轮中它会采取邻居（包含本身）中收益最高的个体在本轮的策略，这是一个确定性的演化规则。与种群均匀混合情况下合作行为湮灭不同，合作现象能够在具有周期边界的二维方格格子上涌现：合作者通过结成紧密的簇来抵御背叛者的入侵。虽然从微观角度来看这种合作簇并不固定，其形状会随时间的改变而改变，呈现万花筒式的混沌斑图，但它并不会消亡。瑞士学者 Hauert 的演化博弈虚拟实验室主页有很多关于这些斑图的介绍①。

初始时刻为网络中的每个个体随机分配合作或者背叛策略。图 10-7(a)显示了种群合作策略随时间的演化，经过一段长期暂态过渡过程（如 10^4 步或更长时间），合作者的数目会逐渐趋于稳定。稳态合作者的比例（即合作频率 f_C）是衡量系统合作涌现程度的重要指标。图 10-7(b)说明的是背叛者出现及合作者湮灭的阈值。随着"背叛者的诱惑"b 的增加，网络中的个体会由全部合作状态($f_C=1$)转变为合作/背叛共存状态，再转变为全部背叛状态($f_C=0$)。在这一变化过程中存在两个阈值：背叛者出现的阈值 b_{C1} 和合作者湮灭的阈值 b_{C2}，它们也是衡量合作涌现程度的重要指标。

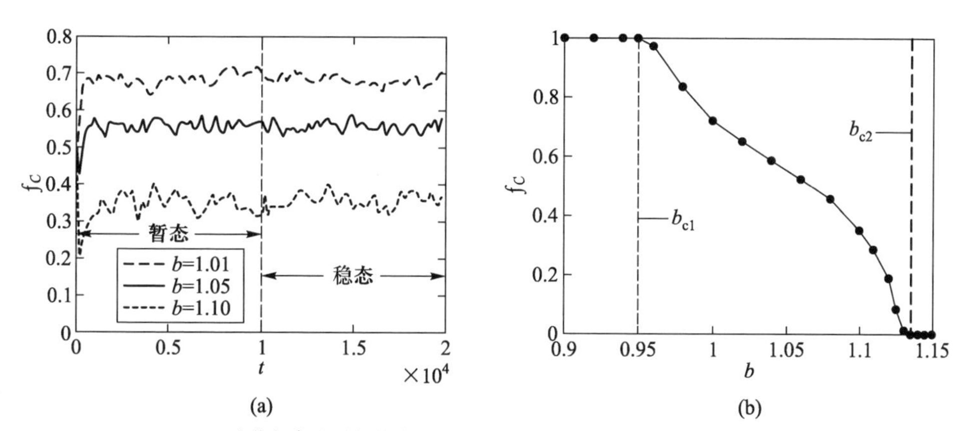

图 10-7　合作频率随时间的演化(a)以及背叛者出现和合作者湮灭的阈值(b)

我们可以从一个子图来理解规则网络上合作行为的涌现[20]。考虑图 10-8(a)的三角形对顶子图：中心节点 3 与节点 1、2 及 4、5 构成两个三角形，这两个三角形不存在边的重叠。图中的空圈节点代表合作者（C），实圈节点代表背叛者（D）。考虑如下的演化规则：每个个体 x 与每个邻居按式(10-9)进行一轮弱囚徒困境博弈，之后 x 会随机选择一个邻居 y 比较两者的本轮收益，如果被选择邻居 y 的本轮收益高于 x，则 x 会学习 y 的本轮策略并在下一轮博弈中使用，反之下一轮 x 会坚持其原有策略。如果初始时刻仅有节点 3、4、5 为合作者（如图

① http://www.math.ubc.ca/hauert/research/

10-8(a)所示),它们构成一个合作三角形,合作者的收益为2;其他个体都为背叛者,此时节点1和2都仅和一个合作者3接触,所以收益为b。

考虑$1<b<1.5$的情况。图10-8(a)的两个背叛者收益都会低于中心合作者3的收益,如果此时背叛者1选择节点3进行收益比较,节点1会成为合作者。而如果节点2在下一轮仍坚持背叛行为,则子图处于图10-8(b)的状态,此时中心合作节点3的收益会增加到3,而新合作者1的收益为1,背叛节点2的收益为$2b$。在$1<b<1.5$的情况下,背叛者2的收益高于节点1而低于节点3。如果这一轮节点1选择节点2进行收益比较,则节点1会成为背叛者,子图状态会退回图10-8(a)。如果节点1坚持合作状态,而恰好节点2选择与节点3比较收益,则背叛者2也会转为合作者,那么子图状态会成为图10-8(c)的情况。这种三角形对顶的子图可以扩展为图10-8(d)所示的Kagome格子,其聚类系数为1/3。在这种规则格子上,当$b<1.5$时,只要初始有少量合作者构成三角形合作簇,合作行为可以有效在格子上扩散蔓延。

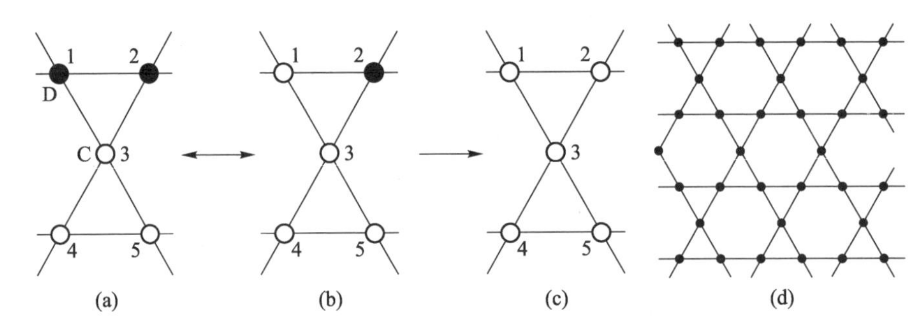

图10-8　具有三角形对顶结构的子图上合作行为的蔓延过程(取自文献[20])

不同格子网络上合作行为的涌现情况是不同的[20]。以囚徒困境博弈为例,考虑一种随机策略演化规则——费米规则[21]:假设在每一轮博弈中,个体x会随机选择一个邻居y,并比较二者的本轮收益;下一轮中x采取y本轮策略的概率根据统计物理中的费米函数计算:

$$W(s_x \leftarrow s_y) = \frac{1}{1+\exp[(P_x - P_y)/\kappa]} \tag{10-10}$$

其中s_x表示x本轮采取的策略,P_x是x本轮收益。公式(10-10)的内在含义是:当本轮个体x的收益比y低时,x很容易接受y的本轮策略;而如果x的收益高于y,x仍会以微弱的概率采取y的策略,x的这一非理性选择由κ刻画,它描述了环境的噪声因素,反映了个体在策略更新时的不确定性。当$\kappa \to 0$时,意味着策略更新是确定性的,个体的非理性选择趋近于0——如果对手的收益高于自身,则它一定会学习,反之它会坚持自身策略;而当$\kappa \to \infty$时,意味着个体处于噪声环境中，无法做出理性决策，只能随机更新自己的策略。

图 10-9 显示了平均度$\langle k\rangle=4$ 的 5 种正则格子(Regular lattice)上的囚徒困境行为[20,22]。正则格子是指每个节点的度都相同的格子网络，这里意味着每个节点的度都为 4。当$\kappa\to0$ 时，方格格子上合作行为很难幸存。而由于 Kagome 格子含有的三角形对顶结构，所以合作行为可以在 Kagome 格子中维持和蔓延，此时 Kagome 格子上的合作湮灭阈值 $b_{C2}=1.5(\kappa\to0)$。然而，并不是富含三角形结构的规则格子都会促进合作行为。在四点派系正则格子中，每个子图中的 4 个节点构成一个完全子图，子图中每个节点与另外一个子图相连，其聚类系数为 1/2。但是这种网络上由于三角形之间存在共享边，一个背叛者很容易与三角合作簇的多个合作者接触，导致背叛者很容易入侵，最终在理性环境下合作容易湮灭，即 $b_{C2}=0(\kappa\to0)$。

噪声对图 10-9(a)和(c)所示的两种正则格子上合作湮灭阈值的影响是非单调的：适当引入噪声可以使 b_{C2} 提高，这意味着适当的噪声可以促进合作行为在这两种网络中的涌现。而噪声 κ 对 Kagome 格子的影响则是单调的，随着噪音的增加，因为个体非理性的选择，会造成背叛者的入侵导致合作行为的湮灭。进一步地，对于图 10-9(d) Bethe 格子和(e)三角形重叠随机正则格子上的囚徒困境行为，发现在高噪声环境中通过使网络中的回路变长，有利于合作的维持。而在低噪声情况下，如图 10-9(e)所示相邻三角形通过重叠一个节点，可以促进合作行为的蔓延，这类似于 Kagome 格子的情形。

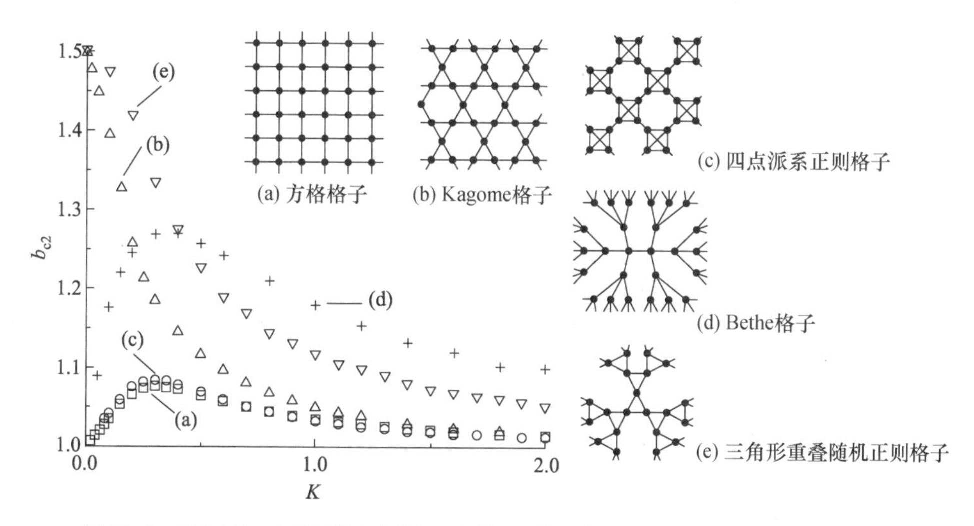

图 10-9 具有$\langle k\rangle=4$ 的网络上合作湮灭阈值 b_{C2} 随着噪声 κ 的变化情况(取自文献[20])

此外，通过研究$\langle k\rangle=4$ 的一维最近邻网格上囚徒困境博弈的 $\kappa-b_{C2}$ 相图[23]，可以发现当 κ 超过一个阈值（约 0.15）时，$b_{C1}=b_{C2}>1$，这意味着在没有噪声或者高噪声环境下，最近邻网格中的个体会从全合作瞬间变为全背叛，合作/背叛混合区域将不存在。由此可见，不同的局部结构和演化规则对于合作行为有着微妙的影响。

10.3.2　规则网络上的雪堆博弈

上述介绍表明，在适当的演化规则下，空间结构能够促进和维持囚徒困境中合作的产生和稳定。在很长的一段时间里，人们由此认为空间结构可以促进所有博弈中合作的涌现。2004 年，Hauert 和 Doebeli 关于雪堆博弈的工作使人们重新审视空间结构的作用[24]。根据公式(10-5)采用复制动力学规则：每轮个体都会更新策略；一个个体 x 随机选择一个邻居 y，x 学习 y 本轮策略的概率正比于二者的收益差，即：

$$W(s_x \leftarrow s_y) = (P_y - P_x)/((1+r)\langle k\rangle),$$

其中 P_x 是个体 x 的本轮收益，除以 $(1+r)\langle k\rangle$ 进行归一化处理。与费米规则相比，这种复制者动力学只有在对手的收益比自己高的情况下才会策略地学习。

图 10-10 是具有不同平均度的带有周期边界的格子上雪堆博弈的合作频率 f_C 随损益比 r 的变化情况。与规则格子上的囚徒困境博弈不同，规则格子上雪堆博弈的合作频率要低于均匀混合情况下的演化稳定策略(1 – r)——这说明空间结构抑制了雪堆博弈中的合作涌现。

图 10-11 进一步比较了方格格子上囚徒困境博弈与雪堆博弈接近合作湮灭时的斑图的差异。图中的黑色代表合作者，白色代表背叛者。在囚徒困境博弈中，合作个体通过结成紧密的合作簇，抵御背叛者的入侵，这使合作行为能够在空间上稳定维持——空间结构可以促进合作行为在囚徒困境博弈的种群中涌现。而在雪堆博弈中个体倾向于采取对手的反策略，所以在空间上合作者更容易聚成丝状簇，图 10-11(c)显示了空间雪堆博弈的微观斑图的形成过程。当损益比 r 较高时，背叛者容易侵入，使系统的合作频率下降，这是雪堆博弈与囚徒困境在合作演化上的本质区别。

考虑到个体的决策过程与记忆和经验密切相关，文献[25]提出了基于历史记忆的雪堆博弈模型(Memory-based snowdrift game，MBSG)。该模型受到少数者博弈模型[26]的启发，考虑网络上的个体每一代与所有连接的个体进行雪堆博弈并累计收益后，每个个体根据上一代的邻居策略进行反思：个体采取自己的反策略做一次虚拟博弈，将本轮真实收益与虚拟收益进行比较，得到对应的最佳策略，并将该记录放入该个体的记忆当中。这样，每个个体记忆中记录的都是每一代的最佳策略。如果每个个体都有一个长度为 M 的有限记忆，则每一轮个体策

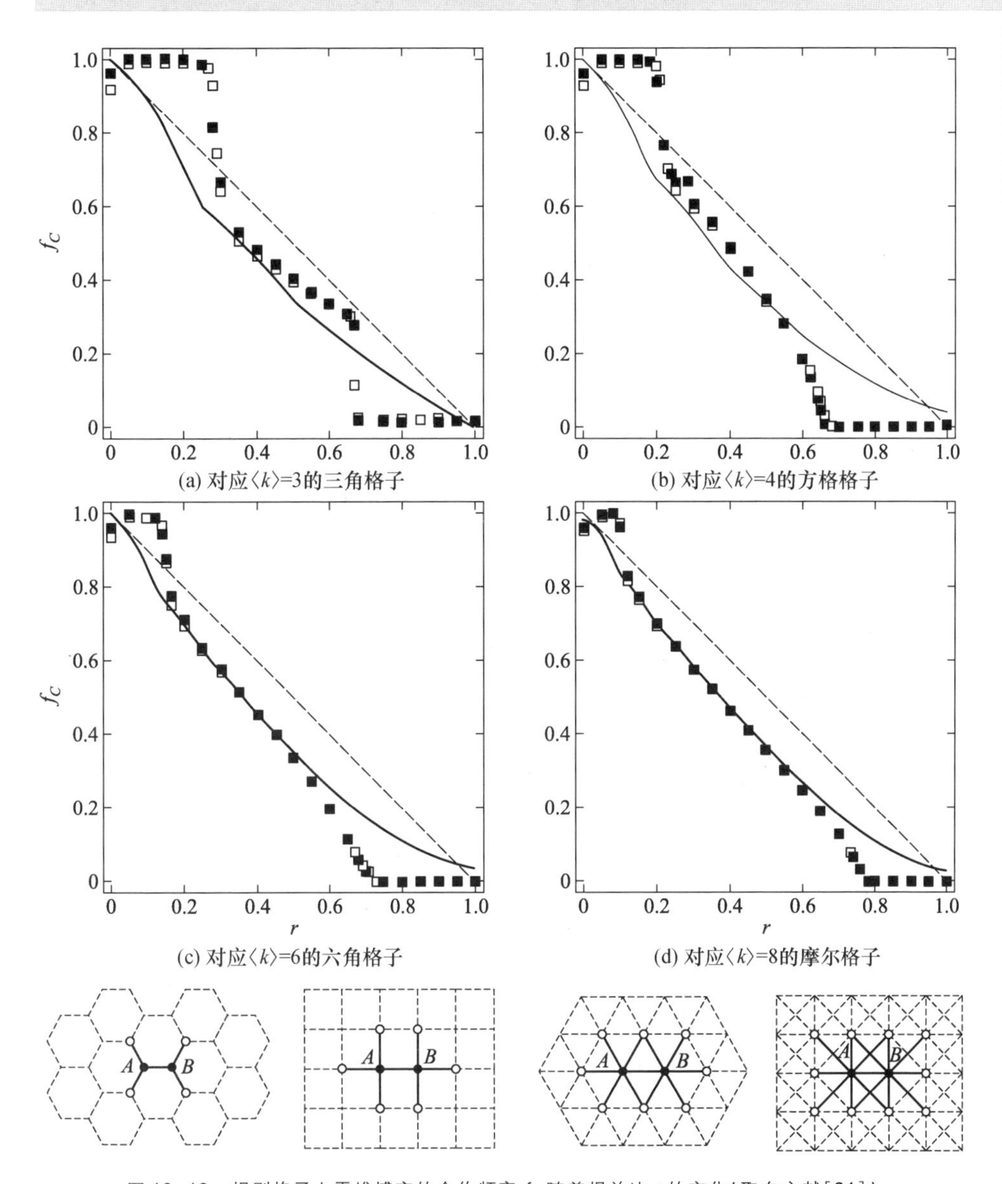

图 10-10 规则格子上雪堆博弈的合作频率 f_C 随着损益比 r 的变化(取自文献[24])

略更新的时候,个体采取 C 或者 D 的概率正比于 C 和 D 策略在记忆中的数量。

考虑$\langle k\rangle=4$ 的方格格子和$\langle k\rangle=8$ 的摩尔格子上的 MBSG。随着损益比 r 的增加,合作频率 f_C 的变化具有如下特点(图 10-12):

(1) f_C 具有分段特征,分段个数对应格子上节点的邻居数,而且合作水平对于坐标点(0.5,0.5)呈 180 度的旋转对称。可以通过启发式的局域稳定性来分析分段点 r_C 的值:当 $r=r_C$ 的时候,个体采取 C 和 D 策略的收益相同,因此假设

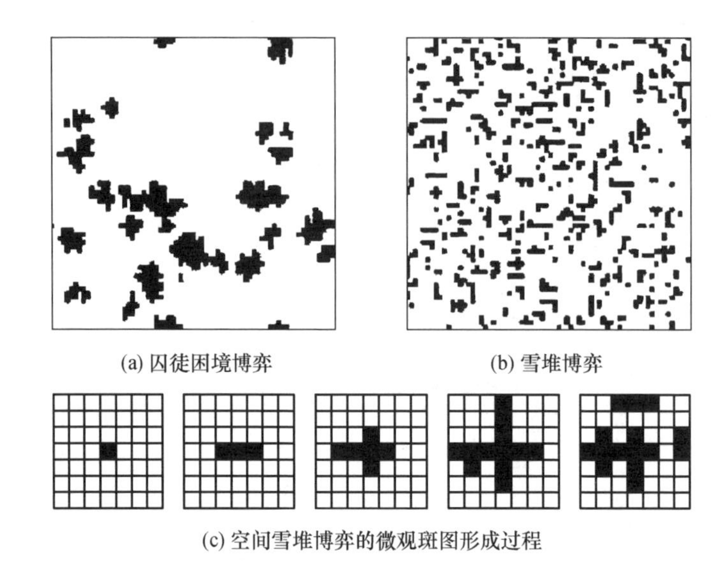

图 10-11　方格格子上囚徒困境博弈和雪堆博弈接近合作湮灭时的斑图，以及空间雪堆博弈的微观斑图形成过程(取自文献[24])

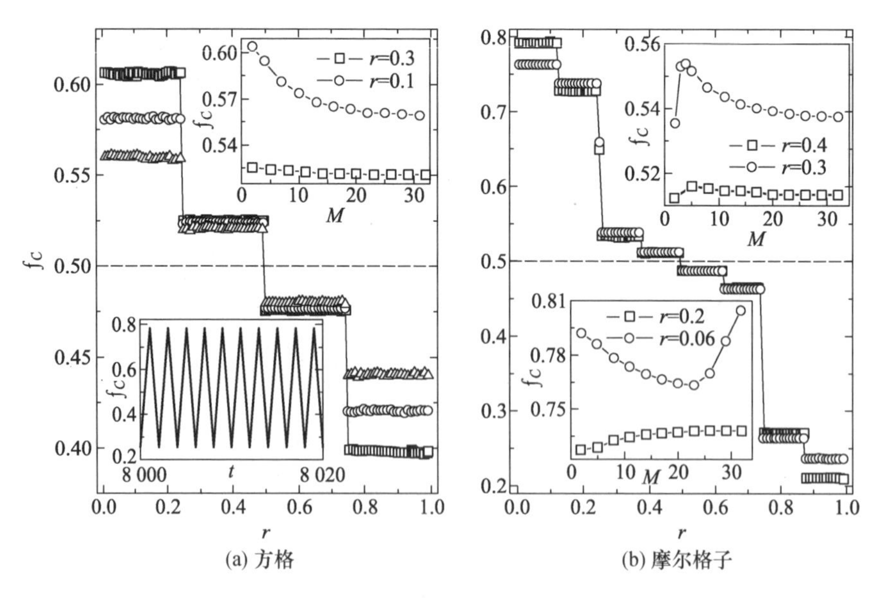

图 10-12　方格和摩尔格子上 f_C 随 r 的变化情况(取自文献[25])

(图中插图:不同记忆长度 M 下的 f_C)

某个节点采取 C 策略的邻居个数为 m_C,邻居数为 z,则 D 策略邻居的数目为 $z-m_C$,所以可以得到局域稳定性方程 $m_C+(z-m_C)(1-r_C)=(1+r_C)m_C$,其左侧表达式代表这个节点采取 C 策略的收益，而右侧表达式代表采取 D 策略的收益，由此可得 $r_C=(z-m_C)/z$。在方格格子上考虑所有可能的 m_C 值，则 r_C 分别为 1/4，1/2 和 3/4。类似地，可以得到在摩尔格子上的 r_C 分别为 1/8，1/4，…，7/8。

（2）记忆长度 M 不影响分段点 r_C 的值，但对不同段 f_C 有很大影响。通过图 10-12 中的插图可以发现，在方格格子上，f_C 是 M 的单调函数；而在摩尔格子上，f_C 对 M 的变化是非单调的，在第一区域当 $M=23$ 时存在 f_C 的最低值，在第三、四区域当 $M=5$ 时存在 f_C 的最高值。而 $M=1$ 时，系统合作行为存在很大震荡。通过斑图分析可知，这是由于下一代个体通常倾向于采取本轮的反策略而导致的。因此，记忆长度 M 对 f_C 的作用非常复杂。

（3）对于很大的损益比 r，系统表现出很高的合作频率，该结果与文献[24]的结果不同，这说明通过引入记忆效应，自私个体为了使自身利益最大化而做出决策，合作行为在背叛者收益很高的情况下仍能够维持。

10.4　小世界网络上的演化博弈

在网络演化博弈中，常常考虑一种特殊的小世界网络——正则小世界网络（Regular small-world network，RSN）[27]，也称为均质小世界网络（Homogeneous small-world network）[28]。同样的，这里的“正则”也是指所有节点具有相同的度。给定一个每个节点度值都相同的最近邻网络，我们采用第 6 章介绍的保持度序列不变的随机重连机制随机交换 p 比例的边，就可得到正则小世界网络，它具有与 WS 小世界网络相似的平均路径和聚类特性。如果随机交换概率 $p=1.0$，就得到随机正则网络（Random regular graph，RRG），此时网络结构与树状结构相似，网络中不存在较短的回路[20]。

图 10-13 是由方格格子向随机正则网络转变过程中的囚徒困境博弈行为。考虑 $R=1, T=1+c, S=-c, P=0$ 的收益矩阵。个体策略更新采用费米规则，在噪音 $\kappa=0.1$ 的情况下，图 10-13 显示了合作频率随着合作的代价 c 的变化情况。可以看出，拓扑随机化有利于合作的涌现。这可能是由于长程边导致随机网络的回路变长，因此与方格格子相比，合作者更容易在随机网络上结成大的合作簇，促进合作行为在随机网络上的涌现[27]。

在现实生活中，个体之间常常存在不同的影响能力；一些个体对与他关系亲

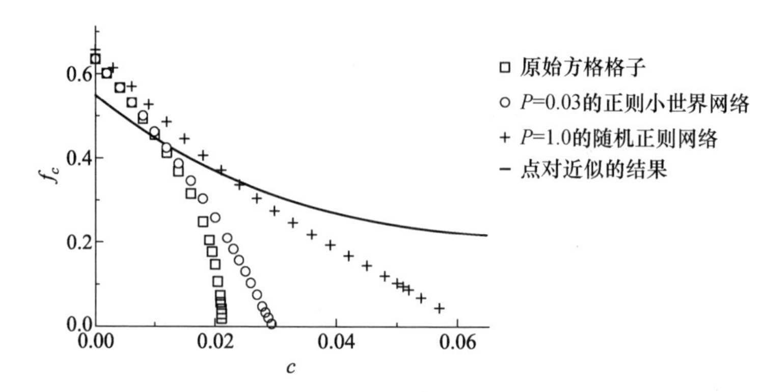

图 10-13　合作频率随着合作的代价 c 的变化情况(取自文献[27])

密的人影响力大些,而对关系疏远的人影响弱。个体之间的影响力是非对称的,而且这种影响力也常常是动态演化的。基于上述观点,文献[29]提出了一个描述个体影响力演化的动态优先选择博弈模型。考虑个体间的博弈关系遵循公式(10-9)的弱囚徒困境博弈。假设每一代个体和邻居及自身进行博弈后,在更新策略时,个体 i 选择邻居 j 进行收益比较的概率 γ_{ij} 与其影响力有关:

$$\gamma_{ij} = \frac{A_{ij}(t)}{\sum_{k \in \Omega_i} A_{ik}(t)}, \tag{10-11}$$

其中 Ω_i 表示个体 i 和邻居组成的集合,$A_{ij}(t)$ 表示第 t 代个体 j 对个体 i 的影响力。公式(10-11)意味着,如果在过去的博弈过程中,邻居 j 的策略被个体 i 采用频率越高,则其对个体 i 的影响力越大,因此个体 i 之后再次选中个体 j 进行策略比较的概率就越大。影响力 A_{ij} 按照乘性的“赢者强化,输者减弱”原则更新:假设在第 t 代个体 i 选择持有不同策略的个体 j 比较策略,并按照式(10-10)费米规则进行策略学习;如果个体 i 学习了个体 j 的行为,那么 $A_{ij}(t+1) = A_{ij}(t)(1+\alpha)$;反之,如果维持原有策略不变,那么 $A_{ij}(t+1) = A_{ij}(t)(1-\alpha)$,其中 α 是一个增强因子,它刻画了每代收益比较后的个体影响力的变化情况:α 越大(小)意味着影响权重加强(减弱)越显著,α 限定在(0,1)范围内以保证权重不会出现负值。初始时刻假设所有个体间的影响力相同, 即 $A_{ij}(0) \equiv 1$。

图 10-14(a)表明不论在 $p=0$ 的方格格子,还是在 $p=0.1$ 的正则小世界网络或 $p=1.0$ 的随机正则网络上,随着 α 的增加合作水平会显著增强,并且随着拓扑随机性的增强,α 的增强作用更明显。进一步,通过研究稳态个体在不同增强因子和拓扑随机网络上影响力的分布(图 10-14(b))表明,对于规则方格格子(图 10-14(b1)和(b2)),在弱增强因子($\alpha=0.01$)的时候影响力的分布非常窄。此时由于系统没有形成足够多的相互有强影响力的个体,网络中很难形成稳定

的合作簇，因此合作水平较低。而在其他情况下，影响力都有一个很宽广的分布。这导致了稳定合作簇的形成，因此合作水平可以显著提升[29]。

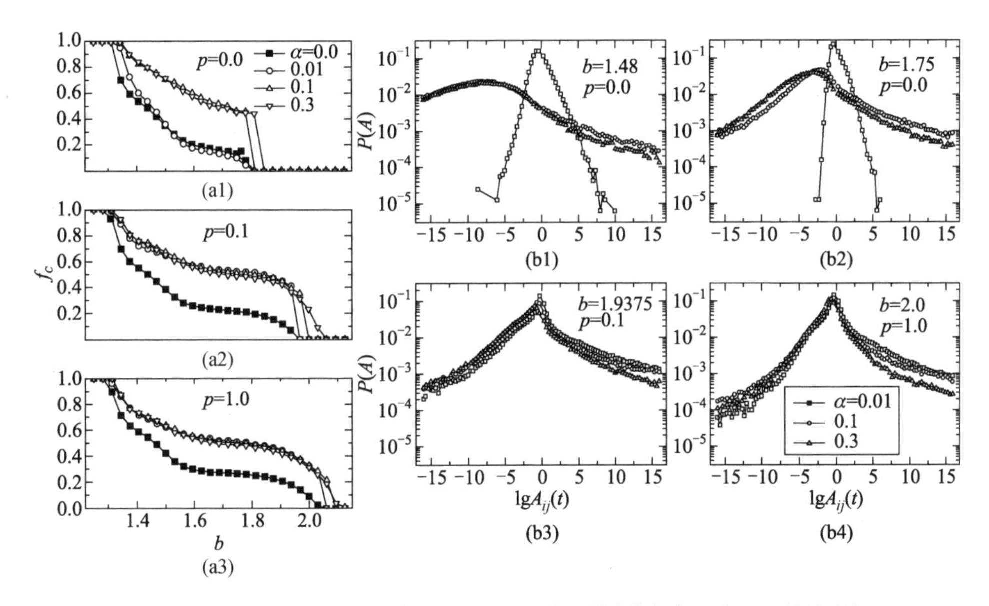

图 10-14 $\kappa=0.1$ 的噪音环境下，不同均质网络上的合作频率 f_C 与 b、α 的关系和稳态影响力分布 $P(A)$（取自文献[29]）

可以比较一下 WS 小世界网络和随机重连生成的正则小世界网络上囚徒困境行为的差异[28]。考虑收益矩阵为公式(10-9)的弱囚徒困境博弈，个体策略演化基于复制动力学规则：每个个体 x 与它随机选择的邻居 y 比较策略。如果本轮中 $P_x > P_y$，在下一轮中 x 就会坚持本轮策略不变；反之，在下一轮中 x 以如下概率采用 y 的本轮策略：

$$W(s_x \leftarrow s_y) = \frac{P_y - P_x}{\max(k_x, k_y)(\max(T,R) - \min(S,P))}, \qquad (10\text{-}12)$$

这意味着 x 接纳 y 本轮策略的可能性正比于二者本轮的收益差，除以分母是为了归一化。这个规则意味着目标个体的收益越高，越容易被它的邻居采纳，而低收益个体所采用的策略不可能侵占高收益个体。如图 10-15 所示，由于重连使网络变得异质，所以 WS 小世界网络能够通过这一方式有效提高合作涌现的程度。对于所有节点具有相同度的随机正则网络（图 10-15(a)），长程边的作用非常微妙：当诱惑较低时，最近邻网络的合作频率高于随机网络——这是由于最近邻网络的一维特性使网络会从全合作迅速变为全背叛状态而导致的[23]；而面对高诱惑时，随机网络的合作湮灭阈值大大高于最近邻网络。

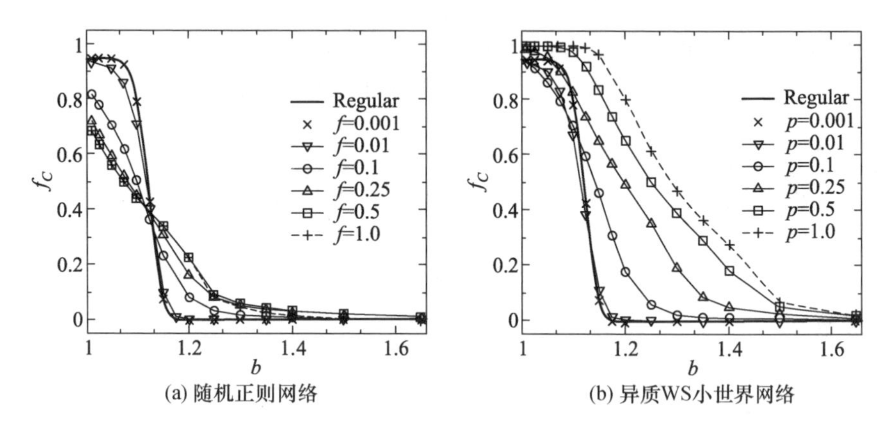

图 10-15　随机重连生成的正则小世界网络和异质 WS 小世界网络上囚徒困境博弈演化情况比较(取自文献[28])

10.5　无标度网络上的演化博弈

许多实证研究表明,种群的结构关系并非一定均匀:个体倾向于选择具有优势适应度的个体作为邻居,这导致种群的连接度分布存在明显的差异性。我们可以把种群的度分布差异性作为多样性的表现。本节主要介绍无标度网络上的两人两策略演化博弈行为。

10.5.1　度不相关无标度网络上的演化博弈

Santos 等人研究了 BA 无标度网络上的两人两策略博弈行为[30-32]。在每一轮中,每个个体 x 与所有邻居进行一次博弈(图 10-16),累计收益 P_x 作为该个体的适应度。在策略演化时采用公式(10-12)的复制动力学规则。通过与全耦合网络和随机网络上的两人两策略博弈行为比较发现(图 10-17),不论是囚徒困境博弈,还是雪堆博弈或者猎鹿博弈,BA 无标度网络都能够极大地促进合作行为的涌现,使合作者在网络中占据主导地位。下面以囚徒困境博弈为例,对其机理进行讨论。

可以将 BA 无标度网络模型抽象为图 10-18 所示的一个哑铃型子图。该子图上两个中心节点 x、y 直接相连,而其他小度节点随机地与这两个中心节点中的一个相连。为了研究中心节点对合作扩散的作用,初始时刻设定 x 为合作者

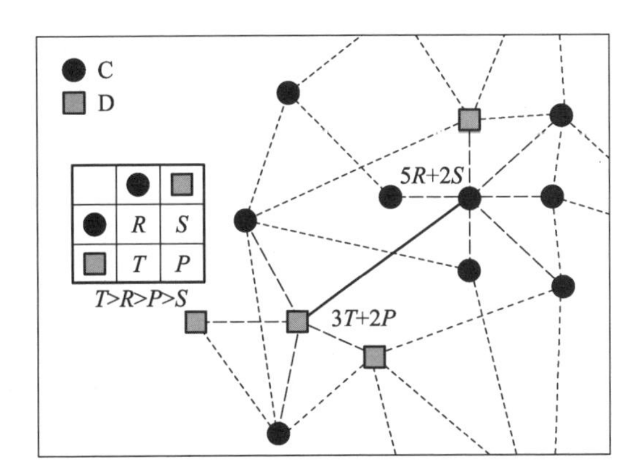

图 10-16 无标度网络上的演化博弈(取自文献[32])

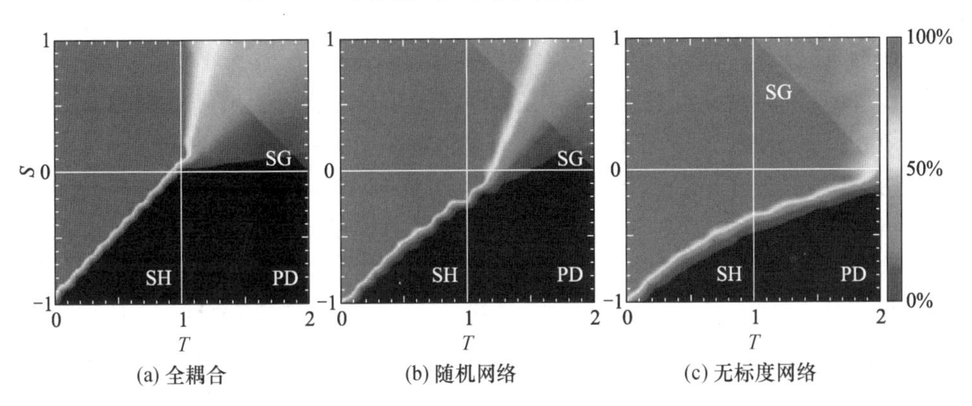

图 10-17 全耦合网络、具有均匀分布的随机网络和 BA 无标度网络上的两人两策略博弈比较(取自文献[31])

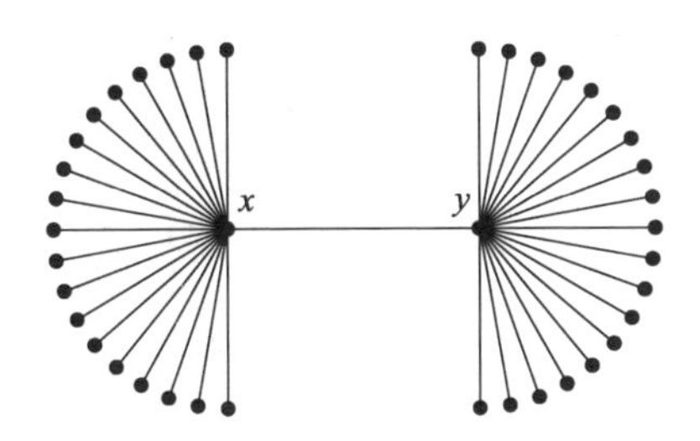

图 10-18 一个具有无标度网络特征的子图(取自文献[20])

而 y 为背叛者;在中心节点的邻居中一半节点为合作者,其他为背叛者。在每一代博弈中,所有节点与它的每个邻居进行一次囚徒困境博弈,收益进行累积。在策略演化时,每个节点随机选取一个邻居进行策略比较:如果邻居的本轮收益高于自己的收益,则它以一定概率模仿邻居的本轮策略,这意味着本轮中收益较高的个体的策略会被它的邻居学习。由于初始阶段两个中心节点都围绕着较多采取合作策略的邻居,所以中心节点的累积收益高于小度节点的收益,小度节点会模仿与它相连的中心节点的行为。而由于节点随机选择邻居进行策略比较,虽然初始阶段合作中心节点 x 的收益低于背叛中心节点 y 的收益,但高于绝大多数小度邻居的收益,所以 x 能够在一段时间内坚持合作策略。随着时间演化,合作节点 x 周围小度邻居倾向于模仿 x 的合作行为,所以 x 周围合作邻居的比例是增加的,这反过来也意味着 x 的收益随时间演化而增加。与之相反,由于 y 周围的邻居倾向于模仿中心节点的背叛行为,所以 y 的收益随时间递减,逐渐低于它的合作邻居 x 的收益。在某一时刻,y 会模仿 x 的行为而转变为合作者,此后 y 的邻居也模仿中心节点的行为。这样,合作策略会在网络中扩散开来,最终所有节点会一致选择合作策略。这意味着个体采取累积收益时,中心节点在无标度网络中倾向于采取合作策略,并影响它周围的邻居。

此外,可以通过分析背叛行为在 BA 网络上的扩散过程,来阐述中心节点能够有效抵抗背叛者入侵的机理[32]。假设初始时刻只有一个最大度节点 x 为背叛者,其余节点都为合作者。然后观察背叛的中心节点 x 对网络中合作行为的入侵性。策略演化采取公式(10-12)。图 10-19(a)说明了取不同参数 b 时,x 周围合作邻居比例随时间的变化情况。可以发现,由于 x 在短期内从合作邻居中获得较高收益,所以它的小度邻居会模仿其行为,经过一段暂态时间后大约会有 80% 的邻居转变为背叛者。随着 x 周围合作邻居比例的下降,其收益会低于 x 的大度合作邻居的收益,最终 x 会认识到合作策略的收益高于背叛行为,转变为合作者。x 再次成为合作者之后它周围大多数邻居也再次选择合作策略。通过上述微扰分析,表明在 BA 无标度网络中,中心节点能够有效抵抗背叛者的入侵,并

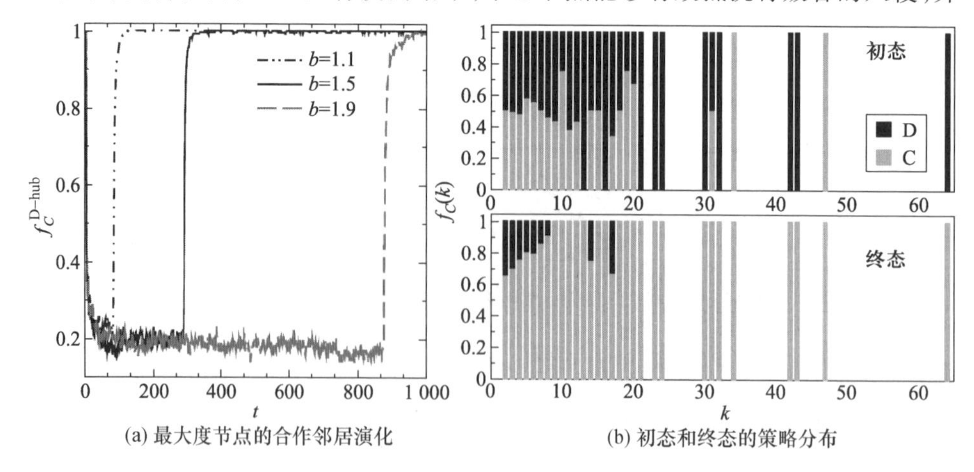

(a) 最大度节点的合作邻居演化　(b) 初态和终态的策略分布

图 10-19　BA 无标度网络上的合作演化(取自文献[32])

且中心节点之间具有较好的合作相持特性。图 10-19(b)显示了一个具有 1 000 个节点的 BA 无标度网络中,初始时刻策略随机分布,一些中心节点初始时刻会采取背叛策略。到了稳定状态,BA 无标度网络中的中心节点都会转变为合作者,背叛者主要集中在小度节点。这进一步说明无标度网络上的合作行为具有相当强的鲁棒性。因此,异质网络中的中心节点对合作涌现具有重要作用。

从稳定状态个体之间的动态组织出发,可以进一步将处于稳定状态的节点分为三类[33]:始终保持合作/背叛策略不变的个体称为纯合作者/背叛者(Pure cooperators/defectors),不断改变自己策略的个体称为骑墙者(Fluctuating individuals)。图 10-20 显示了 ER 随机网络和 BA 无标度网络上的囚徒困境博弈个体的动态组织行为。ER 随机网络的纯合作簇零散地分布在网络中,提高诱惑会使纯合作者数目快速下降,这导致 ER 随机网络中合作者很容易湮灭。而对于 BA 无标度网络,中心节点以纯合作者形式存在,这些纯合作者通过组成一个相互连通簇,有效抵抗背叛者的攻击。随着诱惑的提高,BA 无标度网络的纯合作者数目缓慢下降,即使面对非常高的诱惑,网络中的合作者仍很难湮灭。需要注意的是,当 $b>2$ 后已经超出经典的囚徒困境博弈范围,但是为了保持参数连续性,在网络博弈中经常会考虑 $b>2$ 的情况,直到合作行为湮灭。

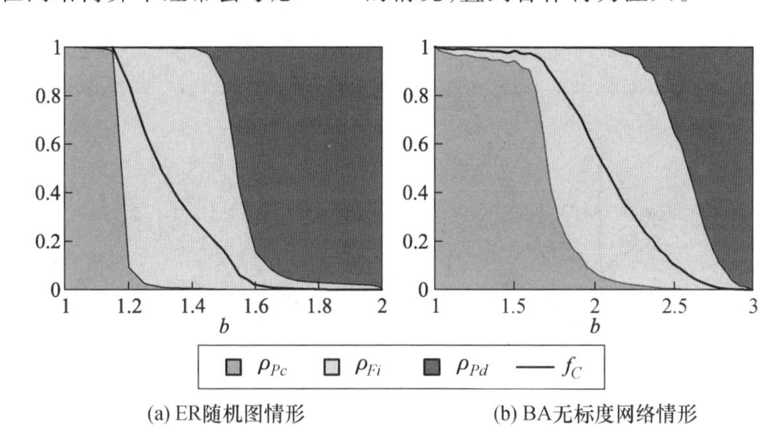

图 10-20 纯合作者/骑墙者/纯背叛者频率($\rho_{Pc}/\rho_{Fi}/\rho_{Pd}$)随着背叛诱惑 b 的变化情况(取自文献[33])

图 10-21 显示的是平均度$\langle k\rangle$分别等于 4 和 8 的 BA 无标度网络上具有历史记忆的雪堆博弈[25]。可以发现与规则格子不同,合作频率 f_C 是参数 r 的非单调函数(图 10-21(a))。这说明适当鼓励自私行为反而有可能促进合作。另一方面,与规则格子相似,f_C 的连续性会被突然打断,分段数对应于网络的平均度,而且合作行为都以(0.5,0.5)为 180 度旋转对称。此外,记忆长度 M 不影响分段点 r_C 的值,

但会影响合作频率 f_C。通过研究 M 对 f_C 的影响发现(图 10-21(b)),会有一段区域 M 对 f_C 不起作用。对于 $\langle k \rangle = 4$ 的情况,这段区域对应 $r = 0.34$ 至 0.49,当 $r = 0.42$ 的时候 f_C 不依赖 M,而 $0.34 < r < 0.42$ 的区域 f_C 是 M 的减函数,在 $0.42 < r < 0.49$ 的区域 f_C 是 M 的增函数。在 $\langle k \rangle = 8$ 时也存在类似情况,$r = 0.45$ 是分界点。

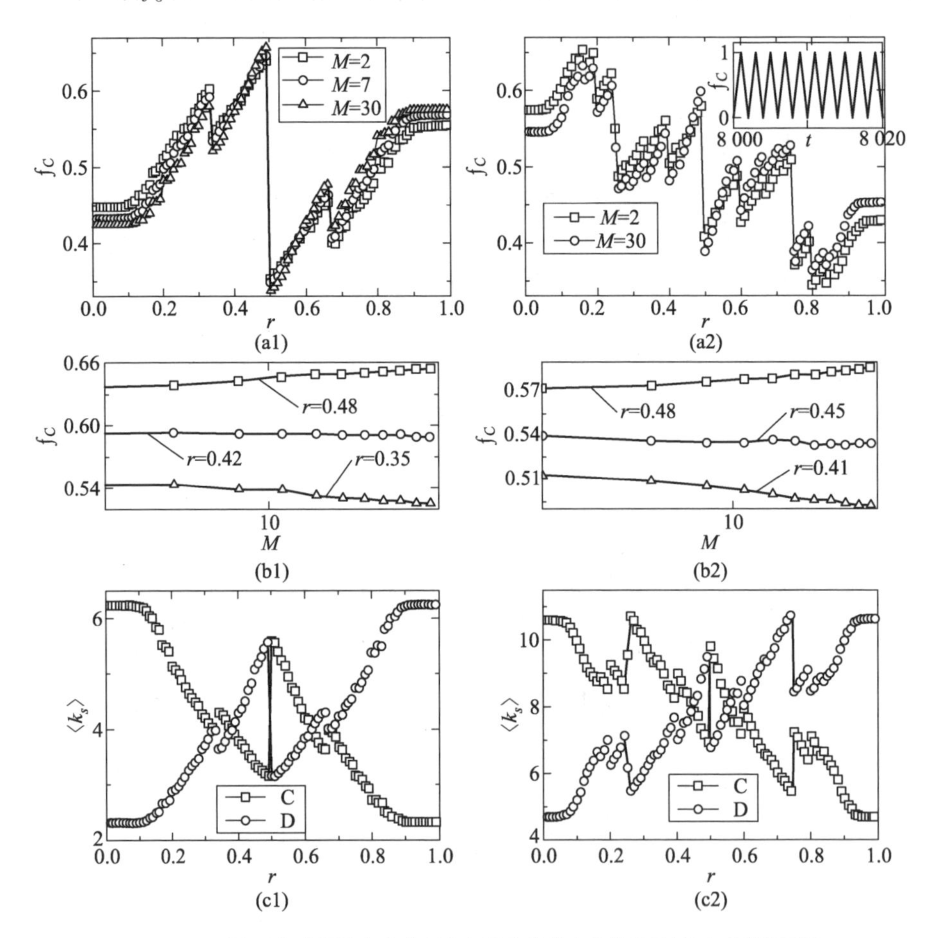

图 10-21　BA 无标度网络上合作行为与博弈参数之间的关系(取自文献[25])

无标度网络上合作频率 f_C 与参数 r 之间的非单调关系可以解释如下:通过研究合作者和背叛者所占据的平均度 $\langle k_S \rangle$ 与 r 的关系(图 10-21(c))可以发现,背叛者的 $\langle k_S \rangle$ 变化趋势与 f_C 相同。在 f_C 较低的时候,所有大度节点都被合作者占据,而占网络多数的小度节点则会采取和大度节点相反的策略成为背叛者。在 f_C 较高的区域,大度节点成为背叛者,而小度节点倾向于成为合作者。随着 r 的提高,越来越多的大度节点倾向于成为背叛者,使得占多数的小度节点被迫选择合作策略,从而导致了系统合作频率的提高。

10.5.2 度相关无标度网络上的演化博弈

实际网络常常表现出不同程度的度相关性,而经典的 BA 网络并不具有度相关性。本节介绍具有度相关性的无标度网络上的两人两策略演化博弈行为。为了在保持原始网络度序列不变的前提下产生具有不同度相关性的网络,我们采用一种有目的的随机重连算法(XS 算法)[34](读者可与第 6 章的随机重连算法做比较),见算法 10-1。

算法 10-1 有目的的随机重连算法(XS 算法)。

(1) 每次随机选择原网络中的两条边,它们连接 4 个不同的端点。

(2) 有目的地重连被选中的两条边:为了得到同配网络,一条边连接度最大的两个节点,而另一条边连接度最小的两个节点。如果为了得到异配网络,那么就用一条边连接度最大和度最小的两个节点,另一条边连接其他两个节点。

重复上述过程充分多次,可以在保持度序列不变的情况下,使网络变得同配或者异配,对应于网络的同配系数为正或者为负。下面讨论度相关性对网络演化博弈行为的影响[35]。

基于 BA 无标度网络,可根据 XS 算法调节网络的同配系数 r_k 介于[-0.3, 0.3]之间——许多实际网络的度相关系数也属于这个区间。初始时,每个个体以相同概率选择合作或者背叛策略。然后,网络根据公式(10-12)的复制动力学规则进行策略演化。我们考察具有不同度相关性的无标度网络上的合作频率 f_C,以及纯合作/背叛策略个体的频率 ρ_{Pc}/ρ_{Pd}。

首先介绍进行囚徒困境博弈的个体在同配网络中的行为。图 10-22(a)显示了随着同配系数 r_k 由 0 增加到 0.3,网络中的合作频率 f_C 随背叛的诱惑 b 的变化情况。当网络变得同配时,一方面,面对相同的诱惑,同配网络中会有更多的个体选择背叛行为,其合作频率要低于不相关网络中的合作频率;另一方面,网络中合作湮灭的阈值也随 r_k 的增加而递减,同配网络中的合作者更容易消失。研究纯合作者比例 ρ_{Pc} 和纯背叛者比例 ρ_{Pd},如图 10-22(b)和(c)所示,可以发现它们的变化趋势与 f_C 相似,而且从图 10-22(c)可以发现当网络变得同配时,即使在 $b=1$ 的时候,网络中也会存在大量纯背叛者。

为什么同配网络中合作者容易消失?类似于图 10-18,我们考虑两个中心节点相连的子图,网络中的其他小度节点仅与这两个中心节点相连。初始时,假设一个中心节点为背叛者,另一个中心节点为合作者。在囚徒困境中,由于背叛者

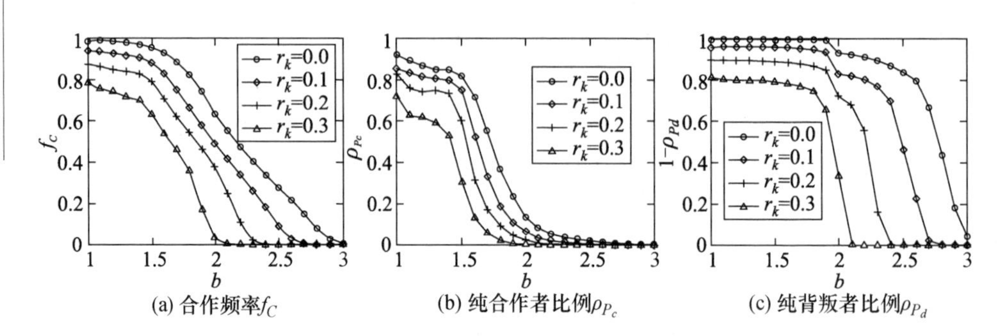

图 10-22　在具有不同度相关性的同配无标度网络上个体进行囚徒困境博弈时，随背叛诱惑 **b** 的变化情况

遇到合作者时的收益 $b>1$，因此合作中心节点的收益永远低于背叛中心节点。随着时间的演化，合作行为会在这个子图中消失。所以，如果两个中心节点共享过多的邻居，背叛中心节点因为能够从与合作中心节点共享的邻居处获得更多的收益，从而很容易入侵合作中心节点。同配网络中度大的节点倾向于互相连接，从而导致这一现象的发生。

我们还可通过微扰分析说明同配网络中合作者容易消失。选取一个 BA 无标度网络，其最大度中心节点 x 和次大度中心节点 y 相差不大。随着无标度网络变得同配，中心节点之间倾向于相互连接，因此这两个相连的中心节点之间会共享更多的邻居。假设初始化时网络的最大度节点 x 是背叛者，而其他节点都是合作者。那么，在背叛中心节点 x 的影响下，合作中心节点 y 周围有多少节点会转变为背叛者呢？如图 10-23 所示，取 $b=1.5$，对于 $r_k=0.0$ 的不相关网络，在 x 的影响下，y 周围只有大约 10% 的节点成为了背叛者。然而，当网络变得同配时，两个中心节点之间共享更多的邻居，因此在 x 的影响下，有更多的 y 的邻居变为背叛者。所以当 y 周围的合作邻居数降低到足够少时，y 的收益低于 x 的收益而在后者的影响下变为背叛者，使背叛行为在初始持合作策略的中心节点之间扩散开来，并最终导致合作行为在网络中湮灭。

此外，当网络变得同配时，小度节点会选择小度节点而不是中心节点作为邻居，所以中心节点对小度节点的控制能力减弱。在图 10-24 中我们选择两个包含 1 000 个节点，$\langle k\rangle=4$，r_k 分别为 0.0 和 0.3 的无标度网络，设定 $b=1.5$——此时合作和背叛行为都可以在不同度相关性的无标度网络上共存，研究稳定状态上不同度节点所持纯合作/纯背叛/骑墙策略的比例。初始时刻网络中节点随机选择合作或者背叛策略。可以发现，在 $r_k=0.0$ 的不相关网络上，由于中心节点既与中心节点相连，又与小度节点连接，所以中心节点的行为能够有效影响小度节点。在稳定状态，大量的节点选择纯合作策略，只有极少量节点选择纯背叛策

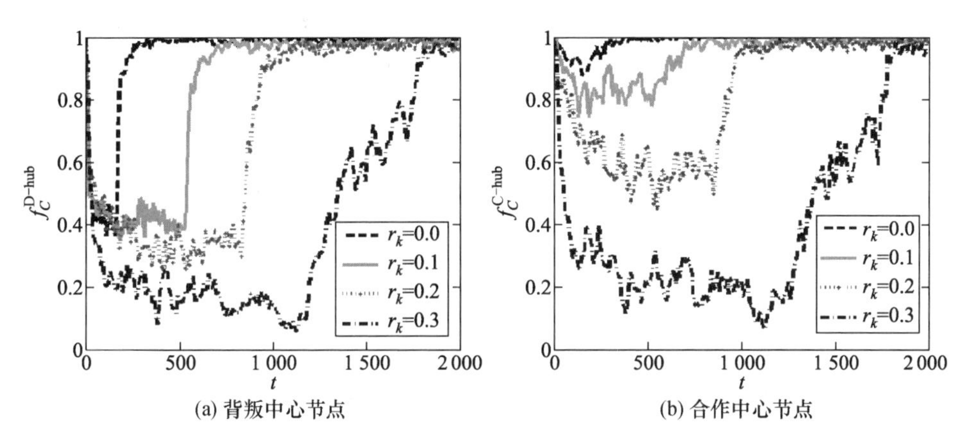

(a) 背叛中心节点　(b) 合作中心节点

图 10-23　背叛中心节点和合作中心节点周围合作邻居的比例 f_C^{D-hub}/f_C^{C-hub} 随时间演化的变化情况

略，且主要集中在小度节点上；骑墙者也主要出现在小度节点中。而当网络变得同配（$r_k=0.3$）时，中心节点对小度节点的影响能力减弱，背叛策略容易在小度节点间扩散开来，如图 10-24(b) 所示。这时，在稳定状态有大量的节点成为了纯背叛者，纯合作者主要集中在大度节点中。所以在合作者没有湮灭的区域，同配网络中的纯背叛者和骑墙者占据无标度网络中为数众多的小度节点，其合作频率低于不相关网络的合作频率。

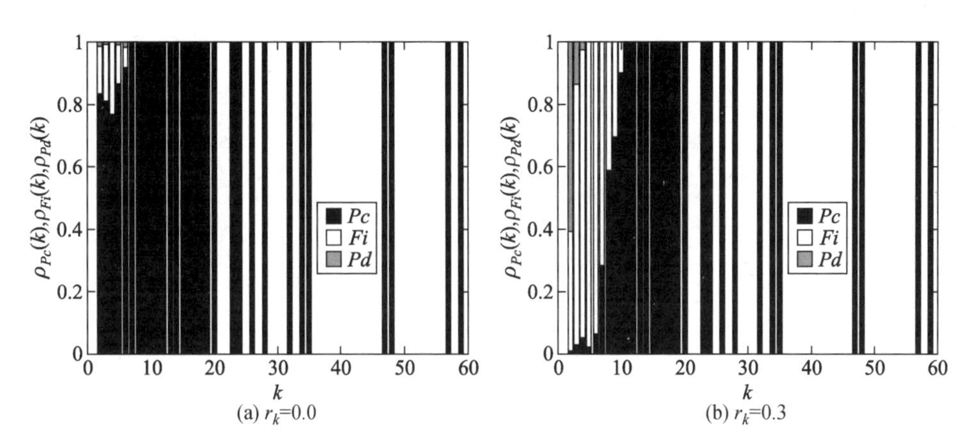

(a) r_k=0.0　(b) r_k=0.3

图 10-24　无标度网络的同配系数分别取 $r_k=0.0$ 和 $r_k=0.3$ 时，纯合作者（Pc）、纯背叛者（Pd）和骑墙者（Fi）的稳态分布

现在介绍网络变得异配时，演化博弈行为的变化情况。图 10-25 显示了合作频率 f_C 随参数 b 的变化趋势。可以发现：一方面，在参数 b 较低时，异配网络的合作频率低于不相关网络的合作频率；另一方面，对于参数 b 较高的情况，异

配网络中合作者能够幸存下来。考虑当网络变得异配时,中心节点更多地与小度节点连接,而中心节点之间很少相连,因此,中心节点之间的合作相持能力被破坏。从图 10-26 可以发现,对于一个包含 1 000 个节点,$\langle k \rangle = 4$,$r_k = -0.3$ 的异配无标度网络,在初始时刻所有节点有相等的概率选择合作或者背叛策略。图 10-26(a)表明初始时刻异配网络中不同度节点的合作/背叛策略分布是均匀的。在稳定状态,如图 10-26(b)所示,那些度大的中心节点会一直保持它们的初态策略不变——成为纯合作或者纯背叛者;网络中大量存在的是骑墙者,它们在持合作/背叛策略的中心节点影响下不断变换策略。进一步,图 10-25(b)显示了 $r_k = -0.3$ 的异配网络,随着参数 b 的增加,纯合作者/纯背叛者/骑墙者比例的变化情况。可以发现,异配网络中纯合作者/纯背叛者是一直存在的,被合作中心节点包围的节点成为了纯合作者。但是,在背叛中心节点之间的节点一直保持背叛策略,骑墙者是那些介于纯合作/纯背叛中心节点之间的节点。由于纯背叛节点的存在,使参数 b 较小的时候,异配网络的合作频率低于不相关网络。而异配网络的中心节点之间的沟通能力被破坏,初始合作的中心节点很容易带动周围的邻居结成合作簇,抵御背叛者的入侵。所以,当参数 b 较高时,纯合作者一直会在异配网络中存在,合作行为不容易在异配网络中湮灭。

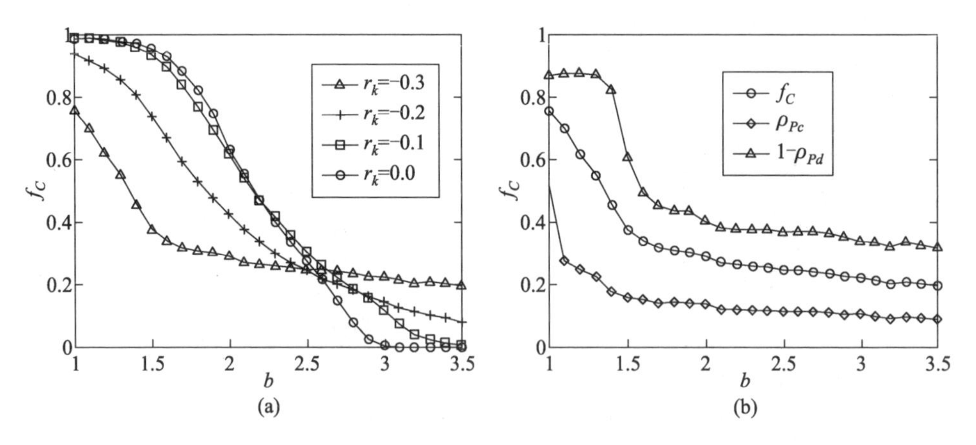

图 10-25　不同异配无标度网络上的合作频率 f_C 随 b 的变化情况(a),和 $r_k = -0.3$ 异配无标度网络上的合作频率 f_C,纯合作者频率 ρ_{Pc} 和纯背叛者频率 ρ_{Pd} 的变化情况(b)

以上主要以两人两策略博弈模型为例,介绍了各种空间结构对合作行为的影响。公共品博弈(Public goods game,PGG)作为囚徒困境博弈的多人扩展模型近年来也受到较多关注。在公共品博弈中引入奖惩机制可以提供更丰富的动力学行为[36]。一个有趣的实证研究是,基于公共品博弈模型研究坦桑尼亚北部 Hadza 部落人们之间的合作行为[37]。Hadza 人至今仍然基本以狩猎—采集为生,

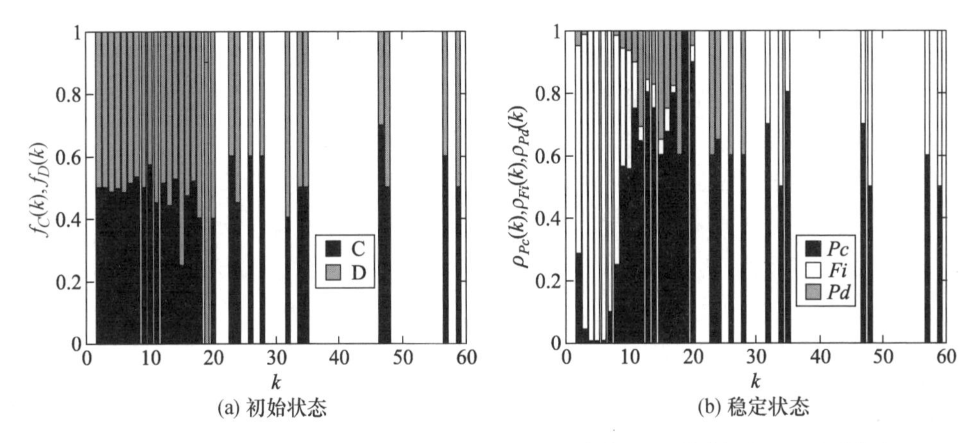

图 10-26　异配网络(r_k = −0.3)上的初始和稳态纯合作者(Pc)、纯背叛者(Pd)和骑墙者(Fi)分布,b = 1.5

因而也成为了人类学研究的绝佳样本。他们平均 12 名成年人在一起宿营 4～6 周,然后更换营地和宿营伙伴。研究人员访问了 17 个营地的 205 名成年 Hadza 人(男性 103 名,女性 102 名),在每个营地与他们玩一轮公共品博弈:每名 Hadza 人获得 4 个蜂蜜棒——他们最喜欢的食物,他们可以选择一部分留给自己,另外的部分投入公共品箱与其他宿营伙伴共享。每个人的决策都是不公开的。并且每个人都被事前告知,每捐献一份公共品,研究者会额外投入 3 倍数量的蜂蜜棒到公共品箱。在所有参与者都做出决策之后,箱中的公共品会平均分配给每个人。在公共品博弈中,捐献公共品的合作者可能会冒着收益下降的风险;而搭便车者因没有任何投入即可分享公共品,其收益会比合作者高。然而,研究人员发现,Hadza 人平均会捐献略超过一半的蜂蜜棒,这说明 Hadza 人之间存在合作利他行为。进一步研究表明,Hadza 人之间的社会关系网络具有一些与现代社会网络类似的特征,如高聚类、同质性和互惠性等。这表明社会网络的一些结构特征以及合作的涌现可能在人类早期就已经形成[37]。

近年来,Nowak 等尝试通过建立研究演化博弈的新的理论框架,以进一步理解从自然界到人类社会中随处可见的合作利他现象[38,39]。

习　题

10-1　考虑一个通牒博弈(Ultimatum game)的例子。假设有人出 100 元钱,让两个互不认识的人按照如下规则分配:随机选择一个人为提议者,他提出一个分配这笔钱的方案,如果另一个人(应答者)同意,则双方根据该方案获得相应的现金;反之,如果应答者拒绝这个方案,则双方一无所获。在分配过程中两个人不能沟通,且双方只有一次提议/应答的机会。假设他们事先对上述规则都很清楚,请你分别站在提议者和应答者的角度,提出你认为合理的分配方案。

10-2 请将雪堆博弈、鹰鸽博弈和胆小鬼博弈的收益矩阵(10-2)—(10-4)转化为式(10-5)的标准形式。基于雪堆博弈,请再考虑如下情况:如果两人遇到一场暴风雪,单独铲雪的代价高于按时回家的收益,即 $b<c$,此时的收益矩阵属于什么类型的博弈?对应图 10-6 中的哪一个区域?

10-3 交通中的囚徒困境也称为 Braess 悖论,叙述如下。考虑一个公路网络,如图 10-27(a)所示,假设在起始点 s 与目的点 t 两地之间存在两个中间节点 v 和 w。如果 $s\to v$ 和 $w\to t$ 两条公路长度较短但是路面较窄,对流量影响非常敏感,经过这条路需要的时间随着人数增加呈线性增长。而另外两条公路 $s\to w$ 和 $v\to t$ 虽然较长,但是路面足够宽,不论多少人通过都需要 100 分钟。用延迟函数 $l(f)$ 描述路径时间与经过该路径的人数 f 之间的关系:即 $l_{s\to v}(f)=l_{w\to t}(f)=x$, $l_{s\to w}(f)=l_{v\to t}(f)=100$。如果总共有 $r=100$ 人打算从 s 到 t,他们都希望花费最少的时间抵达目的地,而不会考虑其行为对他人的影响,并且这些人对路况($l(f)$ 和 r)都非常了解。请分析最终从 s 至 t 的流量均衡分布和所有人花费的时间。

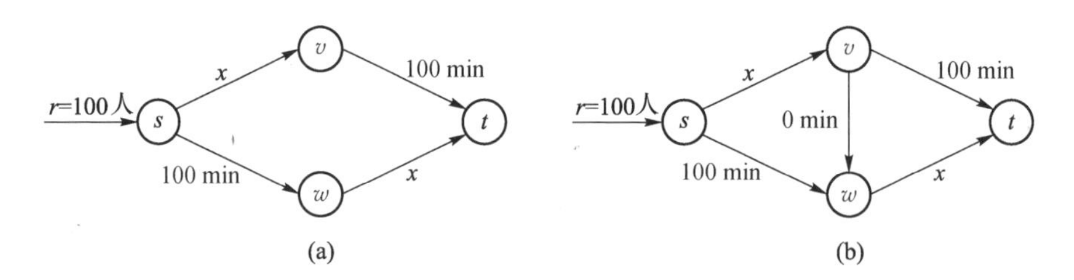

图 10-27 Braess 悖论的例子

进一步地,假设节点 v 和 w 之间的距离很近并且新开拓一条公路 $v\to w$,该路既宽又短,花费时间可以忽略不计:$l_{v\to w}(f)=0$。这样,从 s 至 t 出现了第三条路径 $s\to v\to w\to t$。假设从 s 至 t 的总人数仍为 $r=100$。请计算此时自私的用户从 s 至 t 的流量均衡分布和花费时间是多少?增加的公路 $v\to w$ 是否改善了公路系统的性能?

参考文献

[1] VON NEUMANN J, MORGENSTERN O. Theory of Games and Economic Behavior[M]. Princeton: Princeton University Press, 1944.

[2] 约翰·梅纳德·史密斯. 演化与博弈论[M]. 潘香阳, 译. 上海: 复旦大学出版社, 2008.

[3] NASH J F. Equilibrium points in n-person games [J]. Proc. Natl. Acad. Sci. USA, 1950, 36(1): 48-49.

[4] SMITH J M, PRICE G R. The logic of animal conflict [J]. Nature, 1973, 246(5427): 15-18.

[5] NOWAK M A. Five rules for the evolution of cooperation [J]. Science, 2006, 314(5805): 1560-1563.

[6] HAMILTON W D. The genetical evolution of social behavior I and II [J]. J. Theoretical Biology, 1964, 7(1): 1-52.

[7] NOWAK M A, SIGMUND K. Evolution of indirect reciprocity [J]. Nature, 2005, 437(7063): 1291-1298.

[8] SOBER E, WILSON D S. Unto Others: The Evolution and Psychology of Unselfish Behavior[M]. Boston: Harvard University Press, 1998.

[9] TRAULSEN A, NOWAK M A. Evolution of cooperation by multilevel selection [J]. Proc. Natl. Acad. Sci. USA, 2006, 103(29): 10952-10955.

[10] WILKINSON G S. Reciprocal food sharing in the vampire bat [J]. Nature, 1984, 308(5955): 181-184.

[11] 罗伯特·阿克塞尔罗德. 合作的进化[M]. 修订版. 吴坚忠, 译. 上海: 上海人民出版社, 2007.

[12] NOWAK M A, MAY R M, SIGMUND K. The arithmetics of mutual help [J]. Scientific American, 1995, 272: 76-81.

[13] MILINSKI M. Tit for tat in sticklebacks and the evolution of cooperation [J]. Nature, 1987, 325(6103): 433-435.

[14] NOWAK M A, SIGMUND K. Tit for tat in heterogeneous populations [J]. Nature, 1992, 355(6357): 250-253.

[15] NOWAK M A, SIGMUND K. A strategy of win-stay, lose-shift that outperforms tit-for-tat in the Prisoner's Dilemma game [J]. Nature, 1993, 364(6432): 56-58.

[16] TAYLOR P D, JONKER L. Evolutionary stable strategies and game dynamics [J]. Mathematical Biosciences, 1978, 40: 145-156.

[17] CAO L, LI X. Mixed evolutionary strategies imply coexisting opinions on networks [J], Phys. Rev. E, 2008, 77(1): 016108.

[18] 吴枝喜, 荣智海, 王文旭. 复杂网络上的博弈 [J], 力学进展, 2008, 38(6): 794-804.

[19] NOWAK M A, MAY R. Evolutionary games and spatial chaos [J]. Nature, 1992, 359: 826-829.

[20] SZABÓ G, FATH G. Evolutionary games on graphs [J]. Phys. Reports, 2007, 446(4-6): 97-216.

[21] SZABÓ G, TOKE C. Evolutionary prisoner's dilemma game on a square lattice [J]. Phys. Rev. E, 1998, 58(1): 69-73.

[22] VUKOV J, SZABÓ G, SZOLNOKI A. Cooperation in the noisy case: Prisoner's dilemma game on two types of regular random graphs [J]. Phys. Rev. E, 2006, 73(6): 067103.

[23] VUKOV J, SZABÓ G, SZOLNOKI A. Evolutionary prisoner's dilemma game on Newman-Watts networks [J]. Phys. Rev. E, 2008, 77(2): 026109.

[24] HAUERT C, DOEBELI M. Spatial structure often inhibits the evolution of cooperation in the snowdrift game [J]. Nature, 2004, 428(6983): 643-646.

[25] WANG W X, REN J, CHEN G, et al. Memory-based snowdrift game on networks [J]. Phys. Rev. E, 2006, 74(5): 056113.

[26] CHALLET D, ZHANG Y C. Emergence of cooperation and organization in an evolutionary game [J]. Physica A, 1997, 246(3-4): 407-418.

[27] HAUERT C, SZABÓ G. Game theory and physics [J]. Amer. J. Physics, 2005, 73(5): 405-414.

[28] SANTOS F C, RODRIGUES J F, PACHECO J M. Epidemic spreading and cooperation dynamics on homogeneous small-world networks [J]. Phys. Rev. E, 2005, 72(5): 056128.

[29] WU Z-X, XU X-J, HUANG Z-G, et al. Evolutionary prisoner's dilemma game with dynamic preferential selection [J]. Phys. Rev. E, 2006, 74(2): 021107.

[30] SANTOS F C, PACHECO J M. Scale-free networks provide a unifying framework for the emergence of cooperation [J]. Phys. Rev. Lett., 2005, 95(9): 098104.

[31] SANTOS F C, PACHECO J M, Lenaerts T. Evolutionary dynamics of social

dilemmas in structured heterogeneous populations [J]. Proc. Natl. Acad. Sci. USA,2006,103(9):3490-3494.

[32] SANTOS F C,PACHECO J M. A new route to the evolution of cooperation [J]. J. Evolutionary Biology,2006,19(3):726-733.

[33] GOMEZ-GARDENES J, CAMPILLO M, FLORIA L M, et al. Dynamical organization of cooperation in complex topologies [J]. Phys. Rev. Lett.,2007,98(10):108103.

[34] XULVI-BRUNET R, SOKOLOV I M. Reshuffling scale-free networks: From random to assortative [J]. Phys. Rev. E,2004,70(6):066102.

[35] RONG Z H,LI X,WANG X F. Roles of mixing patterns in cooperation on a scale-free networked game [J]. Phys. Rev. E,2007,76(2):027101.

[36] SIGMUND K,HAUERT C,NOWAK M A. Reward and punishment [J]. Proc. Natl. Acad. Sci. USA,2001,98(19):10757-10762.

[37] APICELLA C L,MARLOWE F W,FOWLER J H,et al. Social networks and cooperation in hunter-gatherers [J]. Nature,2012,481(7382):497-501.

[38] NOWAK M A.进化动力学——探索生命的方程[M].李镇清,王世畅,译.北京:高等教育出版社,2010.

[39] NOWAK M A,HIGHFIELD R. SuperCooperators: Why We Need Each Other to Succeed [M]. New York:Simon & Schuster,2011.

第 11 章　网络同步与控制

本章要点

- 网络同步的两类常用判据
- 网络同步化能力与拓扑特征之间的关系
- 网络牵制控制的可行性与有效性
- 网络系统的结构可控性及其与最大匹配之间的关系

11.1　引言

1665 年,荷兰物理学家惠更斯躺在病床上惊讶地发现,挂在同一个横梁上的两个钟的钟摆在一段时间以后会出现同步摆动的现象。1680 年,荷兰旅行家肯普弗在暹罗(即现在的泰国)旅行时发现,停在同一棵树上的萤火虫会很有规律地同时闪光和熄灭。这是现实世界中存在同步现象的两个典型的例子。

在日常生活中,例如,当一场精彩的演出结束时,帷幕徐徐落下,剧场在几秒钟内也许会鸦雀无声,然后突然有人带头鼓掌,于是整个剧场里的观众都鼓起掌来。掌声在最初是零乱的,但是在一段时间之后,每个人的节奏会趋于一致,然后大家用共同的节奏鼓掌。从非线性动力学等观点阐述掌声同步的产生机理也成为一个有意义的课题[1,2]。同步在激光系统、超导材料和通信系统等领域也起着重要的作用。

同步现象也可能是有害的。例如,2000 年 6 月 10 日伦敦千年桥落成,当时有成千上万的人通过大桥,共振使这座 690 吨钢铁铸造成的大桥开始摇摆晃动。桥体 S 形振动所引起的偏差甚至达到了 20 厘米,桥上的人们开始恐慌,大桥于是不得不临时关闭。Internet 上也有一些对网络性能不利的同步现象。例如,Internet 上的每一个路由器都要周期性地发布路由消息。尽管各个路由器都是由设计决定何时发布路由消息,但是研究人员发现,不同的路由器有可能会以某种同步方式发送路由消息,从而引发拥堵。

从科学研究的角度看,假定一个集体中所有成员的状态都是周期变化的,例如从发光到不发光,那么这种现象完全可以用数学语言来描述,其中的每个个体是一个动力学系统,而个体之间存在着某种特定的耦合关系。实际上,在物理学、数学和理论生物学等领域,耦合动力学系统中的同步现象已经有较长的研究历史。早期的开创性工作要归功于 Winfree,他假设每个振子只与它周围有限个节点之间存在强力作用,这样振子的幅值变化可以忽略,从而将同步问题简化成相位变化的问题[3]。在此基础上,Kuramoto 进一步指出,一个具有有限个恒等振子的耦合系统,无论系统内部各个振子之间的耦合强度多么微弱,它的动力学特性都可以由一个简单的相位方程来表示[4]。此后,有关耦合系统的网络同步化现象引起了人们的极大兴趣。但 20 世纪的工作大多集中在具有规则拓扑形状的网络结构上，其中的两个典型例子是耦合映象格子(CML)[5]和细胞神经网络(CNN)[6]。研究这些具有比较简单结构的网络，可以使人们将研究重点放在网络节点的非线性动力学所产生的复杂行为上，而暂时不去考虑网络结构复杂性对网络行为的影响。Strogatz 撰写的关于同步的科普著作对同步现象及其研究历史具有非常生动的描述[7]。

然而网络的拓扑结构在决定网络动态特性方面起着很重要的作用。例如，尽管早期结果已经表明，在一定条件下，足够强的耦合可以导致网络中节点之间的同步[8]，但这一结果无法解释为什么即使在较弱耦合的情况下，许多实际的复杂网络仍呈现出较强的同步化趋势。复杂网络小世界和无标度特性的发现，使得人们开始关注网络的拓扑结构与网络的同步化行为之间的关系[9-11]。网络同步也成为网络科学中一个受到较多关注的研究领域[12-14]。

本章将介绍基于 Laplacian 矩阵特征值刻画网络同步化能力的基本判据，并在此基础上分析了一些基本的网络模型的同步化能力，特别指出了同步化能力与网络拓扑特征之间的复杂关系。本章介绍的另一部分内容是网络系统的有效控制，它也是与网络同步密切相关的。

11.2 网络同步判据

要从理论角度研究网络同步，首先需要建立一个合适的反映节点动力学和网络结构的数学模型。这个模型一方面要尽可能简单以便于理论分析，另一方面又要能刻画网络结构对同步行为的本质影响。

以连续时间系统为例。单个节点系统的动力学方程一般可描述如下：

$$\dot{x} = f(x), \quad y = H(x), \tag{11-1}$$

其中，$x \in \Re^n$，$y \in \Re^n$，分别称为节点的状态和输出；假设 $f(\cdot)$ 为 Lipschitz 函数。注意这里为了方便叙述，我们假设输出和状态的维数是一致的。

现在考虑由 N 个相同的节点按照某种拓扑结构组成的网络。由于我们研究的是同步问题，并且每个节点的输出可以被它的邻居节点采集和使用，所以自然希望一个节点的输出尽量能与邻居节点的输出趋于一致。基于这一想法，我们考虑如下描述的网络系统状态方程：

$$\dot{x}_i = f(x_i) + c\sum_{j=1}^{N} a_{ij}(H(x_j) - H(x_i)), \quad i = 1,2,\dots,N, \tag{11-2}$$

其中,$x_i \in \Re^n$ 为节点 i 的状态变量,常数 $c>0$ 为网络的耦合强度,$\boldsymbol{A}=(a_{ij}) \in \Re^{N\times N}$为反映网络拓扑结构的邻接矩阵。假设网络拓扑是一个无权无向的简单的连通网络,邻接矩阵 $\boldsymbol{A}$ 的定义重述如下:若节点 i 和节点 $j(i \neq j)$之间有连接,则 $a_{ij}=a_{ji}=1$;否则 $a_{ij}=a_{ji}=0(i \neq j)$。以下如不特别声明,总假定 $i,j=1,2,\ldots,N$。

记

$$l_{ij} = -a_{ij}(i \neq j), \quad l_{ii} = \sum_{j=1}^{N} a_{ij}. \tag{11-3}$$

式(11-2)可以改写为如下形式:

$$\dot{x}_i = f(x_i) - c\sum_{j=1}^{N} l_{ij}H(x_j), \tag{11-4}$$

其中,$\boldsymbol{L}=(l_{ij}) \in \Re^{N\times N}$称为是该网络的 Laplacian 矩阵。式(11-3)表明,Laplacian 矩阵的每行元素之和均为零,即有

$$\sum_{j=1}^{N} l_{ij} = 0. \tag{11-5}$$

式(11-5)也称为耗散耦合条件,它意味着当所有节点状态都相同时,方程(11-4)右端的耦合项自动消失。

从式(11-3)还可以看出,Laplacian 矩阵的第 i 行对角元即为节点 i 的度 k_i,即有 $\boldsymbol{L}=\boldsymbol{D}-\boldsymbol{A}$,其中度对角阵 $\boldsymbol{D}=\mathrm{diag}(k_1,k_2,\ldots,k_N)$。由于网络是连通的,由矩阵理论可知矩阵 $\boldsymbol{L}$ 是一个不可约矩阵并具有如下性质:

(1) 矩阵 $\boldsymbol{L}$ 有且仅有一个重数为 1 的零特征根,且其对应的特征向量为$(1,1,\ldots,1)^{\mathrm{T}}$。

(2) 矩阵 $\boldsymbol{L}$ 其余的 $N-1$ 个特征根均为正实数,且这些特征根对应的特征向量构成的 $N-1$ 维子空间横截(正交)于零特征根的特征向量$(1,1,\ldots,1)^{\mathrm{T}}$。

(3) 记矩阵 $\boldsymbol{L}$ 的特征根为

$$0 = \lambda_1 < \lambda_2 \leqslant \lambda_3 \leqslant \cdots \leqslant \lambda_N. \tag{11-6}$$

那么有

$$\lambda_2 \leqslant \frac{N}{N-1}k_{\min} \leqslant \frac{N}{N-1}k_{\max} \leqslant \lambda_N \leqslant 2k_{\max}, \tag{11-7}$$

其中 $k_{\min}$和 $k_{\max}$分别为网络节点的最小度和最大度。

如果当 $t\to\infty$ 时,有

$$x_i(t) - x_j(t) \to 0, \quad i,j = 1,2,\ldots,N, \tag{11-8}$$

那么就称网络(11-4)是(自我)完全(渐近)同步的。如果存在 $s(t) \in \Re^n$,使得当 $t\to\infty$ 时,有

$$x_i(t) \to s(t), \quad i = 1,2,\ldots,N,$$

就称网络系统(11-4)的所有节点的状态完全(渐近)同步于 $s(t)$,并称 $s(t)$为同

步状态，

$$x_1(t) = x_2(t) = \cdots = x_N(t) = s(t) \tag{11-9}$$

为对应的同步流形。由于耗散耦合条件，同步状态 $s(t)$ 必为单个孤立节点的解，即满足 $\dot{s}(t) = f(s(t))$。这里 $s(t)$ 可以是孤立节点的平衡点、周期轨道甚至是混沌轨道。

对状态方程(11-4)关于同步状态 $s(t)$ 线性化，令 ξ_i 为第 i 个节点状态的变分，可以得到如下的变分方程：

$$\dot{\xi}_i = \boldsymbol{Df}(s)\xi_i - \sum_{j=1}^{N} cl_{ij}\boldsymbol{DH}(s)\xi_j, \tag{11-10}$$

这里 $\boldsymbol{Df}(s)$ 和 $\boldsymbol{DH}(s)$ 分别是 $f(s)$ 和 $H(s)$ 关于 s 的 Jacobi 矩阵，再令 $\boldsymbol{\xi} = [\xi_1, \ldots, \xi_N]$，则上式可以写为

$$\dot{\xi} = \boldsymbol{Df}(s)\boldsymbol{\xi} - c\boldsymbol{DH}(s)\boldsymbol{\xi}\boldsymbol{L}^{\mathrm{T}}.$$

记 $\boldsymbol{L}^{\mathrm{T}} = \boldsymbol{U\Lambda U}^{-1}$ 为矩阵的对角分解，$\boldsymbol{\Lambda} = \mathrm{diag}(\lambda_1, \ldots, \lambda_N)$。再令 $\boldsymbol{\eta} = [\eta_1, \ldots, \eta_N] = \boldsymbol{\xi U}$，则有

$$\dot{\eta} = \boldsymbol{Df}(s)\boldsymbol{\eta} - c\boldsymbol{DH}(s)\boldsymbol{\eta\Lambda}$$

上式等价于

$$\dot{\eta}_1 = \boldsymbol{Df}(s)\eta_1, \tag{11-11}$$

$$\dot{\eta}_k = [\boldsymbol{Df}(s) - c\lambda_k\boldsymbol{DH}(s)]\eta_k, \quad k = 2, \ldots, N \tag{11-12}$$

式(11-11)对应于与同步流形平行方向的扰动。为保证同步流形的稳定性，须要求式(11-12)描述的 $N-1$ 个子系统是渐近稳定的。注意到除非 $s(t)$ 为平衡点，否则式(11-12)的每个子系统都是时变系统。在非线性动力学中发展起来的一个常用的稳定性判据是要求系统的横截 Lyapunov 指数全为负值。

在方程(11-12)中，只有 $\boldsymbol{\eta}_k$ 和 $\boldsymbol{\lambda}_k$ 与 k 相关，定义主稳定方程(Master stability equation)如下：

$$\dot{y} = [\boldsymbol{Df}(s) - \alpha\boldsymbol{DH}(s)]\boldsymbol{y}. \tag{11-13}$$

该方程的最大 Lyapunov 指数 $L_{\max}$ 是实数变量 α 的函数，称为网络系统(11-4)的主稳定函数(Master stability function, MSF)。我们把使得主稳定函数 $L_{\max}$ 为负的实数 α 的取值范围 S 称为网络系统(11-4)的同步化区域，它是由孤立节点的动力学函数 $f(\cdot)$ 和输出函数 $H(\cdot)$ 确定的。如果耦合强度与 Laplacian 矩阵的每个非零特征值之积都属于同步化区域，即

$$c\boldsymbol{\lambda}_k \subseteq S, \quad k = 2, \ldots, N, \tag{11-14}$$

那么同步流形是渐近稳定的。根据同步化区域 S 的不同情形，可以把网络系统(11-4)分为以下几种类型(图 11-1)。

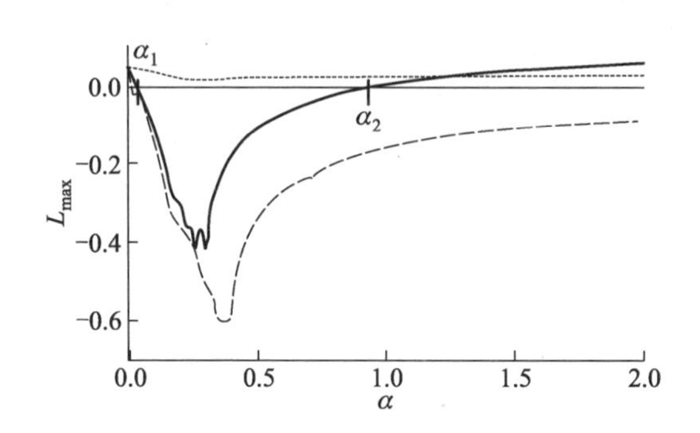

图 11-1　几类网络及其对应的主稳定函数示意图

1. 类型 I 网络

对应的同步化区域为 $S_1=(\alpha_1,\infty)$，α_1 为有限正实数。对于此类网络，如果

$$c\lambda_2>\alpha_1, \tag{11-15}$$

即

$$c>\frac{\alpha_1}{\lambda_2}>0, \tag{11-16}$$

那么，类型 I 网络的同步流形是渐近稳定的。因此，类型 I 网络关于拓扑结构的同步化能力可以用对应的 Laplacian 矩阵的最小非零特征值 λ_2 来刻画。λ_2 值越大，实现同步所需的耦合强度 c 可以越小，在这个意义下，类型 I 网络的同步化能力越强。我们把公式(11-15)或(11-16)记为同步判据 I。

2. 类型 II 网络

对应的同步化区域为 $S_2=(\alpha_1,\alpha_2)$，α_1 和 α_2 为有限正实数且 $\alpha_1<\alpha_2$。对于此类网络，如果

$$\alpha_1<c\lambda_2,\quad c\lambda_N<\alpha_2 \tag{11-17}$$

也就是说，当耦合强度在一定范围内时，即满足

$$\frac{\alpha_1}{\lambda_2}<c<\frac{\alpha_2}{\lambda_N}, \tag{11-18}$$

类型 II 网络的同步流形是渐近稳定的。我们把公式(11-17)或(11-18)称为同步判据 II，由此可得

$$R\equiv\lambda_N/\lambda_2<\alpha_2/\alpha_1. \tag{11-19}$$

因此，类型 II 网络关于拓扑结构的同步化能力可以用对应的 Laplacian 矩阵的最大非零特征值与最小非零特征值的比率 R 来刻画。R 值越小，式(11-19)越容易满足，在这种意义下，类型 II 网络的同步化能力越强。有些文献定义 $R\equiv\lambda_2/\lambda_N$，此时 R 值越大，类型 II 网络的同步化能力越强。

3. 类型 III 网络

对应的同步化区域 S_3 为几个不相邻的区间的并。例如,$S_3=(\alpha_1,\alpha_2)\cup(\alpha_3,\alpha_4)$。

4. 类型 IV 网络

对应的同步化区域为空集,即 $S_4=\Phi$。对于任意的耦合强度和网络拓扑,这类网络都无法实现自我同步。

值得强调的是,一个给定拓扑结构的网络系统(11-4)属于上述哪一种类型是由该网络的孤立节点的动力学函数 $f(\cdot)$ 和输出函数 $H(\cdot)$ 确定的。假设网络是连通的,那么只要网络的耦合强度充分大,类型 I 网络就一定可以实现同步;而只有当耦合强度属于一定范围时,类型 II 网络才会同步,也就是说,太弱或太强的耦合强度都会使类型 II 网络无法实现同步。

同步判据 I 和 II 中的 α_1 和 α_2 的值一般可通过数值计算来确定。例如,当节点输出函数 $H(\cdot)$ 为线性函数时,可以应用稳定性理论给出网络属于类型 I 的一些实用的充分条件和 α_1 值的估计[10,11]。

11.3 网络同步化能力分析

11.3.1 规则网络的同步化能力

1. 最近邻耦合网络

对于每个节点度均为 K(假设为偶数)的环状最近邻耦合网络,它对应的 Laplacian 矩阵是一个循环阵,其特征值为

$$\lambda_l=K-2\sum_{j=1}^{K/2}\cos\left(\frac{2\pi(l-1)j}{N}\right),\quad l=1,2,\ldots,N. \tag{11-20}$$

当 $1<<K<<N$ 时,基于级数展开有

$$\lambda_2\approx\frac{\pi^2K(K+1)(K+2)}{6N^2},\quad \lambda_N\approx(K+1)(1+2/3\pi), \tag{11-21}$$

从而有

$$R=\frac{\lambda_N}{\lambda_2}\approx\frac{2(3\pi+2)N^2}{\pi^3K(K+2)},\quad 1<<K<<N. \tag{11-22}$$

对于任意给定的 K,当网络规模 $N\to\infty$ 时,λ_2 单调下降趋于零,而 R 单调上

升趋于无穷。

基于网络同步判据，我们有如下结论：对于具有最近邻耦合拓扑的动态网络(11-4)及给定的耦合强度 c，不管该网络是属于类型 I 还是类型 II，当网络规模充分大时都无法实现同步。

2. 全耦合网络

由 N 个节点两两互相连接构成的全局耦合网络对应的 Laplacian 矩阵为

$$\boldsymbol{L}_{gc}=\begin{bmatrix} N-1 & -1 & \cdots & \cdots & -1 \\ -1 & N-1 & -1 & \cdots & -1 \\ \vdots & \ddots & \ddots & \ddots & \vdots \\ -1 & \cdots & -1 & \ddots & -1 \\ -1 & \cdots & \cdots & -1 & N-1 \end{bmatrix}.$$

矩阵 $\boldsymbol{L}_{gc}$ 除了一个零特征根外其余的特征根都为 N。因此，当网络规模 $N\to\infty$ 时，$\lambda_2=N$ 单调上升趋于无穷大，而特征值比率 $R\equiv1$。

基于网络同步判据，我们有如下结论：对于具有全耦合拓扑的动态网络(11-4)及给定的非零耦合强度 c，如果该网络属于类型 I，那么只要网络规模充分大就可实现同步；如果该网络属于类型 II，那么网络的同步化能力与网络规模无关，只要 $\alpha_2/\alpha_1>1$ 就可实现同步。

3. 星形耦合网络

如果网络具有星形拓扑结构，即存在一个中心节点，其他 $N-1$ 个节点都只与该中心节点相连，那么对应的 Laplacian 矩阵为

$$\boldsymbol{L}_{sc}=\begin{bmatrix} N-1 & -1 & -1 & \cdots & -1 \\ -1 & 1 & 0 & \cdots & 0 \\ \vdots & \ddots & \ddots & \ddots & \vdots \\ -1 & 0 & 0 & \ddots & 0 \\ -1 & 0 & 0 & \cdots & 1 \end{bmatrix}.$$

它的特征根满足 $\lambda_2=1, R\equiv\lambda_N/\lambda_2=N$。

基于网络同步判据，我们有如下结论：对于具有星形耦合拓扑的动态网络(11-4)及给定的非零耦合强度 c，如果该网络属于类型 I，那么网络的同步化能力与网络规模无关，即当耦合强度大于一个与网络规模无关的临界值时可以实现同步；如果该网络属于类型 II，那么当网络规模充分大时无法实现同步。

11.3.2　网络拓扑性质与同步化能力的关系

实际网络和很多网络模型，如 ER 随机图、WS 或 NW 小世界网络、BA 无标

度网络模型等，都不具有完全规则拓扑的网络，从而无法如上面介绍的规则网络那样事先基于网络生成规则就可以写出对应的耦合矩阵。不过在理论上存在一些网络模型对应的耦合矩阵的特征值的估计，也可直接根据实际的网络数据或者生成的网络模型计算相应的耦合矩阵的特征值。

例如，对于通过在最近邻规则网络基础上随机添加连边而形成的 NW 小世界网络的仿真可以发现，添加少量的边就可以显著提高 Laplacian 矩阵的最小非零特征根 λ_2 的值和降低特征根比率 R 的值，从而无论对应的网络系统(11-4)是属于类型 I 还是属于类型 II，同步化能力都会得到显著提高。例如，图 11-2 显示的是在 $N=100$ 以及不同 K 值的最近邻网络上随机添加 $f\times N(N-1)/2$ 条边后特征根比率 R 的下降趋势[11]，图中横线是节点为 Rössler 混沌系统且输出为节点状态的第一个变量（即 $H(x_i)=(x_{i1},0,0)^{\mathrm{T}}$）所对应的 $\beta\equiv\alpha_2/\alpha_1$。

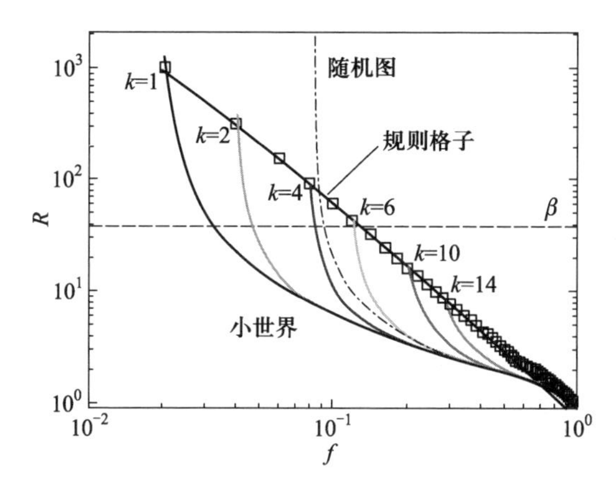

图 11-2 NW 小世界网络的同步化能力（取自文献[11]）

与具体研究某个网络模型的同步化能力相比，人们更为关心的是网络拓扑性质与同步化能力之间的关系。但是，近些年围绕这一关系的研究出现了不少似是而非甚至相互矛盾的结果，不过这也反映了网络科学研究中需要特别注意的问题：我们在把对某一模型得到的结论加以外推时必须非常小心，否则很有可能得到不正确的推论。特别地，当我们研究网络的某个拓扑性质（例如平均距离、聚类系数或者同配系数等）的变化对网络同步化能力的影响时，通常无法做到固定其他拓扑性质都不变，因此事实上难以判断同步化能力的改变是否确实是由于某个拓扑性质的变化而引起的。而且，即使能做到固定其他拓扑性质不变，这些拓扑参数的可供选择的空间也是极其庞大的，固定其中的一组或者少数几组参数一般并不具有代表性。

我们先以类型 II 网络为例说明平均路径长度和度分布与同步化能力的关系。首先看一下 WS 小世界网络，随着重连概率 p 的增加，网络同步化能力增强（图 11－3（a）），与此同时，网络平均路径长度下降，网络的非均匀程度增加（图 11-3（b））[15]。虽然 WS 小世界网络是相对均匀的网络，但网络中各个节点的度并非完全相等，我们可以用方差

$$\sigma_k^2 \equiv \left\langle \frac{\sum_i k_i^2}{N} \right\rangle - \left\langle \left(\frac{\sum_i k_i}{N} \right)^2 \right\rangle \tag{11-23}$$

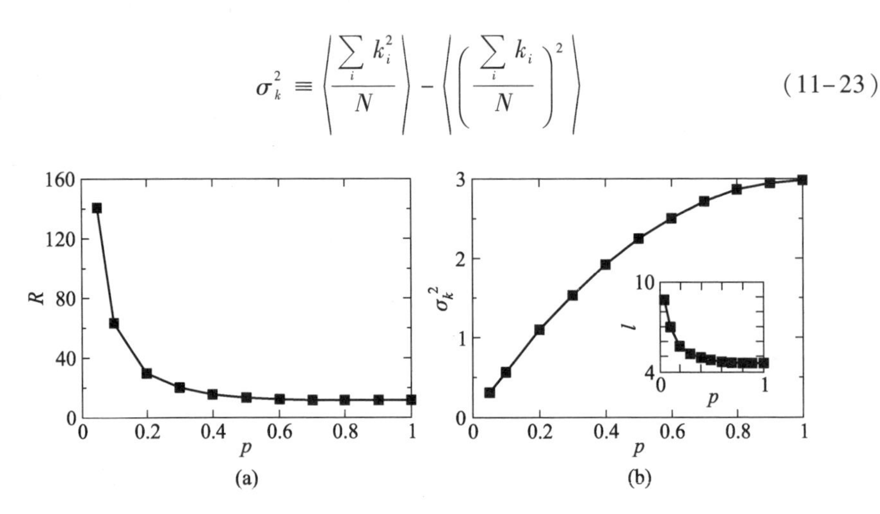

图 11-3 WS 小世界网络的同步化能力与网络均匀程度和平均路径长度的关系（取自文献[15]）

来衡量度的分布的非均匀程度，σ_k^2 值越大说明网络变得更加非均匀。

但是，对于具有幂律度分布 $P(k) \sim k^{-\gamma}$ 的配置模型则会发现完全不同的现象[16]。随着幂指数 γ 值的增大，λ_N/λ_2 越小，说明类型 II 网络的同步化能力越强（图 11-4（a））；与此同时，网络却变得更加均匀，而平均路径长度反而呈现增加趋势（图 11-4（b））。

以上两个模型的比较说明，平均路径长度和均匀程度并不能刻画网络的同步化能力。

我们再通过一个简单的例子来说明网络拓扑性质与同步化能力之间并不存在简单的确定关系[17]。图 11－5 所示的两个网络具有相同度序列，每个节点的度都为 3；具有相同的平均路径长度 7/5；具有相同的点介数，每个节点的介数都为 2。但是，两个网络具有不同的特征值：网络 G_1 的特征值为{0,3,3,3,3,6}，网络 G_2 的特征值为{0,2,3,3,5,5}，从而意味着两个网络具有不同的同步化能力。

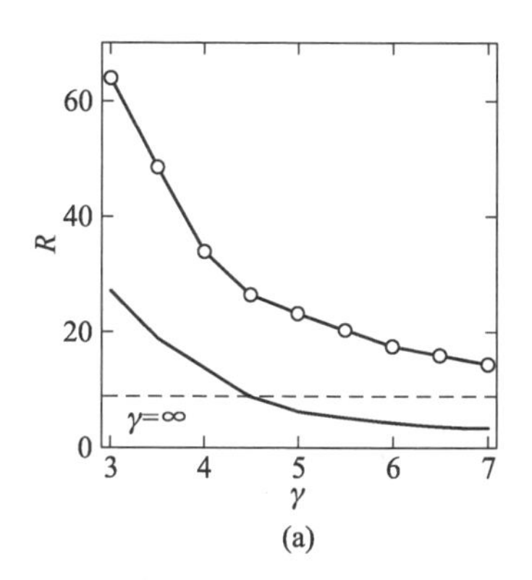

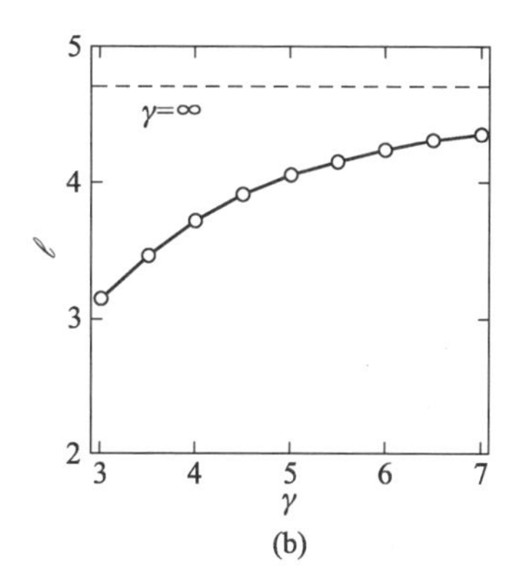

图 11-4　幂律网络的同步化能力与平均路径长度的关系(取自文献[16])

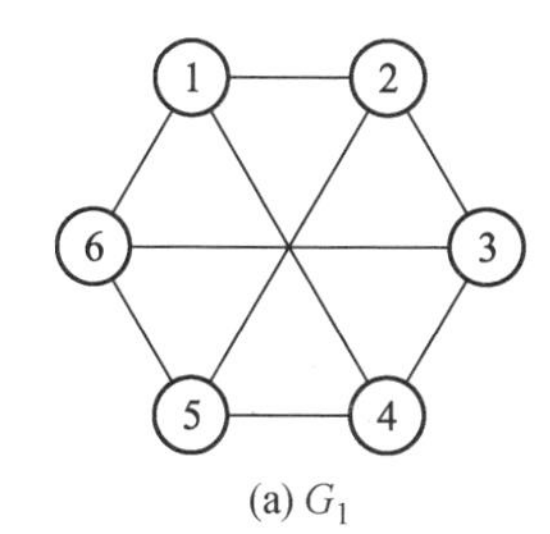

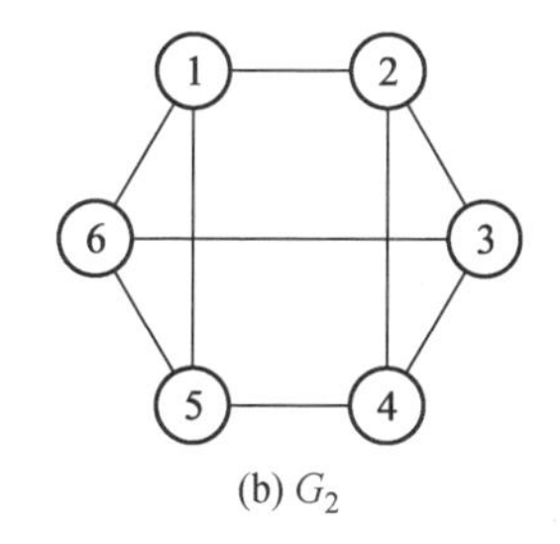

图 11-5　两个具有相同度序列的网络

11.4　网络牵制控制

11.4.1　问题描述

在前面介绍的同步问题中,我们知道类型 IV 网络是无法自我同步的,必须要通过某种控制手段才有可能实现同步。此外,在应用中往往希望网络中节点的状态同步到期望的同步状态 $s(t)$ 上,它可以是孤立节点的平衡点、周期轨道甚至是混沌轨道。如果网络(11-4)最终的同步状态是平衡点,那么该平衡点必然是孤立节点的某个渐近稳定的平衡点。现在考虑如下的控制问题:我们不仅希望网络能够实现同步,而且要求所有节点的状态都趋于某个事先给定的孤立节点的不稳定的平衡点 $\bar{x}$,即整个网络的期望状态为

$$x_1 = x_2 = \cdots = x_N = \bar{x}, \quad f(\bar{x}) = 0 \tag{11-24}$$

为便于研究，我们假设节点输出函数即为节点的某些状态变量，从而把网络系统状态方程(11-4)简化为[17]：

$$\dot{x}_i = f(x_i) - c\sum_{j=1}^{N} l_{ij}\boldsymbol{\Gamma}x_j,\quad i = 1,2,\ldots,N \tag{11-25}$$

其中 $\boldsymbol{\Gamma} = \mathrm{diag}(r_1, r_2, \ldots, r_n) \in \Re^{n\times n}$ 为对角阵，是前面介绍的 $H(\cdot)$ 的特殊形式。例如，若 $r_i = 1, r_j = 0(j \neq i)$，则表示该节点的输出即为节点的第 i 个状态变量。我们仍然假设网络拓扑是无权无向的连通的简单图。

显然，要实现控制目标(11-24)，我们需要对网络系统施加某种控制手段。从控制论的角度看，如果允许直接对每个节点施加控制，那么控制目标是不难实现的，我们可以对每个节点施加简单的线性误差反馈，得到如下的控制系统方程：

$$\dot{x}_i = f(x_i) - c\sum_{j=1}^{N} l_{ij}\boldsymbol{\Gamma}x_j - K(x_i - \bar{x}),\quad i = 1,2,\ldots,N \tag{11-26}$$

在一定假设下（如函数 f 满足 Lipschitz 条件），只要反馈增益 K 充分大，那么每个节点的状态都会趋于 $\bar{x}$。

对于大规模网络，要直接对每个节点施加控制显然是办不到的，通常也是不必要的。一个典型的生物界的例子就是蜂群搬家，当一群数以千计的蜜蜂搬家时，只有那些充当侦察兵任务的工蜂知道飞往新家的路线，而这些工蜂的数量占整个蜂群的比例通常只有 5% 左右。然而，在多数情况下，蜂群中的绝大部分蜜蜂都会在这些工蜂的引导下顺利到达新家。我们提出的**牵制控制**（Pinning control）的基本思想就是[18]：通过有选择地对网络中的少部分节点施加控制而使得整个网络达到所期望的行为。牵制控制涉及如下两个基本问题：可行性和有效性问题。可行性分析往往需要借助于控制科学中的稳定性理论；而有效性分析则需基于网络科学中对于网络结构特征的研究。

11.4.2　可行性分析

现在假设对占网络节点总数的比例为 $\delta(0 < \delta << 1)$ 的部分节点 $i_1, i_2, \ldots, i_l$ 直接施加线性误差反馈控制，并称这些节点为牵制控制节点，这里 $l = \lfloor \delta N \rfloor$ 是 δN 的整数部分。控制网络的状态方程可以写为

$$\begin{cases} \dot{x}_{i_k} = f(x_{i_k}) - c\sum_{j=1}^{N} l_{i_k j}\boldsymbol{\Gamma}x_j - cd\boldsymbol{\Gamma}(x_{i_k} - \bar{x}), & k = 1,2,\ldots,l \\ \dot{x}_{i_k} = f(x_{i_k}) - c\sum_{j=1}^{N} l_{i_k j}\boldsymbol{\Gamma}x_j, & k = l+1, l+2,\ldots,N \end{cases} \tag{11-27}$$

这里，为了标记和讨论方便，假定反馈增益项 $d > 0$ 是一个标量。

将方程(11-27)在由(11-24)定义的平衡点 $\bar{\boldsymbol{X}}=[\bar{\boldsymbol{x}}^{\mathrm{T}}\quad \bar{\boldsymbol{x}}^{\mathrm{T}}\ldots\ \bar{\boldsymbol{x}}^{\mathrm{T}}]^{\mathrm{T}}$ 处线性化，可以得到

$$\dot{\eta}=\boldsymbol{\eta}[\boldsymbol{Df}(\bar{x})]-c\boldsymbol{B\eta\Gamma}. \tag{11-28}$$

其中，$\boldsymbol{Df}(\bar{x})$ 是 $f(x)$ 在 $\bar{x}$ 的 Jacobi 矩阵，$\boldsymbol{\eta}=(\eta_1,\eta_2,\ldots,\eta_N)^{\mathrm{T}}$，$\eta_i(t)=x_i(t)-\bar{x}$，矩阵 $\boldsymbol{B}=\boldsymbol{L}+\boldsymbol{D}$，$\boldsymbol{D}=\mathrm{diag}(d_1,d_2,\ldots,d_N)$，其中当 $1\leqslant k\leqslant l$ 时，$d_{i_k}=d$，而 $l+1\leqslant k\leqslant N$ 时 $d_i=0$。

因此，受控网络(11-27)的平衡点 $\bar{\boldsymbol{X}}$ 的局部稳定性就转化为线性系统(11-28)的稳定性。分析可知，当存在一个常数 $\rho>0$，使得$[\boldsymbol{Df}(\bar{x})-\rho\boldsymbol{\Gamma}]$是 Hurwitz 稳定矩阵时，只要耦合强度满足下面的条件：

$$c\geqslant\frac{\rho}{\lambda_1(\boldsymbol{B})} \tag{11-29}$$

网络系统(11-27)就可以被牵制控制到平衡点 $\bar{\boldsymbol{X}}$，这里 λ_1 是矩阵 $\boldsymbol{B}$ 的最小特征值。

当反馈增益 $d\to\infty$ 时，$\lim\limits_{d\to\infty}\lambda_1(\boldsymbol{B})=\lambda_1(\tilde{\boldsymbol{L}})$，其中矩阵 $\tilde{\boldsymbol{L}}$ 是将 Laplacian 矩阵 $\boldsymbol{L}$ 中去掉被牵制控制的节点 $i_1,i_2,\ldots,i_l$ 所在的行和列所得到的矩阵。因此，当反馈增益 $d\to\infty$ 时，网络系统(11-28)的平衡点的稳定性等价于如下各子系统的稳定性：

$$\begin{cases}\dot{x}_{i_k}=\bar{x}, & k=1,2,\ldots,l\\ \dot{x}_{i_k}=f(x_{i_k})-c\sum\limits_{j=1}^{N}l_{i_kj}\boldsymbol{\Gamma}x_j, & k=l+1,l+2,\ldots,N\end{cases} \tag{11-30}$$

此时稳定性条件(11-29)等价于

$$c\geqslant\frac{\rho}{\lambda_1(\tilde{L})}\ . \tag{11-31}$$

11.4.3 有效性分析

现在我们考虑如何选取部分牵制控制节点以使达到控制目标所花的代价尽可能小。这里的代价包括所需直接控制的节点数量、网络耦合强度和反馈控制增益幅值等。我们把有选择地选取牵制控制节点的策略称为特定牵制控制策略(Specific pinning control scheme)。常见的包括按照某种节点重要性指标选取控制节点，例如依次选择网络中度最大或者介数最大的若干节点施加控制。与之相对应，我们把网络中随机地选择若干个节点施加牵制控制的策略称为随机牵制控制策略(Random pinning control scheme)。通过与随机牵制控制策略的比较，可以分析一种特定牵制控制策略的有效性。

例如，假设网络中每个节点都是如下状态方程描述的陈氏混沌系统：

$$\begin{pmatrix} \dot{x}_1 \\ \dot{x}_2 \\ \dot{x}_3 \end{pmatrix} = \begin{pmatrix} p_1(x_2 - x_1) \\ (p_3 - p_2)x_1 - x_1x_3 + p_3x_2 \\ x_1x_2 - p_2x_3 \end{pmatrix}. \tag{11-32}$$

当 $p_1 = 35, p_2 = 3, p_3 = 28$ 时，该系统的混沌吸引子如图 11-6 所示。此时，系统(11-32)有一个不稳定的平衡点 $\boldsymbol{x}^+ = [7.9373 \quad 7.9373 \quad 21]^{\mathrm{T}}$。

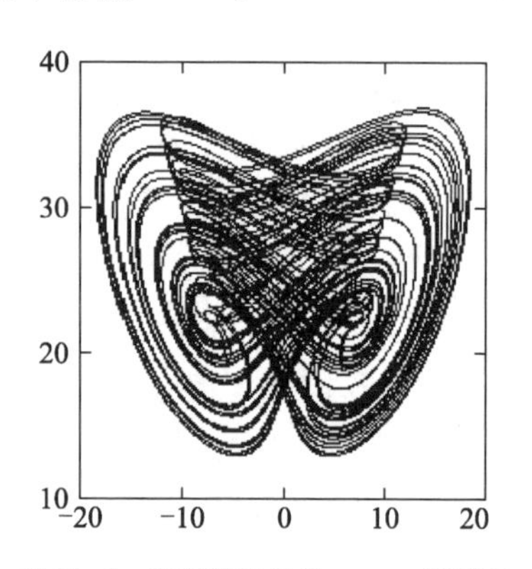

图 11-6　陈氏吸引子的 $x_1 - x_3$ 截面图

为了将该网络中所有节点的状态都控制到平衡点 x^+，我们对网络中部分节点施加牵制控制。受控网络的状态方程为（这里为简单起见取 $\boldsymbol{\Gamma} = \boldsymbol{I}$）[19]

$$\begin{pmatrix} \dot{x}_{i1} \\ \dot{x}_{i2} \\ \dot{x}_{i3} \end{pmatrix} = \begin{pmatrix} p_1(x_{i2} - x_{i1}) - c\sum_{j=1}^{N} l_{ij}x_{j1} + u_{i1} \\ (p_3 - p_2)x_{i1} - x_{i1}x_{i3} + p_3x_{i2} - c\sum_{j=1}^{N} l_{ij}x_{j2} + u_{i2} \\ x_{i1}x_{i2} - p_2x_{i3} - c\sum_{j=1}^{N} l_{ij}x_{j3} + u_{i3} \end{pmatrix}, \quad i = 1,2,\dots,N, \tag{11-33}$$

其中

$$u_{ij} = \begin{cases} -cd(x_{ij} - x_j^+), & i = i_1, i_2, \dots, i_l, j = 1,2,3 \\ 0, & \text{其他} \end{cases} \tag{11-34}$$

固定 $d = 1\ 000$。对包含 50 个节点的由 BA 模型生成的陈氏无标度网络，只特定牵制控制一个最大度节点比牵制控制两个最大度节点所需要的耦合强度条件要大很多，而且控制过程中度最小的节点所能受到的影响也要慢得多，如图 11-7 所示（实线为最大节点的轨迹，虚线为最小节点的轨迹）。就特定牵制与随机牵制相比而言，控制整个陈氏无标度网络所需要花费的耦合强度和所需要牵制的节点数目都要小很多。这也可以通过观察比较网络中度最小的节点在不同的牵制策略下的动态轨迹来得出相应的结论，如图 11-8 所示。图中实线是特定牵制 2 个度最大节点，三种虚线分别是随机牵制 2 个、5 个节点，在不同的耦合强度下的轨迹曲线。

近年关于牵制控制还有很多的研究[20,21]，超出本书讨论范围，不再一一介绍。

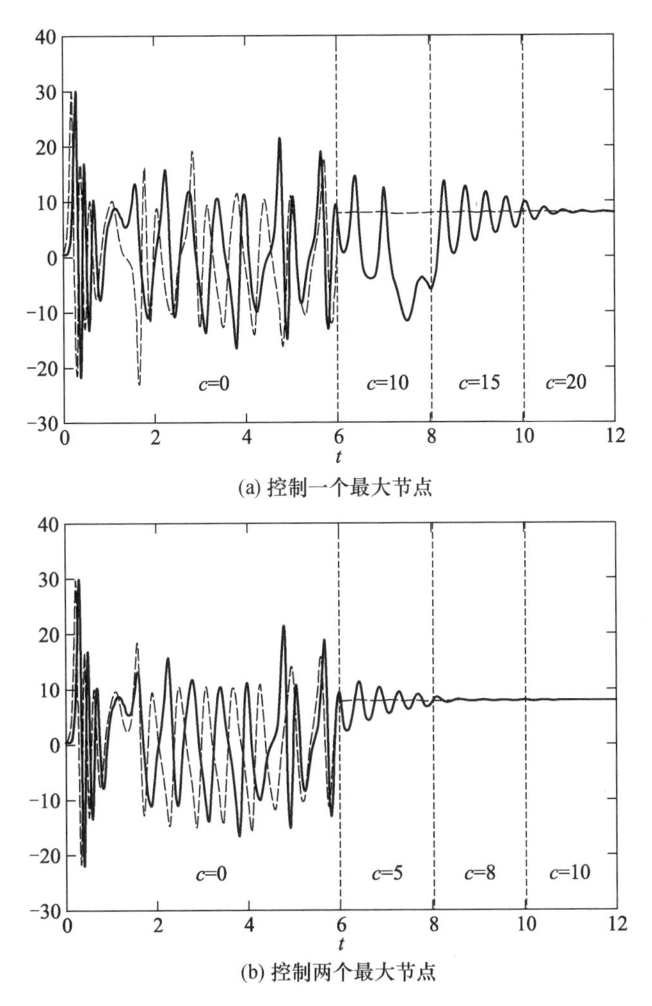

图 11-7 牵制控制无标度网络（取自文献[18]）

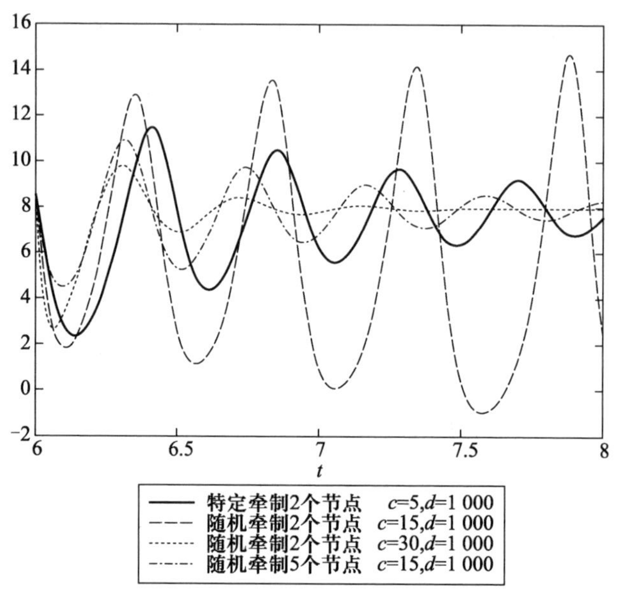

图 11-8　特定牵制和随机牵制陈氏无标度网络时，最小的节点的轨迹（取自文献[18]）

11.5　网络完全可控性

11.5.1　结构可控性

1. 网络可控性概念

前面介绍的牵制控制的目标是希望当时间趋于无穷时，系统状态趋于某个给定的状态，并且我们通常会对期望的目标状态有所限制，如所有节点都稳定在一个平衡点上或者都能跟踪一个目标轨迹等。例如，假设网络是连通的并且控制目标是把所有节点都稳定在同一个平衡点上，那么只要耦合强度充分大，即使控制单个节点也能实现控制目标[22]。此外，类似于网络同步化能力的研究，也可以研究网络的牵制可控性（Pinning controllability）[23] 和可稳定性（Stabilizability）[24]。

在现代控制理论中，系统可控性是反映输入对系统状态的控制能力的更为一般的概念。给定一个线性定常控制系统

$$\dot{\boldsymbol{x}} = \boldsymbol{A}x + \boldsymbol{B}u, \quad x \in \Re^N, \quad u \in \Re^M, \tag{11-35}$$

其中 $\boldsymbol{A}=(a_{ij})_{N\times N}$和 $\boldsymbol{B}=(b_{ij})_{N\times M}$分别称为系统矩阵和输入矩阵($M\leqslant N$)。如果对于任意给定的初态 $x(0)=x_0$ 和终态 x_f,都存在控制输入 u 和有限时刻 T 使得 $x(T)=x_f$,那么就称系统(11-35)是**可控的**(Controllable)。可控性一个经典的充要判据是对应的可控性矩阵满秩,即有[25]

$$\mathrm{rank}\boldsymbol{Q}_c \triangleq \mathrm{rank}(\boldsymbol{B},\boldsymbol{AB},\boldsymbol{A}^2\boldsymbol{B},\cdots,\boldsymbol{A}^{N-1}\boldsymbol{B}) = N. \tag{11-36}$$

现在我们把系统(11-35)视为由 N 个节点组成的有向网络的状态方程,其中节点 i 的状态方程如下:

$$\dot{x}_i = \sum_{j=1}^{N} a_{ij}x_j + \sum_{j=1}^{M} b_{ij}u_j. \tag{11-37}$$

这里对矩阵 $\boldsymbol{A}$ 的元素限制如下:$a_{ij}\neq 0$ 当且仅当存在从节点 j 指向节点 i 的有向边。当 $a_{ij}\neq 0$ 时称 a_{ij}为待定参数,它刻画了节点 j 影响节点 i 的强度或权重。

我们把原始的包含 N 个节点的网络记为 $G(A)$,在此基础上构造一个包含 $N+M$个节点的**被控网络**(Controlled network)$G(A,B)=(V,E)$,其中 $V=V_A\cup V_B$ 和 $E=E_A\cup E_B$ 分别为节点集合和连边集合。$V_A=\{x_1,\ldots,x_N\}:=\{v_1,\ldots,v_N\}$为原网络中的 N 个节点,称为**状态节点**(State vertex);$V_B=\{u_1,\ldots,u_M\}:=\{v_{N+1},\ldots,v_{N+M}\}$对应于 M 个输入,称为**输入节点**(Input vertex)或**源节点**(Origin)。$E_A=\{(x_j,x_i)\mid a_{ij}\neq 0\}$是原始网络中 N 个节点之间的连边集合,$E_B=\{(u_j,x_i)\mid b_{ij}\neq 0\}$是输入节点和状态节点之间的连边集合。

一个状态节点称为**被控节点**(Controlled vertex),如果至少存在一条从某个输入节点指向该状态节点的边。所有被控节点的数目记为 M',由于一个输入有可能直接影响多个节点的状态,从而有 $M\leqslant M'\leqslant N$。我们把不具有共同的输入节点的控制节点称为**驱动节点**(Driver node)。显然,驱动节点的数量就等于输入节点的数量,即为 M。

如果每一个状态节点都是驱动节点,那么 $M=N$,系统显然是可控的。现在的问题是:能否找到最少的输入数(记为 N_I),或者等价地说,找到最少的驱动节点数(记为 N_D),使得整个网络系统是可控的? 显然,对于大规模网络而言,采用蛮力方法直接检验每一种控制方案是行不通的,而需要找到基于原始网络结构的有效算法[26]。

2. 结构可控性概念

注意到对于控制网络 $G(A,B)$中存在的每条连边的权重并没有给定任何具体数值(只是假设不为零)。那么,是否有可能对于一组给定的权重,系统是可控的;而对于另一组给定的权重,系统是不可控的? 控制理论中的结构可控性研究告诉我们,这一担心在实际中是没有必要的:要么几乎不管如何设置非零权重,系统都是可控的;要么几乎不管如何设置非零权重,系统都是不可控的!

系统(A,B)称为是**结构可控的**(Structurally controllable),如果存在矩阵 $\boldsymbol{A}$ 和 $\boldsymbol{B}$ 中的非零元素的一组取值,使得在这组取值下的系统是可控的。如果系统(A,B)是结构可控的,那么非零的待定参数几乎可以任意选取都不会破坏系统的可控性。如果对于任意非零的参数取值,系统(A,B)都是可控的,那么就称系统是**强结构可控的**(Strongly structurally controllable)。

为了有一个直观认识,我们首先看一个包含 3 个状态节点和 1 个输入节点的简单的例子,并且假设输入只是直接用在一个状态上。图 11-9 列举的 4 种情形所对应的状态方程和可控性矩阵 $\boldsymbol{C}=[\boldsymbol{B},\boldsymbol{AB},\boldsymbol{A}^2\boldsymbol{B}]$ 描述如下:

$$\begin{pmatrix}\dot{x}_1\\\dot{x}_2\\\dot{x}_3\end{pmatrix}=\begin{pmatrix}0&0&0\\a_{21}&0&0\\0&a_{32}&0\end{pmatrix}\begin{pmatrix}x_1\\x_2\\x_3\end{pmatrix}+\begin{pmatrix}b_1\\0\\0\end{pmatrix}u,\quad \boldsymbol{C}=b_1\begin{bmatrix}1&0&0\\0&a_{21}&0\\0&0&a_{32}a_{21}\end{bmatrix},\tag{11-38a}$$

$$\begin{pmatrix}\dot{x}_1\\\dot{x}_2\\\dot{x}_3\end{pmatrix}=\begin{pmatrix}0&0&0\\a_{21}&0&0\\a_{31}&0&0\end{pmatrix}\begin{pmatrix}x_1\\x_2\\x_3\end{pmatrix}+\begin{pmatrix}b_1\\0\\0\end{pmatrix}u,\quad \boldsymbol{C}=b_1\begin{bmatrix}1&0&0\\0&a_{21}&0\\0&a_{31}&0\end{bmatrix},\tag{11-38b}$$

$$\begin{pmatrix}\dot{x}_1\\\dot{x}_2\\\dot{x}_3\end{pmatrix}=\begin{pmatrix}0&0&0\\a_{21}&0&0\\a_{31}&0&a_{33}\end{pmatrix}\begin{pmatrix}x_1\\x_2\\x_3\end{pmatrix}+\begin{pmatrix}b_1\\0\\0\end{pmatrix}u,\quad \boldsymbol{C}=b_1\begin{bmatrix}1&0&0\\0&a_{21}&0\\0&a_{31}&a_{33}a_{31}\end{bmatrix},\tag{11-38c}$$

$$\begin{pmatrix}\dot{x}_1\\\dot{x}_2\\\dot{x}_3\end{pmatrix}=\begin{pmatrix}0&0&0\\a_{21}&0&a_{23}\\a_{31}&a_{32}&0\end{pmatrix}\begin{pmatrix}x_1\\x_2\\x_3\end{pmatrix}+\begin{pmatrix}b_1\\0\\0\end{pmatrix}u,\quad \boldsymbol{C}=b_1\begin{bmatrix}1&0&0\\0&a_{21}&a_{23}a_{31}\\0&a_{31}&a_{32}a_{21}\end{bmatrix},\tag{11-38d}$$

可以看出,在图 11-9 中,系统(a)和(c)是强结构可控的,因为对于任意给定的非零参数,对应的可控性矩阵都是满秩的。系统(d)是结构可控的,因为除非参数选取恰好满足 $a_{32}a_{21}^2=a_{23}a_{31}^2$,否则系统总是可控的。系统(b)是不可控的,因为不管参数如何选取,可控性矩阵的秩都是为 2。注意到系统(c)只是比系统(b)在状态节点 x_3 处多了一个自环,但这一网络结构上的变化导致系统可控性的改变。

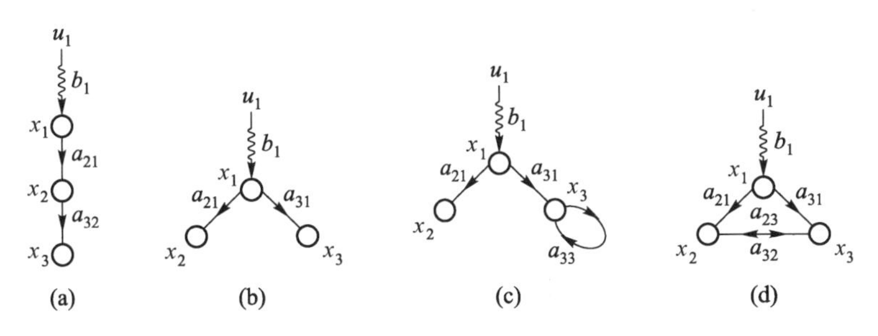

图 11-9 判断结构可控性的简单例子

3. 结构可控性定理

为了介绍控制理论中经典的结构可控性定理及其图论解释，我们首先需要引入一些图论的概念。

不可达（Inaccessibility）：有向图 $G(A,B)$ 中的一个状态节点 x_i 称为是不可达的，如果不存在从输入节点到达该状态节点的有向路径。

扩张（Dilation）：有向图 $G(A,B)$ 包含一个扩张当且仅当存在一个子集 $S \subset V_A$，使得指向集合 S 的节点的数目小于集合 S 中的节点数目，即 $|T(S)| < |S|$。这里集合 S 的邻居集合 $T(S)$ 定义为直接有边指向集合 S 的所有节点的集合，即有 $T(S)=\{v_j | (v_j \to v_i) \in E(G), v_i \in S\}$。显然，源节点（即输入节点）不允许属于集合 S，但可以属于集合 $T(S)$。

干（Stem）：是指源自于输入节点的一条简单路径（即经过的节点各不相同的路径）。干的起点称为**根**（root），终点称为**顶**（top）。

芽（bud）：是指一个有向的简单圈 C 以及一条指向 C 中某一节点的边 e。边 e 也称为芽的**显著边**（Distinguished edge）。

U **根因子连接**（U-rooted factorial connection）：是指一群节点不相交的干和基本圈的集合：如果这些干和圈的并可以生成网络 $G(A,B)$，那么就称这样一个集合为 U 根因子连接。

当且仅当 $G(A,B)$ 没有扩张时，才存在 U 根因子连接。这里，一个图称为是由一个子图生成的，如果这个子图和原图具有相同的节点集。

掌（Cactus）：掌是一个递归定义的子图。一个干是一个掌；给定一个干 S_0 和一些芽 $B_1, B_2, \ldots, B_l$，如果对每一个 $i(1 \leqslant i \leqslant l)$，$B_i$ 的显著边的始点不是干 S_0 的顶点，而是唯一一个同时属于 B_i 和 $S_0 \cup B_1 \cup B_2 \cup \ldots \cup B_{i-1}$ 的节点，那么 $S_0 \cup B_1 \cup B_2 \cup \ldots \cup B_l$ 是一个掌。节点不相交的掌的集合称为**掌群**（Cacti）。

掌（或掌群）是既不包含不可达节点又不包含扩张的**最小结构**（Minimal structure）。换句话说，去除一个掌中的任意一条边都会使其变为不可达或者扩张。

例如，图 11-10(a) 是由 20 个状态节点组成的原始网络 $G(A)$。图 11-

10(b)是对应的被控网络，它在原始网络基础上添加了 3 个输入节点。该被控网络包含 5 个被控节点 x_1,x_2,x_3,x_4,x_5，3 个驱动节点 x_1,x_4,x_5（也可以取为 x_2,x_4,x_5 或 x_3,x_4,x_5）；$u_1\to x_3$ 和 $x_2\to x_6$ 等都是芽。图 11-10(c)给出了被控网络的 U 根因子连接，包括 7 个不相交的干或圈。图 11-10 (d)给出了基于 U 根因子连接得到的掌，左边的掌包括 1 个干和 4 个芽，中间和右边的掌都是干。

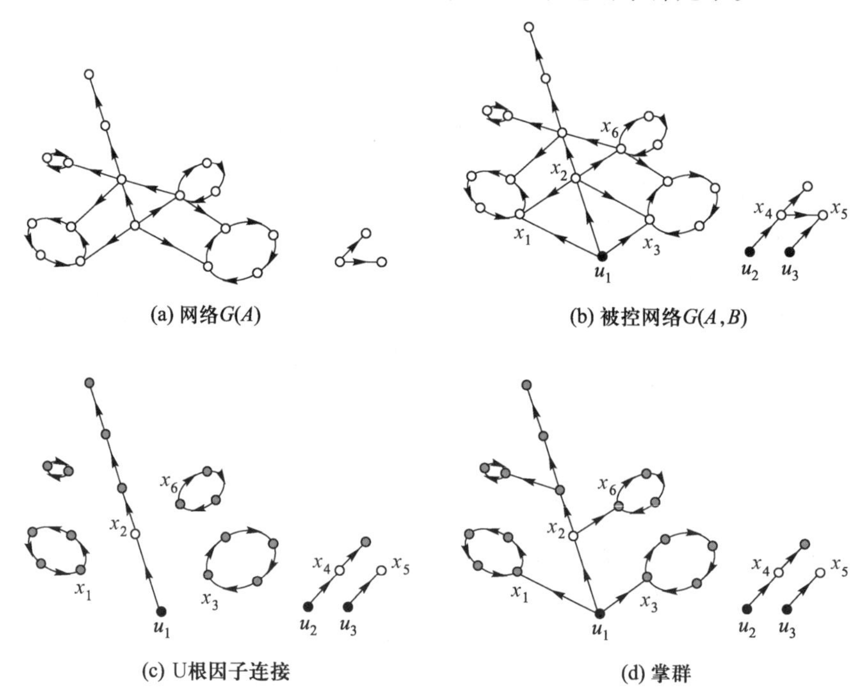

图 11-10　网络、被控网络、U 根因子连接和掌群

定理 11-1（结构可控性定理）[27]　以下 3 个陈述是等价的：

(1) 线性控制系统(A,B)是结构可控的。

(2) 有向图 $G(A,B)$既不包含不可达节点也不包含扩张。

(3) 有向图 $G(A,B)$是由掌生成的。

结构可控性定理具有如下的直观解释：① 如果在一个系统中存在无法从外界输入到达的不可达节点，那么这个系统是不可控的，因为这表明外界输入无法影响这些不可达节点。② 如果一个系统存在扩张，那么它也是不可控的。直观地看，一个扩张就是由相对较少的其他节点所“统治”的包含相对较多节点的子图。在控制网络中，如果两个节点只能共享一个上级节点，那么就无法独立地控制这两个节点，如图 11-9(b)所示。

因此，为了完全控制一个网络，我们必须去除所有可能的扩张并保证每个节点都是从外界输入可达的。这意味着,每个节点必须有自己单独的“上级节点”(可以是输入节点也可以是状态节点)。

11.5.2 最少输入分析

1. 最少输入与最大匹配

现在来证明,完全控制一个网络所需的最少控制节点数是由该网络的最大匹配决定的。有向网络 $G(A)$ 的边的子集 M^* 称为是一个**匹配**(Matching),如果 M^* 中的任意两条边都既没有公共的始点也没有公共的终点。如果一个节点是 M^* 中的一条边的一个终点,那么该节点就称为是匹配节点(Matched node);否则就称该节点是未匹配节点(Unmatched node)。匹配节点数最多的匹配称为**最大匹配**(Maximum matching)。一个匹配称为是**完全的**(Perfect),如果网络中所有的节点都是匹配节点。

求解有向网络 $G(A)$ 的最大匹配的一个有效办法就是把它转化为二分图的最大匹配问题,对于后者可以采用经典的 Hopcroft-Karp 算法。有向网络 $G(A)$ 的二分图表示 $H(A)$ 定义如下:$H(A)=(V_A^+\cup V_A^-,\Gamma)$,$V_A^+=\{x_1^+,\ldots,x_N^+\}$ 和 $V_A^-=\{x_1^-,\ldots,x_N^-\}$ 分别为对应于系统矩阵 $\boldsymbol{A}$ 的 N 列和 N 行的状态节点,$\Gamma=\{(x_j^+,x_i^-)\mid a_{ij}\neq 0\}$。例如,图 11-11(a)是一个包含 3 个节点的有向网络,图 11-11(b)是与其对应的二分网络,最大匹配为 $x_1^+-x_2^-$ 和 $x_3^+-x_3^-$,把“+”号节点作为连边的始点,“-”号节点作为连边的终点,就得到对应的原始网络的最大匹配为 $x_1\to x_2$ 和 $x_3\to x_3$。

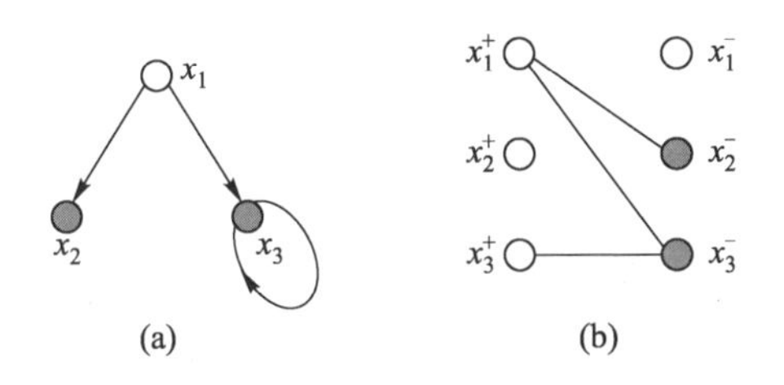

图 11-11 有向网络的二分图表示

定理 11-2(最少输入定理(Minimum input theorem))[26] 完全控制网络 $G(A)$ 所需的最小输入数目(N_I)或者说驱动节点数(N_D)为

$$N_I=N_D=\max\{N-|M^*|,1\},\tag{11-39}$$

其中 $|M^*|$ 为网络 $G(A)$ 的最大匹配所对应的匹配节点数。具体地说,如果网络 $G(A)$ 存在完全匹配,那么 $N_I=N_D=1$,并可选取任一状态节点为驱动节点。如果网络 $G(A)$ 不存在完全匹配,那么 $N_I=N_D=N-|M^*|$,即为网络的任一最大匹

配所对应的未匹配的节点数,此时驱动节点就是未匹配节点。

证明　情形(1):假设网络 $G(A)$ 不存在完全匹配,即有 $|M^*|<N$ 个匹配节点和 $N-|M^*|$ 个未匹配节点。匹配边构成了基本路径和圈,我们称之为匹配路径和匹配圈。对每一个未匹配节点都添加一个指向该节点的输入,从而构成 $N-|M^*|$ 个干。所有其他的状态节点都是由匹配圈生成的。对一个匹配圈 C,如果存在一条边 e,它的起点属于一个干而终点属于圈 C,那么 $e\cup C$ 就构成了一个芽。对于那些不能以这种方式构成芽的匹配圈,我们可以用一个输入节点与之相连从而构成芽。两种情况下匹配圈都不需要额外的输入节点以形成芽。于是我们得到一组不相交的包括 $N-|M^*|$ 个输入节点的掌集。根据结构可控性定理,这样的系统是结构可控的,并且有 $N_D=N-|M^*|$。

情形(2):假设网络 $G(A)$ 存在完全匹配,即有 $|M^*|=N$。此时所有的节点都是由一个或多个匹配圈生成的。我们只要引入一个输入,并把它与所有的圈相连以形成芽。再将其中任一个芽改为干就得到一个掌,并且有 $N_D=1$。证毕。

最少输入定理的直观解释如下:

(1) 如前所述,要完全控制一个网络,每一个节点都应该有指向它的"上级节点"。因此,输入节点数应该不少于网络中的不存在"上级节点"的节点数,而最少输入数是由网络的最大匹配确定的。直观地看,匹配节点都有"上级节点",因而只需对每一个未匹配节点直接施加控制就可以了。因此,整个系统的驱动节点集合就是未匹配节点集合。

(2) 如果一个有向网络是强连通的,并且 $N_D=1$,那么从结构可控性定理可以知道该网络存在有向生成树,即至少具有一个根节点 r 的有向树,而其他任一节点都可以从根节点 r 沿着树的边到达。然而,即使一个强连通网络具有有向生成树,也并不能保证 $N_D=1$。这是因为该网络可能有多个扩张,从而需要多个驱动节点。而扩张的存在性和有向生成树的存在性是无关的。

(3) 添加更多的连边不会减弱系统的结构可控性。因此,最少输入定理对于有可能会丢失部分连边的实际网络(如生物网络和社会网络)也是有意义的,因为它给出的是所需要的最少输入的上界。

2. 实际网络与模型分析

考虑 12 个不同领域的 37 个实际网络[26],计算完全控制每一个网络所需的最少驱动节点的比例 $n_D\triangleq N_D/N$。结果表明(表 11-1):对于基因调控网络,$n_D\sim 0.8$,这意味着要独立控制大约 80% 的节点才能控制整个网络。另一方面,反而是一些通常直觉认为难以控制的社会网络具有最小的 n_D 值。

为了进一步确定刻画网络可控性的拓扑特征,在保持网络节点数和边数不

变的前提下,基于第6章介绍的随机重连方式,构造如下两个随机化网络:

(1) 零阶零模型(即有向的ER随机网络):每次随机选择一条边,并把它的两个端点变为网络中随机选取的两个节点。重复此过程充分多次,得到的模型记为rand-ER。

(2) 一阶零模型(即保持度序列不变的随机化网络):每次随机选择两条边,保持始点不变,交换这两条边的终点,如图11-12所示,从而保证每个节点的出度和入度保持不变。重复此过程充分多次,得到的模型记为rand-Degree。

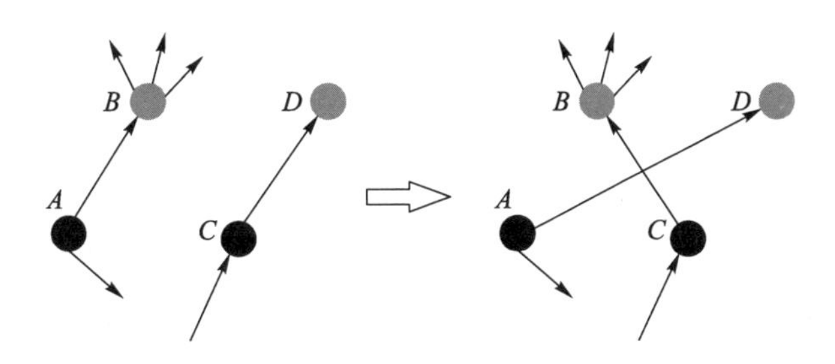

图11-12 保持度序列不变的随机重连

表11-1中给出了每一个实际网络对应的两种随机化网络的 n_D 值,可以看到 $n_D^{rand-ER}$ 与 n_D 相差很大,而 $n_D^{rand-Degree}$ 与 n_D 则在许多例子中都较为接近。进一步地,图11-13(a)表明 $N_D^{rand-ER}$ 与 N_D 之间没有明显的相关性,而图11-13(b)表明 $N_D^{rand-Degree}$ 与 N_D 之间存在显著正相关。因此,可以推论,对于不少实际网络而言,系统的可控性主要是由网络的度分布 $P(k_{in},k_{out})$ 决定的。

表11-1 实际网络的最少驱动节点数比较

类型	名称	N	L	n_D^{real}	$n_D^{rand-Degree}$	$n_D^{rand-ER}$
调控	TRN-Yeast-1	4 441	12 873	0.965	0.965	0.083
	TRN-Yeast-2	688	1 079	0.821	0.811	0.303
	TRN-EC-1	1 550	3 340	0.891	0.891	0.188
	TRN-EC-2	418	519	0.751	0.752	0.380
	Ownership-USCorp	7 253	6 726	0.820	0.815	0.480
信任	College student	32	96	0.188	0.173	0.082
	Prison inmate	67	182	0.134	0.144	0.103
	Slashdot	82 168	948 464	0.045	0.278	1.7×10^{-5}
	WikiVote	7 115	103 689	0.666	0.666	1.4×10^{-4}
	Epinions	75 888	508 837	0.549	0.606	0.001

续表

类型	名称	N	L	n_D^{real}	$n_D^{rand-Degree}$	$n_D^{rand-ER}$
食物链	Ythan	135	601	0.511	0.433	0.016
	Little Rock	183	2 494	0.541	0.200	0.005
	Grassland	88	137	0.523	0.477	0.301
	Seagrass	49	226	0.265	0.199	0.203
电力网	Texas	4 889	5 855	0.325	0.287	0.396
新陈代谢	*Escherichia coli*	2 275	5 763	0.382	0.218	0.129
	Saccharomyces cerevisiae	1 511	3 833	0.329	0.207	0.130
	Caenorhabditis elegans	1 173	2 864	0.302	0.201	0.144
电路	s838	512	819	0.232	0.194	0.293
	s420	252	399	0.234	0.195	0.298
	s208	122	189	0.238	0.199	0.301
神经元	*Caenorhabditis elegans*	297	2.345	0.165	0.098	0.003
引用	ArXiv – HepTh	27 770	352 807	0.216	0.199	3.6×10^{-5}
	ArXiv – HepPh	34 546	421 578	0.232	0.208	3.0×10^{-5}
WWW	nd. edu	325 729	1 497 134	0.677	0.622	0.012
	stanford. edu	281 903	2 312 497	0.317	0.258	3.0×10^{-4}
	Political blogs	1 224	19 025	0.356	0.285	8.0×10^{-4}
Internet	p2p – 1	10 876	39 994	0.552	0.551	0.001
	p2p – 2	8 846	31 839	0.578	0.569	0.002
	p2p – 3	8 717	31 525	0.577	0.574	0.002
社会通信	UClonline	1 899	20 296	0.323	0.322	0.706
	E-mail – epoch	3 188	39 256	0.426	0.332	3.0×10^{-4}
	Ceilphone	36 595	91 826	0.204	0.212	0.133
组织内	Freemans – 2	34	830	0.029	0.029	0.029
	Freemans – 1	34	695	0.029	0.029	0.029
	Manufacturing	77	2.228	0.013	0.013	0.013
	Consulting	46	879	0.043	0.043	0.022

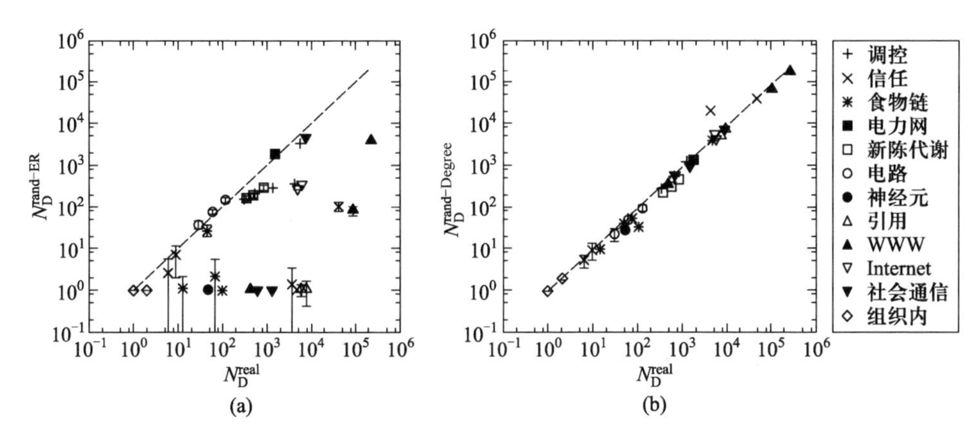

图 11-13 随机化网络与实际网络的驱动节点数之间的关系

基于统计物理中的空穴场方法(Cavity method)可以对于一些网络模型给出通过度分布近似计算 n_D 的解析公式[26]。例如,对于有向 ER 随机图,在平均度 $\langle k\rangle$ 很大而节点数目 N 趋向无穷时,有

$$n_D = e^{-\langle k\rangle/2}. \tag{11-40}$$

对于幂指数为 $\gamma_{in}=\gamma_{out}=\gamma$ 的幂律度分布网络,在平均度 $\langle k\rangle$ 很大而节点数目 N 趋向无穷时,有

$$n_D = \exp\left[-\frac{1}{2}\left(1-\frac{1}{\gamma-1}\right)\langle k\rangle\right]. \tag{11-41}$$

为了验证公式(11-40)和(11-41)的有效性,图 11-14(a)显示了 ER 随机图和具有不同幂指数的幂律度分布网络对应的最少控制节点比例 n_D 与平均度 $\langle k\rangle$ 之间的关系。图中,实线是使用 N 趋于无穷时的期望度分布而通过空穴场方法计算的解析结果,圆圈表示由最大匹配算法得到的精确结果,加号表示基于所构造网络的精确度序列的空穴场方法计算得到的解析结果。在每一种情形,n_D 都是 $\langle k\rangle$ 的下降函数,表明随着网络密度的增加,完全控制网络所需的最少驱动节点数是下降的。图 11-14(b)显示了在固定 $\langle k\rangle$ 的情况下 n_D 与幂律度分布网络的幂指数之间的关系,表明越是均匀的网络(即 γ 越大的网络)所需的驱动节点比例 n_D 也越小。总之,越是稀疏和非均匀的网络反而需要越多的驱动节点才能实现完全控制。

给定一个网络,在确定了完全控制该网络所需的最少驱动节点数之后,我们自然希望了解这些驱动节点的特征。在本章前面介绍牵制控制时,我们提到了有选择地牵制控制部分关键的 hub 节点可以起到更好的控制效果,这也是符合人们直觉的。然而,要通过最少的驱动节点以完全控制一个网络,却往往需要有

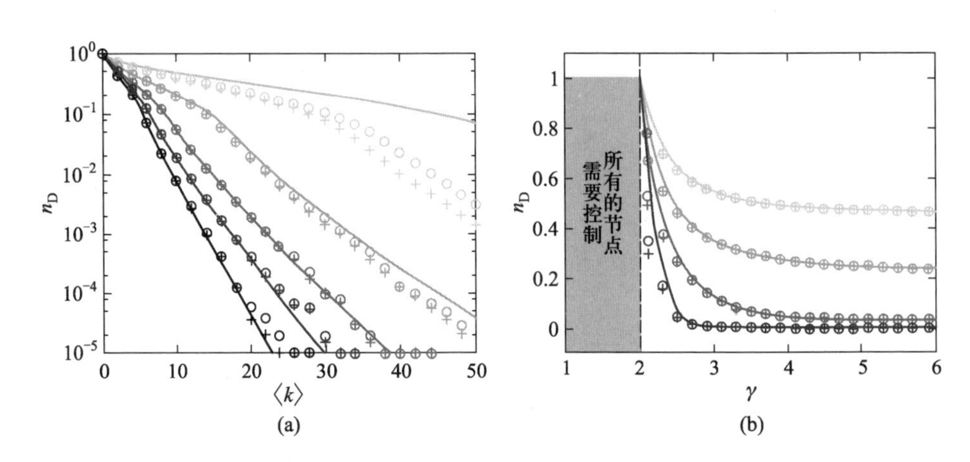

图 11-14　ER 随机图和幂律网络对应的最少控制节点比例 n_D（取自文献[26]）

意识地避免选取关键 hub 节点。为了验证这一点，把网络中的节点基于度值平分为高、中、低三组。图 11-15 是对于两个网络模型——ER 随机图和 BA 无标度网络的统计结果，网络规模为 $N=10^4$，$\langle k\rangle=3(\gamma=3)$。可以看到，对于这两个模型，低度值组中驱动节点所占的比例都明显高于高度值组驱动节点的比例。图 11-16 进一步比较了一些实际和模型网络中的驱动节点的平均度 $\langle k_D\rangle$ 与网络中所有节点的平均度 $\langle k\rangle$，在很多情形 $\langle k_D\rangle$ 都显著小于 $\langle k\rangle$，说明对于许多实际网络，驱动节点的选择也是倾向于度小节点而避开度大节点。

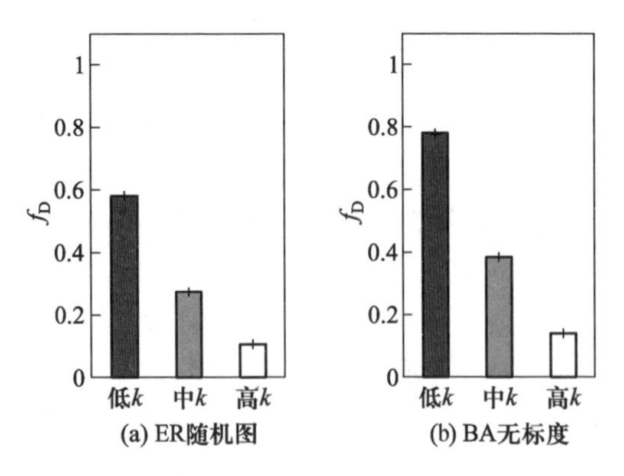

图 11-15　ER 随机图和 BA 无标度网络的驱动节点分布

需要再次强调的是，本节所介绍的完全可控性要求能够存在控制输入在有限时间内把系统状态从任意给定的初态转移到任意给定的终态。实际的控制问题可能并没有这么严格的要求，因此有可能通过更少的驱动节点而实现控制目标，包括重编生物网络（Reprogram biological networks）[28]、蜂拥控制（Flocking

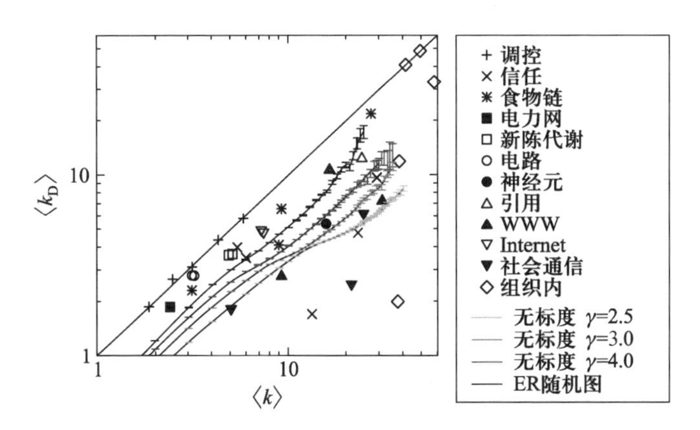

图 11-16　一些实际和模型网络的驱动节点的平均度比较

control)[29]等。另一方面,那些并未直接施加控制的节点的作用也是值得研究的[30]。此外,本章在前面介绍同步和牵制控制时都是假设每个节点具有自身动力学的;从另一个角度看,每个节点是可以感知并利用自身状态的,即存在每个节点到自身的自环。在此情形,只要一个控制输入也可以使得整个系统是结构可控的,因此,研究网络系统控制的难易程度可能更具实际意义[31]。总之,复杂网络系统控制中存在许多极其重要又充满挑战的课题,需要继续深入研究。

习　题

11-1　考虑一个由 N 个节点组成的连通的无权无向网络。假设节点 i 的状态演化方程为

$$\dot{x}_i = \sum_{i=1}^{N} a_{ij}(x_j - x_i), \quad i = 1,2,\ldots,N,$$

其中 $\boldsymbol{A} = (a_{ij})$ 为邻接矩阵。请证明,对于任意给定的初始状态 $\boldsymbol{x}(0) = [x_1(0) \quad \cdots \quad x_N(0)]^{\mathrm{T}}$ 有

$$x_i(t) \to \frac{1}{N}\sum_{j=1}^{N} x_j(0), \quad i = 1,2,\ldots,N.$$

11-2　考虑图 11-17 所示的包含 6 个节点的有向网络。

(1) 请给出该网络的二分图表示并进而得到该网络的最大匹配。

(2) 请使用结构可控性定理验证,基于这一最大匹配确定的驱动节点能够保证整个系统的结构可控性。

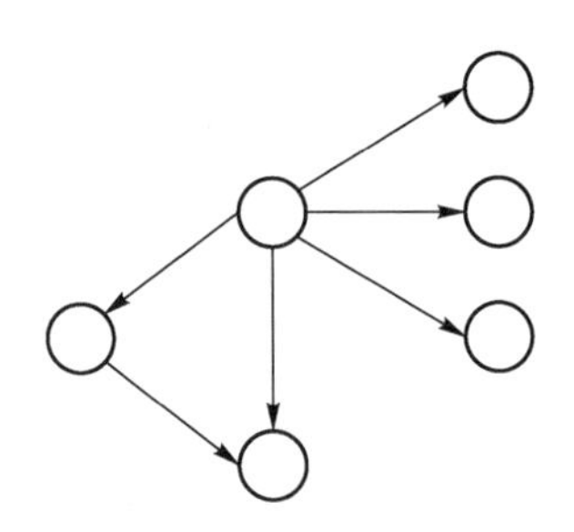

图 11-17　一个简单的有向网络

参考文献

[1] NEDA Z, RAVASZ E, VICSEK T, et al. The sound of many hands clapping [J]. Nature, 2000, 403(6772): 849-850.

[2] 李德毅, 刘坤, 孙岩, 等. 涌现计算: 从无序掌声到有序掌声的虚拟现实 [J]. 中国科学 E 辑, 2007, 37(10): 1248-1257.

[3] WINFREE A T. Biological rhythms and the behavior of populations of coupled oscillators [J]. J. Theo. Biol., 1967, 16: 15-42.

[4] KURAMOTO Y. Chemical Oscillations, Waves and Turbulence [M]. Berlin: Springer-Verlag, 1984.

[5] KANEKO K. Coupled Map Lattices [M]. Singapore: World Scientific, 1992.

[6] CHUA L O. CNN: A Paradigm for Complexity [M]. Singapore: World Scientific, 1993.

[7] STROGATZ S H. Sync: The Emerging Science of Spontaneous Order [M]. New York: Hyperion, 2003.

[8] WU C W, CHUA L O. Synchronization in an array of linearly coupled dynamical systems [J]. IEEE Trans. Circuits and Systems-I, 1995, 42(8): 430-447.

[9] WANG X F, CHEN G. Synchronization in small-world dynamical networks [J]. Int. J. Bifurcation and Chaos, 2002, 12(1): 187-192.

[10] WANG X F, CHEN G. Synchronization in scale-free dynamical networks: robustness and fragility [J]. IEEE Trans. Circuits and Systems-I, 2002, 49(1): 54-62.

[11] BARAHONA M, PECORA L M. Synchronization in small-world systems [J]. Phys. Rev. Lett., 2002, 89(5): 054101.

[12] WANG X F. Complex networks: topology, dynamics and synchronization [J]. Int. J. Bifurc. Chaos, 2002, 12(5): 885-916.

[13] CHEN G, WANG X F, LI X, LU J. Some recent advances in complex networks synchronization [M]. Kyamakya K, Halang W A, Unger H, et al. (eds.). Recent Advances in Nonlinear Dynamics and Synchronization. Berlin: Springer, 2009, 3-16.

[14] ARENAS A, DIAZ-GUILERA A, KURTHS J, MORENO Y, ZHOU C. Synchronization in complex networks [J]. Phys. Reports, 2008, 469(3): 93-15.

[15] HONG H, KIM B J, CHOI M Y, PARK H. Factors that predict better synchronizability on complex networks [J]. Phys. Rev. E, 2004, 69 (6): 067105.

[16] NISHIKAWA T, MOTTER A E, LAI Y-C, HOPPENSTEADT F C. Heterogeneity in oscillator networks: are smaller worlds easier to synchronize? [J] Phys. Rev. Lett., 2003, 91(1): 014101.

[17] CHEN G, DUAN Z. Network synchronization analysis: A graph-theoretic approach [J]. Chaos, 2008, 18(3): 037102.

[18] WANG X F, CHEN G. Pinning control of scale-free dynamical networks [J]. Physica A, 2002, 310(3-4): 521-531.

[19] LI X, WANG X F, CHEN G. Pinning a complex dynamical network to its equilibrium [J]. IEEE Trans. Circuits and Systems-I, 2004, 51 (10): 2074-2087.

[20] WANG X F, LI X, LV J H. Control and flocking of networking systems via pinning [J]. IEEE Circuits and Systems Magazine, 2010, 10 (6): 83-91.

[21] YU W W, CHEN G, LV J H. On pinning synchronization of complex networks [J]. Automatica, 2009, 45(2): 429-435.

[22] CHEN T P, LIU X, LU W L. Pinning complex networks by a single controller [J]. IEEE Trans. Circuits and Systems-I, 2007, 54(6): 1717-1326.

[23] SORRENTINO F, DI BERNARDO M, GAROFALO F, CHEN G. Controllability of complex networks via pinning [J]. Phys. Rev. E, 2007, 75 (4): 046103.

[24] LU W, LI X, RONG Z, Global stabilization of complex directed networks with the local pinning algorithm[J]. Automatica, 2010, 46(1): 116-121.

[25] 郑大钟. 线性系统理论 [M]. 第二版. 北京: 清华大学出版社, 2002.

[26] LIU Y, SLOTINE J, BARABÁSI A-L. Controllability of complex networks [J]. Nature,2011,473(7346):167-173.

[27] LIN C-T. Structural controllability [J]. IEEE Trans. Automatic Control, 1974,19(1):201-208.

[28] MULLER F-J,SCHUPPER A. Few inputs can reprogram biological networks [J]. Nature,2011,478(7369):E4-5.

[29] SU H,WANG X,LIN Z. Flocking of multi-agents with a virtual leader [J]. IEEE Trans. Automatic Control,2009,54(2):293-307.

[30] COUZIN I D,IOANNOU C C,DEMIREL G,et al. Uninformed individuals promote democratic consensus in animal groups [J]. Science, 2011, 332 (6062):1578-1580.

[31] COWAN N J,CHASTAIN E J,VILHENA D A. Nodal dynamics, not degree distribution determine the structural controllability of complex networks [J]. PLoS ONE, 2012, 7(6): e38398.

索　引

F

G

H

J

K

L

M

N

O

P

Q

R

S

T

U

W

X

Y

Z

郑重声明